Susanne Müller-Philipp | Hans-Joachim Gorski

# Leitfaden Geometrie

Susanne Müller-Philipp | Hans-Joachim Gorski

# Leitfaden Geometrie

Für Studierende der Lehrämter

5., erweiterte Auflage

STUDIUM

VIEWEG+
TEUBNER

Bibliografische Information der Deutschen Nationalbibliothek
Die Deutsche Nationalbibliothek verzeichnet diese Publikation in der
Deutschen Nationalbibliografie; detaillierte bibliografische Daten sind im Internet über
<http://dnb.d-nb.de> abrufbar.

Dr. Susanne Müller-Philipp
Dr. Hans-Joachim Gorski
Westfälische Wilhelms-Universität Münster
Institut für Didaktik der Mathematik und der Informatik
Fliednerstraße 21
48149 Münster

hgorski@uni-muenster.de
muephi@uni-muenster.de

1. Auflage 2001
2., überarbeitete Auflage 2004
3., überarbeitete Auflage 2005
4., überarbeitete und erweiterte Auflage 2009
5., erweiterte Auflage 2012



Lektorat: Ulrike Schmickler-Hirzebruch | Barbara Gerlach

Vieweg+Teubner Verlag ist eine Marke von Springer Fachmedien.
Springer Fachmedien ist Teil der Fachverlagsgruppe Springer Science+Business Media.
www.viewegteubner.de



Umschlaggestaltung: KünkelLopka Medienentwicklung, Heidelberg
Umschlagmotiv: Ehrhard Behrends, Berlin
Druck und buchbinderische Verarbeitung: AZ Druck und Datentechnik, Berlin
Gedruckt auf säurefreiem und chlorfrei gebleichtem Papier
Printed in Germany

ISBN 978-3-8348-1234-6

# Vorwort zur fünften Auflage

Mit dem *Leitfaden Geometrie* wenden wir uns nach wie vor, inzwischen schon seit 10 Jahren, primär an Studierende mit den Studienzielen Lehramt Primarstufe oder Sekundarstufe I, auch wenn wir aus zahlreichen Rückmeldungen von Universitäten im deutschsprachigen Raum erfahren, dass dieses Buch in zunehmendem Umfang auch in den Studiengängen Diplom bzw. Lehramt Sekundarstufe II zum Einsatz kommt. Sie mögen hier auch Studiengänge wie „Lehramt Grund-/Haupt- und Realschule", „Lehramt für Gymnasien und Gesamtschulen", „Zweifach-Bachelor", „Master of Education" o.Ä. einsetzen.

Studienordnungen und die Bezeichnungen der entsprechenden Abschlüsse ändern sich, gelegentlich in einem beunruhigenden Tempo. Das tragfähige fachliche Hintergrundwissen für einen kompetenten Geometrieunterricht an allen Schulstufen und -formen ist dagegen deutlich geringeren Schwankungen unterworfen. Dieses Basiswissen wollen wir Ihnen mit auf den Weg in Ihre spätere Unterrichtstätigkeit geben.

Mit der vierten überarbeiteten Auflage haben Fragestellungen zum geometrischen Konstruieren und zum goldenen Schnitt einen pointierten Platz im *Leitfaden Geometrie* gefunden.

Bei der Gestaltung der fünften Auflage haben wir die Gelegenheit ergriffen und die für alle Schulformen bedeutsame Abbildungsgeometrie um ein Kapitel zur Symmetrie erweitert. Hier fokussieren wir insbesondere auf unterrichtsrelevante Inhalte wie Bandornamente und Parkettierungen.

Mit dieser Erweiterung möchten wir Ihnen einerseits eine weitere Anwendung der zuvor thematisierten Kongruenzabbildungen vorstellen. Andererseits möchten wir damit bei Ihnen Ideen für eine anwendungsbezogene und fächerübergreifende Behandlung dieser spannenden Themen initiieren. Schließlich geben wir unumwunden zu, Sie damit auch für die Schönheit und den ästhetischen Reiz der Geometrie begeistern zu wollen. Wir wünschen Ihnen und uns, dass Sie sich darauf einlassen und diese Begeisterung an Ihre Schüler weitergeben.

„Dieses Buch ist in einem mehrfach durchlaufenen Zirkel aus Entwicklung, Anwendung in Lehrveranstaltungen und Übungen, Rückmeldung der Studierenden und Hilfskräfte und Optimierung der Entwicklung gewachsen. Damit ist es kein Labor- oder Dienstzimmerprodukt, sondern das Ergebnis ständiger Interaktionsprozesse mit Studierenden und Hilfskräften, die insofern Mitkonstrukteure dieses Buchs sind." So stand es in der ersten Auflage, und so wollen wir es auch in Zukunft halten.

Wir danken all denjenigen Leserinnen und Lesern, die in den letzten 10 Jahren zur Genese des *Leitfadens Geometrie* beigetragen haben und ermuntern unsere Leserschaft ausdrücklich, aktiv und kritisch am Prozess der Weiterentwicklung mitzuwirken.

Besonderer Dank gilt schließlich Frau Daniela Dähn für Ihre umsichtige Unterstützung bei der Manuskriptherstellung zur aktuellen Auflage.

Münster, im August 2011

Susanne Müller-Philipp    Hans-Joachim Gorski

# Inhaltsverzeichnis

# Vororientierung

## Zielvorstellungen im Leitfaden Geometrie

Was soll das Ganze? Was wollen Sie von uns? Was genau sollen wir lernen? Warum lernen wir das? Wie sollen wir das lernen? Können wir es in unserem späteren Beruf / im Leben gebrauchen?

Fragen dieser Art stellen Lernende an den verschiedensten Stellen unseres Bildungssystems, jedenfalls sollten sie sie stellen. Auf der anderen Seite sollten die Initiatoren der Lernprozesse Antworten auf diese Fragen bereithalten, die die Lernenden in ihrer Lernausgangslage zufrieden stellen:

Zunächst verfolgen wir natürlich rein fachliche Ziele. Es geht uns darum, Ihnen mathematische Qualifikationen für Ihre spätere Unterrichtspraxis zu vermitteln. In diesem Zusammenhang haben wir sieben Themenbereiche ausgewählt, von denen wir überzeugt sind, dass sie eine tragfähige Grundlage für einen kompetenten Geometrieunterricht von Klasse 1 bis 10 bedeuten können. Beispielhaft denken wir hier an das Kapitel „Abbildungsgeometrie", das zentrale Qualifikationen für die Lernbereiche „Flächeninhaltsbestimmungen", „Kongruenzabbildungen", „zentrische Streckung" im Sekundarbereich I und für die Themen „Symmetrie", „Ornamente", „Vergrößern – Verkleinern" in der Grundschule (und in der Sekundarstufe I) bereitstellt.

Mit der ausdrücklichen Herausstellung der folgenden Zielvorstellungen verlassen wir den Rahmen üblicher mathematischer Fachbücher:

- *Förderung des räumlichen Vorstellungsvermögens*

  Wenn Sie in der Schule nicht gefördert wurden (und räumliches Vorstellungsvermögen entwickelt sich am besten bis zum Alter von etwa 12 Jahren), dann muss hier unter Umständen „nachgebessert" werden. Das geht auch bei Erwachsenen. Besuden hat uns in seinen Aufsätzen zum räumlichen Vorstellungsvermögen immer wieder darauf hingewiesen, dass Raumvorstellung das Ergebnis von Verinnerlichungsprozessen ist und letztere – das wissen wir von Aebli – haben ihren Ausgangspunkt bei konkreten Handlungen. Denken ist verinnerlichtes Handeln (Aebli). Sie müssen Handlungserfahrungen machen und diese mehr und mehr im Kopf durchführen. Braucht man erst die konkreten Objekte, mit denen man hantiert, so werden diese allmählich durch Visualisierungen und schließlich durch Vorstellungen von den Objekten ersetzt. Einen besonderen Beitrag zur Förderung des räumlichen Vorstellungsvermögens wollen wir im Kapitel „Polyeder" leisten. Hier sollen Sie sich komplexere Körper vorstellen und in der gelungenen Vorstellung Manipulationen mit / an diesen Objekten vornehmen. Dazu sollten Sie die konkreten Objekte zunächst selbst herstellen, und damit sind wir beim nächsten Punkt.

- *Schulrelevante Arbeitsweisen auf höherem Niveau erfahren und anwenden*

  Das Herstellen von Körpernetzen und das Erstellen der Körper aus Karton sind schultypische Tätigkeiten. Um Sie nicht zu unterfordern, Sie aber trotzdem mit den Problemen, die da auftauchen können, zu konfrontieren, werden wir von Ihnen so etwas erwarten, allerdings bei komplizierteren Gebilden. Ähnliches gilt für das Falten, das Arbeiten mit Plättchenmaterial usw. Wo es sich anbietet, sollen solche Tätigkeiten auch Ihnen beim Lernen von Mathematik nützen.
  Schließlich sollte jede Lehrerin und jeder Lehrer in der Lage sein, etwa einen Würfel, einen Quader, eine Pyramide (mit quadratischer Grundfläche), einen Zylinder oder einen Kegel ad hoc an der Tafel zu skizzieren bzw. exakt darzustellen. In der Sekundarstufe I werden Sie dies auch von ihren Schülerinnen und Schülern erwarten, in der Primarstufe vielleicht für die erstgenannten Körper. Unmittelbare Basisqualifikationen hierfür versuchen wir Ihnen im Kapitel „Darstellende Geometrie" zu vermitteln.

- *Über die Schulformen hinaus blicken*

  Für die angehenden Grundschullehrerinnen und -lehrer: Sie werden in diesem Buch auch mit Inhalten des Geometrieunterrichts der Sekundarstufe I konfrontiert. Dies ist wichtig, damit Sie Ihren späteren Mathematikunterricht so gestalten können, dass er tragfähige Konzepte liefert, die von den Kindern kein Umlernen in weiterführenden Schulen erfordern, sondern ein Aufbauen auf Bekanntem und ein Weiterverfolgen bekannter Arbeits- und Denkweisen. Als ein Beispiel aus diesem Buch nennen wir hier das „Haus der Vierecke". Die Behandlung von Deckabbildungsgruppen soll Ihnen helfen, Aktivitäten des Faltens und Verschönerns von Quadraten oder das Legen von Plättchen vor einem mathematischen Hintergrund zu sehen.
  Für die angehenden Sekundarstufenlehrerinnen und -lehrer: Sie werden eine Reihe von Aktivitäten kennen lernen, die Kindern aus der Grundschulzeit schon vertraut sind. Sie übernehmen die Kinder nicht in Klasse 5 als geometrisch „unbeschriebene Blätter". Ihre Vorerfahrungen, ihre Erwartungen, die ihnen vertrauten Arbeitsformen, Materialien, Techniken können und müssen Sie aufgreifen.

- *Förderung der Bereitschaft zum Umgang mit Problemen*

  Der Erwerb mathematischen Wissens ist ein aktiver, konstruktiver Prozess. Das geht nicht ohne Fehler und nicht ohne Anstrengungen. Immer wieder werden wir Sie mit komplexeren Problemen konfrontieren, die sich einer schnellen Lösung entziehen. Wir erwarten, dass Sie sich auch darauf einlassen, und hoffen, dass Sie sich dabei selbst beobachten. So können Sie Erfahrungen sammeln, die Ihnen später helfen, die Lernprozesse von Kindern besser zu verstehen.

- *Anwendungsorientierung*

  „Wer [...] durch Mathematik Allgemeinbildung vermitteln will, darf sich nicht auf rein innermathematische Theorien und Strukturprinzipien beschränken, sondern muss auch die Beziehungen der Mathematik zum Leben entwickeln." (Wittmann 1987, S. VI) Wir versuchen, sinnvolle Sachzusammenhänge zum Ausgangspunkt unserer Überlegungen zu machen. Interessante, auch fächerübergreifende Fragen wie z.B. die Geometrie der Bienenwabe stellen vermutlich hohe Anforderungen an Sie, fördern unseres Erachtens aber auch die Bereitschaft zur Auseinandersetzung. Auf der anderen Seite werden wir von Ihnen erwarten, erworbene Abstraktionen nicht nur innermathematisch, sondern auch auf Alltagssituationen und Fragestellungen aus dem Schulalltag anzuwenden.

## Methoden im Leitfaden Geometrie

Zum Erreichen der genannten Zielvorstellungen und um Mathematik maximal verstehbar zu machen, greifen wir unter anderem auf folgende im weiteren Sinn methodische Hilfsmittel, Techniken zurück:

- durchgängige Orientierung an Erkenntnissen der Lernpsychologie und Textproduktion;
- bewusster Einbau von Redundanzen, um Häufungsstellen von Informationsquanten zu entzerren und dem Lernenden einen „fließenden" Lernprozess mit gleichmäßigem (für ihn hoffentlich mittleren) Schwierigkeitsgrad zu ermöglichen;
- Initiierung von Selbsttätigkeiten der Leser auf allen Darstellungsebenen (Bruner) bzw. Ebenen der Erkenntnistätigkeit (Lompscher), sei es bei Hinführungen, Beispielen, Anwendungen oder in Beweisprozessen;
- häufige Wiederholungen / Rückschauen auf bisher „Geleistetes";

- z.T. spiralcurriculumförmiges Aufgreifen früherer Erkenntnisse auf höherem / anderem Niveau (Bruner);
- gelegentlicher Verzicht auf fachlich extrem verdichtete und daher elegante Argumentationen zugunsten der
- Verwendung von Überlegungen und Formulierungen aus den Reihen unserer Studierenden;
- Integration zahlreicher beispielgebundener Hinführungen zu neuen Sätzen, denn: „Man muss einen mathematischen Satz erraten, ehe man ihn beweist; [...] Man muss Beobachtungen kombinieren und Analogien verfolgen, man muss immer und immer wieder probieren.“ (Polya 1962, S. 10)
- Beweise werden häufig erst dann geführt, wenn das Verständnis des zu Beweisenden oder der Beweisidee am Beispiel sichergestellt ist;
- vielfältige Maßnahmen zur Vorstrukturierung des Lernstoffes, teils in Form von „Vororientierungen“ (Ausubel) oder Hinführungen, besonders häufig aber durch im Text auch satztechnisch hervorgehobene „Leitfragen“;
- regelmäßig eingestreute Übungsaufgaben, aber auch
- unregelmäßig eingestreute kleine Scherze.

Wir möchten, dass unsere Leserinnen und Leser mit dem *Leitfaden Geometrie* Mathematik wirklich verstehen, das Verstandene anwenden und in angemessenem Umfang selbständig damit weiterarbeiten.

Die Moderatorin eines – aus welchen Gründen auch immer – beliebten Literaturmagazins würde auch zu diesem Buch vermutlich sagen: LESEN Sie den *Leitfaden Geometrie*. LESEN Sie. Ganz gleich was Sie LESEN. LESEN Sie alles Mögliche. Hauptsache Sie LESEN.

Wir hingegen empfehlen:

Folgen Sie den Empfehlungen dieser Moderatorin allenfalls in begründeten Ausnahmefällen.

Lesen Sie den *Leitfaden Geometrie* nicht. Arbeiten Sie ihn durch!

Nutzen Sie jedes der zahlreichen im Text eingebauten Angebote zum selbständigen Lernen: Basteln Sie, zeichnen Sie, konstruieren Sie, lösen Sie die Übungsaufgaben, äußern Sie sich zu bewusst eingebauten Provokationen, beantworten Sie im Text oder in Fußnoten auftauchende Verständnisfragen bevor Sie weiterlesen – nein, weiter durcharbeiten!

## Einsatz des Leitfadens Geometrie als vorlesungsbegleitende Literatur

Der *Leitfaden Geometrie* bietet mehr, als man realistischerweise in einer vierstündigen Vorlesung behandeln kann. Auch wenn die Auswahl der Inhalte natürlich die Entscheidung der Dozentin / des Dozenten ist, wollen wir hier doch einige Anregungen für einen möglichst gewinnbringenden Einsatz des *Leitfadens Geometrie* geben:

Variante 1

Kapitel 1 (Topologie) und Kapitel 2 (Polyeder) sind unabhängig voneinander und nicht Voraussetzung für das Verständnis der folgenden Kapitel. Strebt man einen möglichst systematischen Aufbau der Geometrie an mit einer axiomatischen Grundlegung und einer Betonung der Abbildungsgeometrie, so kann man auch bei Kapitel 3 (Axiomatik) einsteigen, Kapitel 4 (Abbildungsgeometrie) und Kapitel 6 (Euklidische Geometrie) behandeln und dann entscheiden, welche der verbleibenden Kapitel eine sinnvolle Ergänzung wären.

Zu Risiken und Nebenwirkungen dieses Weges sei angemerkt: Falls hierbei Kapitel 2 (Polyeder) und 7 (Darstellende Geometrie) nicht (gründlich) behandelt werden, weisen wir darauf hin, dass die oben geforderte Schulung der Raumvorstellung zu kurz kommen kann.

Variante 2

Wer die Axiomatik am ehesten für verzichtbar hält, kann Kapitel 3 (Axiomatik) überschlagen und stattdessen nur einen Blick auf die Zusammenfassung aller eingeführten Axiome am Ende dieses Kapitels werfen. Eine weitere vertretbare Kürzung stellen die letzten Abschnitte von Kapitel 4 (Abbildungsgeometrie) zu Ähnlichkeitsabbildungen (mit Ausnahme der in Kapitel 6 benötigten Strahlensätze) und affinen Abbildungen dar.

Wir halten diesen Weg für weitgehend risiko- und nebenwirkungsfrei.

Variante 3

Wer meint, es sei nicht Aufgabe eines Universitätsstudiums, Schulstoff zu wiederholen, bzw. wer das Glück hat, auf eine Hörerschaft mit intakten Vorkenntnissen im Bereich der Schulgeometrie zu treffen, kann Einsparungen in den Kapitel 5 (Geometrische Konstruktionen) und 6 (Euklidische Geometrie) vornehmen.

Zu Risiken und Nebenwirkungen dieses Vorgehens merken wir an:
Bei einer Fehleinschätzung der Lernausgangslage des Publikums ist damit zu rechnen, dass angehenden Lehrerinnen und Lehrern des Sekundarbereichs I Basisqualifikationen für ihren späteren Unterricht fehlen (Kapitel 6) und die fundamentale Idee des Konstruierens (Kapitel 5) nicht verstanden oder an die Benutzung von DGS-Software gebunden wird. Darüber hinaus besteht die Gefahr, dass wesentliche Unterschiede zwischen abbildungsgeometrischem und euklidischem Arbeiten nicht erfahren werden.

Wir wünschen Ihnen Erfolg bei der Durcharbeitung der einzelnen Kapitel und weisen ausdrücklich darauf hin, dass wir für Anregungen – insbesondere solche zur weiteren Erhöhung der Lesbarkeit und Verstehbarkeit – aus den Reihen der Leserschaft dankbar sind. Unsere E-Mail-Adressen finden Sie im Impressum.

# 1 Topologie

## 1.1 Einstiegsproblem

Unten sehen Sie das Logo des Mathematischen Instituts der Ludwig-Maximilians-Universität München.

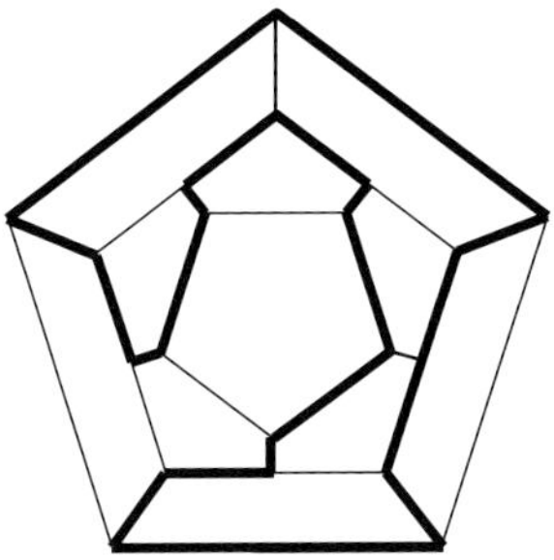

Abb. 1

Es zierte das Programmheft der 32. Tagung für Didaktik der Mathematik, die vom 2. bis 6. März 1998 in München stattfand. Laut Auskunft auf Seite 2 dieses Heftes zeigt es „einen *Hamiltonschen*[1] *Kreis* (dicke Linien) in einem Ikosaedergraphen[2]; der Kantenzug ist in dem Sinne optimal, dass er alle Knoten enthält, aber jeden Knoten nur einmal.“

Bild wie Text werden bei Ihnen wohl eine Reihe von Fragen aufwerfen:

- Worum geht es eigentlich in der Situation?
- Verstehe ich die Zeichnung / den Text?
- Welche Fachausdrücke tauchen auf? Kenne ich ihre Bedeutung?
- Erinnert mich die Situation an etwas?
- Aus welchem mathematischen Teilbereich stammt das Problem?
- Was weiß ich über diesen Teilbereich?

---

[1] Der 1835 geadelte irische Mathematiker Sir William Rowan Hamilton (1805-1865) hat zahlreiche Verdienste – zunächst in der Physik, später in der Mathematik – erworben. Unter anderem entwarf er ein Spiel mit dem Namen „Reise um die Welt“, das sich großer Beliebtheit erfreute.

[2] Auch Mathematiker können, nicht nur wenn sie im Tagungsvorbereitungsstress stehen, Fehler machen.

- Welche Themenkreise sind noch berührt?
- Was weiß ich über diese Themenkreise?

Einige mögliche Antworten (und neue Fragen) sind:

- Es geht um irgendwelche besonderen Wege in Graphen.
- Fachausdrücke im Text: Hamiltonscher Kreis, Ikosaeder, Graph, Kantenzug, Knoten, optimal. Was bedeuten Sie?

  Zeichnung: Wo sind die Kanten, wo sind die Knoten? Wieso sind manche Linien nur dünn gezeichnet? Was bedeuten die dicken Linien? Bilden die einen Kreis?
- Zunächst sind die Begriffe Graph, Kanten, Kantenzug, Knoten in Bezug auf die gegebene Zeichnung zu klären. Danach kann man überlegen, was wohl ein Hamiltonscher Kreis ist (Definition) und unter welchen Bedingungen es einen solchen Weg in einem Graphen gibt (Sätze?).
- Das erinnert z.B. an „unikursale Netze“ (→ Haus des Nikolaus, → Königsberger Brückenproblem), an plättbare bzw. planare Graphen. Es geht also um topologische Fragestellungen.
- Der Begriff Ikosaeder verweist auf Polyeder, speziell platonische Körper. Es geht auch um die Netze von Polyedern.

Bevor im Folgenden die wichtigsten topologischen Begriffe und Sätze wiederholt, für einige eventuell auch neu eingeführt, zumindest aber für alle in einheitlicher Formulierung aufgeschrieben werden, möchten wir Ihnen einen ersten Ausblick auf die Lösung des Einstiegsproblems geben.

Stellen Sie sich ein Dodekaeder vor, also denjenigen platonischen Körper, der aus 12 zueinander kongruenten regelmäßigen Fünfecken gebildet wird. Stellen Sie sich ferner vor, Sie umhüllen diesen Körper nun mit einer Gummihaut, die Sie straff zusammenziehen und etwa über der Mitte einer Seitenfläche zusammenhalten. Die Ecken und Kanten des Körpers drücken sich durch und können mit einem Filzstift nachgezogen werden. Wenn Sie die Gummihaut nun auf einem Tisch ausbreiten, dann sehen Sie ein Bild wie das aus Abbildung 1 (natürlich nicht mit unterschiedlich breiten Linien). Sie haben ein so genanntes *Schlegeldiagramm* des Dodekaeders erzeugt[3].

[3] Ebenso gut können Sie sich vorstellen, Sie hätten bei einem Gummidodekaeder ein Loch in eine Seitenfläche gepiekst, in das Sie nun mit beiden Händen hineingreifen, um den Körper in die Ebene zu plätten.

Abbildung 2 zeigt ausgewählte Momentaufnahmen dieses Herstellungsprozesses.

Abb. 2 Herstellung des Schlegeldiagramms eines Dodekaeders

Dieses Diagramm ist topologisch äquivalent zu dem Netz des räumlichen Dodekaeders, wie man an Abbildung 3 leicht nachprüfen kann. Das Äußere entspricht dabei der Fläche, an der Sie die Gummihaut zusammengehalten bzw. eingestochen haben.

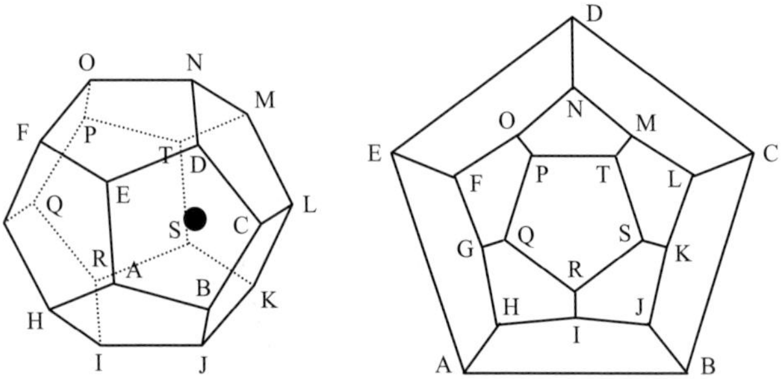

Abb. 3

Damit haben wir den Fehler im Programmheft gefunden. Es handelt sich nicht um den Graphen des Ikosaeders, sondern um den des Dodekaeders[4]. Dieser Graph besteht aus Kanten, Ecken und Flächen, wobei man bei Graphen oft auch von Bögen, Knoten und Gebieten spricht. In Abbildung 1 sind die Knoten nicht eingezeichnet. Abbildung 4a zeigt deshalb den Dodekaedergraphen noch einmal, wobei die Knoten durch Punkte hervorgehoben sind.

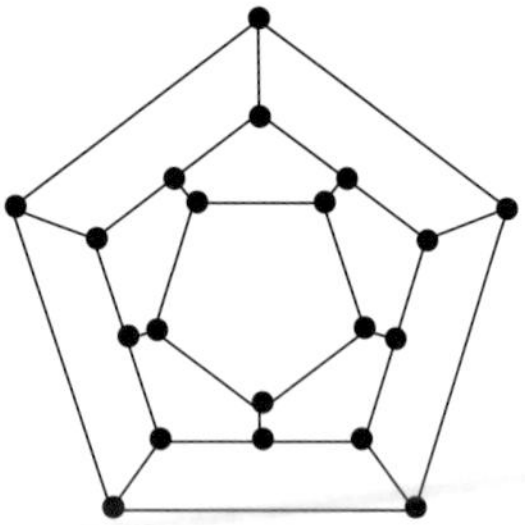
Abb. 4a

In Hamiltons Spiel trägt jede Ecke den Namen einer Weltstadt. Heute würde man sich unter den Kanten die direkten Flugverbindungen zwischen den Metropolen vorstellen. Ziel des Spiels ist es dann, eine Rundreise um die Welt zu machen und dabei jede Stadt genau einmal zu besuchen und im Ausgangsort wieder anzukommen. Wir spielen das Spiel auf dem Graphen aus Abbildung 4a und streichen jede Ecke durch, an der wir vorbeigekommen sind. Eine mögliche Rundreise, also ein *Hamiltonkreis*, ist in Abbildung 4b durch dicke schwarze Linien eingezeichnet.

4 Der Fehler mag dadurch zustande gekommen sein, dass Hamilton sein Spiel „Ikosaeder-Spiel" nannte, obwohl es eigentlich auf den Ecken des Dodekaeders gespielt wurde (vgl. Gardner 1971, S. 19).

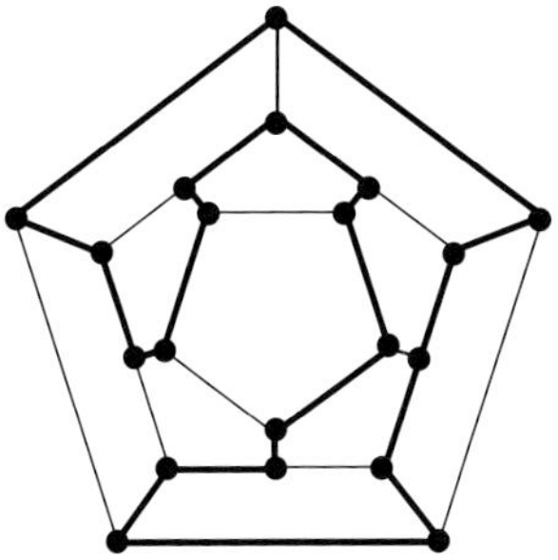

Abb. 4b

Auf einem Dodekaeder mit unbenannten Ecken gibt es übrigens nur zwei wirklich verschiedene Hamiltonwege, die spiegelbildlich zueinander sind. Beschriftet man die Ecken z.B. mit Städtenamen und nennt Wege dann verschieden, wenn sie die Ecken in unterschiedlicher Reihenfolge berühren, dann gibt es deutlich mehr Möglichkeiten.

Übung:

1) Unten sehen Sie die Schlegeldiagramme der übrigen vier platonischen Körper. Besitzen auch sie einen Hamiltonkreis?

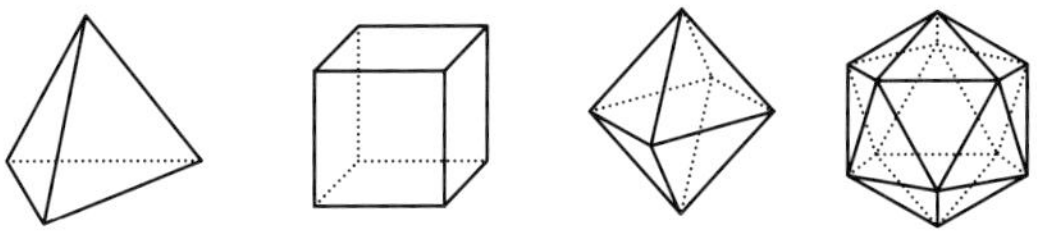

Tetraeder Hexaeder Oktaeder Ikosaeder

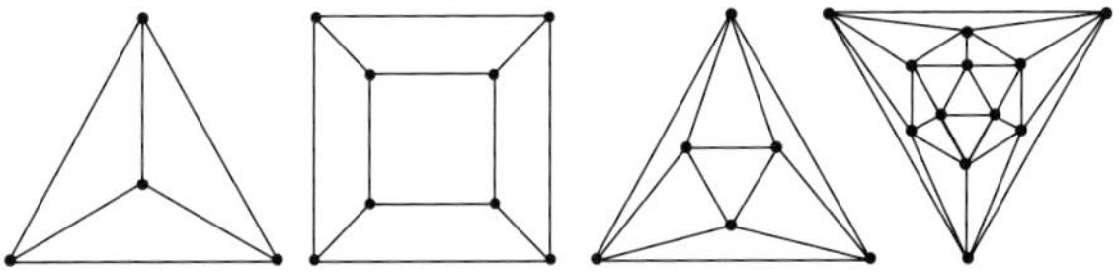

2) Wir betrachten „Schachbretter" mit $n^2$ Feldern, $3 \leq n \leq 6$. Gibt es eine geschlossene Sprungfolge eines Springers, so dass jedes Feld außer dem Startfeld genau einmal besetzt wird?

## 1.2 Grundlegende Definitionen der Graphentheorie

Grundlegende Begriffe in der Geometrie sind *Punkt, Linie, Gerade, Fläche, Körper, Inzidenz*, wobei die Inzidenz eines Punktes P und einer Geraden g besagt, dass P auf g liegt bzw. g durch P verläuft. Das bedeutet, dass diese Begriffe nicht definiert werden. Wir gehen vielmehr davon aus, dass wir über die Bedeutung dieser Begriffe eine gemeinsame Vorstellung haben.
Wir fassen den Raum als Menge von Punkten auf. Linien, Flächen, Körper sind dann als Teilmengen dieses Raumes ebenfalls Punktmengen. Von daher verwenden wir Begriffe, Schreibweisen und Ergebnisse der Mengenlehre.

Als Erstes soll der im Einstiegsproblem bereits mehrfach aufgetretene Begriff *Graph* definiert werden.

**Definition 1:** Graph

Es seien $\mathbb{E}$ und $\mathbb{K}$ zwei disjunkte Mengen. Wir nennen die Elemente $E_1, E_2, \ldots, E_n$ aus $\mathbb{E}$ *Ecken* und die Elemente $k_1, k_2, \ldots, k_m$ aus $\mathbb{K}$ *Kanten*[5]. Weiter sei $\mathbb{E} \neq \varnothing$ und f eine Abbildung $\mathbb{K} \to \mathbb{E} \odot \mathbb{E} = \{(E_i;E_j) \mid E_i, E_j \in \mathbb{E}\}$, d.h. jeder Kante werden genau zwei Ecken zugeordnet, die nicht notwendigerweise verschieden sein müssen.
Das Tripel $G = (\mathbb{E},\mathbb{K},f)$ heißt dann *Graph*.

Anmerkungen:

1. Unter $\mathbb{E} \odot \mathbb{E}$ verstehen wir das *ungeordnete Produkt* von $\mathbb{E}$, also die Menge aller *ungeordneten Paare*.
   Beispiel:
   Sei $\mathbb{E} = \{A,B\}$, dann $\mathbb{E} \odot \mathbb{E} = \{(A,A), (A,B), (B,B)\}$
   im Gegensatz zum Kreuzprodukt $\mathbb{E} \times \mathbb{E} = \{(A,A), (A,B), (B,A), (B,B)\}$
   Damit unterscheiden wir im Weiteren die Paare $(E_1,E_2)$ und $(E_2,E_1)$ nicht.
2. Sofern keine Missverständnisse zu befürchten sind, schreiben wir für das Tripel $G = (\mathbb{E},\mathbb{K},f)$ auch kurz $G = (\mathbb{E},\mathbb{K})$.
3. Wir haben $\mathbb{E} \neq \varnothing$ festgesetzt. Ein eckenloser Graph hätte zwangsläufig auch keine Kanten, wäre also der „leere Graph" $(\varnothing,\varnothing)$. Um im Folgenden nicht immer schreiben zu müssen „Für einen Graphen, der ungleich

[5] Man kann ebenso von Knoten statt von Ecken und von Bögen statt von Kanten sprechen.

dem leeren Graphen ist, gilt ..." schließen wir diesen Fall durch $\mathbb{E} \neq \emptyset$ aus.

4. Wir betrachten im Weiteren ausschließlich endliche Graphen, also $\mathbb{E}$ und $\mathbb{K}$ sind endliche Mengen, wie es durch die Aufzählung der Elemente von $\mathbb{E}$ und $\mathbb{K}$ in der Definition schon angedeutet ist.
5. Da jeder Kante k genau ein Eckenpaar (A,B) zugeordnet ist, werden wir vereinfachend statt k gelegentlich auch das Zeichen (A,B) verwenden.

In Abbildung 5 sehen Sie ein Beispiel für einen Graphen.

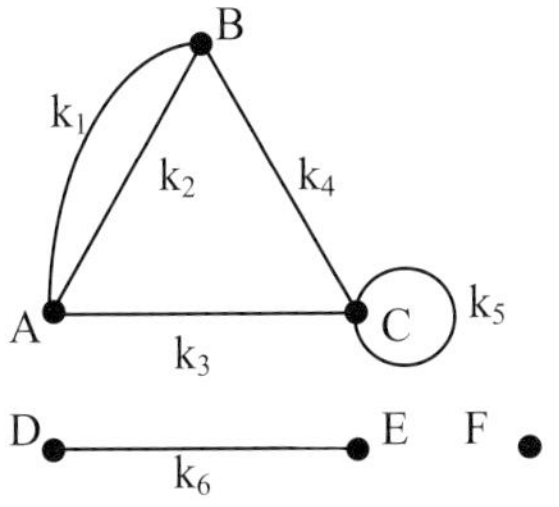


$\mathbb{E} = \{A, B, C, D, E, F\}$
$\mathbb{K} = \{k_1, k_2, k_3, k_4, k_5, k_6\}$
f: $f(k_1) = (A,B)$
$f(k_2) = (A,B)$
$f(k_3) = (A,C)$
$f(k_4) = (B,C)$
$f(k_5) = (C,C)$
$f(k_6) = (D,E)$

Abb. 5

Dieser Graph weist einige Besonderheiten auf:

Zum einen gibt es zwei verschiedene Kanten $k_1$ und $k_2$, die die Ecken A und B verbinden. Man sagt dann, der Graph besitzt *Mehrfachkanten*.

Zum anderen gibt es eine Kante, und zwar $k_5$, bei der die beiden Ecken zusammenfallen. Eine solche Kante wird *Schlinge* genannt.

Eine weitere Besonderheit weist die Ecke F auf. Es gibt keine Kante, die mit F inzidiert. Man nennt F eine *isolierte Ecke*.

Ferner stellen wir noch fest, dass in diesem Graphen die Ecken A, B und C durch Kanten miteinander verbunden sind. Von B nach C gelangt man z.B., wenn man erst $k_1$ und dann $k_3$ durchläuft oder die Kanten $k_2$, $k_1$, $k_4$ oder auch $k_2$, $k_1$, $k_2$, $k_3$ nacheinander durchläuft. Derartige n-Tupel von Kanten bezeichnen wir als *Kantenzüge*.

**Definition 2:** Kantenzug

Unter einem *Kantenzug* $(k_1, k_2, \ldots, k_n)$ verstehen wir ein n-Tupel von Kanten, bei dem der Endpunkt der Kante $k_i$ mit dem Anfangspunkt der Kante $k_{i+1}$ inzidiert.
Dabei gilt: $i \in \{1, 2, 3, \ldots, n\text{-}1\}$.

Während beim Kantenzug ($k_2$, $k_1$, $k_2$, $k_3$) von B über A und B nach C die Kante $k_2$ mehrfach vorkommt, sind bei den Kantenzügen ($k_2$, $k_1$, $k_4$) von B über A und B nach C oder ($k_1$, $k_3$) von B über A nach C alle Kanten voneinander verschieden. Solche besonderen Kantenzüge nennen wir *Wege*. Auch ($k_4$, $k_3$, $k_2$) ist ein Weg, allerdings ein besonderer, der von Ecke B wieder zur Ecke B zurückführt.

**Definition 3:** (offene, geschlossene) Wege

Kantenzüge, bei denen alle Kanten verschieden voneinander sind, heißen *Wege*.

Fallen Anfangs- und Endecke eines Weges nicht zusammen, heißt der Weg *offen*.
Beispiel aus Abbildung 5: ($k_2$,$k_1$,$k_4$)

Inzidieren Anfangs- und Endecke eines Weges, so heißt der Weg *geschlossen*.
Beispiel aus Abbildung 5: ($k_2$,$k_3$,$k_4$)

In unserem Beispielgraphen finden wir keinen Kantenzug von A nach D, von C nach F, von B nach E, ...
Graphen, bei denen man von jeder Ecke zu jeder anderen Ecke gelangen kann, und Graphen ohne Schlingen und Mehrfachkanten wollen wir besonders hervorheben.

**Definition 4:** schlichter Graph

Ein Graph heißt *schlicht*, wenn er keine Schlingen und keine Mehrfachkanten aufweist.

Verboten: 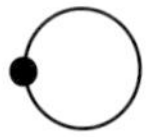 und 

**Definition 5:** zusammenhängender Graph

Ein Graph heißt *zusammenhängend*, wenn es zu zwei beliebigen voneinander verschiedenen Ecken $E_i$ und $E_j$ stets einen Kantenzug ($k_1$, $k_2$, ... $k_n$) gibt, bei dem $E_i$ Anfangsecke von $k_1$ und $E_j$ Endecke von $k_n$ ist.

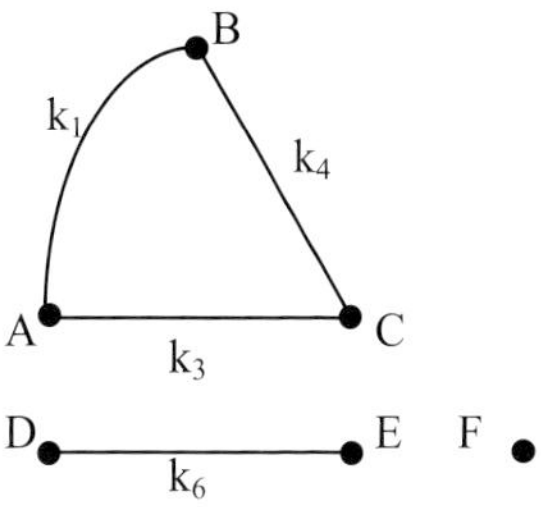


Unser Beispielgraph aus Abbildung 5 ist also weder schlicht noch zusammenhängend. Entfernt man aus diesem Graphen die Kanten $k_2$ und $k_5$, so haben wir einen schlichten Graphen, der aber nicht zusammenhängend ist.

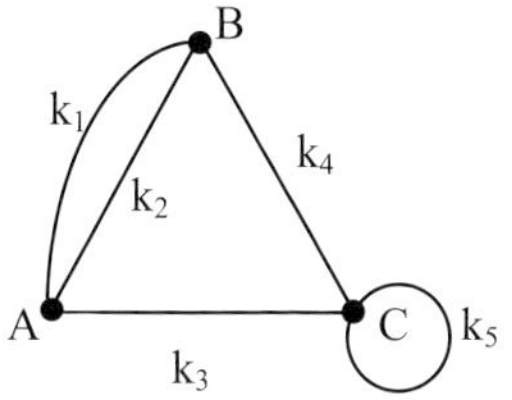


Entfernen wir stattdessen aus dem Graphen die Ecken D, E und F sowie die Kante $k_6$, so erhalten wir einen zusammenhängenden Graphen, der nicht schlicht ist.

Würden wir in diesem links abgebildeten Graphen die Kanten $k_2$ und $k_5$ entfernen, hätten wir ein Beispiel für einen schlichten, zusammenhängenden Graphen.

Auf die genaue Lage der Ecken und auf die Lage sowie Form der Kanten kommt es bei einem Graphen nicht an. Entscheidend ist, welche Ecken mit welchen Ecken verbunden sind. So stellen die folgenden Abbildungen „denselben" Graphen dar.

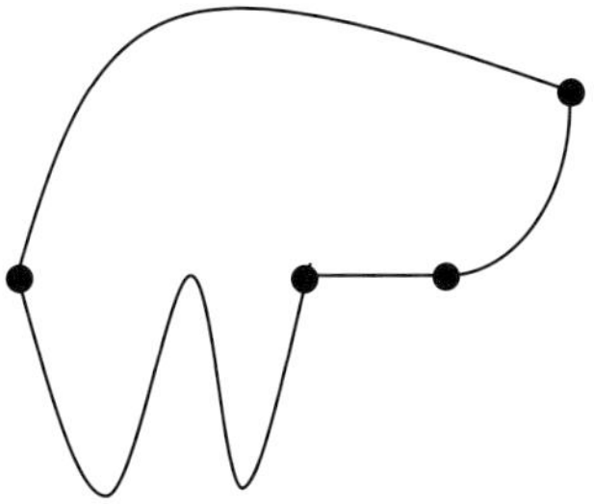

Abb. 6

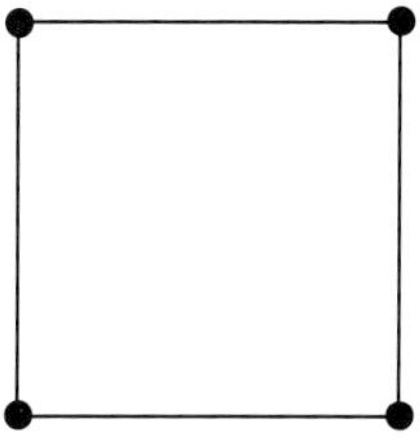

Abb. 7

Man kann einen Graphen statt durch eine solche Abbildung, die man üblicherweise auch Graph nennt, ebenso durch eine *Inzidenztafel* darstellen. Wir notieren in der Waagerechten die Ecken, in der Senkrechten die Kanten und tragen in der Tafel ein „+" ein, wenn eine Kante mit einer Ecke inzidiert, sonst eine 0[6]. Für den Graphen aus Abbildung 6 sieht die Inzidenztafel mit den wie folgt gewählten Bezeichnungen dann so aus:

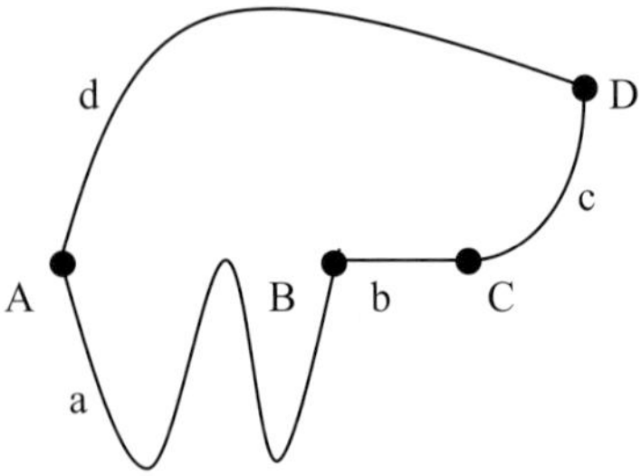


| | A | B | C | D |
|---|---|---|---|---|
| a | + | + | 0 | 0 |
| b | 0 | + | + | 0 |
| c | 0 | 0 | + | + |
| d | + | 0 | 0 | + |

Wir können die Ecken und Kanten im Graphen aus Abbildung 7 nun so bezeichnen, dass wir für diesen Graphen dieselbe Inzidenztafel erhalten (Abbildung rechts). Hätte man eine andere Art der Bezeichnung gewählt, so wäre das eventuell nicht der Fall. Wir sprechen deshalb nicht von denselben Graphen, sondern von *isomorphen Graphen.* Das ist der Grund dafür, dass oben das Wort „denselben" in Anführungszeichen gesetzt wurde.

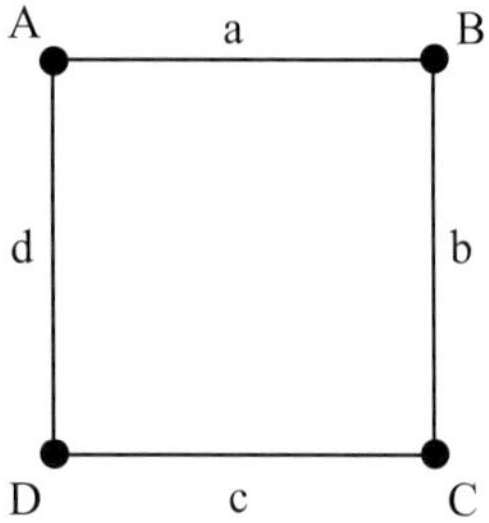


**Definition 6:** isomorphe Graphen

Zwei Graphen $G = (\mathbb{E}, \mathbb{K})$ und $G^* = (\mathbb{E}^*, \mathbb{K}^*)$ heißen *isomorph*, wenn es Abbildungen $\varphi\colon \mathbb{E} \to \mathbb{E}^*$ und $\psi\colon \mathbb{K} \to \mathbb{K}^*$ mit folgenden Eigenschaften gibt:

1. $\varphi$ und $\psi$ sind bijektiv.
2. Wenn $k_i = (E_i, E_j)$, dann gilt $\psi(k_i) = (\varphi(E_i), \varphi(E_j))$

[6] Aber wie notieren Sie in der Inzidenztafel eine Kante k, die ausschließlich mit der Ecke E inzidiert? Grundsätzlich kann man hier in Zeile k, Spalte E ein „+" oder ein „++" ins Auge fassen. Finden Sie Vorzüge für jede dieser Notationsformen.

**Memo:** bijektive Abbildung

Eine Abbildung $\varphi: \mathbb{E} \to \mathbb{E}^*$ heißt *injektiv*, wenn verschiedene Elemente aus $\mathbb{E}$ auch stets verschiedene Elemente aus $\mathbb{E}^*$ als Bilder haben.

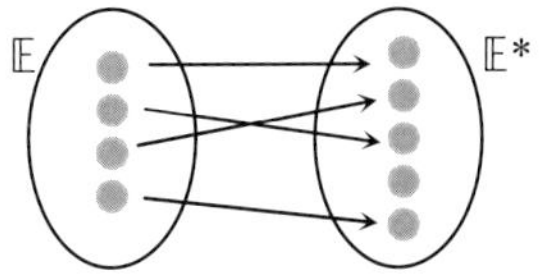


Eine Abbildung $\varphi: \mathbb{E} \to \mathbb{E}^*$ heißt *surjektiv*, wenn jedes Element aus $\mathbb{E}^*$ als Bild eines Elements aus $\mathbb{E}$ vorkommt. (Alle Elemente aus $\mathbb{E}^*$ kommen als Bilder vor; man spricht auch von einer „Abbildung auf".)

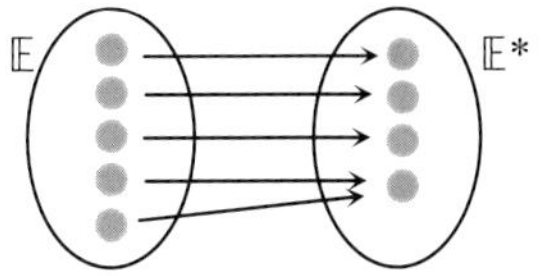


Eine Abbildung $\varphi: \mathbb{E} \to \mathbb{E}^*$ heißt *bijektiv*, wenn sie injektiv und surjektiv ist.

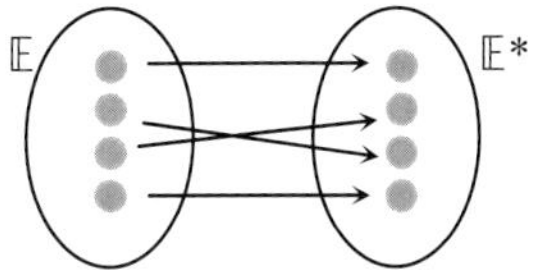


Wir können uns die Kanten eines Graphen als Gummibänder vorstellen, die in den Ecken miteinander verknotet sind. Der Übergang von einem Graphen zu einem isomorphen Graphen bedeutet anschaulich dann eine Verformung des Graphen durch Dehnen, Stauchen und Umlegen der Gummibänder, wobei keine Knoten aufgelöst werden, keine neuen Knoten gemacht werden und keine Bänder zerschnitten werden dürfen. Isomorphe Graphen werden auch *topologisch äquivalent* genannt.

Neben den isomorphen Graphen aus den Abbildungen 6 und 7 kennen Sie noch ein weiteres Beispiel isomorpher Graphen, und zwar einmal die räumliche Darstellung und das Schlegeldiagramm des Dodekaeders aus dem Einstiegsproblem. Wir haben dort schon gesehen, dass es nützlich sein kann, Überlegungen an einem ebenen Netz bzw. Graphen statt an einer räumlichen Darstellung anzustellen. Spielen Sie doch einfach einmal Hamiltons Spiel mit einem durchschnittlich geduldigen Menschen an der räumlichen Darstellung des Dodekaeders. Ebenso ist es sinnvoll, möglichst übersichtliche Graphen zu betrachten. Dazu gehört z.B., dass die Linien, die die Kanten eines Graphen repräsentieren, möglichst wenige Kreuzungen haben. Wir werden also häufig einen Graphen durch einen isomorphen Graphen ersetzen, der leichter zu überschauen ist.

Beispiele:

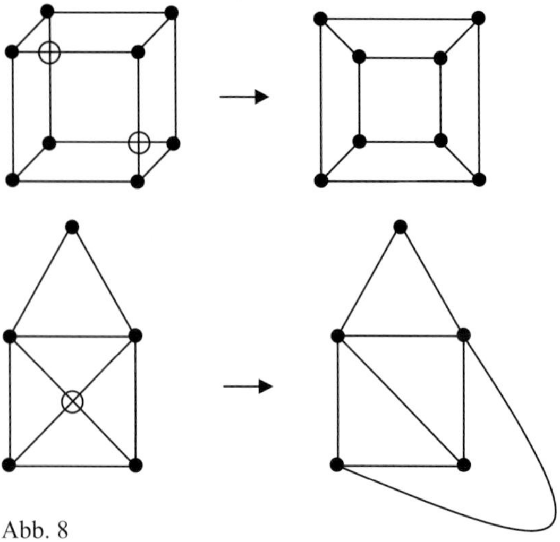

Abb. 8

Die eingekreisten Schnittpunkte von Linien sind keine Ecken des Graphen. Bei den jeweils rechts stehenden isomorphen Graphen sind alle Schnittpunkte zugleich Ecken.

Nicht immer ist es möglich, zu einem Graphen einen isomorphen Graphen anzugeben, der sich kreuzungsfrei in der Ebene darstellen lässt. Wir werden auf dieses Problem im übernächsten Abschnitt ausführlich eingehen. Deshalb lohnt es sich, Graphen, für die dies möglich ist, besonders hervorzuheben.

**Definition 7:** planarer, plättbarer Graph

Ein Graph, dessen Kanten sich nur in Ecken kreuzen, heißt *planar*.

Ein Graph heißt *plättbar*, wenn er durch einen isomorphen planaren Graphen dargestellt werden kann.

Beide in Abbildung 8 rechts stehenden Graphen sind planar, die beiden Graphen links in Abbildung 8 sind nicht planar, aber plättbar. Für alle platonischen Körper gibt es planare Darstellungen (vgl. Übung 1, Kapitel 1.1).

Bevor wir in den folgenden Abschnitten auf interessante Probleme aus dem Bereich der Graphentheorie eingehen, soll in einer vorläufig letzten Definition ein weiterer wichtiger Begriff geklärt werden.

**Definition 8:** Eckenordnung

Es sei E eine Ecke eines Graphen G.
Die *Ordnung der Ecke E* ist die Anzahl der Kanten, die in einer Ecke zusammentreffen. Kanten, die zur selben Ecke zurückführen (Schlingen), werden zweimal gezählt.
Wir bezeichnen die Ordnung von E mit ord(E).

Übung:

1) Welche der folgenden Graphen sind schlicht, zusammenhängend, planar oder plättbar?
Geben Sie für jeden plättbaren Graphen einen isomorphen planaren Graphen an.

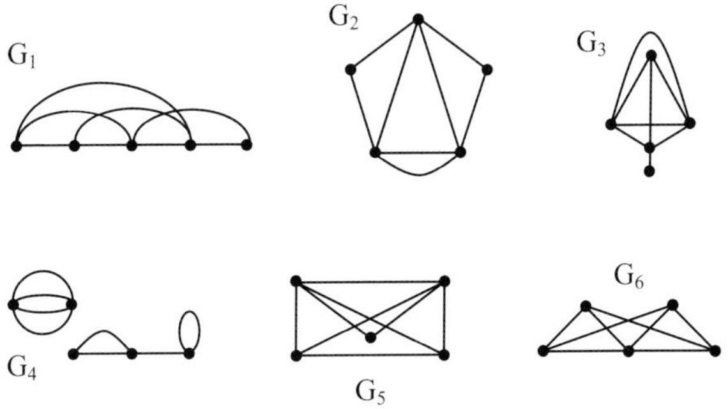


2) Bestimmen Sie für jeden Graphen aus (1) die Ordnungen der Ecken.

3) Gibt es unter den Graphen aus (1) zwei Graphen, die zueinander isomorph sind? Falls ja, stellen Sie für einen Graphen die Inzidenztafel auf und beschriften Sie den anderen so, dass er dieselbe Inzidenztafel hat.

## 1.3 Eckenordnungen und Kantenzahlen

**Hinführung zu Satz 1:**

In der folgenden Aufgabe können Sie den Zusammenhang, den wir im Satz 1 formulieren werden, selbst an konkreten Graphen entdecken.

Bestimmen Sie für jeden der abgebildeten Graphen die Eckenzahl $|\mathbb{E}|$, die Kantenzahl $|\mathbb{K}|$ und die Summe der Eckenordnungen $\sum_{E_i \in E} \text{ord}(E_i)$.

beliebiger Graph

$|\mathbb{E}| = 6$

$|\mathbb{K}| = 7$

$\sum_{i=1}^{6} \text{ord}(E_i) = 14$

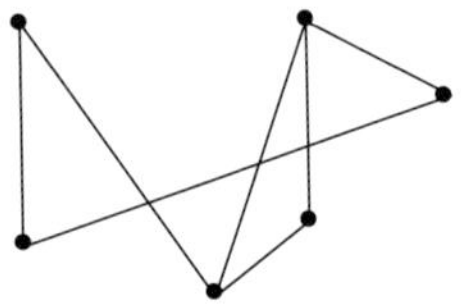

Dodekaedergraph

$|\mathbb{E}| = 20$

$|\mathbb{K}| = 30$

$\sum_{i=1}^{20} \text{ord}(E_i) = 60$

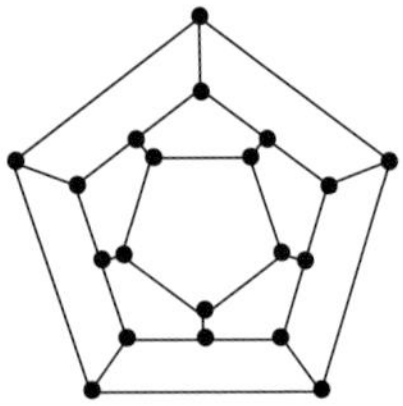

Würfelgraph

$|\mathbb{E}| = 8$

$|\mathbb{K}| = 12$

$\sum_{i=1}^{8} \text{ord}(E_i) = 24$

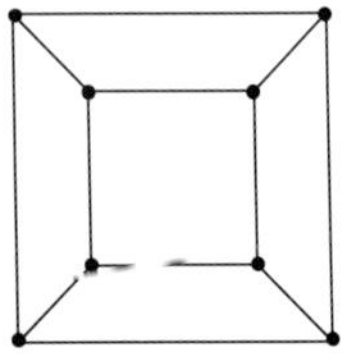

Tetraedergraph

$|\mathbb{E}| = 4$

$|\mathbb{K}| = 6$

$\sum_{i=1}^{4} \text{ord}(E_i) = 12$

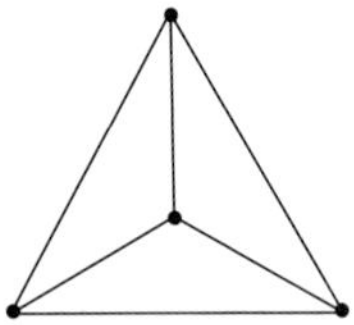

Sicherlich ist Ihnen aufgefallen, dass die Summe aller Eckenordnungen in jedem der vier Graphen gleich dem Doppelten der Kantenzahl ist.

Vielleicht haben Sie diesen Zusammenhang auch schon beim Bearbeiten der Übung 2 des letzten Abschnitts entdeckt. Dort haben Sie für sechs Graphen mit jeweils 5 Ecken und 8 Kanten die Eckenordnungen bestimmt. Wenn Sie die Übung richtig bearbeitet haben, ist die Summe der Eckenordnungen bei jedem der sechs Graphen gleich 16, also doppelt so groß wie die Anzahl der Kanten.

Im festen Vertrauen, dass es sich bei diesem an Beispielen gefundenen Zusammenhang nicht um Zufall handelt, formulieren wir Satz 1 (und beweisen ihn):

**Satz 1:** Sei $G = (\mathbb{E},\mathbb{K})$ ein Graph.
Dann ist die Summe der Ordnungen aller Ecken gleich dem Doppelten der Kantenzahl: $\sum_{E_i \in E} \text{ord}(E_i) = 2 \cdot |\mathbb{K}|$

**Beweis:**

Wir betrachten zunächst einen schlingenfreien Graphen.

- Nach der Definition „Graph" sind jeder Kante k des Graphen genau zwei Ecken zugeordnet.
- Jede Kante erhöht also die Summe aller Eckenordnungen des Graphen um genau 2.
- Also ist die Summe aller Eckenordnungen doppelt so groß wie die Anzahl der vorhandenen Kanten, die nicht Schlingen sind. (*)
- Da wir in der Definition „Eckenordnung" vereinbart haben, dass Schlingen bei der Bestimmung der Eckenordnungen doppelt gezählt werden, erhöht auch jede Schlinge die Summe der Eckenordnungen um 2. (**)
- Aus (*) und (**) folgt: Die Summe aller Eckenordnungen ist gleich dem Doppelten der Kantenzahl,

  formal: $\sum_{E_i \in E} \text{ord}(E_i) = 2 \cdot |\mathbb{K}|$

Satz 1 sagt insbesondere aus, dass die Summe der Eckenordnungen in einem Graphen stets eine gerade Zahl ist. Daraus können wir folgern:

**Satz 2:** In einem Graph ist die Anzahl der Ecken mit ungerader Ordnung eine gerade Zahl.

**Beweis:**

Wir betrachten die Ecken mit geraden und ungeraden Ordnungen getrennt.

- Die Summe aller Eckenordnungen der Ecken mit geraden Ordnungen ist als Summe gerader Zahlen auch eine gerade Zahl.
- Die Gesamtsumme aller Eckenordnungen ist nach Satz 1 ebenfalls eine gerade Zahl.
- Da nur eine gerade Zahl addiert zu einer geraden Zahl eine gerade Zahl ergibt, muss die Summe der Eckenordnungen derjenigen Ecken, die eine ungerade Ordnung haben, eine gerade Zahl sein.
- Da die Ordnungen dieser Ecken selbst ungerade Zahlen sind, und die Summe von ungeraden Zahlen nur dann gerade ist, wenn wir eine gerade Anzahl von Summanden haben, muss die Zahl der Ecken mit ungerader Ordnung gerade sein.
- Mit anderen Worten: Ecken mit ungerader Ordnung treten stets paarweise auf.

Stellen Sie sich vor, Sie treffen sich mit 4 Kommiliton(inn)en in einer Gaststätte. Zur Begrüßung schüttelt jede Person jeder anderen Person einmal die Hand. Wie oft werden Hände geschüttelt?

Dieses Problem kennen Sie aus der Kombinatorik. Vielleicht wissen Sie auch noch, dass die Lösung $\binom{5}{2} = \frac{5!}{(5-2)! \cdot 2!} = \frac{5 \cdot 4}{2} = 10$ ist.

Was hat diese Aufgabe mit unseren Graphen zu tun?

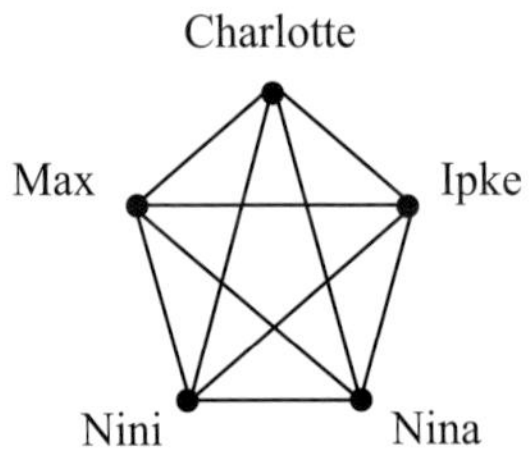


Man kann diese Aufgabe durch einen Graphen darstellen. Die Ecken stehen für die Personen, jeder Handschlag wird durch eine Kante dargestellt.

Wenn jede Person jeder anderen die Hand gibt, dann bedeutet das für unseren Graphen, dass jeweils zwei verschiedene Ecken durch genau eine Kante verbunden werden. Jede der 5 Personen schüttelt (5–1) anderen Personen die Hand.

Kommen wir also auf 5·4 Handschläge? Natürlich nicht, denn bei dieser Zählung hätten wir jeden Handschlag genau zweimal gezählt. Tatsächlich können wir also $\frac{5\cdot(5-1)}{2}$ Handschläge beobachten.

Man nennt einen solchen Graphen einen *vollständigen Graphen* und bezeichnet ihn mit $V_n$, wobei der Index die Zahl der Ecken angibt. Die folgende Abbildung zeigt die vollständigen Graphen mit eins bis sechs Ecken.

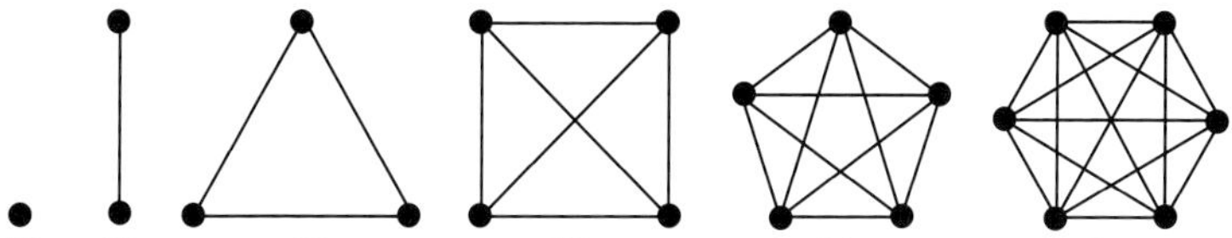


Abb. 9:

Wir heben unsere konkreten Vorüberlegungen aus der Gaststätte auf eine formale Ebene und formulieren Satz 3:

**Satz 3:** Sei $V_n$ der vollständige Graph mit n Ecken. Dann gilt für die Anzahl der Kanten in $V_n$:

$$|\mathbb{K}| = \frac{n\cdot(n-1)}{2}.$$

Für die Ordnungen aller Ecken von $V_n$ gilt:
$\text{ord}(E_i) = n - 1$.

**Beweis:**

- Da im vollständigen Graphen $V_n$ jede der n Ecken mit jeder der anderen $n - 1$ Ecken verbunden ist, gilt für jede Ecke $E_i$ im vollständigen Graphen: $\text{ord}(E_i) = n - 1$.
- Dann folgt für die Summe aller Eckenordnungen im vollständigen Graphen mit n Ecken: $\sum_{E_i \in E} \text{ord}(E_i) = n\cdot(n-1)$ (*)
- Nach Satz 1 gilt: $\sum_{E_i \in E} \text{ord}(E_i) = 2\cdot|\mathbb{K}|$ (**)
- Aus (*) und (**) folgt: $n\cdot(n-1) = 2\cdot|\mathbb{K}|$

$$\Rightarrow \frac{n \cdot (n-1)}{2} = |\mathbb{K}|$$

Wir können also bei Kenntnis der Eckenzahl sofort die Ordnungen der Ecken sowie die Kantenzahl bestimmen.

## Vom $V_n$ zum $V_{n+1}$ … und zurück

Überlegen Sie sich, wie Sie von einem beliebigen vollständigen Graphen $V_n$ zum $V_{n+1}$ gelangen.

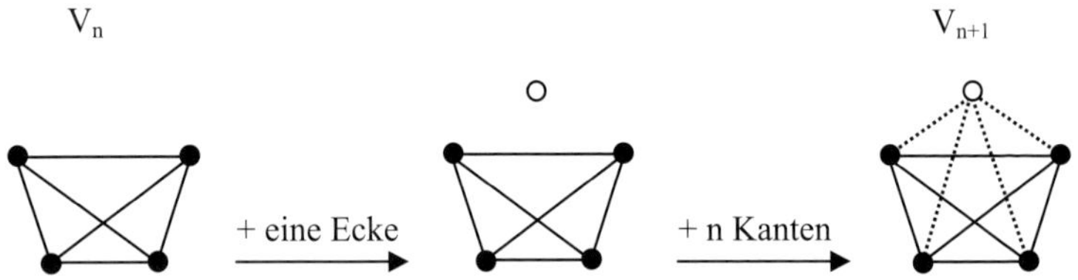


Kennt man also die Kantenzahl des $V_n$, dann kennt man auch die Kantenzahl des $V_{n+1}$:

$$|\mathbb{K}_{V_n}| + n = |\mathbb{K}_{V_{n+1}}|$$

Umgekehrt kommt man vom $V_{n+1}$ zum $V_n$, indem man …
… eine Ecke ($E_{n+1}$) und alle von dieser Ecke ausgehenden n Kanten löscht.

Man sagt: $V_n$ ist (echter) Untergraph des $V_{n+1}$.

Ein Graph $G' = (\mathbb{E}',\mathbb{K}')$ ist *Untergraph* von $G = (\mathbb{E},\mathbb{K})$, wenn

$\mathbb{E}' \subseteq \mathbb{E}$

$\wedge$ $\mathbb{K}' \subseteq \mathbb{K}$

$\wedge$ In G' sind alle Ecken durch Kanten verbunden, die auch in G durch Kanten verbunden sind.

Bei *Teilgraphen* muss die letzte Bedingung nicht erfüllt sein.

Beispiele für
Teilgraphen des $V_5$:

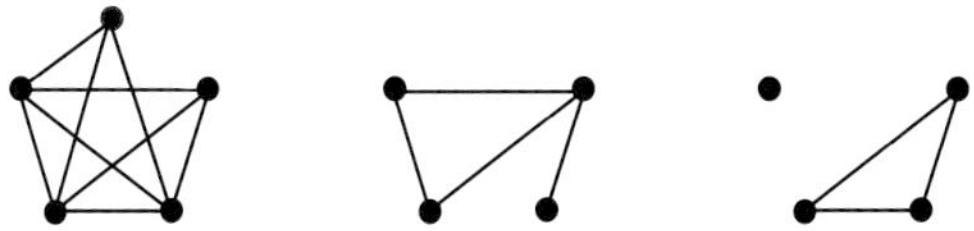

Damit ist klar:
Jeder Untergraph eines vollständigen Graphen muss wieder ein vollständiger Graph sein.

Übung:

1) Ein Graph habe 4 Ecken und 5 Kanten. Zwei Ecken haben die Ordnung 3. Was können Sie über die Ordnung der beiden anderen Ecken sagen?

2) Der Graph aus (1) sei schlicht. Wie sieht er aus?

3) Bestimmen Sie die Eckenordnungen und die Kantenzahl für $V_{10}$ (für $V_{20}$).

4) Gibt es einen vollständigen Graphen mit 75 (mit 210) Kanten?

5) Verändern Sie die o. g. Beispiele für Teilgraphen des $V_5$ durch insgesamt vier Aktionen, so dass drei verschiedene Untergraphen des $V_5$ entstehen.
Erreichen Sie das Gewünschte auch mit fünf Aktionen?

## 1.4 Plättbarkeit von Graphen

Wir haben in Kapitel 1.2 schon einige Graphen auf Plättbarkeit untersucht. Die nicht planaren Graphen hatten sich alle als plättbar herausgestellt. Wir untersuchen nun die vollständigen Graphen, die Sie im letzten Abschnitt kennengelernt haben, auf Plättbarkeit.

$V_1$, $V_2$ und $V_3$ sind planar.

$V_4$ ist plättbar:

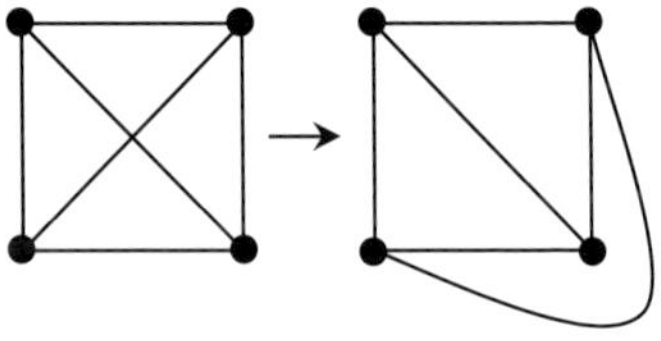

Wir betrachten $V_5$:

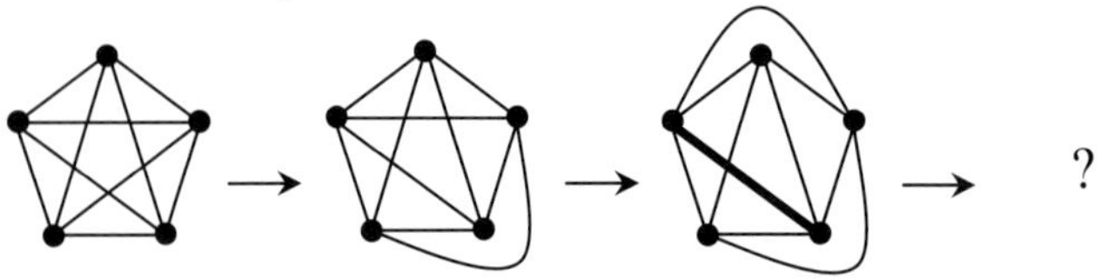


Es sieht so aus, als ob wir die dickgezeichnete Kante nicht so umlegen können, dass keine neue Kreuzung entsteht. Oder haben wir nur nicht geschickt genug angefangen?

Gibt es vielleicht doch einen planaren Graphen, der zu $V_5$ isomorph ist?

Bevor wir diese Frage beantworten können, untersuchen wir Beziehungen zwischen Ecken-, Kanten- und Flächenzahl bei planaren, zusammenhängenden Graphen. Die bei solchen und nur bei solchen Graphen bestehenden Beziehungen lassen dann auch Aussagen darüber zu, ob ein Graph plättbar ist oder nicht.

**Hinführung zu Satz 4 (Eulersche Formel):**

Die Eulersche Formel macht eine Aussage über planare und zusammenhängende Graphen. Wir greifen auf unseren Fundus von Graphen mit diesen Eigenschaften zurück und bereiten den Zusammenhang beispielorientiert vor:

1) In Kapitel 1.1, Übung (1) haben wir zu jedem platonischen Körper einen isomorphen Graphen dargestellt. All diese Graphen sind planar und zusammenhängend. Wir ermitteln für jeden dieser Graphen die Ecken-, Kanten- und Flächenzahl und stellen einen erstaunlichen Zusammenhang fest:

| **Körper** | **Eckenzahl e** | **Kantenzahl k** | **Flächenzahl f** | **e – k + f** |
|---|---|---|---|---|
| Tetraeder | 4 | 6 | 4 | 2 |
| Würfel | 8 | 12 | 6 | 2 |
| Oktaeder | 6 | 12 | 8 | 2 |
| Dodekaeder | 20 | 30 | 12 | 2 |
| Ikosaeder | 12 | 30 | 20 | 2 |

2) Wir betrachten den Graphen $G_2$ aus Kapitel 1.2, Übung (1). Auch dieser Graph ist zusammenhängend und planar.
$G_2$ hat 5 Ecken, 8 Kanten und 5 Flächen. Beachten Sie, dass das Äußere stets als eine Fläche mitgezählt wird. Auch hier stellen wir fest:

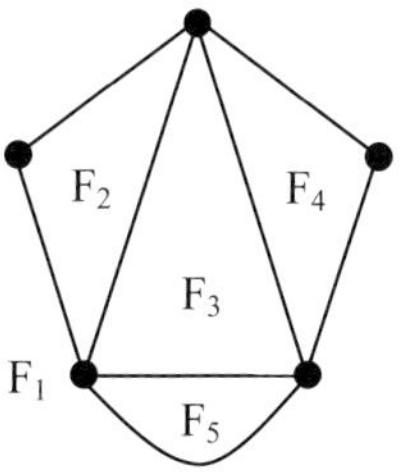


$$\begin{aligned} & e - k + f \\ = \ & 5 - 8 + 5 \\ = \ & 2 \end{aligned}$$

3) Auch der zum „Haus des Nikolaus" isomorphe planare Graph aus Kapitel 1.2 besteht aus 5 Ecken, 8 Kanten und 5 Flächen. Offensichtlich gilt auch hier:

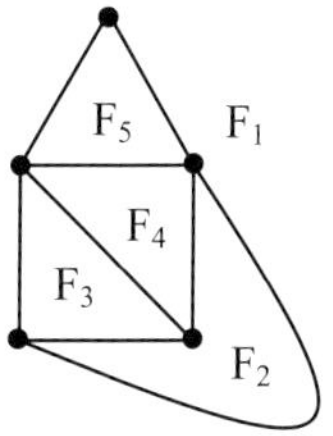


$$\begin{aligned} & e - k + f \\ = \ & 5 - 8 + 5 \\ = \ & 2 \end{aligned}$$

Wir formulieren unsere an Beispielen gewonnene Vermutung in allgemeiner Form:

**Satz 4**: Eulersche Formel [7]

Für jeden planaren, zusammenhängenden Graphen mit e Ecken, k Kanten und f Flächen gilt: $e - k + f = 2$ .

**Beweis:**

Idee: Zuerst zeigen wir, dass die Behauptung für einen planaren zusammenhängenden Graphen mit null Kanten gilt. Danach bauen wir den Graphen kantenweise auf und beobachten dabei die Zahl $e - k + f$. Wir zeigen die Behauptung also durch vollständige Induktion über der Kantenzahl.

Es gilt:

- Besteht unser Graph nur aus einer einzelnen Ecke ohne Kanten, so haben wir eine Ecke, keine Kanten und eine Fläche, also $1 - 0 + 1 = 2$. [8]

Induktionsanfang:

z.z.: Die Behauptung gilt für einen Graphen mit einer Kante.

- Wir fügen also eine erste Kante hinzu.
  Wenn diese Kante eine Schlinge ist, dann bleibt die Eckenzahl unverändert, während sich die Kanten- und Flächenzahl um jeweils 1 erhöhen, was $e - k + f$ unverändert lässt.

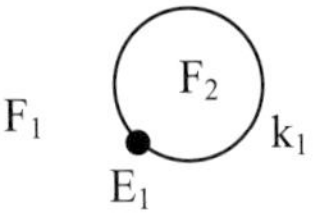


  Wenn diese Kante keine Schlinge ist, dann hat sie eine zweite Ecke. Dadurch erhöhen sich e und k um jeweils 1, die Zahl der Flächen bleibt unverändert. Also auch diese Operation ändert nichts an $e - k + f = 2$.

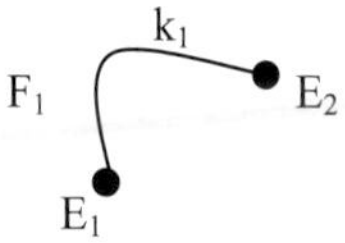


Induktionsschritt:

z.z.: Wenn die Behauptung für einen Graphen mit n Kanten gilt, dann gilt sie auch für einen Graphen mit (n+1) Kanten.

Wir setzen also voraus, dass die Behauptung für einen planaren zusammenhängenden Graphen mit n Kanten gilt.

- Wenn wir den Graphen schon aus n Kanten ($n \in \mathbb{N}$) aufgebaut haben und dann eine (n+1)-te Kante unter Beibehaltung der Planarität hinzufügen, so sind drei Fälle möglich:

---

[7] Leonhard Euler, deutscher Mathematiker, 1707 - 1783

[8] Der Fall $k = 0$, $e \geq 2$ erzeugt einen nicht zusammenhängenden Graphen.

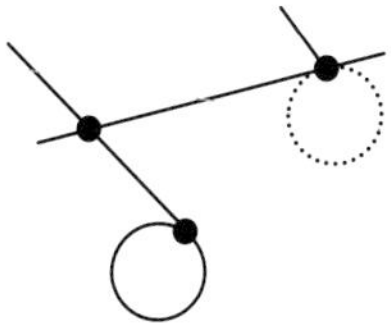

1. Fall
Die neue Kante (gestrichelt) ist eine Schlinge.
Dann bleibt e gleich, k und f erhöhen sich um 1.
$e - k + f$ bleibt unverändert.

2. Fall
Die neue Kante verbindet zwei schon vorhandene Ecken.
Dann bleibt e gleich, k und f wachsen um 1.
Also bleibt $e - k + f$ unverändert.

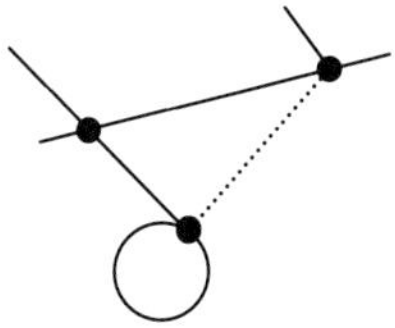

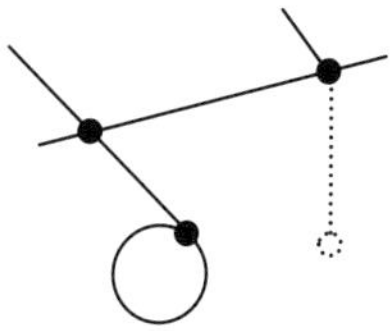

3. Fall
Die neue Kante hat als zweite Ecke eine neue Ecke (gestrichelt).
e wächst dann um 1, ebenso k, die Flächenzahl f ändert sich nicht.
Also bleibt $e - k + f$ auch in diesem Fall unverändert.

Da der Graph zusammenhängend ist[9], erhalten wir so schließlich den ganzen Graphen, wobei sich bei keinem Schritt die Zahl $e - k + f$ verändert.

Mit Hilfe der Eulerschen Formel können wir nun beweisen, dass der vollständige Graph $V_5$ nicht plättbar ist.

**Satz 5:** Der vollständige Graph $V_5$ ist nicht plättbar.

**Beweis:** (indirekt)

Annahme: $V_5$ sei plättbar.

- Wenn $V_5$ plättbar ist, dann gibt es nach der Definition „plättbar" einen zu $V_5$ isomorphen planaren Graphen $V_5^*$, der wie $V_5$ ebenfalls 5 Ecken und $|\mathbb{K}| = \frac{5 \cdot (5-1)}{2} = 10$ Kanten hat und ebenfalls zusammenhängend ist.

---

[9] Diese Eigenschaft ist zusammen mit der Planarität der Grund dafür, dass beim Einfügen der (n+1)-ten Kante nur die drei o.g. Fälle möglich sind. Überlegen Sie, wie viele Fälle bei nicht zusammenhängenden (planaren) Graphen zu unterscheiden wären.

- Für $V_5$* gilt dann die Eulersche Formel: $e - k + f = 2$
  $\Rightarrow \quad 5 - 10 + f = 2$
  $\Rightarrow \quad f = 7$
- Jede dieser 7 Flächen von $V_5$* wäre von mindestens 3 Kanten begrenzt[10], also müsste es *mindestens* $7 \cdot 3 = 21$ Grenzen geben, wenn man jede Grenze doppelt zählt. (*)
- Da andererseits jede der 10 Kanten höchstens Grenze von 2 Flächen sein kann, kommen wir auf *höchstens* 20 Grenzen. (**)
- Die Annahme, $V_5$ sei plättbar, führt also in (*) und (**) zu einem Widerspruch. Sie ist daher zu verneinen:

  $V_5$ ist nicht plättbar.

Die Frage, ob ein Graph plättbar ist, interessiert nicht nur wegen der Übersichtlichkeit der Darstellung. Denken Sie auch an gedruckte Schaltungen in der Elektronik, an kreuzungsfreie Wegeführungen im Verkehr oder an das Verlegen von Strom- oder Wasserleitungen.
In diesem Kontext steht auch der so genannte GEW-Graph, bei dem es darum geht, Häuser an das Gas-, Elektrizitäts- und Wasserwerk anzuschließen. Jedes Haus soll mit jedem Werk verbunden werden, die Häuser untereinander sind nicht verbunden, ebenso sind die Werke nicht miteinander verbunden. Wir betrachten zuerst den GEW-Graphen für zwei Häuser.

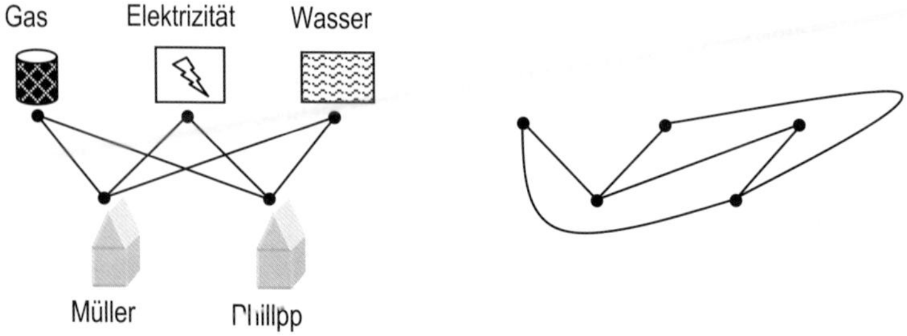


Abb. 10

Abbildung 10 zeigt, dass der GEW-Graph für zwei Häuser plättbar ist. Ein isomorpher planarer Graph ist angegeben. Es ist also möglich, die Häuser der Familien Müller und Philipp kreuzungsfrei an die drei Werke anzuschließen.

---

[10] Der kürzeste geschlossene Weg in $V_5$ besteht aus 3 Kanten.

Abbildung 11 zeigt den GEW-Graphen für drei Häuser.

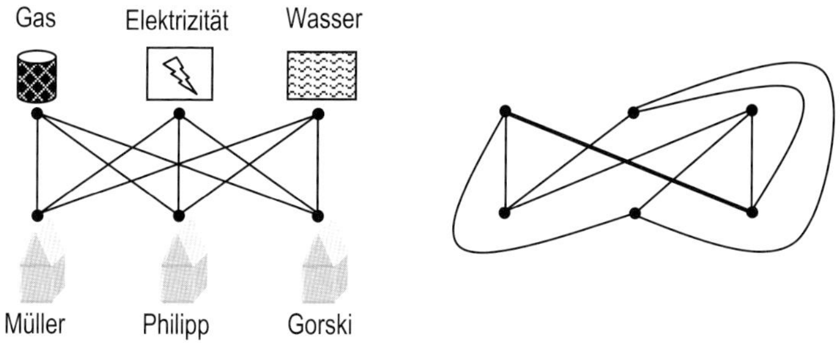


Abb. 11

Jeder Versuch, die drei Häuser kreuzungsfrei mit den drei Werken zu verbinden, endet mit einem ähnlich zu dem in Abbildung 11 rechts dargestellten Graphen. Es sieht so aus, als ob es für die letzte fett dargestellte Verbindung keine Umlegemöglichkeit gibt, bei der nicht eine neue Kreuzung entsteht.

Bis zum endgültigen Beweis müssen wir uns jedoch wie beim vollständigen Fünfeck fragen, ob dies nicht vielleicht nur an einem ungeschickten Ansatz oder mangelhafter Phantasie beim Leitungsverlegen liegt. Wir formulieren daher Satz 6 und verfolgen die gleiche Beweisstrategie wie in Satz 5:

**Satz 6**: Der GEW-Graph für drei Häuser ($GEW_{3H}$) ist nicht plättbar.

**Beweis:** (indirekt)

Annahme: $GEW_{3H}$ sei plättbar.

- Wenn $GEW_{3H}$ plättbar ist, dann gibt es nach der Definition „plättbar" einen zu $GEW_{3H}$ isomorphen planaren Graphen $GEW_{3H}$*, der wie $GEW_{3H}$ ebenfalls 6 Ecken und 9 Kanten hat und ebenfalls zusammenhängend ist.
- Für $GEW_{3H}$* gilt dann die Eulersche Formel: $e - k + f = 2$
  $\Rightarrow 6 - 9 + f = 2$
  $\Rightarrow f = 5$
- Jede dieser 5 Flächen von $GEW_{3H}$* wäre von mindestens 4 Kanten begrenzt, also müsste es *mindestens* $5 \cdot 4 = 20$ Grenzen geben, wenn man jede Grenze doppelt zählt. (*)

- Da andererseits jede der 9 Kanten höchstens Grenze von 2 Flächen sein kann, kommen wir auf *höchstens* 18 Grenzen. (**)
- Die Annahme, $GEW_{3H}$ sei plättbar, führt also in (*) und (**) zu einem Widerspruch. Sie ist daher zu verneinen: Der GEW-Graph für drei Häuser ($GEW_{3H}$) ist nicht plättbar.

Wir haben also nachgewiesen, dass der Graph des vollständigen Fünfecks $V_5$ und der GEW-Graph für drei Häuser nicht plättbar sind. Damit ist aber auch klar:

**Vorläufige Folgerung:**
Wenn ein zusammenhängender Graph den $V_5$ oder $GEW_{3H}$ als Teilgraphen enthält, dann ist dieser Graph nicht plättbar.

Wir könnten bei einem solchen Graphen nämlich versuchen, zunächst einen geeigneten Teilgraphen zu plätten, sinnvollerweise den $V_5$ oder $GEW_{3H}$, und würden bereits an dieser Stelle kläglich scheitern.

Mit dieser „vorläufigen Folgerung“ haben wir schon ein hervorragendes Kriterium zur Verfügung, um Graphen als nicht plättbar zu klassifizieren.

**Aber:** Ist dieses Kriterium ein hinreichendes für die Nichtplättbarkeit eines Graphen?

Auf der Suche nach einer Antwort betrachten wir die unten dargestellten Graphen $G_1$ und $G_2$, die erstaunliche „Ähnlichkeiten“ mit $GEW_{3H}$ bzw. $V_5$ haben.

**Aufgabe**: Versuchen Sie, mit Hilfe der Ihnen zur Verfügung stehenden Definitionen, Sätze und Folgerungen zu einer Aussage über die Plättbarkeit dieser beiden Graphen zu kommen. Lesen Sie erst danach weiter.

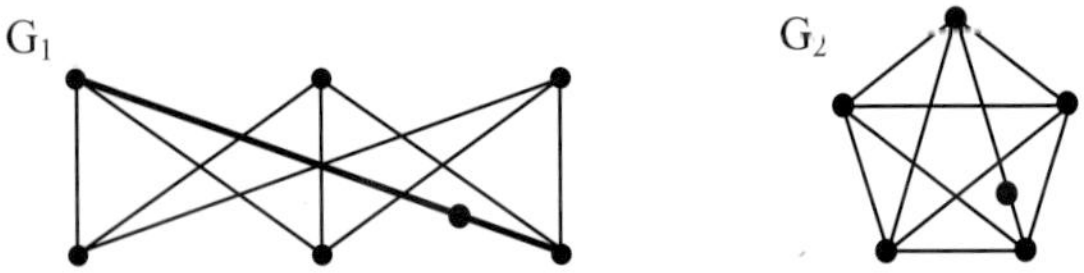


Nun, wahrscheinlich werden Sie versucht haben, geeignete Teilgraphen zu identifizieren, um unsere „vorläufige Folgerung“ anzuwenden.

Aber $G_1$ enthält nicht den $GEW_{3H}$ und $G_2$ enthält nicht den $V_5$ als Teilgraph[11]. Trotzdem sind auch diese beiden Graphen nicht plättbar.

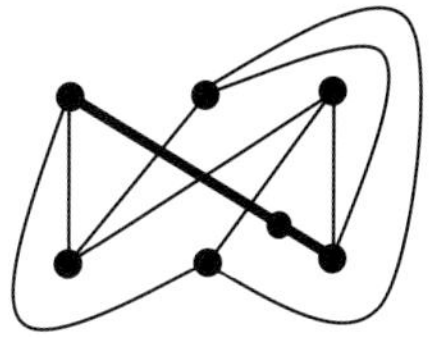

Jeder Versuch, $G_1$ zu plätten, führt nach einiger Zeit zu einer ähnlichen Situation wie rechts abgebildet. Der fett dargestellte Kantenzug ist nicht mehr kreuzungsfrei in die Ebene zu legen. Dabei ist dieses Problem vergleichbar mit unseren Bemühungen, die entsprechende Kante des $GEW_{3H}$ kreuzungsfrei in die Ebene zu legen. Der fett dargestellte Kantenzug verhält sich beim Versuch des Plättens ebenso wie die entsprechende Kante des $GEW_{3H}$: es scheint unmöglich, ihn kreuzungsfrei in die Ebene zu legen. Dabei ist es offensichtlich vollkommen unerheblich, wie oft diese Kante (des $GEW_{3H}$) durch neue Ecken *unterteilt* [12] ist. Vollkommen analoge Überlegung könnten wir hinsichtlich der Plättbarkeit des oben angeführten Graphen $G_2$ anstellen.
Nach dieser Überlegung formulieren wir unsere vorläufige Folgerung neu:

Wenn ein zusammenhängender Graph den $V_5$ oder den $GEW_{3H}$ oder eine Unterteilung dieser Graphen als Teilgraphen enthält, dann ist dieser Graph nicht plättbar.

Es gilt sogar der folgende Satz:

**Satz 7:** Satz von Kuratowski

Ein zusammenhängender Graph ist genau dann nicht plättbar, wenn er den vollständigen Graphen $V_5$ oder den GEW-Graphen für drei Häuser $GEW_{3H}$ oder eine Unterteilung eines dieser Graphen als Teilgraph enthält.

Die Rückrichtung dieses Satzes haben wir begründet, auf den Beweis der „Hinrichtung" verzichten wir an dieser Stelle. Dem polnischen Mathematiker Kuratowski gelang 1930 als erstem der Beweis der „Hinrichtung" dieses Satzes.

---

11 Im Anschluss an unsere Überlegungen nach Satz 3 wollten wir G' als Teilgraphen von G bezeichnen, wenn die Eckenmenge von G' eine Teilmenge der Eckenmenge von G ist und wenn die Kantenmenge von G' eine Teilmenge der Kantenmenge von G' ist.

12 Von einer Unterteilung des $GEW_{3H}$ oder des $V_5$ wollen wir reden, wenn auf einer oder auf mehreren Kanten dieser Graphen neue Ecken ausgezeichnet sind.

Übung: 1) Beweisen Sie mit Hilfe von Satz 7, dass die folgenden Graphen nicht plättbar sind.

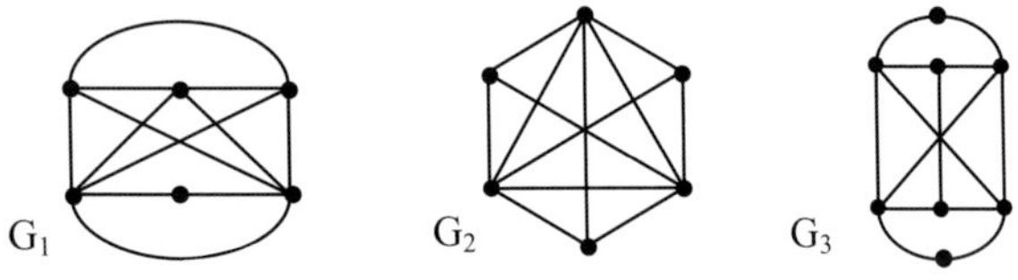


2) Beim Beweis der Eulerschen Formel (Satz 4) wurden im Induktionsschritt drei Fälle unterschieden. Diskutieren Sie den folgenden Fall.

4. Fall:
Die neue Kante erzeugt eine neue Ecke auf einer bereits vorhandenen Kante.

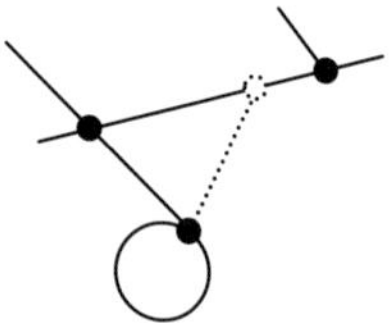

## 1.5 Durchlaufbarkeit von Graphen

Sie kennen das Spiel „Das ist das Haus des Ni - ko - laus“, bei dem man ohne den Stift abzusetzen die nebenstehende Figur aus 8 Strichen zeichnet, wobei man bei jedem Strich eine Silbe spricht. Sie wissen vermutlich, dass dies nur geht, wenn man bei einer der beiden unteren Ecken beginnt, und auch, dass man automatisch dann bei der anderen Ecke unten endet.

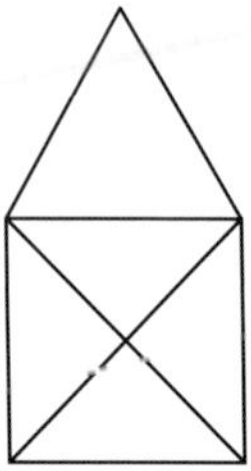

Ein anderes Beispiel für Zeichnen ohne Absetzen ist das folgende, dem Schülerband 4 des Zahlenbuchs (Klett, Stuttgart 1997, S. 22) entnommene:

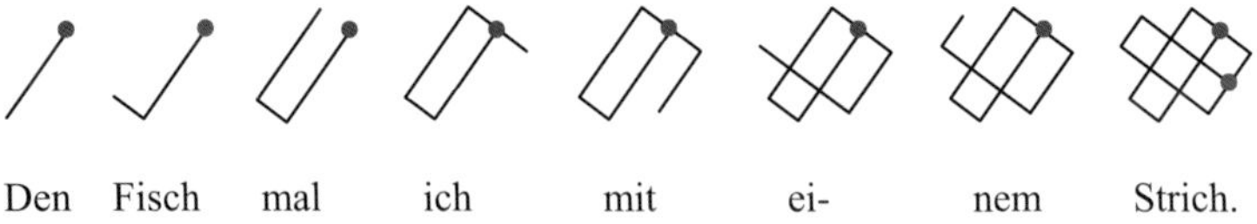

Auch beim Fisch können Start- und Zielpunkt nicht frei gewählt werden, wenn man, wie bei diesen Spielen üblich, den Stift nicht absetzen und keine Linie doppelt zeichnen darf.

In der Sprache der Graphentheorie geht es bei diesen Spielen um die Durchlaufbarkeit eines Graphen in einem Zug, wobei jede Kante genau einmal durchlaufen wird. Offensichtlich geht dies nur bei zusammenhängenden Graphen. Wir definieren deshalb:

**Definition 9:** (geschlossen) unikursaler Graph

Ein zusammenhängender Graph heißt *unikursal*, wenn es einen Weg gibt, der jede Kante des Graphen genau einmal enthält. Ein derartiger Weg heißt *Eulerscher Weg*.

Wir sprechen von einem *geschlossenen Eulerschen Weg* oder *Eulerschen Kreis*, wenn Anfangs- und Endecke eines Eulerschen Weges zusammenfallen. Der Graph heißt in diesem Fall *geschlossen unikursal*.

Die Bezeichnung *Eulerscher Weg* wurde deshalb gewählt, weil Euler 1737 das damals sehr populäre *Königsberger Brückenproblem* gelöst hat. In der Innenstadt von Königsberg fließen der Alte Pregel und der Neue Pregel zusammen. Hinter dem Zusammenfluss liegt eine Insel, und über die Flussarme führten im 18. Jahrhundert 7 Brücken, die den Nordteil, den Ostteil, den Südteil der Stadt und die Insel miteinander verbanden. Die Frage war, ob es möglich ist, einen Spaziergang durch die Innenstadt zu machen, bei dem man jede der 7 Brücken genau einmal überquert (Abbildung 12).

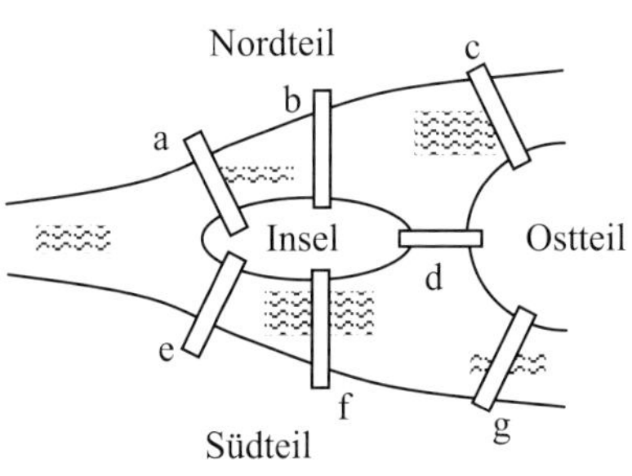


Abb. 12

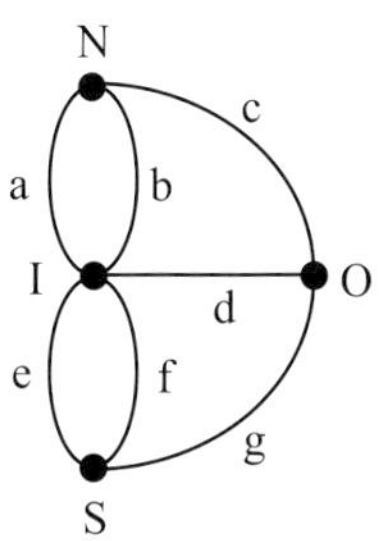


Abb. 13

**Hinführung zu Satz 8:**

Das Königsberger Brückenproblem lässt sich wie in Abbildung 13 gezeigt in einem Graphen darstellen, wobei die Ecken den vier Stadtteilen entsprechen und die Kanten den 7 Brücken.

Die Frage lautet also:

---

| | |
|---|---|
| | Ist der Graph aus Abbildung 13 unikursal? |
| oder: | Gibt es in Abbildung 13 einen Eulerschen Weg? |

---

Machen wir uns auf die Suche nach einen Eulerschen Weg. Wir wählen O als Startpunkt und verlassen O über irgendeine Brücke. Wir müssen später noch einmal zu O zurück, um die zweite der drei Brücken, die in O enden, zu begehen. Über die dritte Brücke verlassen wir O wieder und können dann nicht wieder zu O zurück, ohne eine Brücke doppelt zu begehen. O könnte also ein Startpunkt unseres Weges sein, wäre dann aber keinesfalls auch der Endpunkt unseres Weges.

Wir könnten unseren Weg aber auch in einem anderen Stadtteil beginnen. Irgendwann würden wir O über eine der drei Brücken betreten und über eine andere Brücke wieder verlassen. Wir müssen noch einmal zu O zurück, um die dritte und letzte Brücke zu begehen. Dann kommen wir von O nicht mehr fort, O wäre zwangsläufig der Endpunkt unseres Weges. O ist also entweder Anfangspunkt oder Endpunkt unseres Weges.

Dieselben Überlegungen können wir aber auch für N und S anstellen, bei denen wie bei O drei Brücken enden, und ähnliche Überlegungen führen für die Insel auch zu dem Ergebnis, dass sie nur Start- oder Endpunkt sein kann, da in ihr fünf Brücken enden. Nun haben wir vier Punkte, die alle entweder Start- oder Endpunkt eines Weges sein müssen. Das Königsberger Brückenproblem ist also nicht lösbar.

Offensichtlich ist es die Ordnung der Ecken, die darüber entscheidet, ob Graphen unikursal sind. Ecken mit gerader Ordnung machen keine Probleme: Während des Durchlaufens kommt man in sie hinein und auch wieder heraus, wobei man jeweils zwei Kanten verbraucht, bis schließlich alle Kanten, die in dieser Ecke enden, durchlaufen sind. Ecken mit ungerader Ordnung müssen dagegen entweder Anfangs- oder Endpunkt eines Eulerschen Weges sein. Ein Graph kann also nur dann unikursal sein, wenn er keine oder genau zwei Ecken ungerader Ordnung besitzt, also gilt:

**Satz 8:** Ein zusammenhängender Graph ist genau dann unikursal, wenn er nicht mehr als zwei Ecken ungerader Ordnung besitzt.

**Beweis:**

„$\Leftarrow$" Vorauss.: Der zusammenhängende Graph hat nicht mehr als zwei Ecken ungerader Ordnung.

z.z.: Der zusammenhängende Graph ist unikursal.

Nach Satz 2 ist in einem Graph die Anzahl der Ecken mit ungerader Ordnung gerade. Wir brauchen daher nur zwei Fälle zu unterscheiden:

1. Fall: Der Graph hat 0 Ecken ungerader Ordnung.
2. Fall: Der Graph hat 2 Ecken ungerader Ordnung.

1. Fall: Der Graph hat 0 Ecken ungerader Ordnung.

- Wir wählen eine beliebige Anfangsecke $E_0$.

  Von $E_0$ aus durchlaufen wir einen Weg $(k_1, k_2, k_3, \ldots)$. Da auf diesem Weg alle Ecken gerade Ordnung haben, können wir alle erreichten Ecken auch wieder verlassen. An diesen Weg fügen wir nun solange Kanten an, bis wir zu einer Ecke kommen, von der aus wir den Weg nicht fortsetzen können, ohne dabei Kanten mehrfach zu durchlaufen.

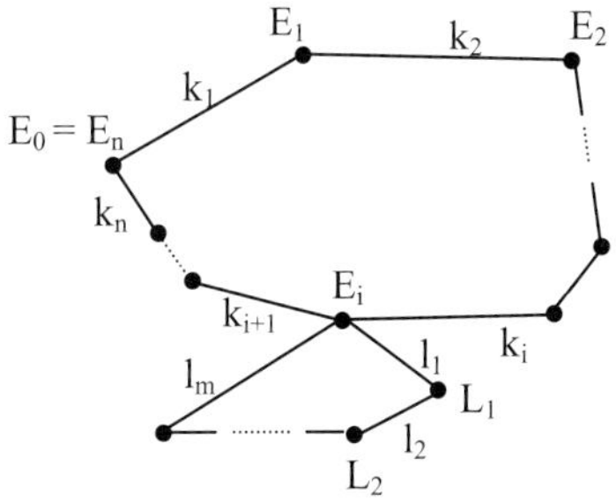


- Die Endecke $E_n$ von $(k_1, k_2, k_3, \ldots, k_n)$ muss mit $E_0$ identisch sein. Wäre das nicht der Fall, müssten Anfangsecke $E_0$ und Endecke $E_n$ ungerade Ordnung haben.
- Haben wir mit $(k_1, k_2, k_3, \ldots, k_n)$ den Graph durchlaufen, ist dieser Teil des Beweises fertig. Anderenfalls gibt es eine Ecke $E_i$, an der ein weiterer geschlossener Weg $(l_1, l_2, l_3, \ldots, l_m)$ beginnt und endet, denn auch $E_i$ hat gerade Ordnung.
- Die zusammengelegten Wege bilden wieder einen geschlossenen Weg $(k_1, k_2, k_3, \ldots, k_i, l_1, l_2, \ldots, l_m, k_{i+1}, k_n)$.
- Weil die Kantenzahl des Graphen endlich ist, bricht dieser Prozess schließlich ab. Der zuletzt formulierte Weg ist ein Eulerscher Weg.

- Ein zusammenhängender Graph mit 0 Ecken ungerader Ordnung ist also (geschlossen) unikursal. Weil wir die Anfangsecke $E_0$ beliebig gewählt haben, kann jede Ecke eines solchen Graphen Anfangs- und Endecke eines Eulerschen Weges sein.

2. Fall: Der Graph hat genau 2 Ecken ungerader Ordnung.

- Seien $E_0$ und $E_n$ die beiden Ecken mit ungerader Ordnung.
- Wir fügen eine Hilfskante $k_h$ mit den Ecken $E_0$ und $E_n$ ein. Dadurch erhöht sich die Ordnung von $E_0$ und $E_n$ jeweils um 1 und alle Ecken haben gerade Ordnung. In dem modifizierten Graphen gibt es nach Fall (1) dieses Beweises einen Eulerschen Weg, der in $E_0$ beginnt, über $k_h$ nach $E_n$ führt und wieder in $E_0$ endet.

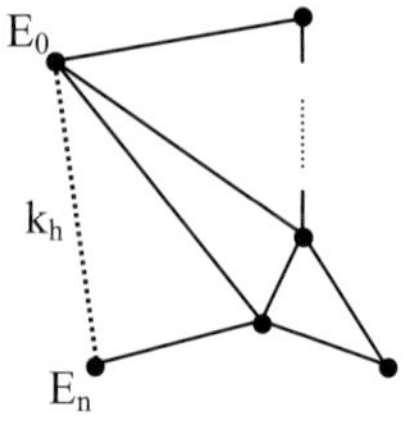


- Löschen wir die Hilfskante $k_h$ wieder, so entsteht ein Eulerscher Weg mit den Endecken $E_0$, $E_n$.
- Bei einem zusammenhängenden Graphen mit 2 Ecken ungerader Ordnung sind diese beiden Ecken also Anfangs- und Endecke eines (offenen) Eulerschen Weges. Auch in diesem Fall ist der Graph unikursal.

„$\Rightarrow$“ Vorauss.: Der zusammenhängende Graph ist unikursal.
z.z.: Der zusammenhängende Graph hat nicht mehr als zwei Ecken ungerader Ordnung.

- Der Graph sei also unikursal.
- Dann betrachten wir einen Eulerschen Weg mit der Anfangsecke $E_0$ und der Endecke $E_n$ und eine beliebige Ecke $E_i$, die von $E_0$ und $E_n$ verschieden ist.

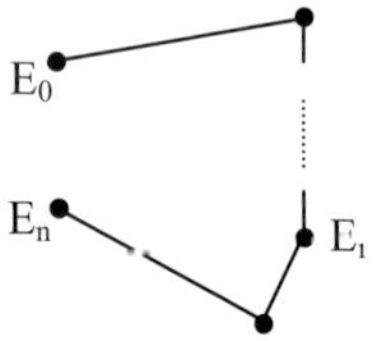


- Wenn wir den Graph auf diesem Eulerschen Weg durchlaufen, kommen wir mindestens einmal, ggf. auch häufiger, zu $E_i$ und verlassen $E_i$ auch jedes Mal wieder, denn $E_i$ ist nicht Endecke des Weges. Zu $E_i$ führen also gleich viele Kanten hin wie von $E_i$ fortführen. Damit ist die Ordnung von $E_i$ gerade.
- Aufgrund der Wahl von $E_i$ gilt dies für alle Ecken außer $E_0$ und $E_n$.
Der zusammenhängende Graph hat also nicht mehr als 2 Ecken ungerader Ordnung.

Für jeden der drei Fälle unikursal, geschlossen unikursal und nicht unikursal ist in Abbildung 14 ein Ihnen schon bekanntes Beispiel angegeben.

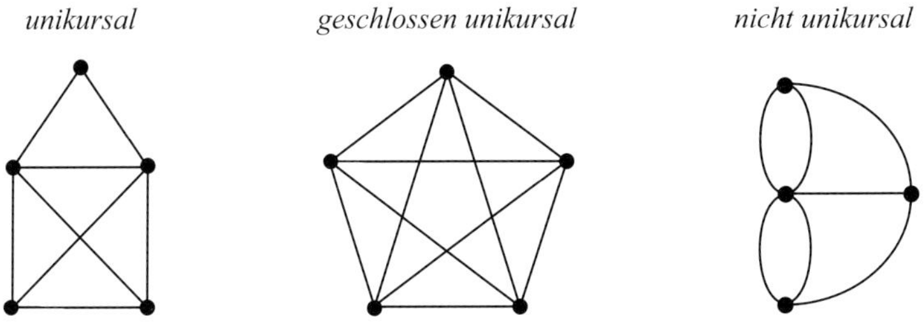


Abb. 14

Zu dem Problem der Eulerschen Wege, bei denen alle Kanten genau einmal durchlaufen werden, kann man ein entsprechendes Problem untersuchen, bei dem alle Ecken genau einmal durchlaufen werden. Damit sind wir wieder beim Einstiegsproblem dieses Kapitels angelangt.

**Definition 10:** Hamiltonsche Linie, Hamiltonscher Kreis

Durchläuft ein Weg alle Ecken eines Graphen genau einmal, so nennt man diesen Weg eine *Hamiltonsche Linie.* Wenn Anfangs- und Endecke zusammenfallen, spricht man von einem *Hamiltonschen Kreis.* Dabei wird diese Ecke natürlich zweimal berührt.

Obwohl die Frage nach Hamiltonschen Linien der Frage nach Eulerschen Wegen so eng verbunden zu sein scheint, gibt es auf die Frage nach der Existenz von Hamiltonschen Linien bis heute keine dem Satz 8 entsprechende einfache Antwort. Es sind allerdings hinreichende Bedingungen für die Existenz von Hamiltonschen Linien bekannt.

Übung: 1) Das Pferd soll bei einem Springen jedes Hindernis genau einmal überspringen. Ist das bei dem ausgesteckten Parcours möglich?

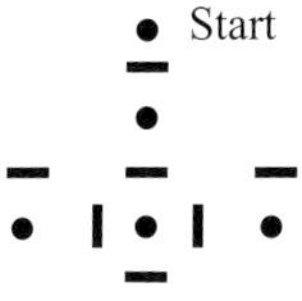

2) Unten sehen Sie den Wegeplan eines Tierparks. Gibt es einen Rundweg, der jeden Weg genau einmal erfasst?

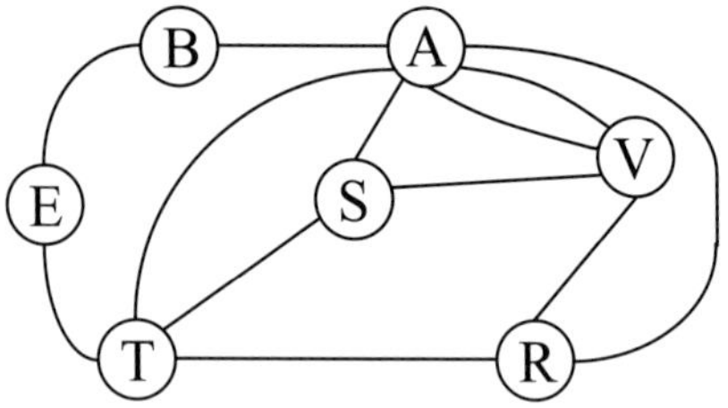


E: Eingang
B: Bären
A: Affen
V: Vögel
S: Streichelzoo
R: Rehe
T: Tiger

3) Kann man im Tierpark aus (1) einen Rundweg gehen, so dass man bei jeder Tierart genau einmal vorbeikommt? Falls ja, geben Sie einen solchen Weg an.

4) Die Abbildung zeigt den Wegeplan eines nicht unterkellerten aber sinnvoll geplanten Einfamilienhauses. Zeichen Sie einen passenden Grundriss und beschriften Sie ihn mit: Wohnzimmer, Esszimmer, Küche, Kinderzimmer, Elternschlafzimmer, Bad mit WC, Grundstück, Gäste-WC und Flur mit Bodenzugang.

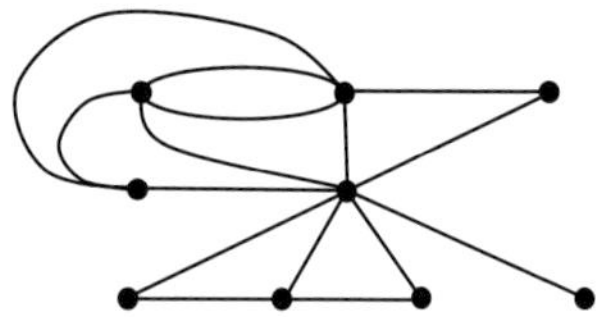

## 1.6 Erbteilungs- und Färbungsprobleme

Hinweis: Bei den in diesem Kapitel behandelten Färbungs- und Erbteilungsfragen werden wir häufig den Begriff der ebenen Landkarte verwenden.

*Ebene Landkarten* sind planare Graphen, bei denen jede Kante genau zwei Flächen begrenzt. Der Rede von Kanten bzw. Flächen werden wir die anschaulichere Rede von *Grenzen* bzw. *Ländern* (Gebieten) vorziehen.

Der König eines Inselreiches verfügt in seinem Testament, dass sein (zusammenhängendes) Land nach seinem Tode so auf seine Kinder aufgeteilt werden soll, dass jedes Kind ein zusammenhängendes Stück Land bekommt und direkter Nachbar aller seiner Geschwister ist. Jedes Erbland soll also ein Stück gemeinsame Grenze mit allen anderen Erbländern haben.
Wie viele Kinder darf dieser König höchstens haben, damit diese ihr Erbe antreten können?
Was ist, wenn jedes Erbland auch ein Stück Strand haben soll?
Nach dem Eintreten des Erbfalls müssen für die Insel neue Landkarten gezeichnet werden. Wie viele Farben benötigt man dazu, wenn zwei Länder mit einem gemeinsamen Grenzstück mit verschiedenen Farben gefärbt werden und das Äußere auch eine eigene Farbe bekommt?

Dieses Erbteilungsproblem ist offensichtlich leicht lösbar, wenn der König einen Alleinerben hat oder zwei Kinder, die sich die Insel teilen. Für drei Kinder zeigt Abbildung 15 eine mögliche Aufteilung, bei der jedes Land auch noch ein Stück Strand hat. Das Einfügen eines vierten Landes erfordert schon etwas mehr Nachdenken, und es scheint unmöglich zu sein, diesem vierten Land noch einen Zugang zum Meer zu verschaffen (Abbildung 16).

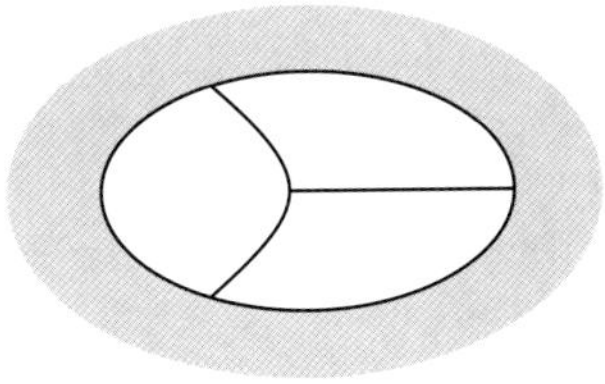

Abb. 15

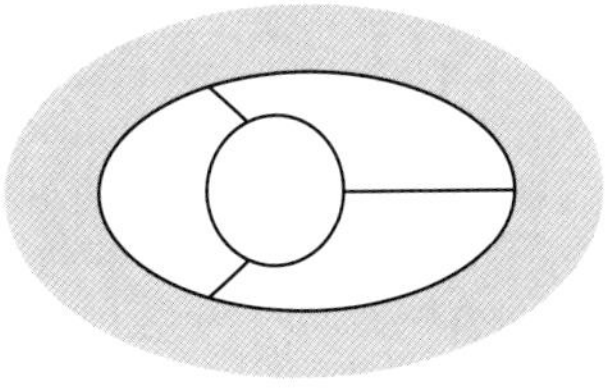

Abb. 16

Alle Versuche, noch ein fünftes Erbland unterzubringen, scheitern. Wir vermuten, dass der König höchstens vier Kinder haben darf und sogar nur drei, wenn alle ein Stück Strand erben sollen. In jedem Fall brauchen wir vier Farben, um die neue Landkarte wie gefordert zu färben. In Abbildung 15 müssen wir alle drei Länder wegen der gemeinsamen Grenzen verschieden einfärben, und wir benötigen eine vierte Farbe für das Äußere, also das Meer. In Abbildung 16 können wir, da das vierte Land nicht ans Meer grenzt, die Farbe des Meeres wieder für das vierte Land verwenden, wir kommen also auch mit vier Farben aus.

Wir formulieren unsere Vermutung als Satz:

**Satz 9:** In der Ebene gibt es höchstens vier Nachbargebiete, die paarweise aneinandergrenzen.

Vorüberlegung zum Beweis:

Wir zeichnen in der Inselaufteilung aus Abbildung 16 in jedes der vier Länder eine Hauptstadt ein. Nun können wir jede Hauptstadt mit jeder anderen durch eine Straße verbinden. Das geht kreuzungsfrei, wenn die Straßen jeweils über das gemeinsame Grenzstück führen. Betrachtet man dieses Straßen- und Städtenetz, so haben wir den vollständigen Graphen $V_4$ in geplätteter Form vorliegen.

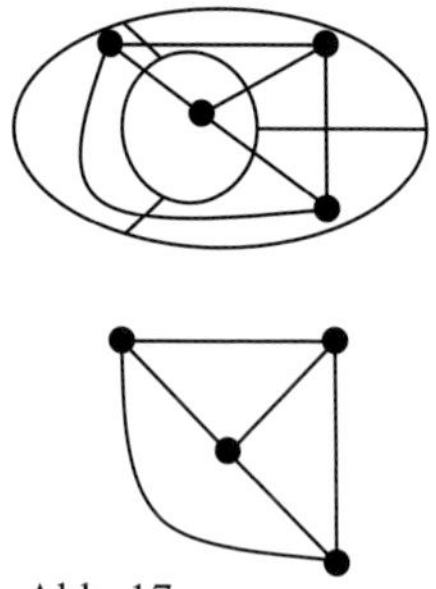

Abb. 17

**Beweis:** indirekt

Annahme: In der Ebene gibt es wenigstens fünf Nachbargebiete, die paarweise aneinandergrenzen.

- Wir betrachten einen Graph mit 5 Nachbargebieten, die paarweise aneinandergrenzen.
- Wir zeichnen (wie in der Vorüberlegung) in jedem der 5 Gebiete genau einen Punkt als eine neue Ecke aus und verbinden diese Ecke mit den anderen 4 Ecken in den anderen Gebieten.
- Wenn wir diese Verbindungen, also die neuen Kanten, jeweils über das gemeinsame Grenzstück führen, kreuzen sie sich nicht.
- Wir hätten damit einen planaren Graphen mit 5 Ecken, bei dem jede Ecke mit jeder anderen Ecke durch eine Kante verbunden ist. M.a.W. hätten wir es geschafft, $V_5$ zu plätten.
- Das ist ein Widerspruch zu Satz 5, wonach $V_5$ nicht plättbar ist.
- Die Annahme ist zu verneinen. Es gibt also höchstens 4 Nachbargebiete in der Ebene, die paarweise aneinandergrenzen.

Damit ist auch klar, dass man nicht sechs oder mehr Nachbargebiete in der Ebene finden kann, die paarweise aneinandergrenzen, da sie vollständige planare Graphen mit sechs oder mehr Ecken liefern würden.

Beim Beweis von Satz 9 sind wir von unserem Inselgraphen zu einem anderen Graphen übergegangen, indem wir jeder Fläche des Inselgraphen eine Ecke des anderen Graphen zugeordnet haben und jeder Fläche des anderen Graphen eine Ecke des Inselgraphen. Jede Kante des neuen Graphen kreuzt eine Kante des Inselgraphen. Man sagt dann, dass man von einem Graphen zu seinem *dualen Graphen* übergeht. Dieses *Dualitätsprinzip* wird in Beweisen im Rahmen der Graphentheorie häufig verwendet. Die beiden Graphen in Abbildung 17 sind allerdings nicht dual zueinander, da wir dem Äußeren der Insel, das ja auch eine Fläche darstellt, keine Ecke zugeordnet haben. Das ist zwar für die Überlegungen im Beweis nicht wesentlich, wir wollen den Begriff des dualen Graphen aber dennoch genau definieren.

**Definition 11:** dualer Graph

Sei $G(\mathbb{E},\mathbb{K})$ ein zusammenhängender planarer Graph ohne Schlingen, bei dem jede Kante Rand von zwei verschiedenen Flächen ist. Den *dualen Graphen* $G^*(\mathbb{E}^*,\mathbb{K}^*)$ zu G erhält man nach der folgenden Vorschrift:

1. Jeder Fläche von G wird genau ein Punkt zugeordnet. Diese Punkte bilden die Ecken von $G^*$.
2. Zwei dieser Ecken werden genau dann durch eine Kante verbunden, wenn die entsprechenden Flächen eine gemeinsame Randkante haben. Dabei wird über jede gemeinsame Randkante eine neue Kante gelegt.
3. Die neuen Kanten schneiden die ihnen zugeordneten Kanten von G in genau einem Punkt, die übrigen Kanten nicht.
4. Der Graph $G^*$ ist planar.

Wir haben schon überlegt, dass man durch die Bildungsvorschriften 1. bis 3. immer zu einem planaren Graphen gelangen kann. Vorschrift 4 sagt also nur, dass wir immer diese überkreuzungsfreie Darstellung meinen, wenn wir von einem dualen Graphen sprechen. Bis auf Isomorphie ist $G^*$ eindeutig bestimmt. Wir können also von <u>dem</u> dualen Graphen sprechen.

Beispiele:
(Durchgezogener und gestrichelter Graph sind jeweils zueinander dual.)

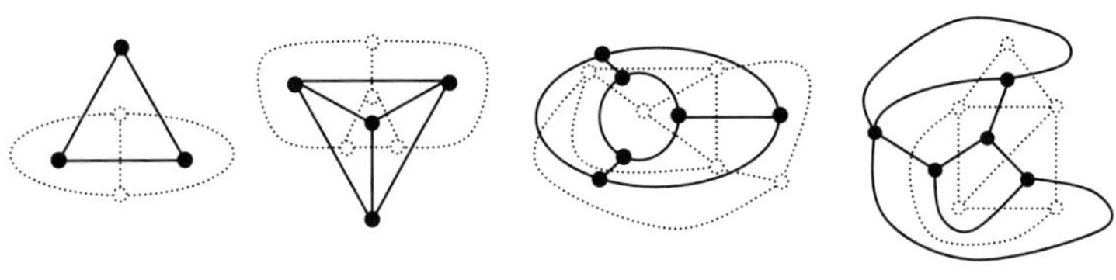

Zwischen den Ecken-, Kanten- und Flächenzahlen bei dualen Graphen bestehen einfache Zusammenhänge:

- Der Graph G besitze e Ecken, k Kanten und f Flächen, der duale Graph G* besitze e* Ecken, k* Kanten und f* Flächen.
- Da nach Definition 11 jeder Fläche von G genau eine Ecke von G* zugeordnet wird, gilt $e^* = f$.
- Da nach Definition 11 jede Kante von G* genau eine Kante von G einmal schneidet, gilt $k^* = k$.
- Da sowohl G als auch G* planare, zusammenhängende Graphen sind, gilt für beide die Eulersche Formel, also gilt: $e - k + f = 2$ (1)

  und $e^* - k^* + f^* = 2$ (2)
- Wir ersetzen in der zweiten Gleichung e* durch f und k* durch k und erhalten: $f - k + f^* = 2$
- Setzen wir diese Gleichung mit Gleichung (1) gleich, so folgt

$$f - k + f^* = e - k + f$$
$$\Rightarrow \quad f^* = e$$

Wir kommen nun auf die Frage zurück, wie viele Farben man braucht, um eine Landkarte in der Ebene so zu färben, dass Länder mit gemeinsamer Grenze verschiedene Farben erhalten. Die Frage ist identisch mit der nach der Anzahl von Farben für Landkarten auf der Kugeloberfläche. Stellen Sie sich vor, sie stechen in die Kugel ein Loch mitten in ein Land, greifen in dieses Loch und plätten die Kugel in die Ebene. Das (unbegrenzte) Äußere eines ebenen Graphen entspricht dabei dem Land auf der Kugel, in das Sie das Loch gestochen haben, und muss natürlich auch eingefärbt werden. Die entstehenden Landkarten können dann etwa wie folgt aussehen:

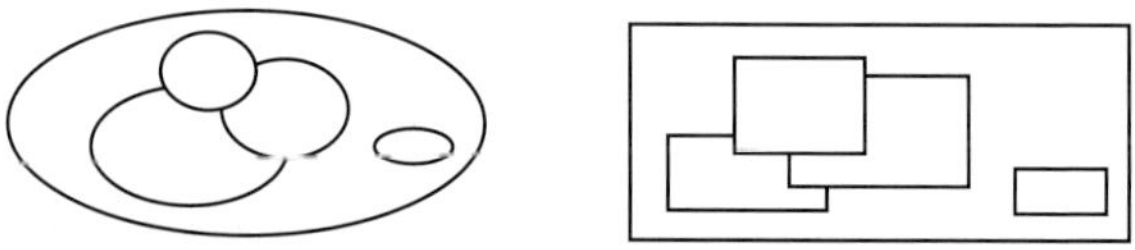

Wir haben beim Erbteilungsproblem schon eine Karte gefunden, zu deren Färbung vier Farben benötigt wurden. Lange Zeit waren die Mathematiker nur in der Lage zu beweisen, dass man in der Ebene mit fünf Farben auskommt. Faktisch hat man aber nie Karten gefunden, bei denen auch wirklich fünf Farben nötig waren, vier Farben reichten immer. Seit 1976 ist allerdings bewiesen:

**Satz 10:** Vierfarbensatz

Jede Landkarte in der Ebene lässt sich mit höchstens vier Farben zulässig färben[13].

Wir können den Beweis hier nicht führen, auch da es sich um einen Beweis handelt, der mit Hilfe eines Computers geführt wurde. Wir beweisen hier andere Sätze über spezielle Landkarten.

**Satz 11:** Entsteht eine Landkarte durch das Zeichnen von n Geraden ($n \in \mathbb{N}$), so kann sie mit zwei Farben zulässig gefärbt werden.

**Beweis:** durch vollständige Induktion (über n)

I. Induktionsanfang

- Die Behauptung gilt für n = 1, also für eine gezeichnete Gerade:
  Eine Gerade zerlegt die Landkarte in zwei Gebiete $G_1$ und $G_2$. Wir färben $G_1$ mit Farbe 1 und $G_2$ mit Farbe 2.
  Für n = 1 ist unsere Behauptung also bewiesen.

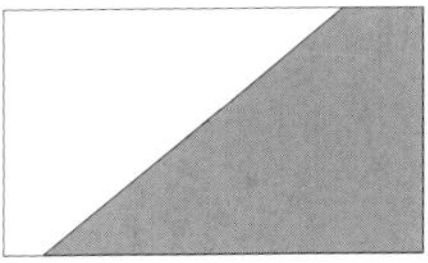

II. Induktionsschritt

zu zeigen: Wenn sich eine Landkarte aus n Geraden zulässig färben lässt, dann lässt sich auch eine Landkarte aus (n + 1) Geraden zulässig färben.

Sei unsere Behauptung also für n Geraden richtig: Eine Landkarte mit n Geraden lässt sich mit zwei Farben zulässig färben. (Induktionsvoraussetzung)

- Wir betrachten eine Landkarte, die aus n Geraden besteht. Nach Induktionsvoraussetzung lässt sich diese Landkarte zulässig mit zwei Farben färben.

[13] Als zulässig gefärbt wollen wir eine Landkarte dann bezeichnen, wenn zwei benachbarte Gebiete, die mehr als nur einen einzelnen Grenzpunkt (Ecke) gemeinsam haben, stets verschiedene Farben zugeordnet bekommen.

- Fügen wir in diese Landkarte eine (n + 1)te Gerade ein, so werden einige Länder der ursprünglichen Landkarte geteilt und die Färbung der Karte ist in diesen Gebieten zunächst nicht mehr zulässig (Abb. 18).

- Auf einer Seite der neuen Geraden lassen wir die Färbung bestehen. Auf der anderen Seite dieser Geraden vertauschen wir die Farben, was an der Zulässigkeit nichts ändert.

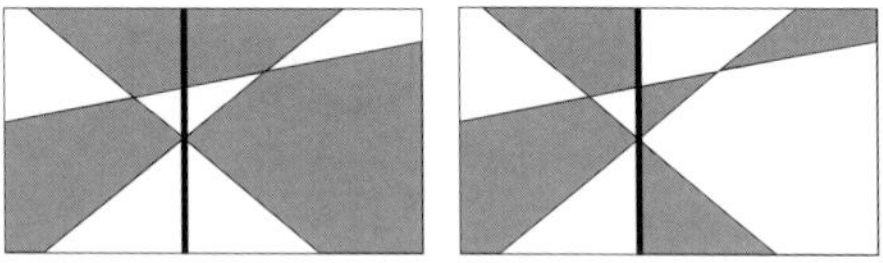

Abb. 18

- Dadurch erreichen wir, dass die geteilten Länder verschiedene Farben bekommen und wir erhalten wieder eine zulässig gefärbte Landkarte.

  Also lässt sich auch eine aus (n + 1) Geraden gezeichnete Landkarte zulässig mit zwei Farben färben.

Satz 11 gilt ebenso, wenn wir statt Geraden Kreisbögen oder gewisse andere Kurven als Grenzen nehmen.

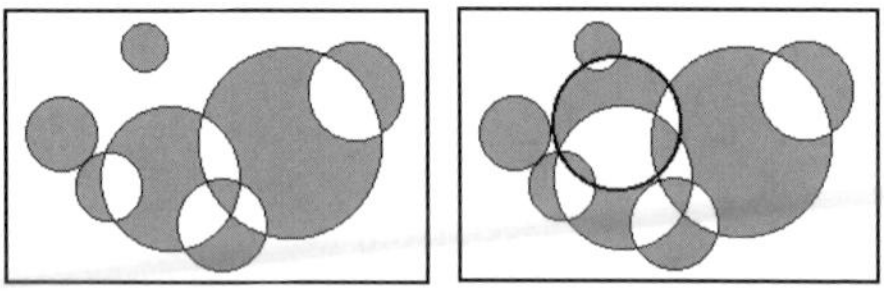

Abb. 19

Innerhalb des neuen Kreises wurden lediglich die Farben vertauscht.

Wie das folgende Beispiel zeigt, gilt ein „Zweifarbensatz“ im Allgemeinen nicht bei (teilweise) geradlinig begrenzten Flächen. Im linken Teil von Abbildung 20 reichen zwei Farben, da

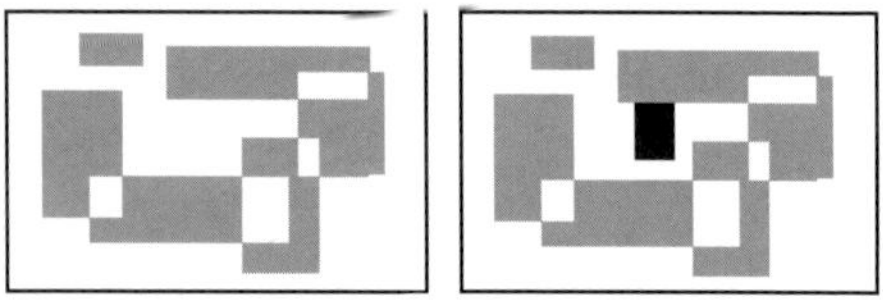

Abb. 20

sich die Rechtecke jeweils nicht oder echt überschneiden. Fügt man aber ein weiteres Rechteck so ein, dass ein anderes Rechteck wie rechts in Abbildung

20 berührt wird, dann ist eine dritte Farbe nötig, und Sie können selbst überlegen, wie ein weiteres Rechteck einzufügen ist, so dass auch noch eine vierte Farbe gebraucht wird.

Analysiert man in den Abbildungen 18 bis 20 jeweils die linke Landkarte, so zeigt sich, dass alle Ecken gerade Ordnung haben. Das Einfügen einer neuen Geraden in Abbildung 18 ändert daran nichts. Schneidet die neue Gerade eine alte Grenze, dann entsteht eine neue Ecke der Ordnung 4. Verläuft die neue Gerade durch eine bereits vorhandene Ecke, so erhöht sie deren Ordnung um 2. Dasselbe gilt für den Einbau eines weiteren Kreises in Abbildung 19. Schnittpunkte und Berührpunkte liefern neue Ecken der Ordnung 4, geht der neue Kreis durch eine schon vorhandene Ecke, so erhöht sich deren Ordnung um 2. Anders verhält es sich mit dem neuen Rechteck in Abbildung 20. Eine Seite fällt auf eine schon vorhandene Rechteckseite, es entstehen zwei neue Ecken der Ordnung 3. Tatsächlich gilt der folgende Satz:

**Satz 12:** Verallgemeinerung des Zweifarbensatzes

Eine ebene Landkarte ist genau dann mit zwei Farben zulässig färbbar, wenn in dem erzeugenden Graphen alle Eckenordnungen gerade sind.

**Beweis:**

„⇒“ indirekt

Voraussetzung: Die Landkarte ist zulässig mit zwei Farben färbbar.

Annahme: Der erzeugende Graph besitzt (wenigstens) eine Ecke E mit ungerader Ordnung n, wobei $n \geq 3$. [14]

- In Ecke E stoßen dann n Kanten zusammen, die n Teile von Ländern voneinander trennen.
- Wir nummerieren diese Länder der Reihe nach von 1 bis n durch.
- Danach färben wir diese Länder derart, dass alle Länder mit ungerader Nummer schwarze und alle Länder mit gerader Nummer weiße Farbe erhalten.

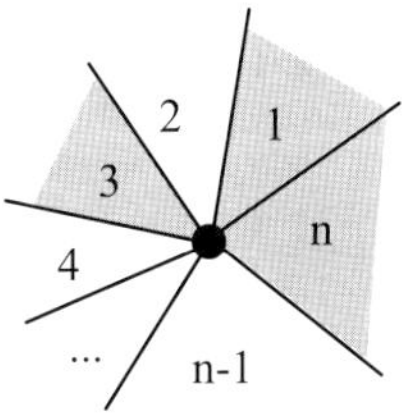


[14] Bei ebenen Landkarten begrenzt jede Kante genau zwei Flächen, dies haben wir zu Beginn des Kapitels verabredet. Ecken mit Ordnung 1 kann es demnach nicht geben.

- Da das schwarz gefärbte Land Nummer n (n ungerade) aber wieder an das ebenfalls schwarz gefärbte Land Nummer 1 angrenzt, ist die Karte mit zwei Farben nicht zulässig färbbar.
- Das ist ein Widerspruch zur Voraussetzung, die zulässige Färbbarkeit garantiert.

  Die Annahme führt also zu einem Widerspruch und ist daher zu verneinen: Der erzeugende besitzt keine Ecke mit ungerader Ordnung n; im erzeugenden Graphen sind also alle Eckenordnungen gerade.

„$\Leftarrow$“

Voraussetzung: Alle Ecken des erzeugenden Graphen haben gerade Ordnung.

zu zeigen: Die ebene Landkarte ist mit zwei Farben zulässig färbbar.

Wir betrachten zunächst nur zusammenhängende Graphen.

- Wenn alle Ecken unseres Graphen gerade Ordnung haben, dann ist der Graph nach Satz 8 geschlossen unikursal, d. h. es gibt einen geschlossenen Eulerschen Weg.
- Wir erinnern uns an die Herleitung dieses Zusammenhangs in Fall (1) des Beweises von Satz 8: Danach entsteht der Eulersche Weg durch Vereinigen von endlich vielen geschlossenen Wegen, wobei jeder dieser geschlossenen Wege ggf. wiederum durch Vereinigung von endlich vielen geschlossenen Wegen entsteht.

Da alle Eckenordnungen gerade sind, kommen wir so schließlich zu einfachsten geschlossenen Wegen – wir nennen sie *einfache Kreise* – die zueinander kantendisjunkt sind und in denen alle Ecken die Ordnung 2 haben.

Die Darstellung in Abbildung 21 zeigt zwei Möglichkeiten der Aufteilung in paarweise kantendisjunkte einfache Kreise.

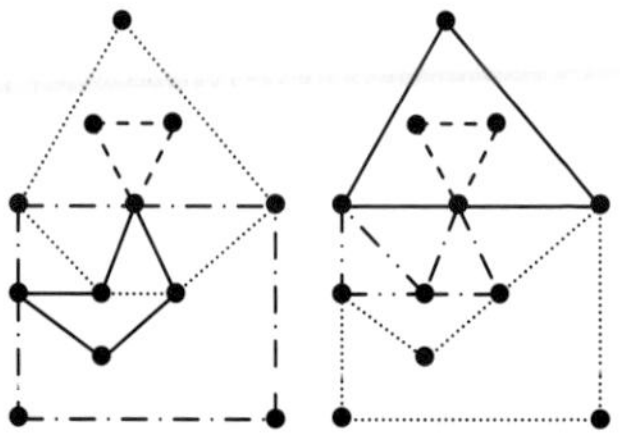

Abb. 21

Wir führen den Beweis nun durch vollständige Induktion über der Anzahl n der einfachen Kreise, aus denen der Graph höchstens besteht.

I. Induktionsanfang

zu zeigen: Besteht der Graph aus einem einfachen Kreis, dann ist die Landkarte zulässig mit zwei Farben färbbar.

- Der Graph bestehe also nur aus einem einfachen Kreis.
- Wir färben das Innere des Kreises schwarz, das Äußere weiß und kommen also mit zwei Farben aus.

II. Induktionsschritt

zu zeigen: Wenn sich die von einem derartigen Graphen aus höchstens n einfachen Kreisen erzeugte Landkarte mit zwei Farben zulässig färben lässt,
dann lässt sich auch jede von einem derartigen Graphen aus (n + 1) einfachen Kreisen erzeugte Landkarte mit zwei Farben zulässig färben.

- Sei also G ein aus der Vereinigung von (n + 1) einfachen, paarweise kantendisjunkten Kreisen bestehender Graph.
- Wir löschen nun in G die Kanten eines der Kreise samt der dadurch eventuell entstehenden isolierten Ecken.

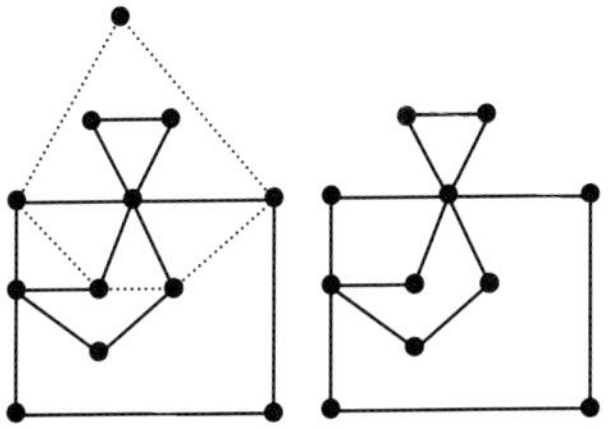

- Der so entstandene Teilgraph ist die Vereinigung von n einfachen Kreisen und lässt sich nach Induktionsvoraussetzung mit zwei Farben zulässig färben. Wir färben ihn also zulässig.

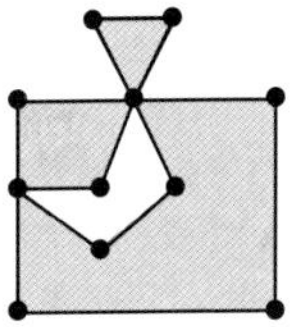

- Wir fügen nun den gelöschten Kreis wieder ein.
- Innerhalb und außerhalb dieses Kreises haben wir jeweils eine zulässige Färbung mit zwei Farben, insgesamt ist die Färbung aber nicht zulässig.

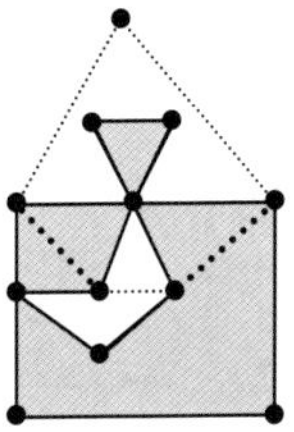

- Wenn wir nun die Farben im Inneren des (n + 1)ten Kreises vertauschen, dann entsteht wieder eine zulässig gefärbte Landkarte, was zu zeigen war.

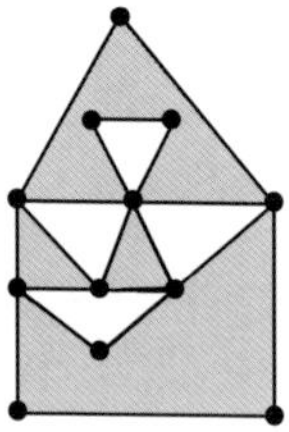

Wir sind zunächst von zusammenhängenden Graphen ausgegangen.

- Ist der Graph nicht zusammenhängend, dann gibt es im Äußeren oder ganz im Inneren einer Fläche weitere Graphen, für die das oben Gesagte ebenso zutrifft.
- Jeder Teilgraph für sich ist also mit zwei Farben zulässig färbbar. Wir müssen bei der Färbung nur aufpassen, dass das gemeinsame Äußere aller Graphenteile dieselbe Farbe erhält bzw. Inseln im Inneren eines Landes entsprechend gefärbt werden. Dies erreichen wir in jedem Fall durch geeignetes Umfärben eines Teilgraphen.

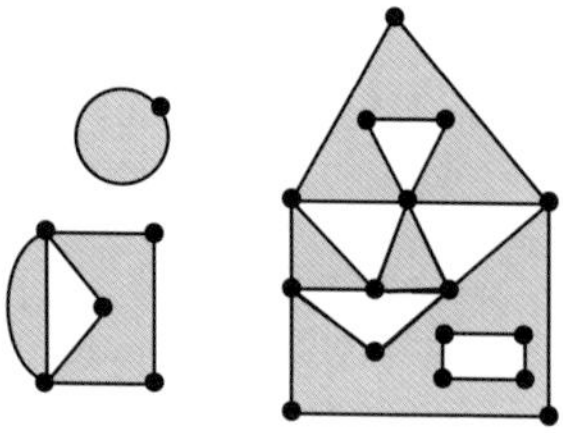

Zum Schluss dieses Abschnitts sei Ihnen (ohne Beweis) mitgeteilt, dass man auf dem Möbiusband sechs Farben braucht, um jede Landkarte zulässig zu färben und für Landkarten auf dem Torus sind es sogar sieben Farben.

Unten sehen Sie jeweils eine Beispiel-Landkarte, für die man die Maximalzahl von Farben tatsächlich braucht. Beachten Sie dabei, dass das Möbiusband nur eine Seite hat. Man denke sich die Färbung deshalb beidseitig angebracht, oder realisieren Sie diese Landkarte mit Hilfe eines OHP-Folienstreifens.

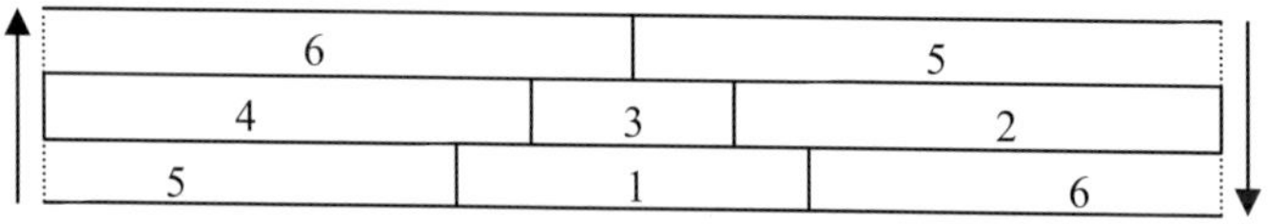


Möbiusband

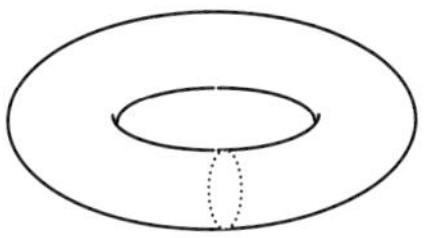

Torus

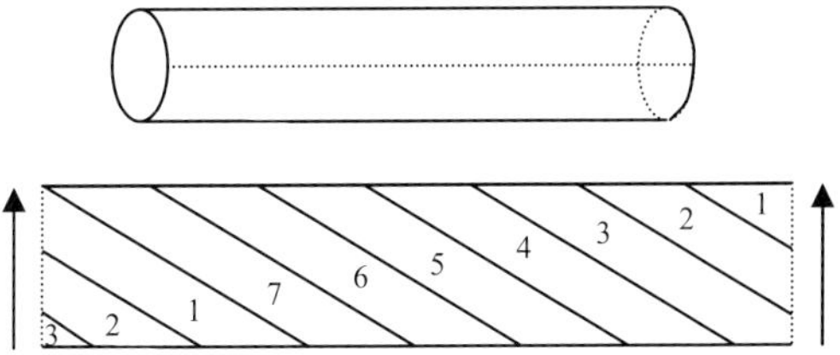


Übung: 1) Zeichnen Sie jeweils den dualen Graphen.

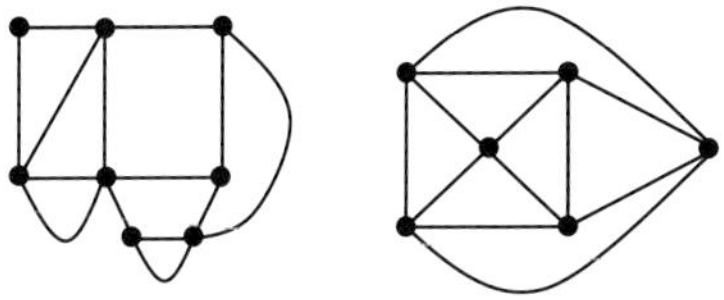

2) Färben Sie die Landkarten mit möglichst wenigen Farben.

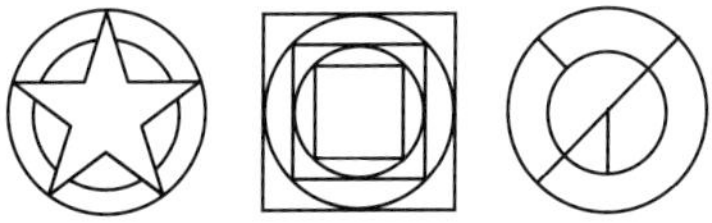

3) Zeichnen Sie in der Ebene eine Landkarte mit 8 Ländern, zu deren Färbung genau drei Farben gebraucht werden.

4) Wie viele Farben brauchen Sie, um die folgende Karte auf dem Torus zulässig zu färben?

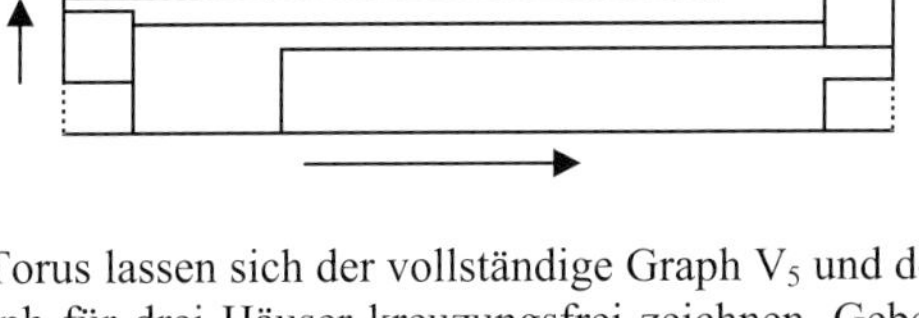

5) Auf dem Torus lassen sich der vollständige Graph $V_5$ und der GEW-Graph für drei Häuser kreuzungsfrei zeichnen. Geben Sie jeweils eine Lösung an.

# 2 Polyeder

## 2.1 Einstiegsproblem

Wir beginnen das zweite Kapitel mit einer Faltarbeit (nach Mitchell 1997, S. 36f). Dazu benötigen wir 12 Blätter des DIN-Formates A, z.B. A 4.

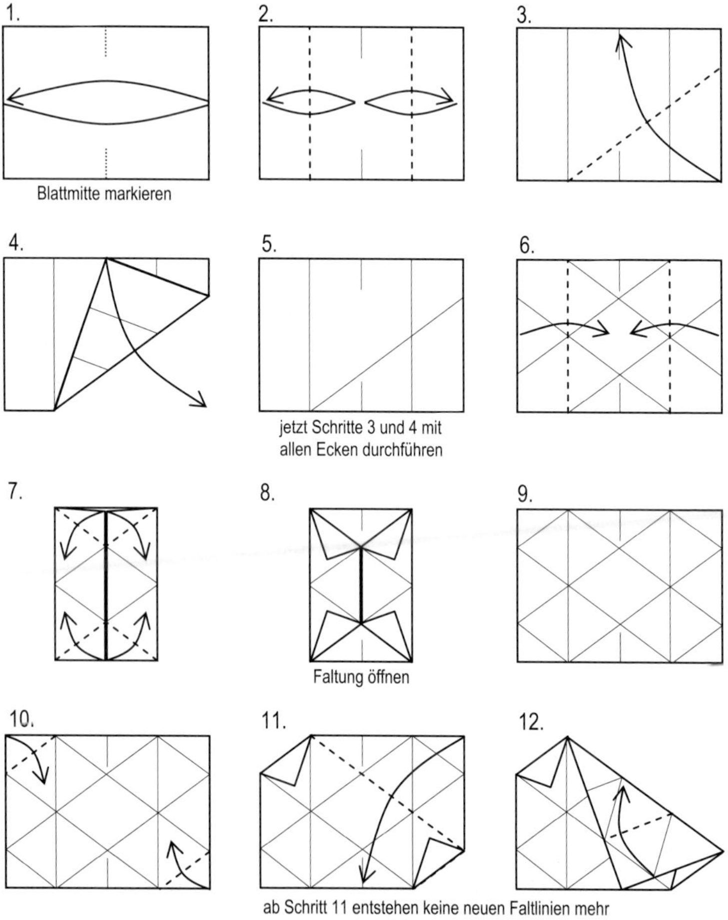

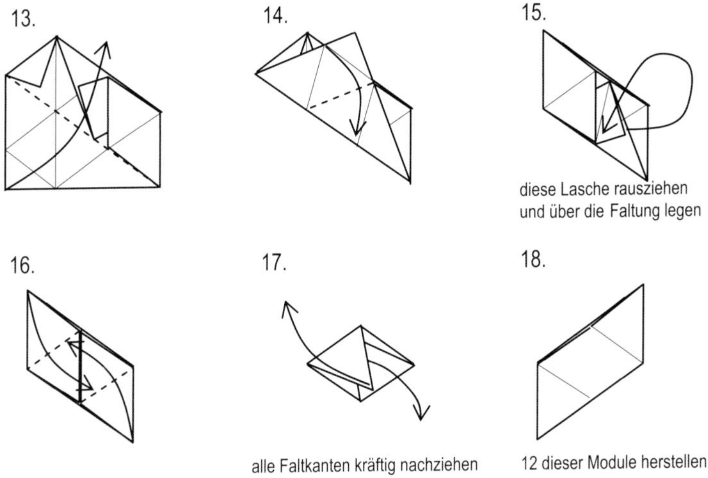


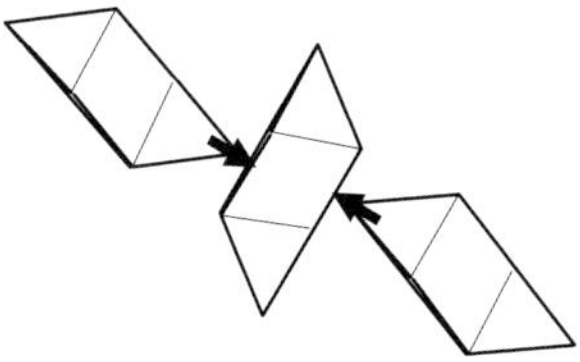

Aus 12 dieser Module, die nichts anderes sind als Rauten mit anhängenden Laschen und seitlichen Taschen, lässt sich ein Körper zusammenstecken, den die Mathematiker *Rhombendodekaeder* nennen (s. Abbildung 22a und 22b).[1]

Die Rauten, die die Seitenflächen des Körpers bilden, zeichnen sich dadurch aus, dass ihre Diagonalenlängen sich zueinander verhalten wie $1:\sqrt{2}$. Deshalb lassen sie sich in der beschriebenen Weise aus unserem DIN-A-Papier falten, denn bei diesem verhalten sich die Seitenlängen wie $1:\sqrt{2}$. Überlegen Sie selbst, was die Rautendiagonalen mit den Rechtecksseiten zu tun haben.

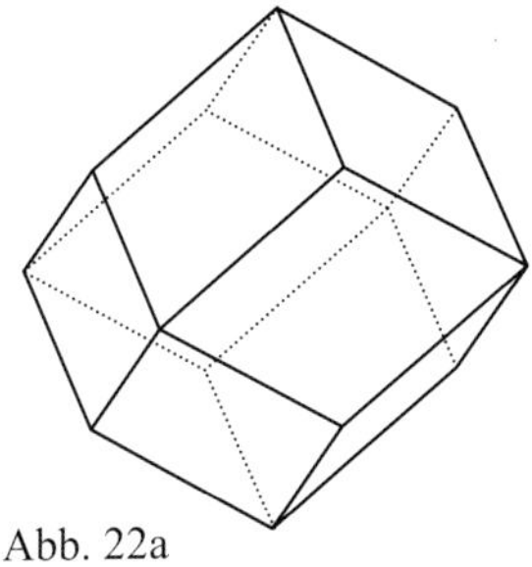

Abb. 22a

[1] Ihre Vorstellung von diesem Körper entwickelt sich optimal, wenn Sie zunächst tatsächlich falten, das Faltprodukt mit dem Anhänger aus nicht geschliffenem Rohgranat in Abbildung 22b vergleichen und den Körper dann in Abbildung 22a wiedererkennen.

Das Rhombendodekaeder gehört zu den *halbregulären Polyedern* (s. Kapitel 2.3) und besitzt einige interessante Eigenschaften. Man kann mit ihm z.B. den Raum lückenlos ausfüllen, wie wir im Folgenden begründen wollen.

Man erhält ein Rhombendodekaeder auch auf diesem Weg: Einem Würfel werden gerade quadratische Pyramiden aufgesetzt, deren Höhe halb so lang ist wie eine Würfelkante. In Abbildung 23 wurden zwei der Würfelseiten solche Pyramiden aufgesetzt.

Abb. 22b

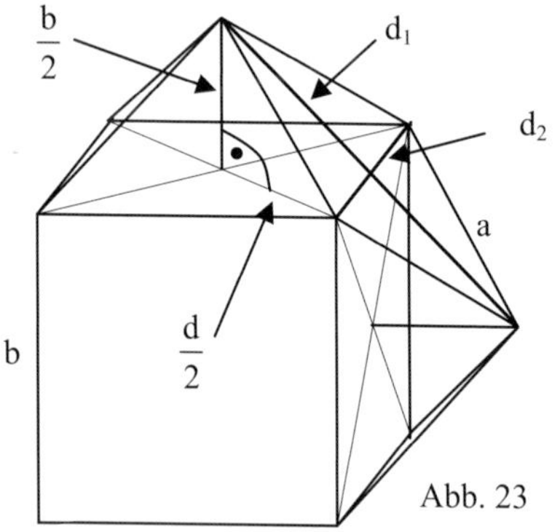


Abb. 23

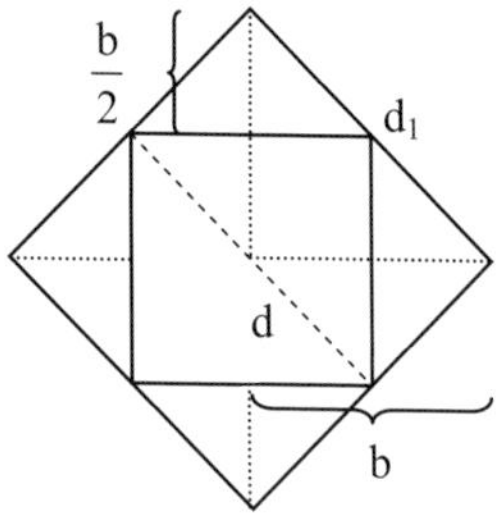


Abb. 24

Durch diese Wahl der Höhe erreicht man, dass sich zwei aneinanderstoßende dreieckige Pyramidenseiten zu einer ebenen Raute ergänzen, wie man im Aufriss (Abbildung 24) gut erkennen kann.

---

Wie verhalten sich nun die Längen der Rautendiagonalen $d_1$ und $d_2$ zueinander?

---

Die kürzere Rautendiagonale $d_2$ ist gleich der Würfelkante b, also $d_2 = b$. Die Länge der längeren Rautendiagonale $d_1$ entspricht der der Diagonalen d einer der quadratischen Seitenflächen des Würfels, wie man im Aufriss sieht. Nach dem Satz des Pythagoras gilt:

$$b^2 + b^2 = d_1^2 \Rightarrow d_1^2 = 2\,b^2 \Rightarrow d_1 = b\sqrt{2} \Rightarrow d_1 = d_2\sqrt{2} \Rightarrow d_1 : d_2 = \sqrt{2} : 1$$

Es ergibt sich also das uns schon bekannte Verhältnis zwischen den Rautendiagonalen.

Wie verhalten sich die Rautenseitenlängen a und die Würfelkantenlängen b zueinander?

Wir können auch eine Beziehung zwischen Würfelkantenlänge b und Rautenseitenlänge a aufstellen:

Rautenseite, Pyramidenhöhe und halbe Quadratdiagonale bilden ein rechtwinkliges Dreieck. In diesem Dreieck wenden wir erneut den Satz des Pythagoras an:

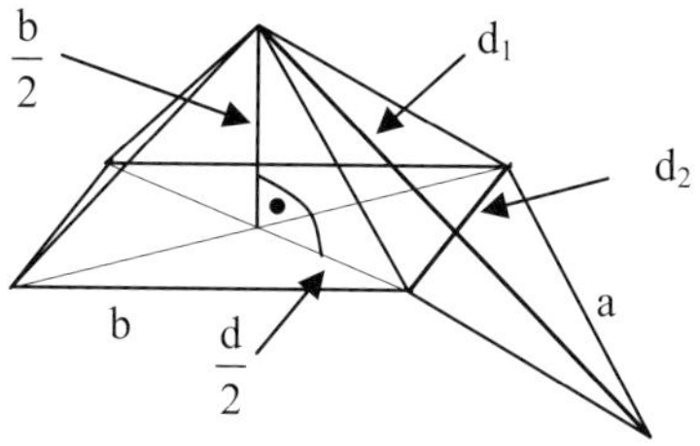


$$\left(\frac{b}{2}\right)^2 + \left(\frac{d}{2}\right)^2 = a^2 \qquad (1)$$

Wieder wenden wir den Satz des Pythagoras an, diesmal auf einer Würfelfläche:

$$b^2 + b^2 = d^2 \Rightarrow 2\,b^2 = d^2 \Rightarrow \sqrt{2}\,b = d \qquad (2)$$

Diese Beziehung zwischen d und b setzen wir in (1) ein:

$$\Rightarrow \left(\frac{b}{2}\right)^2 + \left(\frac{b\sqrt{2}}{2}\right)^2 = a^2 \Rightarrow \frac{b^2}{4} + \frac{2b^2}{4} = a^2$$

$$\Rightarrow \frac{3}{4}b^2 = a^2 \Rightarrow b^2 = \frac{4}{3}a^2 \Rightarrow b = \frac{2}{\sqrt{3}}a\,.$$

Doch kommen wir zurück zu der Möglichkeit, mit Rhombendodekaedern den Raum lückenlos zu parkettieren. Die sechs aufgesetzten Pyramiden entsprechen genau dem Würfel. Es sind dieselben sechs Pyramiden, die entstehen, wenn man den Würfel entlang seiner Raumdiagonalen zerlegt (s. Abbildung 25).

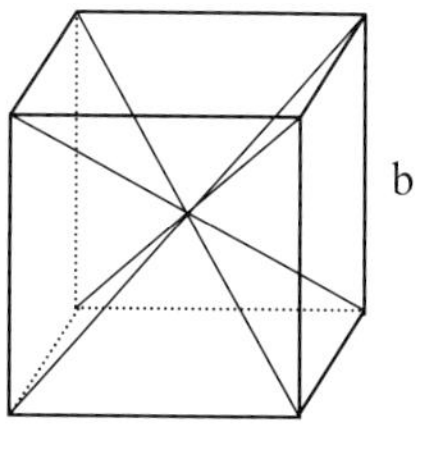


Abb. 25

Auch diese Pyramiden haben jeweils eine Würfelseite als Grundfläche, die Höhe dieser sechs Pyramiden beträgt ebenfalls $\frac{b}{2}$.

Mit Würfeln kann man den Raum lückenlos parkettieren. Wir stellen uns vor, der Raum wäre mit schwarzen und weißen Würfeln wie in einem räumlichen Schachbrett ausgefüllt. Jeden weißen Würfel zerlegen wir in sechs Pyramiden und kleben diese Pyramiden an die benachbarten schwarzen Würfel an. Die weißen Würfel sind dann verschwunden, aus den schwarzen Würfeln sind Rhombendodekaeder geworden. Da wir nichts weggenommen und nichts hinzugefügt haben, haben wir nach wie vor eine lückenlose Parkettierung des Raumes.

Übung: 1) Konstruieren Sie das Netz eines Rhombendodekaeders mit der Kantenlänge 6 cm und basteln Sie ihn aus Zeichenkarton. (Technische Hinweise: Zeichenkarton wiegt 250 g/m$^2$. Knickkanten ritzen Sie vorher auf der Innenseite mit einem stumpfen Messer an. Haltbares und sauberes Zusammenkleben gelingt, wenn Sie die Klebelaschen mit doppelseitigem Klebeband versehen.)

2) Entwickeln Sie allgemeine Formeln zur Berechnung des Volumens und des Oberflächeninhalts eines Rhombendodekaeders mit der Kantenlänge a.

## 2.2 Die platonischen Körper

Topologisch gesehen besteht kein Unterschied zwischen einem Würfel, einem beliebigen Quader oder einem Spat[2]. Plättet man sie in die Ebene, so entstehen jeweils isomorphe Graphen. In der Topologie spielen Maße keine Rolle. Die Länge oder Form der Kanten, Winkelmaße u.ä. interessieren nicht, lediglich die Beziehungen zwischen den Ecken und Kanten sind wichtig, und darin unterscheiden sich die genannten Körper nicht.

Wir nehmen in diesem Kapitel metrische Eigenschaften zu den topologischen hinzu und sondern aus Klassen topologisch äquivalenter *Polyeder* (griechisch: Vielflach) spezielle Polyeder aus.

2 Ein *Spat* ist ein schiefes Prisma mit parallelogrammförmiger Grundfläche. Beim Spat sind alle Gegenflächen zueinander kongruent. Würfel und Quader sind Sonderformen des Spats.

Polyeder sind Körper, die von *Polygonen*, also von Vielecken wie Dreiecken, Vierecken, Fünfecken usw. begrenzt sind.

Polyeder heißen *konvex*, wenn zu je zwei Punkten aus dem Innern des Polyeders auch die Verbindungsstrecke zwischen diesen beiden Punkten ganz im Innern des Polyeders verläuft.

Zwei Polyeder, die aus denselben Vielecken aufgebaut sind, müssen nicht kongruent sein, wie das folgende Beispiel zweier Polyeder aus fünf Quadraten und vier gleichschenkligen Dreiecken zeigt:

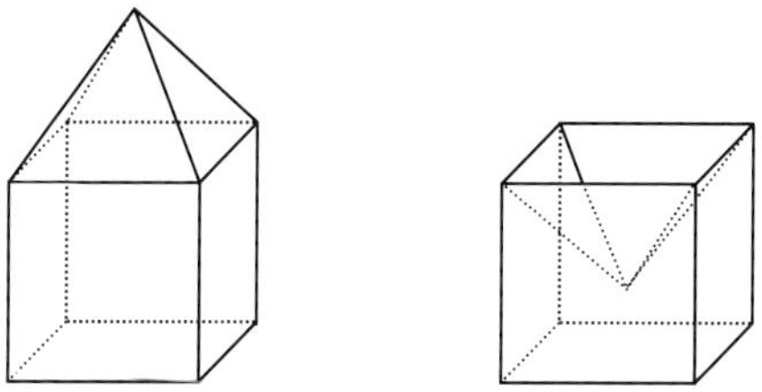

Abb. 26 konvexes Polyeder nicht konvexes Polyeder

**Definition 1:** reguläres Polyeder

Ein konvexes Polyeder heißt *regulär*, wenn alle Flächen zueinander kongruente, regelmäßige Vielecke sind und in jeder Ecke gleich viele Vielecke zusammenstoßen.

Das bekannteste Beispiel für ein reguläres Polyeder ist der Würfel. Seine Flächen sind kongruente Quadrate, von denen jeweils drei in einer Ecke zusammentreffen. In jeder Ecke treffen auch gleich viele Kanten zusammen, was allgemein für jedes reguläre Polyeder gilt.

Nach dem im ersten Abschnitt des letzten Kapitels beschriebenen Verfahren kann man jedes konvexe Polyeder in die Ebene plätten. Man erhält dann einen zusammenhängenden planaren Graphen, für den die Eulersche Formel gilt. Damit gilt diese Beziehung für die Anzahlen der Ecken, Kanten und Flächen auch für konvexe Polyeder.

**Satz 1:** Eulerscher Polyedersatz

Für ein konvexes Polyeder mit e Ecken, k Kanten und f Flächen gilt: $e - k + f = 2$.

Machen Sie sich am Beispiel eines Quaders, durch den ein quaderförmiges Loch gebohrt wurde (Abbildung 27), klar, dass Satz 11 für nicht konvexe Polyeder im Allgemeinen falsch ist. In diesem Beispiel gilt e = f = 16 und k = 32.

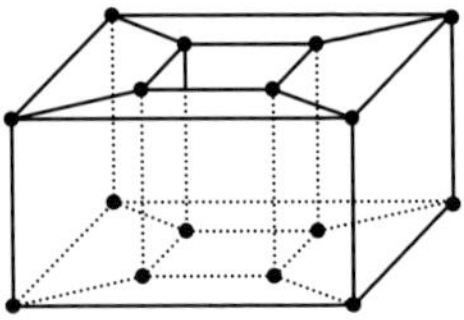

Abb. 27

Wir haben im ersten Kapitel schon die fünf platonischen Körper betrachtet und uns von der Richtigkeit des Eulerschen Polyedersatzes bei diesen Körpern überzeugt. Wir wollen nun der folgenden Frage nachgehen:

Gibt es außer den fünf platonischen Körpern noch weitere reguläre Polyeder?

Wir vereinbaren:

- Ein Polyeder sei von regelmäßigen n-Ecken begrenzt, $n \geq 3$,
- In jeder Ecke des Polyeders stoßen m Flächen zusammen, $m \geq 3$.
- Das Polyeder habe e Ecken, k Kanten und f Flächen.

Dann gilt:

- Das Polyeder besteht aus f Flächen. Jede Fläche ist ein n-Eck, hat also n Kanten. Wir kommen also auf $f \cdot n$ Kanten, haben dabei aber jede Kante bei zwei Flächen gezählt. Also gilt: $f \cdot n = 2 \cdot k$
- Das Polyeder hat e Ecken. In jeder Ecke stoßen m Kanten (von m Flächen) zusammen. Wir kommen also auf $e \cdot m$ Kanten, haben dabei aber jede Kante bei zwei Ecken gezählt. Also gilt: $e \cdot m = 2 \cdot k$
- Wir lösen diese beiden Gleichungen nach f bzw. e auf:

  $$f \cdot n = 2 \cdot k \Leftrightarrow f = \frac{2 \cdot k}{n} \quad ; \qquad e \cdot m = 2 \cdot k \Leftrightarrow e = \frac{2 \cdot k}{m}$$

- Diese Ausdrücke setzen wir in die Eulersche Polyederformel ein:

$$\frac{2 \cdot k}{m} - k + \frac{2 \cdot k}{n} = 2$$

$$\Rightarrow \quad \frac{1}{m} - \frac{1}{2} + \frac{1}{n} = \frac{1}{k} \qquad / : 2 \cdot k$$

$$\Rightarrow \quad \frac{1}{m} + \frac{1}{n} = \frac{1}{2} + \frac{1}{k} \qquad / + \frac{1}{2}$$

$$\Rightarrow \frac{1}{m} + \frac{1}{n} > \frac{1}{2} \qquad \text{/ weil für die Kantenzahl k gilt: } k > 0$$

Wir untersuchen nun, welche Werte für m und n in Frage kommen, so dass die obige Ungleichung erfüllt ist.

| m , n | $\frac{1}{m} + \frac{1}{n} > \frac{1}{2}$ ? | reguläres Polyeder |
|---|---|---|
| $m = 3, n = 3$ | $\frac{1}{3} + \frac{1}{3} = \frac{2}{3} > \frac{1}{2}$ | Tetraeder |
| $m = 3, n = 4$ | $\frac{1}{3} + \frac{1}{4} = \frac{7}{12} > \frac{1}{2}$ | Hexaeder (Würfel) |
| $m = 3, n = 5$ | $\frac{1}{3} + \frac{1}{5} = \frac{8}{15} > \frac{1}{2}$ | Dodekaeder |
| $m = 3, n \geq 6$ | $\frac{1}{3} + \frac{1}{n} < \frac{1}{2}$ | – |
| $m = 4, n = 3$ | $\frac{1}{4} + \frac{1}{3} = \frac{7}{12} > \frac{1}{2}$ | Oktaeder |
| $m = 4, n \geq 4$ | $\frac{1}{4} + \frac{1}{n} \leq \frac{1}{2}$ | – |
| $m = 5, n = 3$ | $\frac{1}{5} + \frac{1}{3} = \frac{8}{15} > \frac{1}{2}$ | Ikosaeder |
| $m = 5, n \geq 4$ | $\frac{1}{5} + \frac{1}{n} \leq \frac{1}{2}$ | – |
| $m \geq 6, n \geq 3$ | $\frac{1}{m} + \frac{1}{n} \leq \frac{1}{2}$ | – |

Wir haben damit den folgenden Satz bewiesen:

**Satz 2:** Es gibt genau fünf reguläre Polyeder. Dies sind das Tetraeder, das Hexaeder, das Oktaeder, das Dodekaeder und das Ikosaeder.

Die fünf platonischen[3] Körper sind also definitiv die einzigen regulären Polyeder, auch wenn wohlwollend geneigte Betrachter mehr als fünf perfekte Körper in der folgenden Abbildung erkennen mögen.

[3] Platon, um 429 – 348 v. Chr., griechischer Philosoph und Mathematiker

„Die fünf platonischen Körper“ von E. Neumann im Bagnopark Steinfurt

Die platonischen Körper waren schon den Griechen bekannt. Ihre Namen gehen auf griechische Zahlwörter zurück, die eine Beziehung zu den Anzahlen ihrer Flächen herstellen.
Platon hat im Dialog „Timaios“ ein Modell des Kosmos entworfen. Darin ordnet er dem „Element“ Feuer das Tetraeder zu, der Erde den Würfel, der Luft das Oktaeder und dem Wasser das Ikosaeder. Das Dodekaeder deutet er als Weltall, das alles andere umfasst.

Ein weiterer, allerdings sehr viel späterer Entwurf eines Weltmodells auf der Basis der platonischen Körper geht auf Kepler[4] zurück. Aus seiner 1596 veröffentlichten Schrift „Mysterium cosmographicum“ stammt die Abbildung unten, bei der einer Kugel ein Würfel einbeschrieben ist, so dass die Ecken des Würfels die Kugel berühren. In diesem Würfel steckt eine Kugel, die die Seitenflächen des Würfels berührt. In dieser Kugel stecken nacheinander ein Tetraeder, wieder eine Kugel, ein Dodekaeder, schon wieder eine Kugel, ein Ikosaeder, noch eine Kugel, ein Oktaeder und eine sechste Kugel. Die Radien dieser Kugeln sollten (von außen nach innen) die Bahnradien der

4 Johannes Kepler, 1571 – 1630, deutscher Mathematiker und Astronom

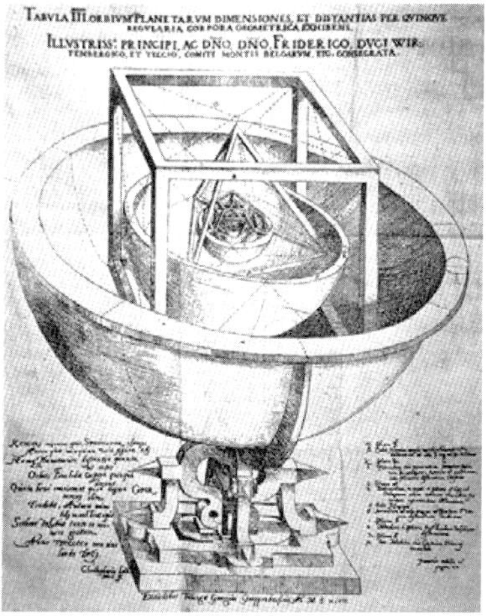

damals bekannten sechs Planeten Saturn, Jupiter, Mars, Erde, Venus und Merkur sein.
Die außerordentlich exakten Himmelsbeobachtungen des kaiserlichen Astronoms Tycho Brahe, der Kepler ein Jahr vor seinem Tod 1601 zu seinem Gehilfen an den Hof nach Prag rief, machten die Diskrepanzen zwischen Modell und Beobachtung schnell deutlich und veranlassten Kepler, sein Modell zu verwerfen.

Abb.: Entwurf eines Weltmodells nach Kepler

aus: http://zebu.uoregon.edu/~js/ast121/images/kepler_spheres.gif

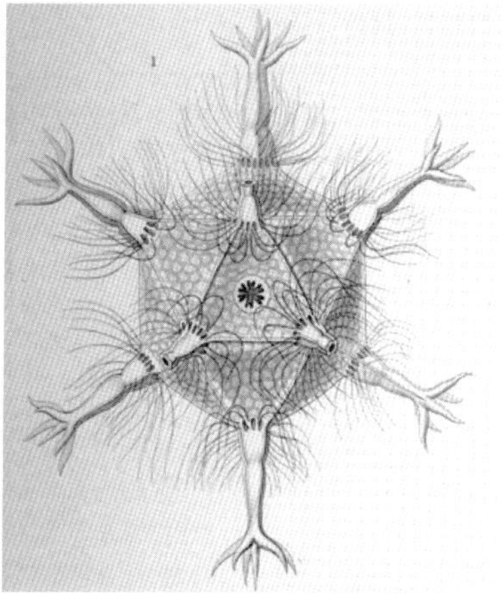

In der Natur finden sich mehr oder weniger genaue Konkretisierungen der platonischen Körper. Radiolarien (Strahlentierchen) sind mikroskopisch kleine Organismen, bei denen Skelette auch in Form von Oktaeder, Ikosaeder und Dodekaeder vorkommen. Die Abbildung links zeigt ein solches Strahlentier, gezeichnet vom Zoologen und Naturphilosoph Ernst Haeckel (1834 – 1919).

Abb.: Das Skelett der Radiolarie *circogonia icosahedra*, gezeichnet von Haeckel

aus: http://caliban.mpiz-koeln.mpg.de/~stueber/haeckel/kunstformen/Tafel_001.html

Minerale bilden Kristalle in Form von platonischen Körpern. Würfel findet man z.B. bei Kochsalz, Pyrit und Bleiglanz. Fluorit und Alaun bilden Oktaederkristalle, Pyrit kristallisiert auch zu Dodekaedern und Ikosaedern.

Coccosphäre der Alge Braarudosphaera bigelowi[6]

Fluoritkristall[5]

Ebenfalls faszinierend ist die folgende Beziehung zwischen den platonischen Körpern: Verbindet man bei einem Würfel die Mittelpunkte benachbarter Flächen, so entsteht ein Oktaeder; verbindet man bei einem Oktaeder die Mittelpunkte benachbarter Flächen, so entsteht ein Würfel (s. Abbildung 28). Man sagt, Oktaeder und Würfel sind dual zueinander (vgl. duale Graphen). Dieselbe Beziehung besteht zwischen Dodekaeder und Ikosaeder. Das Tetraeder ist zu sich selbst dual, denn wenn man die Mittelpunkte der Seiten eines Tetraeders verbindet, so entsteht wieder ein Tetraeder. Versuchen Sie's doch mal.

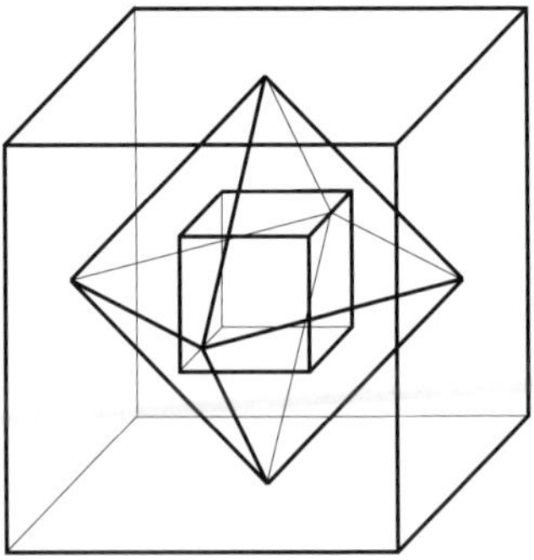

Abb. 28

[5] Kristall aus: http://www.peaktopeak.com/minerals/gallery/gallery.htm

[6] Alge aus: http://www-ocean.tamu.edu/Quarterdeck/QD5.2/b.bigelowi.html

## 2.3 Halbreguläre Polyeder

Die strengen Anforderungen, die wir in Definition 1 an reguläre Polyeder gestellt haben, lassen sich in zwei Richtungen abschwächen:

Entweder verzichten wir darauf, dass alle Seitenflächen eines konvexen Polyeders kongruent zueinander sind, lassen z.B. zwei Arten von regelmäßigen n-Ecken zu, etwa Quadrate und gleichseitige Dreiecke, verlangen aber weiterhin, dass in jeder Ecke in gleicher Weise gleich viele Vielecke gleicher Art zusammenstoßen[7], oder wir verzichten darauf, dass in jeder Polyederecke gleich viele Flächen zusammenkommen, fordern aber, dass alle Seitenflächen zueinander kongruent sind.

Konvexe Polyeder, bei denen alle Ecken in der oben beschriebenen Art gleich sind oder bei denen alle Seitenflächen kongruent zueinander sind, heißen *halbreguläre Polyeder*.

Mindestens ein *halbreguläres* Polyeder kennen Sie sicher aus Ihrer Umwelt. Der Europa-Fußball wird aus regelmäßigen Fünf- und Sechsecken genäht, wobei in jeder Ecke zwei Sechsecke und ein Fünfeck zusammenstoßen. Das Rhombendodekaeder, das Sie zu Anfang dieses Kapitels hergestellt haben, tritt z.B. bei den Kristallen des Halbedelsteins Granat auf. Bei diesem Körper sind alle Seitenflächen kongruent, aber in sechs Ecken stoßen vier Rauten zusammen, in den übrigen Ecken nur drei.

Abb. 29 Europa-Fußball Granat-Rhombendodekaeder[8]

[7] Man spricht dann auch von *kongruenten Eckenumgebungen*.

[8] Granat-Rhombendodekaeder aus: http://www.berthold-weber.de/abc.htm

**Definition 2:** archimedische und dual-archimedische Körper

Ein konvexes Polyeder, dessen Flächen verschiedene regelmäßige n-Ecke sind und dessen Eckenumgebungen kongruent sind, heißt *archimedischer*[9] *Körper.*
Als *dual-archimedische Körper* bezeichnet man solche konvexen Polyeder, bei denen alle Flächen und die zwischen ihnen eingeschlossenen Winkel kongruent sind, nicht aber alle Polyederecken.

Nach dieser Definition ist der Europa-Fußball ein archimedischer Körper und das Rhombendodekaeder ein dual-archimedischer Körper.

Weitere Beispiele für archimedische Körper sind *Prismen* über regelmäßigen n-Ecken mit quadratischen Seitenflächen. Rechts sehen Sie ein archimedisches Prisma über einem regelmäßigen Fünfeck. Im Fall n = 4 ergibt sich der Würfel.

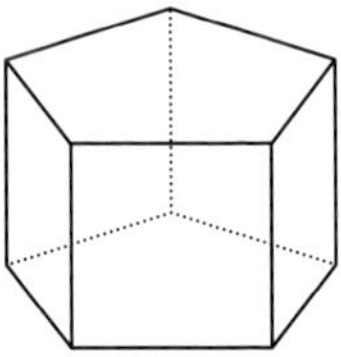

Die *archimedischen Antiprismen*, bei denen Grund- und Deckfläche kongruente regelmäßige n-Ecke sind und die Seitenflächen gleichseitige Dreiecke, sind ebenfalls archimedische Körper. Rechts sehen Sie ein archimedisches Antiprisma über einem Quadrat. Für n = 3, also wenn Grund- und Deckfläche gleichseitige Dreiecke sind, entsteht das bekannte Oktaeder.

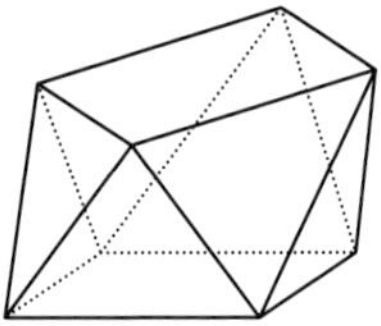

Archimedische Körper ergeben sich ebenfalls, wenn man bei den platonischen Körpern die Ecken so abschneidet, dass die Schnittflächen regelmäßige n-Ecke ergeben und die restlichen Seitenflächen ebenfalls regelmäßige n-Ecke bilden. Man spricht dann von abgestumpften Körpern.

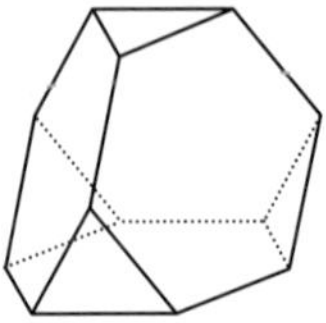

abgestumpftes Tetraeder

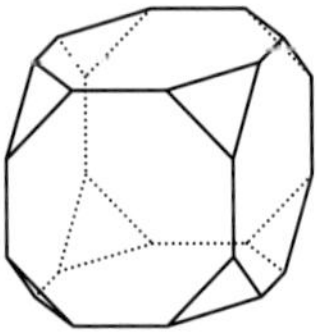

abgestumpfter Würfel

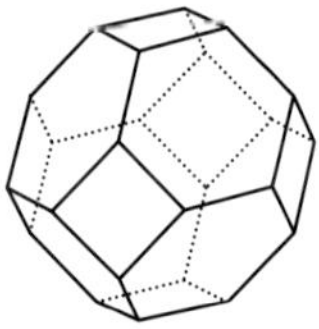

abgestumpftes

9 Archimedes von Syrakus, ca. 287-212 v. Chr., untersuchte als Erster die halbregulären Polyeder.

Schleift man beim Würfel die Ecken noch weiter ab, bis schließlich die dreieckigen Schnittflächen zusammenstoßen, so erhält man das Kuboktaeder.

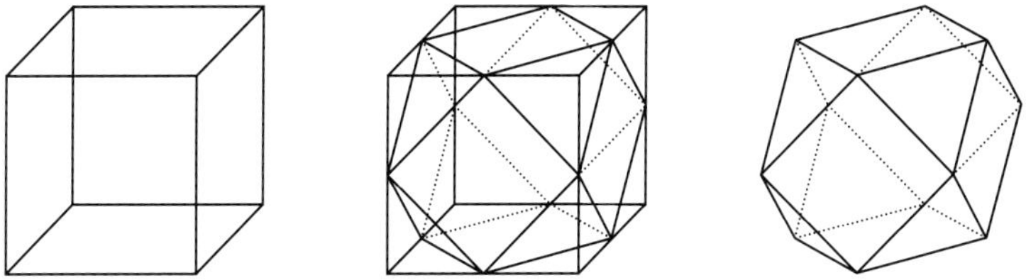

Abb. 30: vom Würfel zum Kuboktaeder

Wir überlegen:

Welcher Körper ergibt sich durch das Abstumpfen eines Ikosaeders?

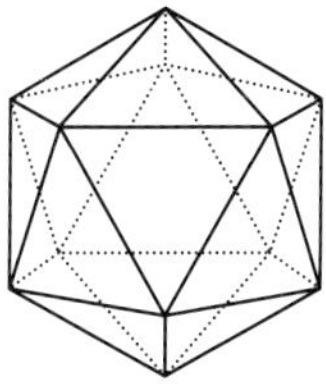

Das Ikosaeder hat als Seitenflächen 20 gleichseitige Dreiecke, von denen jeweils fünf in einer Ecke zusammenstoßen.

Wenn Sie eine solche Ecke wegschneiden, wir haben das rechts für drei Ecken durchgeführt, so ergibt sich als Schnittfläche ein Fünfeck. Blicken wir auf eine der dreieckigen Seitenflächen. An jeder der drei Ecken wird etwas abgeschnitten, also wird aus dem Dreieck ein Sechseck.

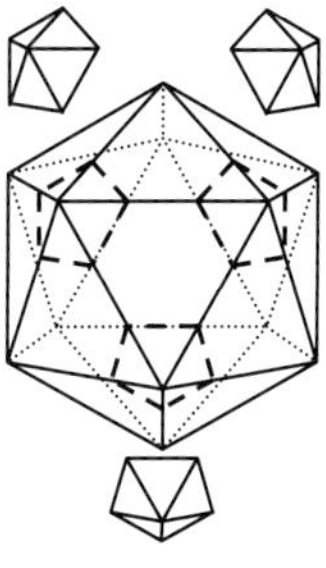

Es ergibt sich also ein neuer Körper, der aus regelmäßigen Fünf- und Sechsecken besteht, unser bekannter Fußball. Wir können jetzt leicht herausfinden, aus wie vielen Fünf- und Sechsecken das abgestumpfte Ikosaeder zusammengesetzt ist:

Die Sechsecke sind aus den Seitenflächen des Ikosaeders entstanden, also müssen es 20 sein.

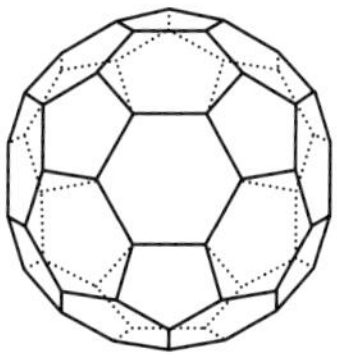

Die Fünfecke sind aus den Ikosaederecken entstanden, also müssen wir die Zahl der Ecken des Ikosaeders ermitteln. 20 Dreiecke haben zusammen 60 Ecken. Da aber in jeder Ikosaederecke fünf Dreiecke aufeinanderstoßen, haben wir alle Ecken fünffach gezählt und müssen 60 noch durch 5 dividieren. Das Ikosaeder hat also 12 Ecken, folglich hat der Fußball 12 Fünfecke.

Neben archimedischen Körpern, die aus zwei verschiedenen Typen von regelmäßigen n-Ecken bestehen, gibt es auch solche aus dreierlei Formen. Zwei Beispiele sehen Sie in Abbildung 31. Insgesamt gibt es 13 verschiedene archimedische Körper und zwei Folgen von archimedischen Körpern, nämlich die o.g. Prismen und Antiprismen. Eine vollständige Liste, Abbildungen und Netze finden Sie z.B. in Roman 1968.

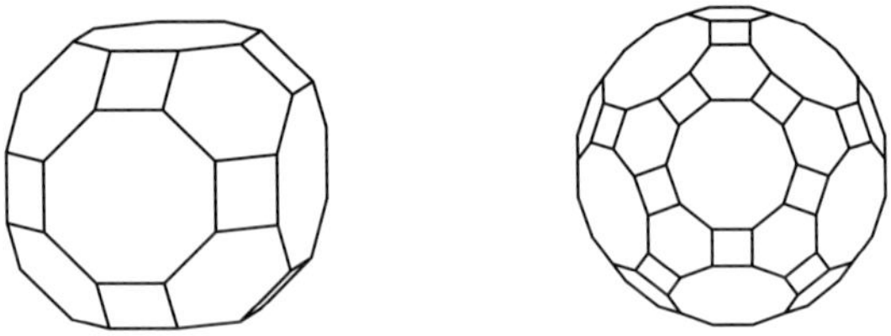

Abb. 31 Kuboktaederstumpf Ikosidodekaederstumpf

Wegen der Dualität gibt es auch 13 verschiedene dual-archimedische Körper sowie zwei Folgen dual-archimedischer Körper, die Trapezoeder, auf die wir hier nicht eingehen werden, und die Doppelpyramiden. Interessierte verweisen wir auf Adam & Wyss 1984, wo man u.a. Bilder aller halbregulären Polyeder findet sowie Erläuterungen zu den Beziehungen zwischen archimedischen Körpern und ihren dualen Partnern.

Wie bei der Dualität von Graphen und bei der der platonischen Körper stimmt die Kantenzahl von archimedischem und dual-archimedischen Körper überein, die Eckenanzahl entspricht der Flächenanzahl des jeweils anderen.

Wir übertragen das Verfahren des Verbindens der Mittelpunkte benachbarter Seiten, das wir uns bei der Dualität der platonischen Körper zunutze gemacht haben, auf ein archimedisches Prisma über einem regelmäßigen Fünfeck. Der entstehende Körper ist eine Doppelpyramide aus zwei an den Grundflächen zusammengesetzten Pyramiden.

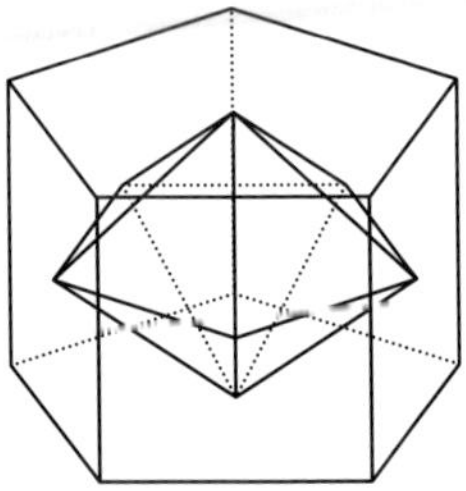

Wie man sieht, schließen die Dreiecke einer Pyramide untereinander einen sehr viel größeren Winkel ein als die aneinanderstoßenden Seiten zweier Pyramiden. So entsteht also keine dual-archimedische Doppelpyramide. Dies ändert aber nichts an der Tatsache, dass archimedische Prismen als duale Körper dual-archimedische Doppelpyramiden haben.

Das Kuboktaeder haben Sie bereits als archimedischen Körper kennen gelernt (vgl. Abbildung 30). Bevor wir gleich überlegen, wie wohl der dual-archimedische Körper zum Kuboktaeder aussieht, wollen wir auf zwei verschiedenen Wegen ermitteln, wie viele Flächen welcher Art dieser Körper hat.

Da wir wissen, wie das Kuboktaeder durch Abschleifen eines Würfels entsteht (s. Abbildung 30) und uns Flächen- und Eckenzahl eines Würfels bekannt sind, können wir anschaulich argumentieren, dass aus den 8 Würfelecken 8 dreieckige Schnittflächen entstehen. Von den 6 alten Würfelflächen bleiben 6 quadratische Restflächen übrig.

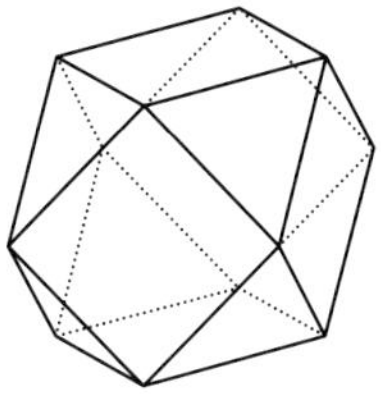

Man kann die Zahl der Flächen des Kuboktaeders aber auch mit dem Eulerschen Polyedersatz ermitteln:

- Sei n die Anzahl der Quadrate und m die Anzahl der Dreiecke. Dann gilt: $f = n + m$
- n Quadrate liefern 4n Ecken, m Dreiecke liefern 3m Ecken, das Kuboktaeder hätte also 4n + 3m Ecken. Da in jeder Ecke aber 4 Flächen zusammentreffen, haben wir die Ecken vierfach gezählt.
  Also gilt: $e = (4n + 3m) : 4$
- n Quadrate liefern 4n Kanten, m Dreiecke liefern 3m Kanten, das Kuboktaeder hätte demnach 4n + 3m Kanten. Da jede Kante aber zu zwei Flächen gehört, haben wir die Kanten doppelt gezählt.
  Also gilt: $k = (4n + 3m) : 2$
- Diese Gleichungen setzen wir in die Eulersche Formel $e - k + f = 2$ ein:

$$\frac{4n+3m}{4} - \frac{4n+3m}{2} + n + m = 2$$

$$\Rightarrow 4n + 3m - 8n - 6m + 4n + 4m = 8 \qquad /\cdot 4$$

$$\Rightarrow m = 8 \qquad / \text{zusammengefasst}$$

- An jedes der 8 Dreiecke grenzen 3 Quadrate, also erhalten wir 24 Quadrate, wobei wir aber jedes vierfach gezählt haben, da jedes Quadrat von vier Dreiecken umgeben ist. Das Kuboktaeder hat also 6 quadratische Seitenflächen.

Dies ist das Verfahren der Wahl, wenn man die „Entstehungsgeschichte“ des Körpers nicht kennt oder evtl. nur einen Netzausschnitt vorliegen hat.

Wie sieht der duale Körper zum Kuboktaeder aus?

Geht man vom Kuboktaeder zum dualen Körper über, indem man jeweils die Mittelpunkte benachbarter Flächen durch neue Kanten verbindet, so stellt man zunächst fest, dass die Flächen des neuen Körpers Vierecke sind. Da jeweils ein Dreiecksmittelpunkt mit einem Quadratmittelpunkt verbunden wird, sind die vier Kanten der neuen Seitenflächen wegen der Symmetrie des Kuboktaeders gleich lang. Der duale Körper besteht also aus lauter Rauten. In jedem der sechs Quadrate des Kuboktaeders stoßen vier Rauten zusammen, die wir aber alle doppelt gezählt haben, da jede Raute zu zwei Quadraten gehört. Der zum Kuboktaeder duale Körper besteht also aus 12 Rauten. Es handelt sich um das Rhombendodekaeder (s. Abbildung 29).

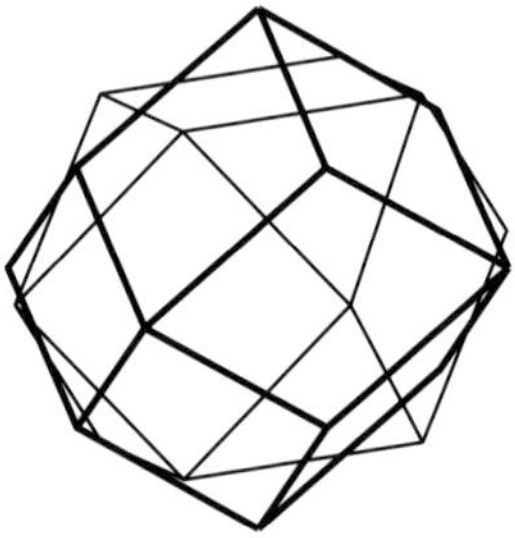

Haben Sie es bemerkt? Das Ergebnis ist zwar richtig, unsere Argumentation hat aber gleich zu Anfang einen gravierenden Schwachpunkt. Die vier benachbarten Seitenmittelpunkte eines Kuboktaeders liegen nicht in einer Ebene! Bei der Doppelpyramide im archimedischen Prisma trat dieses Problem nicht auf, da dort jeweils drei Seitenmittelpunkte miteinander verbunden wurden und drei Punkte immer in einer Ebene liegen. Aber auch da war uns schon aufgefallen, dass diese Konstruktion nicht zu einer archimedischen Doppelpyramide führte. Die Konstruktion funktioniert nur bei den platonischen Körpern. Bei der Konstruktion dual-archimedischer Körper muss man anders vorgehen. Zum einen kann man an die Umkugel, die jeder archimedischer Körper besitzt, durch die Ecken des archimedischen Körpers Tangentialebenen legen. Auf den Schnittgeraden zweier Ebenen durch benachbarte Punkte liegen die Kanten des dual-archimedischen Körpers. Die Schnittpunkte der Kanten, also die Ecken des dual-archimedischen Körpers liegen senkrecht über den Mittelpunkten der Flächen des archimedischen Körpers. Zum anderen kann man verwenden, dass die Kanten des dual-archimedischen Körpers die Kanten des archimedischen Körpers mittig im rechten Winkel kreuzen und dabei mit den überstrichenen Flächen gleich große Winkel einschließen.

Zum Schluss dieses Kapitels trainieren wir unser räumliches Vorstellungsvermögen weiter. Stellen Sie sich einen Würfel vor, in dem sein dualer Körper, das Oktaeder, so drinsteckt, dass dessen Ecken die Mittelpunkte der Würfelseiten berühren. Jetzt lassen Sie das Oktaeder wachsen. Seine Ecken durchstoßen die Würfelseiten, treten immer mehr hervor, solange bis die

Oktaederkanten durch die Würfelkanten verlaufen (Abbildung 32). Diese *Durchdringung* ergibt sich natürlich ebenso, wenn sie einen ins Oktaeder eingeschlossenen Würfel wachsen lassen.

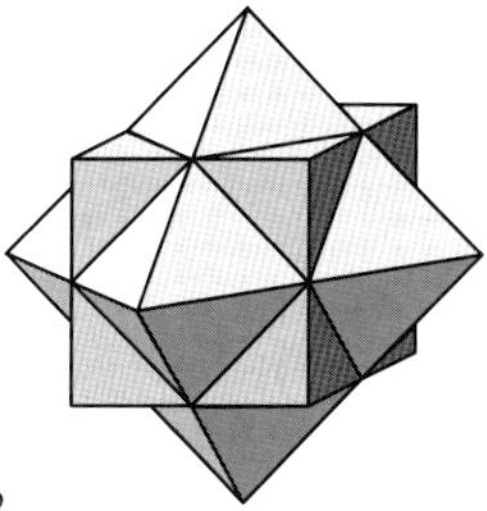

Abb. 32

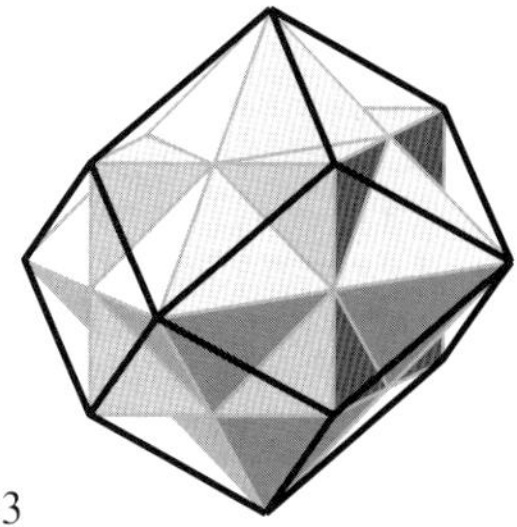

Abb. 33

Verbindet man die Spitzen dieses Durchdringungskörpers miteinander, so entsteht ... genau, das Rhombendodekaeder (Abbildung 33).

Übung:

1) Bestimmen Sie für die abgestumpften platonischen Körper jeweils die Anzahlen der Ecken, Kanten und Flächen.

2) Konstruieren Sie das Netz des abgestumpften Oktaeders mit der Kantenlänge 4 cm und basteln Sie ihn aus Zeichenkarton. (Technische Hinweise s. Übung 1 in Kapitel 2.1. Das Netz passt auf einen Bogen des Formats DIN A3.)

3) Das Rhombenikosidodekaeder besteht aus regelmäßigen Drei-, Vier- und Fünfecken, wobei in jeder Körperecke Quadrat, Dreieck, Quadrat, Fünfeck zusammenstoßen. Aus wie vielen Flächen besteht dieser Körper?

4) Rechts sehen Sie einen Netzausschnitt des Rhombenkuboktaeders. Dieser Körper besteht aus gleichseitigen Dreiecken und Quadraten, die Ordnung aller Ecken ist 4. Bestimmen Sie die Zahl der Dreiecke und Quadrate.

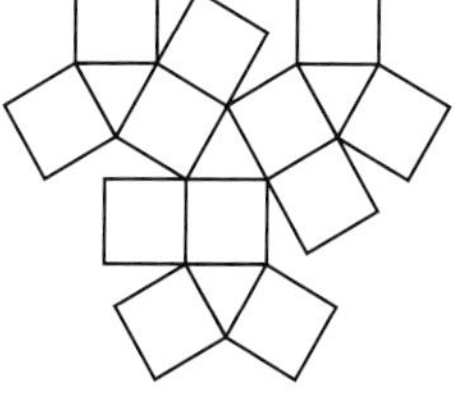

# 3 Axiomatik

## 3.1 Zum Einstieg

Aus der Schule ist Ihnen bekannt, dass die Winkelsumme im Dreieck 180° beträgt. Falls Sie jemand fragt, warum das so ist, werden Sie vielleicht ein Bild wie das rechts zeichnen und erläutern, dass Wechselwinkel an Parallelen gleich groß sind und die drei Winkel α, β und γ sich zu einem gestreckten Winkel, also zu 180° ergänzen.

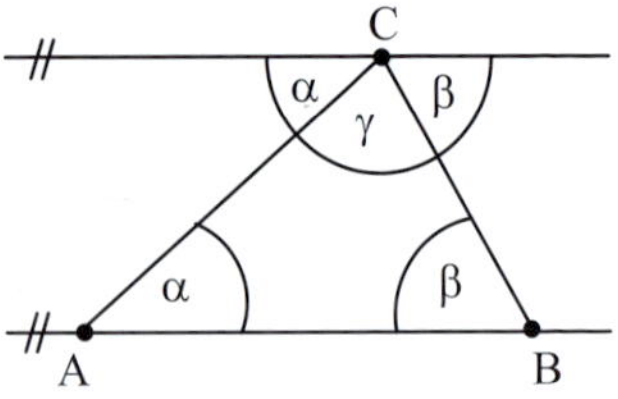


Aber:
Könnten Sie auf Nachfrage beweisen, dass Wechselwinkel gleich groß sind?

Dies wäre prinzipiell möglich, wir werden das später auch tun. Aber spätestens bei der Nachfrage, wer uns denn garantiert, dass es durch den Eckpunkt C des Dreiecks genau eine Parallele zur Geraden AB gibt, müssten Sie passen. Das lässt sich nicht beweisen.
Wir stoßen an dieser Stelle zum ersten Mal auf eine *Setzung* oder ein sogenanntes *Axiom*. Unter einem Axiom wollen wir einen von Fachleuten festgelegten konsensfähigen Grundsatz verstehen, der keines weiteren Beweises bedarf. In unserer Geometrie legen wir einfach fest: Es soll so sein, dass es durch einen Punkt außerhalb einer Geraden genau eine Gerade gibt, die die andere nicht schneidet.

Unsere Bemühungen, geometrische Erfahrungen zu erklären, zu begründen, Aussageketten aufzustellen wie „wenn das und das gilt, dann gilt auch jenes, woraus dann wieder dieses folgt usw." ist in der Geschichte der Menschheit ein noch relativ junges Phänomen. Schaut man sich die Mathematik der alten Ägypter oder der Babylonier an (jeweils etwa im Zeitraum von 3000 v. Chr. bis etwa 200 n. Chr.), so findet man keine solchen Fragen nach dem warum. Der Satz des Pythagoras war den Ägyptern und Babyloniern bekannt. Bei den regelmäßig auftretenden Überschwemmungen durch den Nil bzw. Euphrat und Tigris musste immer wieder das Land neu vermessen werden, und zur Herstellung rechter Winkel wurde damals schon die Umkehrung des Satzes von Pythagoras benutzt[1]. Aus praktischen Bedürfnissen heraus haben die

[1] Wir verweisen hierzu auch auf Kapitel 6, Satz 20.

Menschen solche Gesetzmäßigkeiten entdeckt und empirisch immer und immer wieder bestätigt. Ein solches Vorgehen nennt man *induktiv*[2]. Induktiv erhält man z.B. den Satz von der Winkelsumme im Dreieck durch das möglichst genaue Ausmessen möglichst vieler verschiedenartiger Dreiecke. Schüler finden diesen Satz induktiv, wenn sie einer Vielzahl von verschiedenen Papierdreiecken die drei Innenwinkel abschneiden und dann feststellen, dass sich die ausgeschnittenen Teile stets zu einem gestreckten Winkel zusammenlegen lassen.

Dieses induktive Vorgehen bringt allerdings zwei Probleme mit sich. Zum einen ist es prinzipiell unmöglich, *alle* Dreiecke auszumessen. Wie weit kann man also den Satz von der Winkelsumme im Dreieck *verallgemeinern*? Gilt er auch für mikroskopisch kleine oder riesengroße Dreiecke? Das andere Problem betrifft die *Messgenauigkeit*. Selbst bei noch so präzisen Messgeräten müssen wir immer einen Messfehler berücksichtigen. Vielleicht beträgt die Winkelsumme im Dreieck nicht 180°, sondern 179,999995°. Wer kann das entscheiden?

Etwa 600 v. Chr. gaben die Griechen (Thales, Pythagoras, Euklid, Hippokrates u.v.a.) der Mathematik ein neues Gesicht. Zusätzlich zu dem „Was ist?“ fragten sie „Warum ist das so?“. Das war die Geburtsstunde der exakten Mathematik (übrigens auch die Geburtsstunde des Berufswissenschaftlertums). Empirisch gefundene Gesetzmäßigkeiten versuchte man durch logische Schlüsse zu begründen. Das nennt man *deduktives* Vorgehen.

Am Anfang einer solchen Schlusskette (oder wenn man mit dem Satz von der Winkelsumme anfängt und sich nach unten durchfragt am Ende einer Fragekette) stehen Aussagen, die man nicht beweisen kann. Es sind Kernsätze, Festlegungen, Setzungen, Grundannahmen, die man *Axiome* nennt. Zeitler (1972, 1973) vergleicht Axiome mit Spielregeln, z.B. des Schachspiels. Bevor wir Schach spielen können, müssen wir alle Regeln genauestens kennen. Wie werden die Figuren aufgestellt? Wie bewegen sie sich über das Brett? Wie schlagen sie? Was heißt „patt“? Wann ist das Spiel beendet? usw.

Solche Spielregeln sind willkürliche Festsetzungen, wir könnten die Schachregeln ja auch ganz anders formulieren und dann ein Spiel namens Schoch spielen. Damit das Spiel aber sinnvoll gespielt werden kann, müssen die

2 Beim induktiven Arbeiten gewinnt man einen Satz, eine Regel, eine Abstraktion aus der Betrachtung mehr oder weniger vieler Einzelfälle. Die frühe Physik oder die (Al-) Chemie sind Beispiele für induktiv vorgehende Wissenschaften.

Regeln einigen Bedingungen genügen. Die wichtigste ist die, dass sich die Regeln nicht widersprechen dürfen. Und die Regeln müssen vollständig sein, d.h. jede möglicherweise irgendwann einmal auftretende Spielsituation muss mit den Regeln entscheidbar sein[3]. Außerdem sollte man nicht mehr Regeln als notwendig aufstellen. Jede Regel, die man aus anderen herleiten könnte, wollen wir uns sparen. An ein Axiomensystem stellen wir also die Forderung nach *Widerspruchsfreiheit, Vollständigkeit* und *Unabhängigkeit*.

Um überhaupt ein Axiom formulieren zu können, braucht man Objekte, über die man etwas aussagen will. Diese *Grundelemente* sind in der Geometrie *Punkte* und *Geraden*. Unsere ersten Axiome (Kapitel 3.2) sagen etwas aus über die Existenz von solchen Grundelementen und ihre wechselseitigen *Beziehungen*. Was wir aus unseren Axiomen herleiten können, heißt *Satz*. Und dann kennen Sie noch den Begriff der *Definition*. In einer Definition wird eine neue Bezeichnung eingeführt für einen Sachverhalt, der auch ohne diese Definition schon klar ist. Es geht also nur darum, durch einen neuen Namen oder ein neues Zeichen etwas knapp zu beschreiben, das man sonst langatmig erläutern müsste.

Euklid[4] war es, der die Bemühungen der griechischen Mathematiker um eine Axiomatisierung der Geometrie zu einem Abschluss brachte. In einem 13bändigen Werk mit dem Namen „Elemente" hat er das mathematische Wissen seiner Zeit zusammengetragen. Es enthält das erste Axiomensystem unserer Geometrie, das über 2000 Jahre lang die Grundlage des Geometrieunterrichts in Schulen und Universitäten darstellte. Euklid selbst nannte die Axiome „Postulate". Sie waren für ihn Formulierungen von Selbstverständlichkeiten der Anschauung, wie z.B. „Durch zwei Punkte kann man stets eine gerade Linie ziehen." Die in dieser Aussage auftretenden Begriffe „Punkt" und „gerade Linie" hat Euklid definiert: „Ein Punkt ist, was keine Teile hat. Eine Gerade ist eine Linie, die gleich liegt mit den Punkten auf ihr selbst." (Meschkowski 1980, S. 87) Sie erkennen sicher selbst, dass solche Definitionen die Sache nicht klarer machen, denn unbekannte Begriffe werden durch nicht weniger unklare andere Begriffe erläutert. Zudem hat Euklid selbst später auf diese Art der Definitionen nicht mehr zurückgegriffen.

---

3 Vielleicht haben Sie auch Erfahrungen mit neuen Gesellschaftsspielen, bei denen Sie im Laufe des Abends ad hoc eigene Spielregeln erfinden mussten, weil Sie sich in eine Spielsituation hineingespielt haben, für die die Spielentwickler keine Regel angegeben haben.

4 Eukleides von Alexandria, um 300 v. Chr., griechischer Mathematiker

Die moderne Mathematik verzichtet von daher auf Definitionen solcher Grundbegriffe. Noch in einem weiteren Punkt sind die Mathematiker in der Geometrie über Euklid hinausgegangen. Euklid benutzte in seinen Beweisen nicht nur die von ihm formulierten Axiome, sondern unbewusst Tatsachen, die er der Anschauung entnahm, aber nicht als Axiom formulierte. In diesem Sinne war Euklid's Axiomensystem noch nicht das vollständige System, das der von ihm beschriebenen Geometrie tatsächlich zugrunde liegt. Diese Lücken füllte erstmals der deutsche Mathematiker Pasch[5]. Aber auch für Pasch waren die Axiome noch „aus der Anschauung herausgeschälte ‚Grundsätze'" (Meschkowski 1980, S. 136).

Wenige Jahre später hat Hilbert[6] in seinem Buch „Grundlagen der Geometrie" (1899) dem Axiomensystem der euklidischen Geometrie die heute gängige Form gegeben. Ihm verdanken wir es, dass wir Axiome heute einfach als Setzungen interpretieren, die nicht mehr an unsere Anschauung gebunden sind. Auch die Grundbegriffe wie Punkte und Geraden werden von ihrer anschaulichen Bedeutung abgekoppelt. Bei einem Gespräch in einem Berliner Wartesaal sagte Hilbert: „Man muss jederzeit an Stelle von ‚Punkten, Geraden, Ebenen', ‚Tische, Stühle, Bierseidel' sagen können." (nach Meschkowski 1980, S. 136).

Charakteristisch für Hilberts Axiomensystem ist der Aufbau aus mehreren Axiomengruppen:

- Axiome der Verknüpfung oder Inzidenz,
- Axiome der Anordnung,
- Axiome der Kongruenz,
- Axiome der Parallelen,
- Axiome der Stetigkeit.

Diese Ordnung ermöglicht einen schrittweisen Aufbau der Geometrie, der von sehr allgemeinen Aussagen wie den Sätzen der Inzidenzgeometrie zu inhaltlich reichhaltigeren Sätzen fortschreitet, z.B. zu den Kongruenzsätzen. Jede neue Axiomengruppe ermöglicht es also, mit den vorangehenden zusammen eine Reihe von neuen Sätzen herzuleiten. Dabei wird deutlich, welche Sätze etwa zu ihrer Herleitung noch nicht das gesamte Axiomensystem benötigen. Bemerkenswert ist weiter, dass Hilbert das Parallelenaxiom erst

---

[5] Moritz Pasch, 8.11.1843 – 20.9.1930

[6] David Hilbert, 23.1.1862 – 14.2.1943, deutscher Mathematiker, vermutlich der letzte Mathematiker, der sich noch in allen Teilgebieten seiner Wissenschaft auskannte.

sehr spät einführt. Dadurch wird es möglich, vorher ein System geometrischer Sätze zu entwickeln, die sogenannte *absolute Geometrie*, die sowohl in der euklidischen wie in der nicht-euklidischen Geometrie gültig sind. Aus didaktischen Gründen und da es uns nur um den axiomatischen Aufbau der euklidischen Geometrie geht, werden wir allerdings das Parallelenaxiom sehr früh einführen.

Dieses Parallelenaxiom hat die Mathematiker sehr lange vor große Rätsel gestellt. Es war eine geniale Leistung Euklids, dass er es als Postulat, also als eine nicht beweisbaren Grundannahme, formulierte. 2000 Jahre lang hatten die Mathematiker den Verdacht, es müsse sich aus den übrigen Axiomen herleiten lassen. Viele haben vergebens versucht, es zu beweisen, z.B. der ungarische Mathematiker Wolfgang von Bolyai. Auch dessen Sohn Johann hatte sich dem Parallelenproblem verschrieben, trotz der folgenden väterlichen Warnung:

*„Ich beschwöre Dich bei Gott! lass die Parallelen in Frieden. Du sollst davor denselben Abscheu haben wie vor einem liederlichen Umgang ... Es ist unbegreiflich, dass diese unabwendbare Dunkelheit, diese ewige Sonnenfinsternis, dieser Makel in der Geometrie zugelassen wurde, diese ewige Wolke an der jungfräulichen Wahrheit ...“* (Meschkowski 1980, S. 40). Mit dem Makel meinte Bolyai die Unbeweisbarkeit des Parallelenaxioms.

Zum Glück folgte der Sohn dem väterlichen Rat nicht. Er verfolgte stattdessen den Gedanken, dass das Parallelenaxiom wirklich ein Axiom sei, es also auch eine Geometrie geben könne, in der dieses Axiom nicht gilt. Etwa 1825 hatte er eine nicht-euklidische Geometrie in den Grundzügen entworfen. Sein Vater riet ihm, die Ergebnisse möglichst bald zu veröffentlichen. Wieder folgte der Sohn dem Rat seines Vaters nicht, diesmal zu seinem Nachteil, denn 1826 veröffentlichte der russische Mathematiker Nicolai Iwanowitsch Lobatschewsky eine ähnliche Abhandlung, fünf Jahre, bevor Bolyai seine Ergebnisse dann endlich publizierte. Jedenfalls lag die nicht-euklidische Geometrie zu Anfang des 19ten Jahrhunderts wohl in der Luft. Auch der deutsche Mathematiker Carl Friedrich Gauss hat sich mit dieser Frage beschäftigt.

## 3.2 Inzidenzgeometrie

Unsere Grundbegriffe sind also die *Ebene* $\mathbb{E}$, die wir als eine Menge von *Punkten* auffassen. Bestimmte Teilmengen von $\mathbb{E}$ nennen wir *Geraden*. Die Punkte bezeichnen wir mit Großbuchstaben, $\mathbb{P} = \{A, B, C, D, ...\}$, die Geraden mit kleinen Buchstaben, $\mathbb{G} = \{a, b, c, d, ...\}$, oder durch die Angabe zweier Punkte, die auf der Geraden liegen. Die beiden Mengen $\mathbb{P}$ und $\mathbb{G}$ seien disjunkt. Ein Punkt und eine Gerade können zueinander in einer Beziehung stehen, die wir *Inzidenz* nennen und durch das Zeichen „$\in$" oder „$\ni$" ausdrücken. $A \in a$ oder auch $a \ni A$ heißt dann „A inzidiert mit a", „A liegt auf a", „A ist Element von a" oder „a geht durch A". Inzidieren ein Punkt und eine Gerade nicht miteinander, so verwenden wir das Zeichen „$\notin$". Es gilt immer: Entweder $A \in a$ oder $A \notin a$. Die Menge aller Inzidenzpaare (A,a) bilden eine echte Teilmenge von $\mathbb{P} \times \mathbb{G}$, wir haben es also mit einer *Relation* zu tun. Wir stellen diese Relation durch Graph und Tabelle dar.

Beispiel: *Inzidenzgraph*

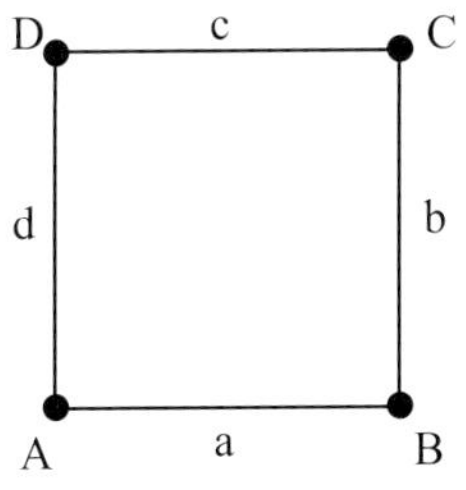


*Inzidenztafel*

| | A | B | C | D |
|---|---|---|---|---|
| a | + | + | 0 | 0 |
| b | 0 | + | + | 0 |
| c | 0 | 0 | + | + |
| d | + | 0 | 0 | + |

(vgl. Kapitel 1.2)

Wir können jetzt die ersten Axiome, die *Inzidenzaxiome*, formulieren:

**I 1** Zu zwei verschiedenen Punkten gibt es genau eine Gerade, die mit beiden Punkten inzidiert.

Formal: $\forall\ A, B \in \mathbb{P}$ mit $A \neq B$ gilt: $\overset{!}{\exists}\ a \in \mathbb{G}$, so dass $A \in a \wedge B \in a$

**I 2** Zu jeder Geraden gibt es mindestens zwei verschiedene Punkte, die mit dieser Geraden inzidieren.
Formal: $\forall\ a \in \mathbb{G}$ gilt: $\exists\ A, B \in \mathbb{P}$ mit $A \neq B$, so dass $A \in a \wedge B \in a$

**I 3** Es gibt drei verschiedene Punkte, die nicht alle mit derselben Geraden inzidieren.
Formal: $\exists\ A, B, C \in \mathbb{P}$ mit $A \neq B \neq C$, so dass $A \in a \wedge B \in a \wedge C \notin a$

Punkte, die auf derselben Geraden liegen, heissen *kollinear*. Das Axiom I 3 könnte man auch so formulieren: Es gibt drei Punkte, die nicht kollinear sind.

Die beiden ersten Inzidenzaxiome sind „wenn-dann-Aussagen". Wenn es zwei Punkte gibt, dann gibt es auch eine Gerade durch die beiden. Wenn es eine Gerade gibt, dann liegen auf dieser auch zwei Punkte. Diese Aussagen sind auch dann wahr, wenn es überhaupt keine Punkte und Geraden gibt. Die Existenz von Punkten (und damit auch von Verbindungsgeraden) wird im dritten Axiom gefordert.

Wir wollen nun das kleinste Modell aufstellen, das unseren ersten drei Axiomen genügt. Wegen I 3 gibt es drei verschiedene Punkte, die nicht auf einer Geraden liegen. Wir nennen sie A, B, C. Wegen des ersten Inzidenzaxioms gibt es zu A und B, zu A und C sowie zu B und C jeweils genau eine Gerade. Damit gibt es also drei Geraden a, b, c. Auch I 2 ist erfüllt, denn auf jeder dieser Geraden liegen zwei Punkte. Unser *Minimalmodell* besteht also aus drei Punkten und drei Geraden (Abbildung 34). Beachten Sie, dass derzeit nur dort Punkte existieren, wo wir sie ausdrücklich durch einen Kreis markieren. Die Gerade a besteht nur aus den beiden Punkten A und B.

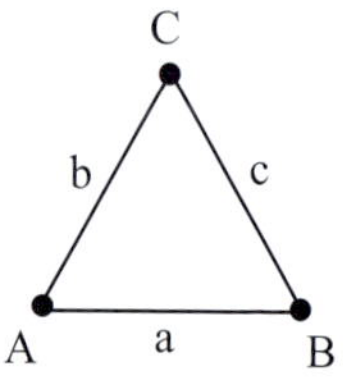

Abb. 34

Ein weiteres Modell ist das *Neun-Punkte-Modell* (Abbildung 35). Wir verbinden zunächst A und B durch eine Gerade, die auch noch durch C laufen soll. Wir verbinden dann A mit D und G, und eine weitere Gerade legen wir durch A, E und I. Jetzt ist A mit allen Punkten verbunden außer mit F und H. Wir erledigen das durch die Gerade d, die A, H und F enthält. B ist bereits mit A und C verbunden. Wir legen noch eine Gerade durch B, E und H. Eine weitere Gerade verbindet D, B und I, und eine legen wir noch durch B, F und G. Jetzt ist auch B mit allen Punkten verbunden.

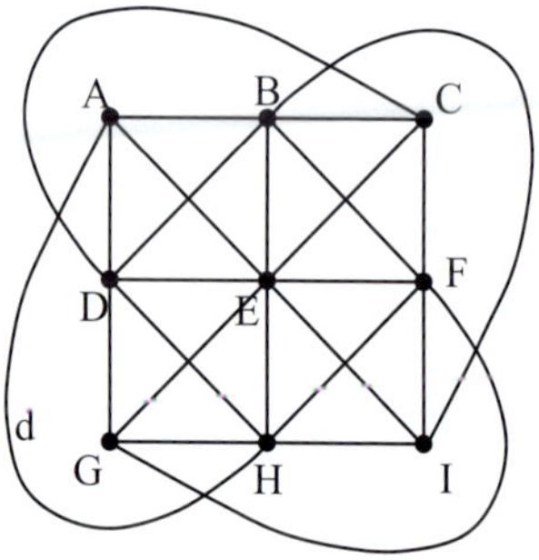

Abb. 35

Wir vervollständigen unser Modell durch eine Gerade durch C, E und G, eine Gerade durch C, F und I und eine durch C, D und H. D ist bereits mit allen

Punkten außer mit E und F verbunden, wir legen also eine weitere Gerade durch D, E und F. E hat zu allen Punkten eine Verbindungsgerade, ebenso F. Wenn wir jetzt noch eine letzte Gerade durch G, H und I legen, dann haben wir Axiom I 1 erfüllt. Axiom I 2 ist ebenfalls erfüllt, im Neun-Punkte-Modell liegen auf jeder Geraden sogar drei Punkte. I 3 ist erfüllt, z.B. liegen A, B und D nicht alle auf einer Geraden. Wir haben 9 Punkte und 12 Geraden.

Wir wollen uns nun zwei weitere Modelle ansehen, die der nicht-euklidischen Geometrie entstammen, in denen unsere drei Inzidenzaxiome jedoch ebenfalls gelten.

Beim *Modell von Klein*[7] („Bierdeckelgeometrie") besteht die Menge $\mathbb{P}$ aus allen Punkten innerhalb des Einheitskreises, die Kreislinie gehört also nicht dazu, die Geradenmenge $\mathbb{G}$ besteht aus allen Sehnen innerhalb des Einheitskreises. Da hier $\mathbb{P}$ und $\mathbb{G}$ unendliche Mengen sind, können wir sie durch unsere Darstellungsformen nur unvollständig wiedergeben. Abbildung 36 diene trotzdem der „Veranschaulichung".

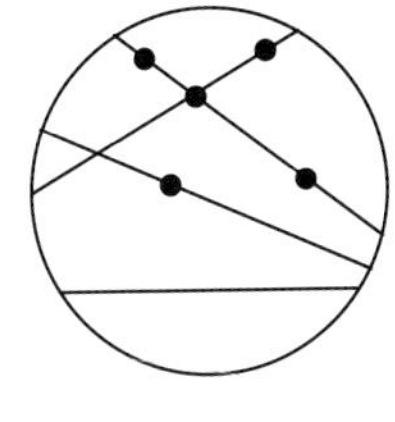

Abb. 36

Beim *Modell von Poincaré*[8] besteht $\mathbb{P}$ aus allen Punkten oberhalb der x-Achse, die Achse selbst gehört also nicht dazu, die Menge $\mathbb{G}$ besteht aus allen Halbkreisen oberhalb der x-Achse sowie allen Halbgeraden oberhalb der x-Achse, die senkrecht zur x-Achse sind. Auch hier sind $\mathbb{P}$ und $\mathbb{G}$ unendliche Mengen, trotzdem diene Abbildung 37 der „Veranschaulichung".

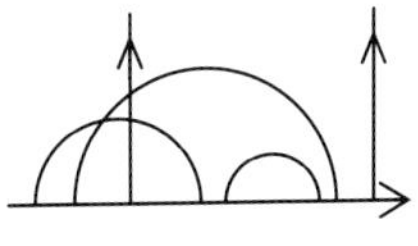


Abb. 37

Die „Verbindungsgerade" zu zwei Punkten A und B, die nicht auf einer Halbgeraden liegen, konstruiert man im Modell von Poincaré wie in Abbildung 38 beschrieben. Sie ist ein Halbkreis.

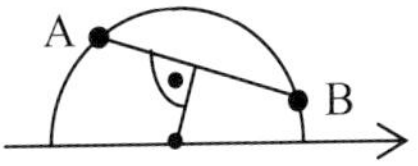


Abb. 38

Zum Nachweis der Unabhängigkeit eines Axiomensystems betrachtet man Modelle, bei denen jeweils alle Axiome bis auf eines erfüllt sind. Ist man in der Lage, ein solches Modell anzugeben, so kann das eine Axiom keine

---

7 Von dem deutschen Mathematiker Felix Klein, 25.4.1849 – 22.6.1925, stammt u.a. die folgende Aussage: „Wenn ein Mathematiker keine Ideen mehr hat, treibt er Axiomatik."

8 Henri Poincaré, 29.4.1854 – 17.7.1912, französischer Mathematiker

logische Folge der anderen Axiome sein. Wir zeigen auf diese Weise die Unabhängigkeit unserer drei Inzidenzaxiome:

I 1 und I 2 erfüllt,
I 3 nicht erfüllt

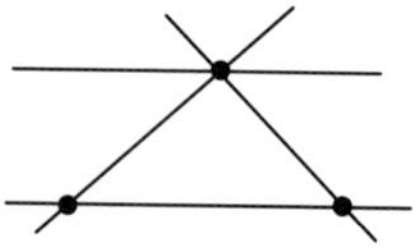

I 1 und I 3 erfüllt,
I 2 nicht erfüllt

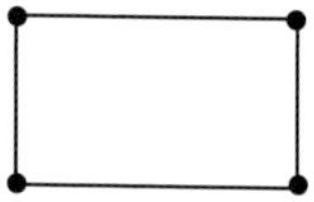

I 2 und I 3 erfüllt,
I 1 nicht erfüllt

So schmalbrüstig unser Axiomensystem bisher auch ist, wir können trotzdem schon die ersten Sätze ableiten.

**Satz 1:** Zu zwei verschiedenen Geraden gibt es höchstens einen Punkt, mit dem beide inzidieren.

**Beweis:**
Es seien a und b zwei Geraden mit $a \neq b$. Wir gehen indirekt vor und nehmen an, es gäbe mehr als einen gemeinsamen Punkt von a und b. Seien also A und B zwei verschiedene Punkte mit $A \in a$ und $B \in a$ sowie $A \in b$ und $B \in b$. Nach Axiom I 1 folgt dann $a = b$, was im Widerspruch zur Voraussetzung $a \neq b$ steht. Es kann also nicht mehr als einen gemeinsamen Punkt geben.

**Satz 2:** Zu jedem Punkt gibt es mindestens eine Gerade, die mit ihm inzidiert.

**Beweis:**
Sei A ein beliebiger Punkt. Nach I 3 gibt es mindestens einen weiteren Punkt B. Nach I 1 gibt es eine Gerade a mit $A \in a$ und $B \in a$. Es gibt also keine isolierten Punkte.

Übung: 1) Welche der Inzidenzaxiome sind jeweils erfüllt?

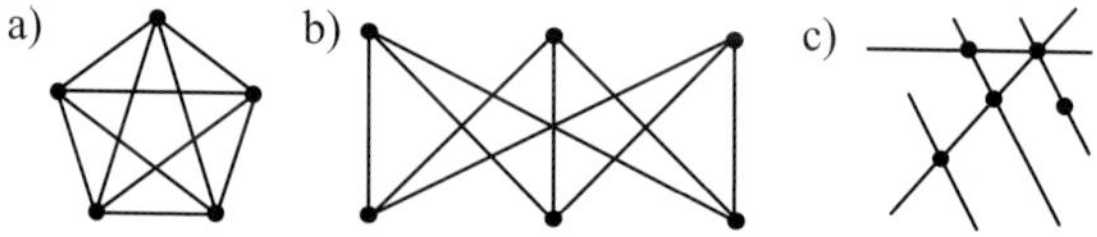


2) Wir betrachten das Neun-Punkte-Modell. Geben Sie alle Parallelen zur Geraden BH an. Nennen Sie alle Parallelen zu DI durch A.

## 3.3 Affine und projektive Inzidenzgeometrien

Wir wollen im Folgenden durch Hinzunahme eines weiteren Axioms unsere Inzidenzgeometrie in zwei Richtungen ausbauen. Bevor wir das tun, müssen wir den Begriff der Parallelität definieren.

**Definition 1:** parallel

Zwei Geraden a und b heißen *parallel* (Zeichen „||"), wenn sie gleich sind oder wenn es keinen Punkt gibt, der mit a und mit b inzidiert. Also: $a \parallel b \Leftrightarrow a = b \vee a \cap b = \varnothing$.

**Axiome der *affinen Inzidenzgeometrie*:**

**A 1** = I 1

**A 2** = I 2

**A 3** = I 3

**A 4 Parallelenaxiom**

Zu jeder Geraden gibt es durch jeden Punkt genau eine Parallele.

Formal: $\forall\, b \in \mathbb{G}, A \in \mathbb{P}$ gilt: $\overset{!}{\exists}\, a \in \mathbb{G}$, so dass $A \in a \wedge a \parallel b$

Auch hier schauen wir uns das kleinste Modell an, das diesen vier Axiomen genügt. Da die ersten drei Axiome unsere Inzidenaxiome sind, beginnen wir mit dem für diese schon gefundenen Minimalmodell.

Die Geraden a, b und c sind Parallelen zu sich selbst durch die Punkte, die jeweils auf diesen Geraden liegen. Es gibt aber noch keine Parallele zu a durch C, zu b durch B, zu c durch A. Wir ergänzen unser Modell durch die Gerade d, die keinen gemeinsamen Punkt mit a hat, die Gerade f durch B, die parallel zu b ist, und eine Parallele zu c durch A, die Gerade e. Nach A 2 alias I 2 liegt auf diesen drei neuen Geraden jeweils ein weiterer Punkt. Damit wir mit möglichst wenigen Punkten auskommen (schließlich suchen wir ein Minimalmodell), erledigen wir das durch den Punkt D, der mit d, e und f inzidiert (Abbildung 39).

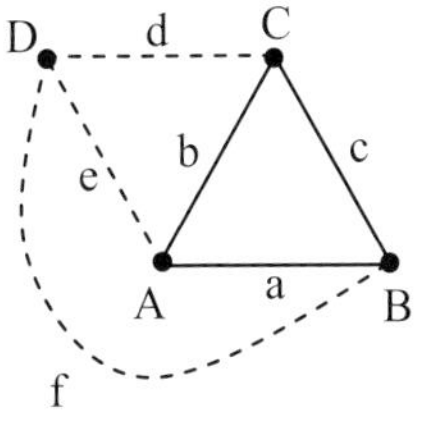


Abb. 39

Eine affine Ebene besteht also aus mindestens vier Punkten und sechs Geraden.

Ein anderes Modell für eine affine Inzidenzebene ist das Neun-Punkt-Modell. Überprüfen Sie dies zur Übung selbst.

Um zu zeigen, dass das Axiom A 4 von den drei anderen Axiomen unabhängig ist, müssen wir wieder ein Modell angeben, in dem A 1 bis A 3 gelten, A 4 aber nicht. Unser Minimalmodell aus Abbildung 34 erfüllt diesen Zweck. Ebenso gut können wir aber auch die Modelle von Klein oder Poincaré verwenden. In beiden Modellen gibt es nämlich mehr als eine Parallele zu einer Geraden durch einen Punkt (s. Abbildung 40).

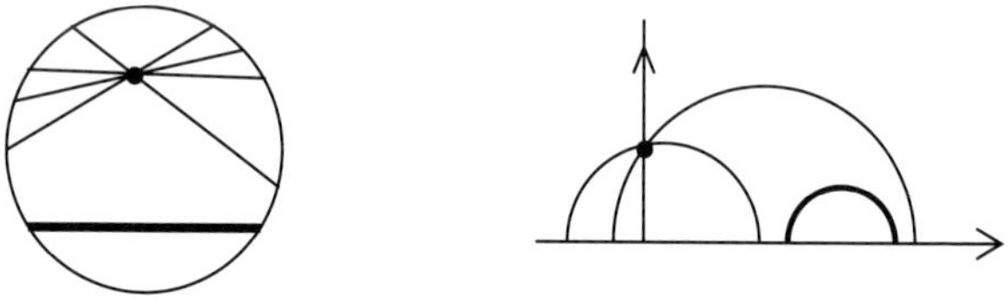

Abb. 40

Für die affine Inzidenzgeometrie formulieren wir jetzt einen wichtigen Satz.

**Satz 3:** Die Parallelität ist eine *Äquivalenzrelation*. Sie ist also *reflexiv, symmetrisch* und *transitiv*.

**Beweis:**

Reflexivität: z.z. Für alle $a \in \mathbb{G}$ gilt $a \parallel a$.

| | | |
|---|---|---|
| | Für alle $a \in \mathbb{G}$ gilt $a = a \lor a \cap a = \emptyset$ | /a = a stets wahr |
| $\Rightarrow$ | $a \parallel a$ | /Def. 1 |

Symmetrie: z.z. Für alle $a, b \in \mathbb{G}$ gilt: $a \parallel b \Rightarrow b \parallel a$.

| | | |
|---|---|---|
| | $a \parallel b$ | |
| $\Rightarrow$ | $a = b \lor a \cap b = \emptyset$ | /Def. 1 |
| $\Rightarrow$ | $b = a \lor b \cap a = \emptyset$ | |
| $\Rightarrow$ | $b \parallel a$ | /Def. 1 |

Transitivität: z.z. Für alle $a, b, c \in \mathbb{G}$ gilt: $a \parallel b \land b \parallel c \Rightarrow a \parallel c$.

Für den Fall, dass zwei dieser drei Geraden oder gar alle drei identisch sind, ergibt sich die Behauptung trivialerweise. Wir betrachten also den Fall, dass a, b und c paarweise verschieden sind. Dann gilt $a \cap b = \emptyset$ und $b \cap c = \emptyset$.

Angenommen, es würde nicht gelten $a \parallel c$. Dann gäbe es einen Punkt A mit $A \in a$ und $A \in c$. Damit ist a eine Parallele zu b durch A und c ist ebenfalls eine Parallele zu b durch A. Das steht im Widerspruch zum Parallelenaxiom.

Ein anderer, anschaulich selbstverständlicher Sachverhalt lässt sich jetzt schon aus unseren 4 Axiomen herleiten:

**Satz 4:** Es seien a, b, c paarweise verschiedene Geraden mit $a \parallel b$. Dann gilt: Wenn c die Gerade a schneidet, dann schneidet c auch die Gerade b.

**Beweis:**

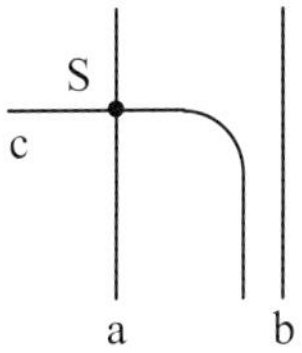


Nach Voraussetzung gilt $a \parallel b$ und $a \neq b$

$\Rightarrow\ a \cap b = \emptyset$ /Def. 1

Weiter schneiden sich nach Voraussetzung die Geraden a und c, wir nennen den Schnittpunkt S.

Annahme: $c \cap b = \emptyset$

Da b und c nach Voraussetzung verschieden sind ($b \neq c$) folgt $c \parallel b$. Da $S \in a$ und $S \in c$ und $a \parallel b$ und $c \parallel b$ und $a \neq c$ gäbe es dann durch S zu der Geraden b zwei verschiedene Parallelen, nämlich a und c, was einen Widerspruch zu A 4 darstellt[9].

Wir werden jetzt die Axiome der affinen Inzidenzgeometrie so abändern, dass eine völlig neue Inzidenzgeometrie entsteht. Da, wie wir gerade gezeigt haben, die Parallelenrelation eine Äquivalenzrelation ist, bewirkt sie auf der Menge der Geraden eine Einteilung in *Äquivalenzklassen*. Ist a eine Gerade, so enthält die durch a repräsentierte Äquivalenzklasse alle zu a parallelen Geraden. Man spricht bei diesen Klassen von *Parallelenscharen*. Jeder Parallelenschar ordnen wir einen unendlich fernen Punkt zu, ihren uneigentlichen Schnittpunkt. Die Menge aller unendlich fernen Punkte fassen wir zu einer Geraden, der *Ferngeraden*, zusammen (Abbildung 41)[10].

---

[9] Ebenso ergibt sich ein Widerspruch zu Satz 3: Aus $a \parallel b$ und $c \parallel b$ folgt $a \parallel c$ (Transitivität). Mit $a \neq c$ steht dies im Widerspruch zu $a \cap b = \{S\}$.

[10] In Kapitel 7 werden Sie dies bei der Behandlung der Zentralprojektion als Fluchtpunkte und Horizont wiedererkennen.

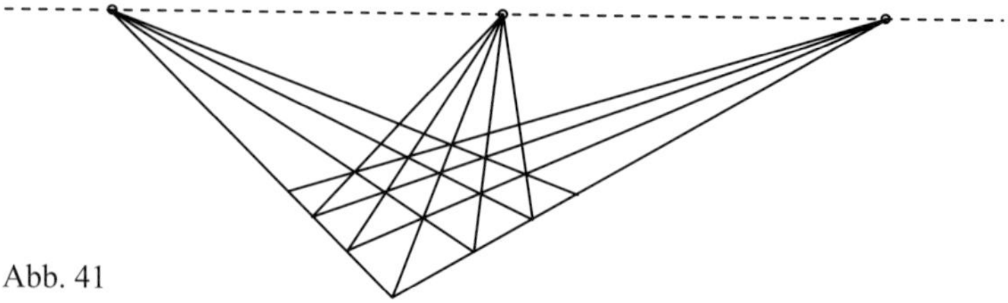

Abb. 41

Diese so erweiterte euklidische Ebene nennt man *projektive Ebene*. Diese wollen wir jetzt axiomatisieren, allerdings nur in Bezug auf die Inzidenzaussagen.

**Axiome der *projektiven Inzidenzgeometrie*:**

**P 1** = I 1

**P 2** Zu jeder Geraden gibt es mindestens drei verschiedene Punkte, die mit dieser Geraden inzidieren.

Formal: $\forall\, a \in \mathbb{G}$ gilt: $\exists\; A, B, C \in \mathbb{P}$ mit $A \neq B \neq C$, so dass $A \in a \wedge B \in a \wedge C \in a$

**P 3** = I 3

**P 4** Zu zwei verschiedenen Geraden gibt es mindestens einen Punkt, der mit beiden inzidiert.

Formal: $\forall\, a, b \in \mathbb{G}$ mit $a \neq b$ gilt: $\exists\, A \in \mathbb{P}$, so dass $A \in a \wedge A \in b$

Auch hier suchen wir das kleinste Modell, das diesen vier Axiomen genügt. Nach P 3 gibt es drei nicht kollineare Punkte A, B und C, die nach P 1 durch drei Geraden a, b und c verbunden sind. Nach P 2 liegt auf jeder dieser Geraden ein weiterer Punkt, also kommen die Punkte D, E und F dazu. Nach P 1 muss A mit E, B mit F sowie C mit D verbunden werden, wodurch wir drei weitere Geraden d, e und f erhalten. Auf diesen liegt nach Axiom P 2 ein dritter Punkt, was wir durch G für alle drei Geraden sicherstellen. Zu den Punkten D, E und F benötigen wir wegen P 1 noch Verbindungsgeraden. Wir wählen g so, dass sie alle drei Punkte miteinander verbindet, wodurch dann für g auch Axiom P 2 erfüllt ist (Abbildung 42).

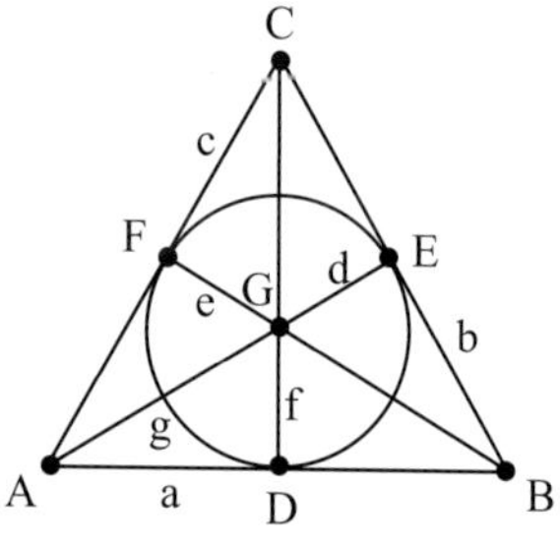


Abb. 42

Prüfen Sie selbst nach, dass in diesem Minimalmodell der projektiven Inzidenzgeometrie, welches aus 7 Punkten und 7 Geraden besteht, das Axiom P 4 erfüllt ist, dass sich also je zwei Geraden in mindestens einem Punkt schneiden.

Zum Nachweis der Unabhängigkeit von P 4 suchen wir wieder Modelle, in denen die Axiome P 1 bis P 3 gelten, P 4 aber nicht. Das Neun-Punkte-Modell ist dafür ein Beispiel, denn dort schneiden sich nicht, wie P 4 fordert, alle Geraden. Z.B. hat die Gerade, die die oberen drei Punkte miteinander verbindet, keinen Schnittpunkt mit der Geraden, die die drei Punkte in der untersten Reihe verbindet. Auch das Modell von Klein oder das von Poincaré können wir als Beleg für die Unabhängigkeit von P4 heranziehen. Da bei ihnen jeweils unendlich viele Punkte auf den Geraden liegen, ist auch die gegenüber I 2 verschärfte Fassung des Axioms P 2 erfüllt. In beiden Modellen gibt es aber Geraden, die sich nicht schneiden (s. Abbildung 43).

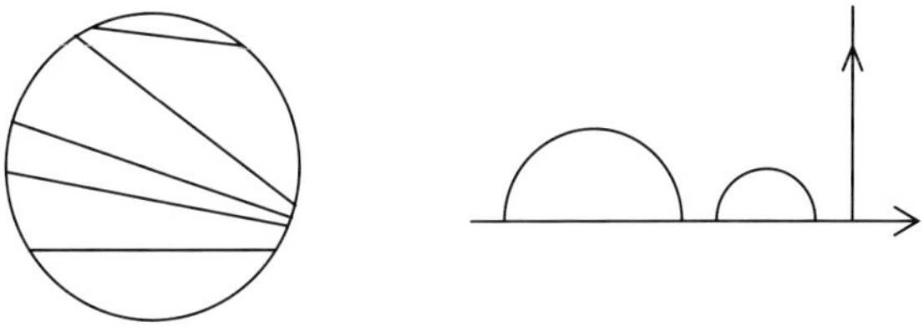

Abb. 43

Da wir I 2 (mindestens zwei Punkte) durch P 2 (mindestens drei Punkte) ersetzt haben, sollten wir wenigstens einen kurzen Gedanken an die Unabhängigkeit von P 2 verschwenden. P 2 ist unabhängig, wie z.B. das Minimalmodell unserer Inzidenzgeometrie (Abbildung 34) zeigt.

Die Axiome A 4 (es gibt genau eine Parallele) und P 4 (es gibt immer einen Schnittpunkt) schließen sich von der Logik her aus, sie können nicht beide gleichzeitig gelten. Das heißt aber nicht, dass immer eines von beiden gelten muss, wie z.B. das Modell von Klein zeigt, bei dem es mehrere Parallelen, aber auch Schnittpunkte gibt. Das liegt daran, dass P 4 nicht die logische Verneinung von A 4 ist oder umgekehrt[11].

Man kann von einem projektiven Modell zu einem affinen Modell gelangen, indem man eine Gerade und alle mit ihr inzidierenden Punkte entfernt. Diesen Vorgang nennt man *Schlitzen*. Beispiele:

[11] Die logische Verneinung von A 4 wäre: Es gibt keine oder mehr als eine Parallele.

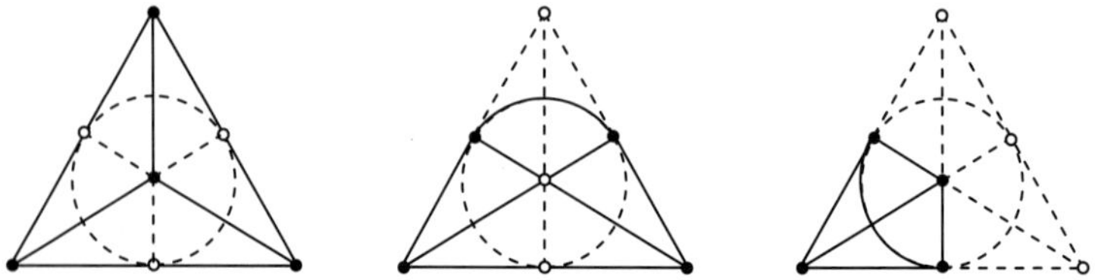

Umgekehrt kann man aus einem affinen Modell ein projektives Modell herstellen, indem man für parallele Geraden Schnittpunkte definiert und diese neuen Punkte zu einer neuen Geraden zusammenfasst. Diesen Vorgang nennt man *Adjunktion*. Beispiele:

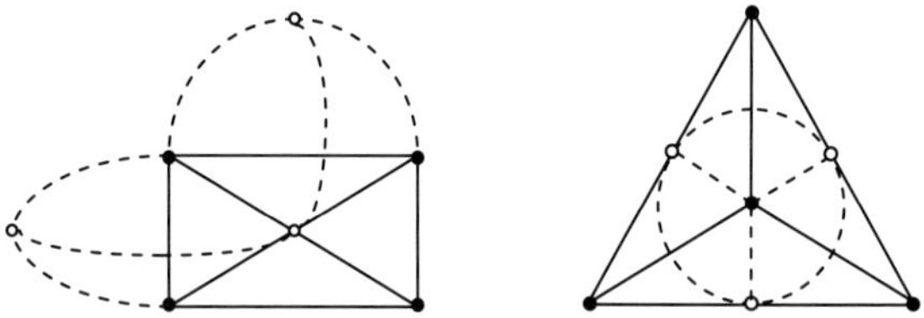

Übung:

1) Welche der Axiome A 1 – A 4 gelten in der durch die Zeichnung links dargestellten Ebene?

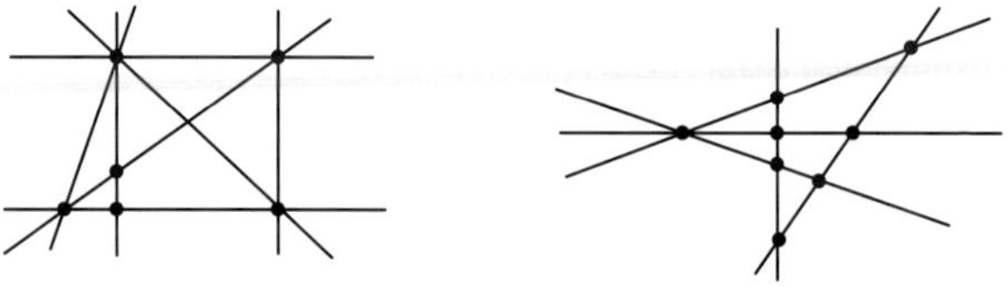

2) Welche der Axiome P 1 – P 4 gelten in der Ebene rechts?

3) Untersuchen Sie die folgenden Graphen auf die Gültigkeit von Axiom A 4:

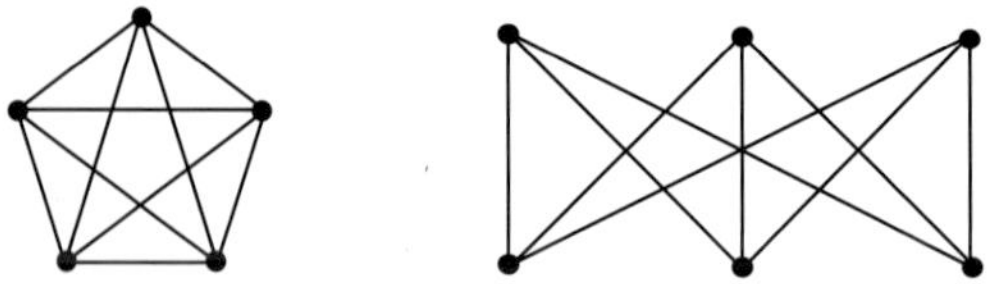

## 3.4 Axiome der Anordnung

Folgt man Hilberts Aufbau der Geometrie, so kommen nach den Axiomen der Inzidenz die der Anordnung hinzu. Wir werden gleich fordern, dass die Menge der Punkte einer Geraden *streng linear geordnet* ist[12], sich einer Geraden also eine *Orientierung* geben lässt. Unter *Ordnungsrelationen* auf einer Menge M versteht man Relationen „R" mit den folgenden Eigenschaften:

*1. Transitivität*: $\forall$ a,b,c $\in$ M: $a\,R\,b \wedge b\,R\,c \Rightarrow a\,R\,c$

*2. Asymmetrie*: $\forall$ a,b $\in$ M: $a\,R\,b \Rightarrow \neg(b\,R\,a)$

Eine Ordnungsrelation heißt streng linear, wenn zusätzlich gilt:

*3. Linearität*: $\forall$ a,b $\in$ M: $a\,R\,b \vee b\,R\,a \vee a = b$

Die streng lineare Ordnungsrelation für die Punkte einer Geraden bezeichnen wir mit „$\prec$" („liegt vor"). Die drei genannten Eigenschaften bedeuten dann:

1. Wenn ein Punkt A vor einem Punkt B liegt, und B liegt vor einem Punkt C, dann liegt A auch vor C.
2. Wenn A vor B liegt, dann liegt B nicht vor A.
3. Es tritt immer mindestens einer der drei folgenden Fälle auf: A liegt vor B, oder B liegt vor A, oder A und B sind gleich.

Wenn wir für zwei Punkte A und B einer Geraden festlegen, dass A vor B liegen soll, dann können wir für alle Punkte feststellen, welcher der drei Fälle vorliegt. Damit hat unsere Gerade eine *Orientierung*.

Wir formulieren jetzt die *Ordnungsaxiome*:

**O 1** Die Menge der Punkte jeder Geraden g ist streng linear geordnet.
Formal: $\forall$ A,B,C $\in$ g:
- $A \prec B \wedge B \prec C \Rightarrow A \prec C$
- $A \prec B \Rightarrow \neg(B \prec A)$
- $A \prec B \vee B \prec A \vee A = B$

**O 2** Es seien A und B zwei Punkte einer Geraden g mit $A \prec B$. Dann enthält g mindestens drei weitere Punkte C, D und E mit $C \prec A \prec D \prec B \prec E$.

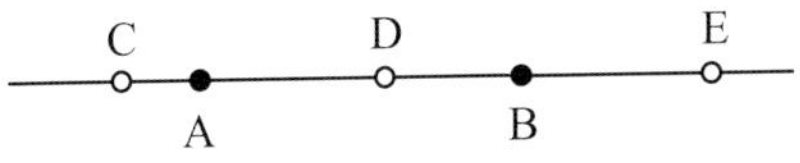


[12] Auf Zahlenmengen beispielsweise ist die „Kleiner-Relation" eine streng lineare Ordnungsrelation.

Eine unmittelbare Folgerung aus Axiom O 2 ist, dass jede Gerade unendlich viele Punkte enthält. Damit verabschieden wir uns endgültig von allen Modellen, in denen Geraden nur einige explizit markierte Punkte enthielten.

Mittels der Relation „$\prec$“ können wir nun den Begriff „zwischen“ erklären:

**Definition 2:** zwischen

Ein Punkt B liegt *zwischen* den Punkten A und C, wenn A, B und C auf einer Geraden liegen und entweder $A \prec B \prec C$ oder $C \prec B \prec A$ gilt.

Die Begriffe vor und zwischen erlauben uns, weitere wichtige Begriffe zu definieren wie *Strecke* und *Halbgerade*. Wir betrachten im Folgenden die Punkte A und B sowie die Gerade g durch A und B. Für g schreiben wir auch AB (Gerade AB). Auf AB sei die Orientierung $A \prec B$ ausgezeichnet.

**Definition 3:** Strecke, Halbgerade

Unter der *Strecke* $\overline{AB}$ versteht man die Menge aller $P \in \mathbb{E}$, für die gilt: $\{P \in AB \mid P = A \vee P = B \vee A \prec P \prec B\}$.

Unter der *Halbgeraden* $\overrightarrow{AB}$ versteht man die Menge aller $P \in \mathbb{E}$, für die gilt: $\{P \in AB \mid P \in \overline{AB} \vee B \in \overline{AP}\}$.

Schließen wir bei einer Halbgeraden den Anfangspunkt A aus bzw. bei einer Strecke Anfangs- und Endpunkt, so sprechen wir von *offenen Halbgeraden* bzw. *offenen Strecken*. Ein Punkt A zerlegt eine Gerade stets in zwei *komplementäre* Halbgeraden mit gemeinsamem Anfangspunkt A, wobei wir erst bei Kenntnis eines weiteren Punktes B auf g entscheiden können, welche der beiden Halbgeraden gemeint ist. Nach Definition besteht kein Unterschied zwischen $\overline{AB}$ und $\overline{BA}$.

Zusätzlich zum Begriff der Orientierung von Geraden bzw. Halbgeraden benötigen wir den auf der Orientierung aufbauenden Begriff der *Richtungsgleichheit* von Geraden bzw. Halbgeraden. Zwei Geraden sind genau dann *richtungsgleich*, wenn sie parallel sind und dieselbe Orientierung haben.

---

Was aber bedeutet „dieselbe Orientierung“ bei Geraden und wie stellt man diese fest?

---

- Wir gehen von zwei parallelen Geraden f und g aus, die beide eine Orientierung besitzen. Auf f markieren wir zwei Punkte A und B mit $A \neq B$.

- Mit Hilfe der Punkte A und B können wir die Orientierung von f feststellen. Wir gehen hier von dem Fall $A \prec B$ aus.

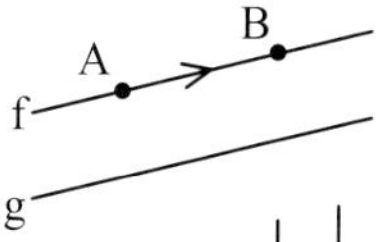


- Wir lassen unendlich viele zueinander parallele Geraden unsere Gerade f schneiden. Nach Satz 4 schneiden diese Geraden auch die zu f parallele Gerade g und erzeugen auf dieser Bildpunkte A', B' usw. der Punkte A, B usw. auf f [13].

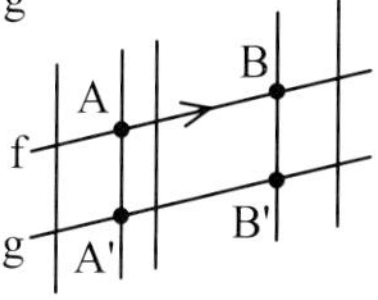


- Nun können wir überprüfen, ob auf g die Orientierung $A' \prec B'$ oder $B' \prec A'$ gilt. Im erstgenannten Fall sind f und g *richtungsgleich*. Im zweitgenannten Fall sind die Geraden f und g *entgegengerichtet*.

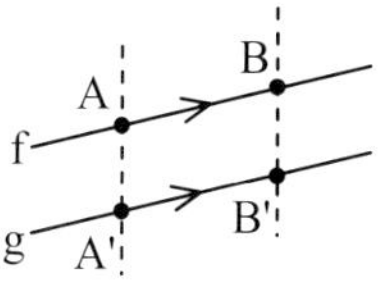


Und wann nennt man zwei Halbgeraden richtungsgleich?

Wir greifen hier auf die Richtungsgleichheit der zugehörigen Geraden, der so genannten *Trägergeraden,* zurück und nennen zwei Halbgeraden dann richtungsgleich, wenn ihre Trägergeraden richtungsgleich sind. Sind die Trägergeraden entgegengerichtet, so auch die entsprechenden Halbgeraden. Abbildung 44 zeigt je ein Paar parallele, richtungsgleiche und entgegengerichtete Geraden, Abbildung 45 je ein Paar richtungsgleiche und entgegengerichtete Halbgeraden.

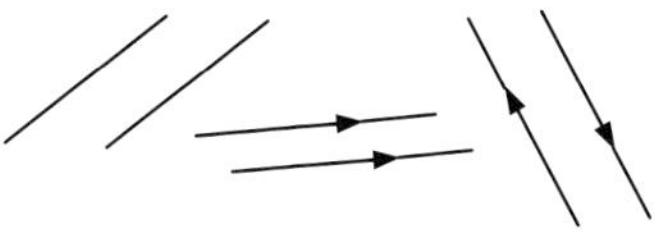
Abb. 44

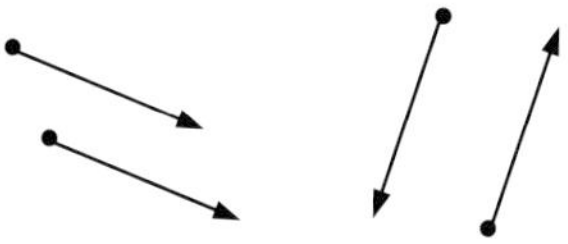
Abb. 45

Wie ein Punkt einer Geraden diese in zwei disjunkte offene Halbgeraden zerlegt, so zerlegt jede Gerade eine Ebene in zwei disjunkte offene *Halbebenen* und die Gerade selbst. Wir folgen hier dem axiomatischen Aufbau von Mischka, Strehl, Hollmann (1998) und fordern dies als nächstes Axiom O 3. In Hilberts Aufbau würde an dessen Stelle als gleichwertige Aussage das *Pasch-Axiom* treten, das bei uns dann ein mit O 3 beweisbarer Satz wird.

---

[13] Mathematisch spricht man hier von einer Parallelprojektion. Auf eine entsprechende Definition der Parallelprojektion verzichten wir hier.

**O 3** Jede Gerade a zerlegt die Ebene in zwei disjunkte *offene Halbebenen* und die Gerade selbst, so dass gilt:

$\overline{AB} \cap a = \varnothing$, wenn A und B in derselben Halbebene liegen und

$\overline{AB} \cap a \neq \varnothing$, wenn A und B in verschiedenen Halbebenen liegen.

Wie bei Strecken und Halbgeraden können wir auch bei Halbebenen von offenen und abgeschlossenen Halbebenen sprechen. Im letztgenannten Fall gehört die Trägergerade dann mit zu beiden Halbebenen.

**Satz 5:** Es seien A, B und C drei nicht kollineare Punkte und a eine Gerade, die mit keinem dieser drei Punkte inzidiert. Hat a mit der offenen Strecke zwischen A und B einen Punkt gemeinsam, dann auch mit einer der offenen Strecken zwischen A und C oder B und C.

**Beweis:**

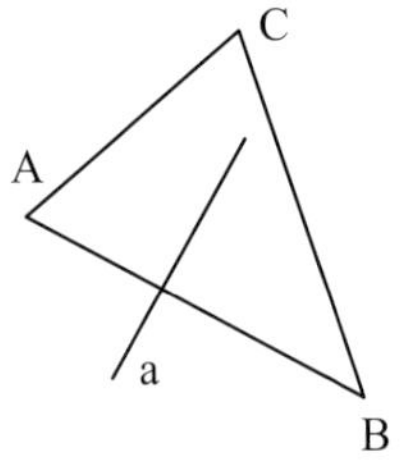


Wir nehmen an, a träfe die offene Strecke zwischen A und B, keinen der drei Punkte A, B, C und auch keine der offenen Strecken zwischen A und C sowie B und C. Bezogen auf a liegen A und B dann in verschiedenen offenen Halbebenen. A und C liegen dagegen in derselben offenen Halbebene, da a die offene Strecke zwischen A und C nicht schneidet. B und C liegen aus demselben Grund ebenfalls in einer offenen Halbebene, und zwar in der anderen, zu der A nicht gehört. Damit ist C gemeinsamer Punkt dieser beiden durch a definierten offenen Halbebenen, was einen Widerspruch dazu darstellt, dass offene Halbebenen disjunkt sind.

Übung.

1) Zeigen Sie:
$A \prec B \prec C \;\wedge\; A \prec C \prec D \Rightarrow A \prec B \prec D \;\wedge\; B \prec C \prec D$

2) Es seien A, B, C, D vier Punkte, von denen jeweils keine drei auf ein und derselben Geraden liegen. a sei eine Gerade, die mit keinem dieser vier Punkte inzidiert. Zeigen Sie: Wenn a die offene Strecke zwischen A und B trifft, dann auch eine der offenen Strecken zwischen B und C, zwischen C und D oder zwischen A und D.

3) Es seien A, B, C drei nicht kollineare Punkte und D und E zwei Punkte mit $A \prec B \prec D$ und $B \prec E \prec C$. g sei die Gerade durch D und E. Zeigen Sie: Es gibt einen Punkt F mit $F \in g$ und $A \prec F \prec C$.

## 3.5 Winkel

Mit Hilfe des Begriffs der Halbgeraden werden wir gleich definieren, was ein Winkel ist und besondere Winkel auszeichnen. Dabei werden die Worte rechts und links bzw. im oder gegen den Uhrzeigersinn auftauchen. Streng genommen müssten wir diese Worte zunächst klären, also auch der Ebene eine Orientierung zuordnen, wozu zwei weitere Axiome fällig wären. Wir ersparen das Ihnen und uns und gehen stattdessen optimistisch davon aus, dass wir alle wissen, was ein Ausdruck wie „gegen den Uhrzeigersinn" bedeutet[14].

Wir betrachten zwei Halbgeraden a und b mit dem gemeinsamen Anfangspunkt S. Unter einem *Winkel* versteht man die *Punktmenge*, die überstrichen wird, wenn die zuerst genannte Halbgerade, man könnte sie als *Erstschenkel* bezeichnen, um S, den sogenannten *Scheitel*, gegen den Uhrzeigersinn auf die zweite Halbgerade, den *Zweitschenkel*, gedreht wird (s. Abbildung 46). Die Punkte auf den Halbgeraden a und b sollen dabei jeweils auch zum Winkel gehören. Als Zeichen verwendet man für einen solchen Winkel das Symbol $\sphericalangle(a,b)$ bzw. $\sphericalangle(b,a)$. Sind auf den Schenkeln Punkte bekannt wie P und Q in Abbildung 46, so ist auch die Schreibweise $\sphericalangle PSQ$ für $\sphericalangle(a,b)$ bzw. $\sphericalangle QSP$ für $\sphericalangle(b,a)$ möglich. Später werden wir wie üblich auch griechische Buchstaben zur Bezeichnung von Winkeln verwenden.

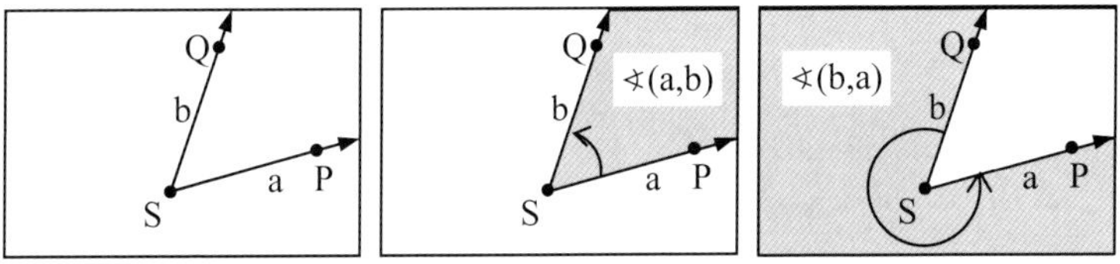


Abb. 46

[14] Uns ist bewusst, dass es südliche Gegenden in diesem Land gibt, in denen die Uhren (auch buchstäblich) anders herum gehen.

Stimmen die Halbgeraden a und b überein, so liegt der *Nullwinkel* $\sphericalangle(a,a)$ vor.

**Definition 4:** Winkel

Eine Punktmenge heißt *Winkel* $\sphericalangle(a,b)$, wenn es zwei Halbgeraden a und b mit gemeinsamem Anfangspunkt S gibt, so dass diese Punktmenge von a überstrichen wird, wenn a gegen den Uhrzeigersinn um S auf b gedreht wird.

Wie versprochen werden wir nun besondere Winkel auszeichnen.

**Definition 5:** Nullwinkel, konvexer, gestreckter, überstumpfer Winkel

Es sei a eine Gerade, die die Ebene in zwei Halbebenen $E_1$ und $E_2$ zerlegt, S ein Punkt auf a und $a_1$ eine Halbgerade auf a mit Anfangspunkt S. $b_1$ sei eine Halbgerade ebenfalls mit Anfangspunkt S. Dann heißt der Winkel $\sphericalangle(a_1,b_1)$

*Nullwinkel*, wenn $a_1 = b_1$,

*konvex*, wenn $a_1$ und $b_1$ verschieden und nicht komplementär sind und $b_1 \subset E_1$ gilt[15],

*gestreckt*, wenn $a_1$ und $b_1$ komplementär sind,

*überstumpf*, wenn $a_1$ und $b_1$ verschieden und nicht komplementär sind und $b_1 \subset E_2$ gilt.

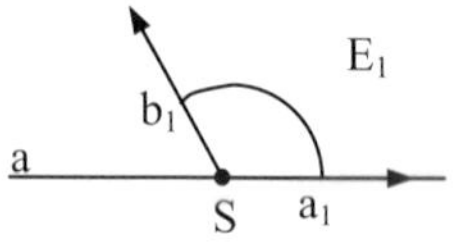


*konvex*

Abb. 47a

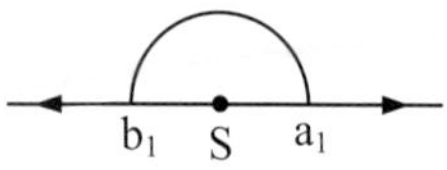


*gestreckt*

Abb. 47b

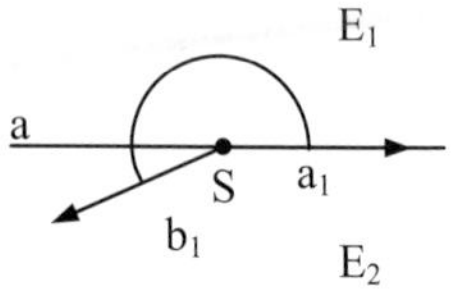


*überstumpf*

Abb. 47c

Auch besondere Winkelpaare verdienen eigene Namen:

---

15 Salopp gesagt ist $E_1$ die Halbebene, die zuerst von $a_1$ überstrichen wird, wenn man $a_1$ um S gegen den Uhrzeigersinn dreht. Später werden wir bei konvexen Winkeln spitze und stumpfe Winkel als Teilmengen auszeichnen.

**Definition 6:** Stufenwinkel, Wechselwinkel

Es seien a und b zwei Geraden, die von einer dritten Geraden c geschnitten werden. Für die dabei entstehenden konvexen Winkel vereinbaren wir:

Zwei Winkel heißen *Stufenwinkel*, wenn sie

1. in derselben Halbebene bzgl. c liegen und
2. ihre auf c liegenden Schenkel richtungsgleich sind.

Zwei Winkel heißen *Wechselwinkel*, wenn sie

1. in verschiedenen Halbebenen bzgl. c liegen und
2. ihre auf c liegenden Schenkel entgegengerichtete Halbgeraden sind.

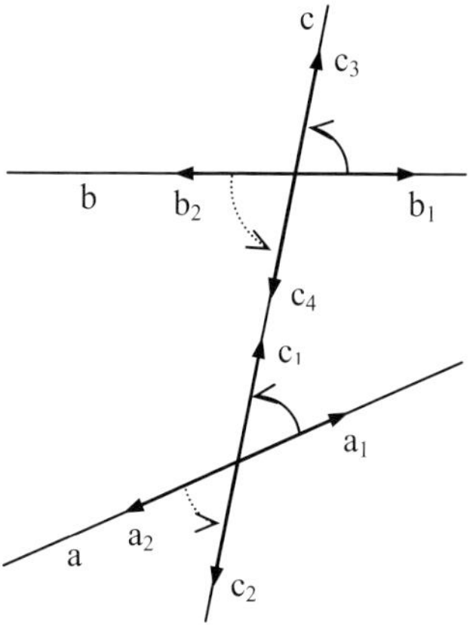


Abb. 48

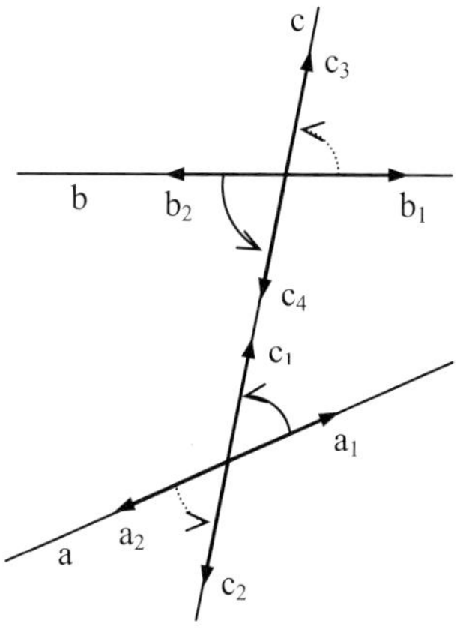


Abb. 49

In Abbildung 48 sind die Winkel $\sphericalangle(a_1,c_1)$ und $\sphericalangle(b_1,c_3)$ Stufenwinkel, ebenso wie $\sphericalangle(c_2,a_1)$ und $\sphericalangle(c_4,b_1)$ bzw. $\sphericalangle(c_1,a_2)$ und $\sphericalangle(c_3,b_2)$ sowie $\sphericalangle(a_2,c_2)$ und $\sphericalangle(b_2,c_4)$.

In Abbildung 49 sind die Winkel $\sphericalangle(a_1,c_1)$ und $\sphericalangle(b_2,c_4)$ Wechselwinkel, ebenso wie $\sphericalangle(a_2,c_2)$ und $\sphericalangle(b_1,c_3)$ bzw. $\sphericalangle(c_2,a_1)$ und $\sphericalangle(c_3,b_2)$ sowie $\sphericalangle(c_1,a_2)$ und $\sphericalangle(c_4,b_1)$.

**Definition 7:** Scheitelwinkel, Nebenwinkel

Es seien $\alpha$ und $\beta$ zwei verschiedene, konvexe Winkel.

$\alpha$ und $\beta$ heißen *Scheitelwinkel*, wenn sowohl ihre Erstschenkel als auch ihre Zweitschenkel komplementäre Halbgeraden sind.

$\alpha$ und $\beta$ heißen *Nebenwinkel*, wenn sie einen Schenkel gemeinsam haben und die beiden anderen Schenkel komplementäre Halbgeraden sind.

In Abbildung 48 sind nach dieser Definition z.B. $\sphericalangle(a_1,c_1)$ und $\sphericalangle(a_2,c_2)$ Scheitelwinkel zueinander, auch $\sphericalangle(c_3,b_2)$ und $\sphericalangle(c_4,b_1)$ sind Scheitelwinkel. Die Winkel $\sphericalangle(a_1,c_1)$ und $\sphericalangle(c_1,a_2)$ sind ein Beispiel für ein Nebenwinkelpaar.

Übung:

1) Notieren Sie alle in Abbildung 48 auftretenden Scheitelwinkelpaare und Nebenwinkelpaare.

2) Beweisen Sie: Sind $\sphericalangle(a,b)$ und $\sphericalangle(c,d)$ Nebenwinkel, so ist $\sphericalangle(a,d)$ ein gestreckter Winkel.

## 3.6 Längen- und Winkelmessung

Wir alle wissen, dass man Streckenlängen und Winkelgrößen messen kann. Wir legen an die Strecke ein Lineal an, so dass der Nullpunkt auf einen Endpunkt der Strecke fällt, und lesen am anderen Endpunkt der Strecke ab, z.B. 5,2 cm oder 52 mm, beides verschiedene Namen für dieselbe Länge. Bei Winkeln greifen wir zu einem Winkelmesser und als Ergebnis der Messung nennen wir eine Zahl zwischen 0 und 360 zusammen mit der Einheit Grad (Zeichen „°")[16]. Streckenlängen und Winkelgrößen sind *benannte Zahlen* oder *Größen*, setzen sich also zusammen aus einer *Maßzahl* und einer *Maßeinheit* wie „cm" oder „°".

Was aber ist eigentlich die Länge einer Strecke, die Größe eines Winkels? Man könnte sagen, die Länge einer Strecke ist diejenige Eigenschaft, die sie mit allen Strecken gemein hat, die gleichlang sind, entsprechendes gilt bei

[16] Unsere Einteilung des Vollkreises geht auf die Babylonier und ihr Stellenwertsystem zur Basis 60 zurück. Auch bei unserer Zeitrechnung (h, min, s) finden Sie Spuren des Sexagesimalsystems. Informationen zu dieser genialen Leistung der Babylonier finden Sie bei Gorski / Müller-Philipp 2009, Kapitel 6.

Winkeln. Was heißt da aber gleichlang, gleichgroß? Wenn uns die Abbildungen (Gegenstand des nächsten Kapitels) hier schon zur Verfügung stünden, dann könnte wir sagen: Strecken sind gleichlang, wenn sie *kongruent* sind, sprich wenn es eine Kongruenzabbildung (z.B. Drehung, Verschiebung) gibt, die die eine Strecke auf die andere abbildet. Analog würde man Winkel gleichgroß nennen, wenn sie kongruent sind.

Wir beschreiten hier einen anderen Weg und führen als undefinierte Grundbegriffe eine *Längenmaßfunktion „l"* und eine *Winkelmaßfunktion „w"* ein. „l" ordnet jeder Strecke eine benannte, positive reelle Zahl oder 0 als Länge zu, „w" jedem Winkel eine benannte, positive reelle Zahl oder 0 als Winkelgröße. Wir werden unter Rückgriff auf die Eigenschaften der reellen Zahlen definieren, was „gleich" und „kleiner" in den Mengen der Längen bzw. Winkelgrößen bedeuten und wie man mit diesen Größen rechnet. Anschließend können wir uns den Längenmaßaxiomen und den Winkelmaßaxiomen zuwenden und Eigenschaften der Längen- und Winkelmessung untersuchen.

**Definition 8:** Längen

Die Menge $\mathbb{L}$ aller Längen sei definiert als

$\mathbb{L} = \{x \text{ cm} \mid x \in \mathbb{R}, x \geq 0\}$.

Für alle $x, y \in \mathbb{R}$, $x, y \geq 0$ definieren wir:

1. $x \text{ cm} = y \text{ cm} \Leftrightarrow x = y$
2. $x \text{ cm} < y \text{ cm} \Leftrightarrow x < y$
3. $x \text{ cm} + y \text{ cm} = (x + y) \text{ cm}$
4. $x \cdot (y \text{ cm}) = (x \cdot y) \text{ cm}$

Jeder Strecke $\overline{AB}$ wird durch die Längenmaßfunktion „l" ein Element der Menge $\mathbb{L}$, die Länge der Strecke $\overline{AB}$, zugeordnet, die wir als $l(\overline{AB})$ schreiben. Für die Längenmessung verlangen wir die *Längenmaßaxiome (LMA)*:

**LMA 1** Wenn P ein Punkt der Strecke $\overline{AB}$ ist, dann gilt: $l(\overline{AB}) = l(\overline{AP}) + l(\overline{PB})$.

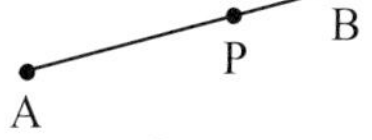


**LMA 2** Wenn ein Punkt P nicht auf der Strecke $\overline{AB}$ liegt, dann gilt: $l(\overline{AB}) < l(\overline{AP}) + l(\overline{PB})$.

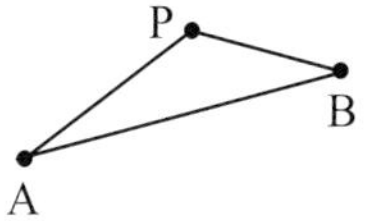


**LMA 3** Zu jeder Halbgeraden a mit dem Anfangspunkt A und zu jeder Länge $r \in \mathbb{L}$ gibt es mindestens einen Punkt P, so dass $P \in a$ und $l(\overline{AP}) = r$.

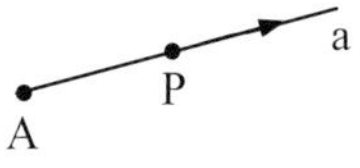

Eine unmittelbare Folgerung aus den beiden ersten Längenmaßaxiomen ist die sogenannte *Dreiecksungleichung*: Für drei beliebige Punkte A, B, C der Ebene gilt stets $l(\overline{AB}) \leq l(\overline{AC}) + l(\overline{CB})$. Ebenso gelten die Umkehrungen der beiden ersten Längenmaßaxiome. Schließlich folgern wir noch

**Satz 6:** Für beliebige Punkte A, B der Ebene gilt:
$l(\overline{AB}) = 0 \Leftrightarrow A = B$

**Beweis:**

„$\Leftarrow$" Voraussetzung: A = B. Zu zeigen: $l(\overline{AB}) = 0$
Wir nehmen einen beliebigen weiteren Punkt C hinzu. Da A = B gilt, gilt auch $B \in \overline{AC}$.

$\Rightarrow l(\overline{AC}) = l(\overline{AB}) + l(\overline{BC})$ / LMA 1

$\Rightarrow l(\overline{AC}) = l(\overline{AB}) + l(\overline{AC})$ / $l(\overline{BC}) = l(\overline{AC})$, da A = B

$\Rightarrow l(\overline{AB}) = 0$

„$\Rightarrow$" Voraussetzung: $l(\overline{AB}) = 0$. Zu zeigen ist A = B
Wir nehmen an, A und B wären verschieden, und betrachten einen weiteren Punkt C, der nicht auf der Strecke $\overline{AB}$ liegen soll. Damit gilt dann auch, dass B nicht auf $\overline{AC}$ liegt und A nicht auf $\overline{BC}$. Dann gilt:

$l(\overline{AC}) < l(\overline{AB}) + l(\overline{BC})$ (1) / LMA 2, $B \notin \overline{AC}$

$\wedge\ l(\overline{BC}) < l(\overline{AB}) + l(\overline{AC})$ (2) / LMA 2, $A \notin \overline{BC}$

$\Rightarrow l(\overline{AC}) < l(\overline{AB}) + l(\overline{BC}) < l(\overline{AB}) + (l(\overline{AB}) + l(\overline{AC}))$
/ (1), (2)

$\Rightarrow l(\overline{AC}) < l(\overline{AC})$ / $l(\overline{AB}) = 0$

Das ist ein Widerspruch, unsere Annahme war falsch, A muss gleich B sein.

Als weiteren Satz zeigen wir, dass die Aussage unseres dritten Längenmaßaxioms verschärft werden kann.

**Satz 7:** Zu jeder Halbgeraden a mit Anfangspunkt A und zu jeder Länge $r \in \mathbb{L}$ gibt es genau einen Punkt P, so dass $P \in a$ und $l(\overline{AP}) = r$.

**Beweis:**
Durch LMA 3 ist sichergestellt, dass mindestens ein solcher Punkt P existiert. Wir müssen also nur noch zeigen, dass es höchstens einen solchen Punkt gibt.

Dazu nehmen wir an, es gäbe einen zweiten Punkt R, $R \neq P$, der wie P auf der Halbgeraden a liegt und für den $l(\overline{AR}) = r$ gilt.

Für die Lage von R gibt es zwei Möglichkeiten: Entweder liegt R zwischen A und P oder R liegt so, dass P sich zwischen A und R befindet. Diese Fälle untersuchen wir getrennt:

1. Fall: $R \in \overline{AP}$

$\Rightarrow\ l(\overline{AP}) = l(\overline{AR}) + l(\overline{RP})$ / LMA 1

$\Rightarrow\ r = r + l(\overline{RP})$ / $l(\overline{AP}) = l(\overline{AR}) = r$

$\Rightarrow\ 0 = l(\overline{RP})$ / $-r$

$\Rightarrow\ R = P$ / Satz 6

was einen Widerspruch zu $R \neq P$ darstellt.

2. Fall: $P \in \overline{AR}$

$\Rightarrow\ l(\overline{AR}) = l(\overline{AP}) + l(\overline{PR})$ / LMA 1

$\Rightarrow\ r = r + l(\overline{PR})$ / $l(\overline{AP}) = l(\overline{AR}) = r$

$\Rightarrow\ 0 = l(\overline{PR})$ / $-r$

$\Rightarrow\ P = R$ / Satz 6

Das stellt ebenfalls einen Widerspruch zu $R \neq P$ dar.

Unsere Annahme ist in beiden Fällen zu verwerfen, P ist eindeutig bestimmt.

Analog zu unserem Vorgehen bei der Längenmessung definieren wir jetzt die Menge $\mathbb{W}$ aller Winkelgrößen, erklären die Relationen „=“ und „<“ und legen Operationen zum Rechnen mit Winkelgrößen fest.

**Definition 9:** Winkelgrößen

Die Menge $\mathbb{W}$ aller Winkelgrößen sei definiert als
$\mathbb{W} = \{x^\circ \mid x \in \mathbb{R}, x \geq 0\}$.
Für alle $x, y \in \mathbb{R}$, $x, y \geq 0$ definieren wir:
1. $x^\circ = y^\circ \Leftrightarrow x = y$
2. $x^\circ < y^\circ \Leftrightarrow x < y$
3. $x^\circ + y^\circ = (x + y)^\circ$
4. $x \cdot (y^\circ) = (x \cdot y)^\circ$

Jedem Winkel $\sphericalangle(a,b)$ bzw. $\alpha$ wird durch unsere Winkelmaßfunktion „w“ ein Element der Menge $\mathbb{W}$, das Winkelmaß $w(\sphericalangle(a,b))$ bzw. $w(\alpha)$, zugeordnet.

Statt w(∢(a,b)) werden wir kürzer nur w(a,b) schreiben. Für die Winkelmessung verlangen wir die folgenden *Winkelmaßaxiome (WMA)*:

**WMA 1** Für alle Winkel ∢(a,b) gilt: $0° \leq w(a,b) < 360°$

**WMA 2** Für drei Halbgeraden a, b, c mit demselben Anfangspunkt S gilt:
$w(a,c) = w(a,b) + w(b,c)$ , falls $w(a,b) + w(b,c) < 360°$
$w(a,c) = w(a,b) + w(b,c) - 360°$ , falls $w(a,b) + w(b,c) \geq 360°$

**WMA 3** Wenn $b \subset E_1$[17], dann gilt: $w(a,b) < 180°$

**WMA 4** Zu jeder Halbgeraden a und zu jeder Winkelgröße $w(\alpha)$ mit $0° \leq w(\alpha) < 360°$ gibt es genau eine Halbgerade b, so dass $w(a,b) = w(\alpha)$.

Unsere Winkelmaßfunktion w hat, anders als die Längenmaßfunktion l, nicht die gesamten positiven reellen Zahlen als Wertebereich. Während jede reelle Zahl $\geq 0$ als Maßzahl einer Streckenlänge auftreten kann, lassen wir durch WMA 1 nur reelle Zahlen x mit $0 \leq x < 360$ als Maßzahlen für Winkelgrößen zu. Damit wir aber, wie in Definition 9, Punkt 3 definiert, beliebige Winkelmaße addieren können, z.B. $w(a,b) = 300°$ und $w(b,c) = 100°$, benötigen wir WMA 2. Danach gilt: $w(a,c) = 300° + 100° - 360° = 40°$. Eine unmittelbare Folgerung aus WMA 3 ist, dass konvexe Winkel kleiner als 180° sind und überstumpfe Winkel größer als 180°. WMA 4 stellt sicher, dass wir an eine gegebene Halbgerade eindeutig einen Winkel vorgegebener Größe antragen können. Eine Folgerung aus WMA 4 stellt der folgende Satz dar:

**Satz 8:**

1. $w(a,b) = w(a,c) \Rightarrow b = c$
2. $w(x,a) = w(y,a) \Rightarrow x = y$

Mit den uns jetzt zur Verfügung stehenden Winkelmaßen können wir die besonderen Winkel aus dem letzten Abschnitt auch durch ihre Winkelgrößen klassifizieren (s. Abbildung 50). Zusätzlich unterscheiden wir die konvexen Winkel wie üblich noch in spitze, stumpfe und rechte Winkel.

---

[17] vgl. Definition 5

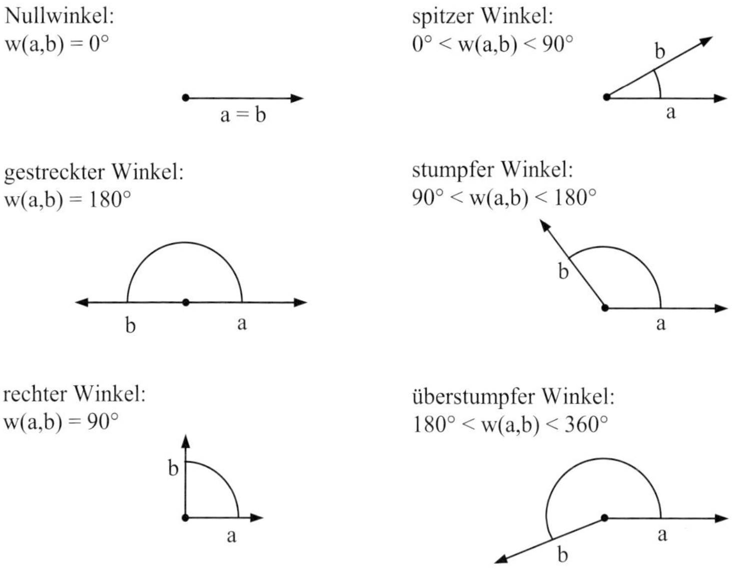


Abb. 50

Auch über Scheitelwinkel und Nebenwinkel lässt sich eine Aussage formulieren, die Ihnen aus der Schule bekannt ist:

**Satz 9:**
1. Scheitelwinkel haben gleiches Winkelmaß.
2. Die Winkelgrößen von Nebenwinkeln ergänzen sich zu 180°.

**Beweis:**

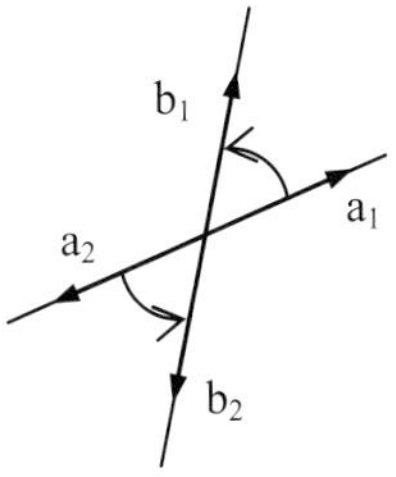


1. Wir betrachten das Scheitelwinkelpaar $\sphericalangle(a_1,b_1)$ und $\sphericalangle(a_2,b_2)$. Nach Definition 7 sind dann $a_1$, $a_2$ sowie $b_1$, $b_2$ komplementäre Halbgeraden. Also gilt mit WMA 2:

   (1) $w(a_1,a_2) = 180° = w(a_1,b_1) + w(b_1,a_2)$
   (2) $w(b_1,b_2) = 180° = w(b_1,a_2) + w(a_2,b_2)$

   Wir setzten (1) und (2) gleich und erhalten:

   $$w(a_1,b_1) + w(b_1,a_2) = w(b_1,a_2) + w(a_2,b_2)$$
   $$\Rightarrow\ w(a_1,b_1) = w(a_2,b_2) \qquad /- w(b_1,a_2)$$

2. In der Abbildung rechts sind $\sphericalangle(a_1,b_1)$ und $\sphericalangle(b_1,a_2)$ ein Nebenwinkelpaar, ebenso wie $\sphericalangle(b_1,a_2)$ und $\sphericalangle(a_2,b_2)$, $\sphericalangle(a_2,b_2)$ und $\sphericalangle(b_2,a_1)$, $\sphericalangle(b_2,a_1)$ und $\sphericalangle(a_1,b_1)$. Wir zeigen die Behauptung nur für das erste Nebenwinkelpaar, der Beweis für die übrigen verläuft analog[18].
Es gilt: $w(a_1,b_1) + w(b_1,a_2) = w(a_1,a_2) = 180°$.

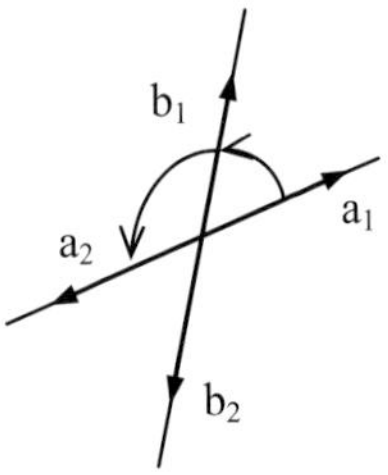


Mit Hilfe der Längen- und Winkelmessung können wir definieren:

**Definition 10:** Mittelpunkt einer Strecke

Der Punkt M heißt *Mittelpunkt* der Strecke $\overline{AB}$, wenn gilt:
1. $M \in \overline{AB}$
2. $l(\overline{AM}) = l(\overline{BM})$

**Definition 11:** Kreis

Es sei M ein Punkt der Ebene und $r \in \mathbb{L}\backslash\{0\}$. Die Menge $k(M;r) = \{P \in \mathbb{E} \mid l(\overline{PM}) = r\}$ heißt *Kreis* mit *Mittelpunkt M* und *Radius r.*

**Definition 12:** Winkelhalbierende

Es seien a und b zwei Halbgeraden mit dem gemeinsamen Anfangspunkt S. Die Halbgerade h mit Anfangspunkt S heißt *Winkelhalbierende* des Winkels $\sphericalangle(a,b)$, wenn gilt: $w(a,h) = \frac{1}{2} w(a,b)$.

**Definition 13:** senkrecht

Es seien a und b zwei Geraden, die sich im Punkt S schneiden. a heißt *senkrecht* oder *orthogonal* (Zeichen „$\perp$“) zur Geraden b, wenn es zwei Halbgeraden $a_1$ und $b_1$ auf a bzw. b gibt mit Anfangspunkt S, so dass gilt: $w(a_1,b_1) = 90°$.

[18] Beachten Sie, dass z.B. $\sphericalangle(a_1,b_2)$ und $\sphericalangle(a_2,b_2)$ auch einen gemeinsamen Schenkel besitzen ($b_2$) und die beiden anderen Schenkel komplementäre Halbgeraden sind, sie aber kein Nebenwinkelpaar darstellen, da wir in Definition 7 verlangt haben, dass die Winkel konvex sind, was hier für $\sphericalangle(a_1,b_2)$ aber nicht gegeben ist.

**Definition 14:** Lotgerade, Lotfußpunkt

Es sei a eine Gerade und P ein Punkt. Eine Gerade l durch P heißt *Lotgerade* oder kurz *Lot* zu a durch P, wenn gilt: $l \perp a$. Der Schnittpunkt von l und a heißt *Lotfußpunkt.*

**Definition 15:** Abstand

Es sei a eine Gerade und P ein Punkt. Der *Abstand* des Punktes P von der Geraden a ist die Länge der Strecke mit P und dem Lotfußpunkt als Endpunkten.
Den Abstand eines Punktes P von einer Strecke bzw. Halbgeraden führt man auf den Abstand des Punktes von der zugehörigen Trägergeraden zurück.

Wir verzichten an dieser Stelle auf die einfachen Beweise wie aus $a \perp b$ folgt $b \perp a$ und dass es zu jedem Punkt P auf einer Geraden a genau ein Lot l gibt, eine Folgerung aus WMA 4. Interessanterweise lässt sich der anschaulich ebenso einleuchtende Sachverhalt, dass es durch einen Punkt P *außerhalb* einer Geraden a immer genau eine Lotgerade gibt, mit unseren bisherigen Axiomen nicht beweisen. Wir müssen diese Eindeutigkeit durch ein eigenes Axiom fordern. Da die Existenz als solche dann beweisbar ist, können wir das *Orthogonalitätsaxiom* wie folgt formulieren:

**OA** Zu jeder Geraden a gibt es durch jeden Punkt P mit $P \notin a$ höchstens eine Gerade l mit $P \in l$ und $l \perp a$.

Mit diesem Axiom lässt sich der folgende Satz beweisen, der uns dann auch die Existenz eines Lotes zu einer beliebigen Geraden a durch einen beliebigen Punkt P, $P \notin a$, garantiert.

**Satz 10:** Es seien a, b und c drei beliebige Geraden. Dann gilt:

1. $a \perp b \wedge b \perp c \Rightarrow a \parallel c$
2. $a \parallel c \wedge b \perp c \Rightarrow a \perp b$

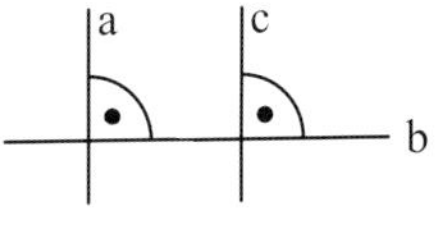


**Beweis:**

1. Wenn a und c gleich sind, dann sind sie nach Definition 1 parallel. Wir betrachten also den Fall $a \neq c$. Zu zeigen ist, dass die beiden Geraden dann keinen Punkt gemeinsam haben.
   Wir gehen indirekt vor und nehmen an, es gäbe einen Punkt S mit $S \in a$ und $S \in c$. Dann gilt:

(1) $S \in a \wedge a \perp b \Rightarrow$ a ist Lot zu b durch S / Def. 14
(2) $S \in c \wedge c \perp b \Rightarrow$ c ist Lot zu b durch S / Def. 14
Damit gibt es zur Geraden b zwei verschiedene Lotgeraden durch den Punkt S. Dies ist ein Widerspruch zu der Folgerung aus WMA 4, dass die Lotgerade eindeutig bestimmt ist ($S \in b$) bzw. zum Orthogonalitätsaxiom ($S \notin b$). Die verschiedenen Geraden a und c können also keinen Punkt gemeinsam haben, sie sind also parallel.

2. Zunächst können wir festhalten, dass die Geraden b und a sicher nicht parallel sind, denn aus $b \parallel a$ und $a \parallel c$ würde wegen der Transitivität der Relation „$\parallel$" sofort $b \parallel c$ folgen, ein Widerspruch zu $b \perp c$. Damit haben b und a einen gemeinsamen Punkt, den wir S nennen:
$S \in a \wedge S \in b$ (1)
Sei l die eindeutig bestimmte Lotgerade zu b durch S:
$S \in l \wedge l \perp b$ (2)
Also gilt:
$l \perp b \wedge b \perp c$ / (2), Voraus.
$\Rightarrow l \parallel c$ / Satz 10, Teil 1
Also: $l \parallel c \wedge S \in l$ / s.o., (2)
und $a \parallel c \wedge S \in a$ / Voraus., (1)
Da es zu c durch S aber nach dem Parallelenaxiom nur genau eine Parallele gibt, muss $l = a$ gelten. a ist also die Lotgerade zu b durch S, $a \perp b$.

Übung:

1) Beweisen Sie, dass in jedem Viereck die Summe der Längen der beiden Diagonalen kleiner ist als der Umfang des Vierecks.

2) Beweisen Sie, dass der Mittelpunkt einer Strecke $\overline{AB}$ eindeutig bestimmt ist.

3) Zeigen Sie: Jede Gerade durch den Mittelpunkt eines Kreises k(M;r) hat mit dem Kreis genau zwei Punkte A und B gemeinsam. M ist dabei der Mittelpunkt von $\overline{AB}$.

4) Es seien a und b zwei Geraden. Beweisen Sie: $a \perp b \Rightarrow b \perp a$.

5) Es sei P ein Punkt auf einer Geraden g und l die Lotgerade zu g durch P. Zeigen Sie, dass l eindeutig bestimmt ist.

## 3.7 Zusammenstellung aller relevanten Axiome

**Inzidenzaxiome:**

**I 1** Zu zwei verschiedenen Punkten gibt es genau eine Gerade, die mit beiden Punkten inzidiert.

Formal: $\forall$ A, B $\in \mathbb{P}$ mit A $\neq$ B gilt: $\overset{!}{\exists}$ a $\in \mathbb{G}$, so dass A $\in$ a $\wedge$ B $\in$ a

**I 2** Zu jeder Geraden gibt es mindestens zwei verschiedene Punkte, die mit dieser Geraden inzidieren.
Formal: $\forall$ a $\in \mathbb{G}$ gilt: $\exists$ A, B $\in \mathbb{P}$ mit A $\neq$ B, so dass A $\in$ a $\wedge$ B $\in$ a

**I 3** Es gibt drei verschiedene Punkte, die nicht alle mit derselben Geraden inzidieren.
Formal: $\exists$ A, B, C $\in \mathbb{P}$ mit A $\neq$ B $\neq$ C, so dass A $\in$ a $\wedge$ B $\in$ a $\wedge$ C $\notin$ a

**Parallelenaxiom:**

**P** Zu jeder Geraden gibt es durch jeden Punkt genau eine Parallele.

Formal: $\forall$ b $\in \mathbb{G}$, A $\in \mathbb{P}$ gilt: $\overset{!}{\exists}$ a $\in \mathbb{G}$, so dass A $\in$ a $\wedge$ a $\parallel$ b

**Axiome der Anordnung:**

**O 1** Die Menge der Punkte jeder Geraden g ist streng linear geordnet.
Formal: $\forall$ A,B,C $\in$ g:
- $A \prec B \wedge B \prec C \Rightarrow A \prec C$
- $A \prec B \Rightarrow \neg(B \prec A)$
- $A \prec B \vee B \prec A \vee A = B$

**O 2** Es seien A und B zwei Punkte einer Geraden g mit $A \prec B$. Dann enthält g mindestens drei weitere Punkte C, D und E mit $C \prec A \prec D \prec B \prec E$.

**O 3** Jede Gerade a zerlegt die Ebene in zwei disjunkte offene Halbebenen:
$\overline{AB} \cap a = \emptyset$, wenn A und B in derselben Halbebene liegen und
$\overline{AB} \cap a \neq \emptyset$, wenn A und B in verschiedenen Halbebenen liegen.

**Längenmaßaxiome:**

**LMA 1** Wenn P ein Punkt der Strecke $\overline{AB}$ ist, dann gilt:
$l(\overline{AB}) = l(\overline{AP}) + l(\overline{PB})$.

**LMA 2** Wenn ein Punkt P nicht auf der Strecke $\overline{AB}$ liegt, dann gilt:
$l(\overline{AB}) < l(\overline{AP}) + l(\overline{PB})$.

**LMA 3** Zu jeder Halbgeraden a mit dem Anfangspunkt A und zu jeder Länge $r \in \mathbb{L}$ gibt es mindestens einen Punkt P, so dass $P \in a$ und $l(\overline{AP}) = r$.

**Winkelmaßaxiome:**

**WMA 1** Für alle Winkel $\sphericalangle(a,b)$ gilt: $0° \leq w(a,b) < 360°$

**WMA 2** Für drei Halbgeraden a, b, c mit demselben Anfangspunkt S gilt:
$w(a,c) = w(a,b) + w(b,c)$ , falls $w(a,b) + w(b,c) < 360°$
$w(a,c) = w(a,b) + w(b,c) - 360°$ , falls $w(a,b) + w(b,c) \geq 360°$

**WMA 3** Wenn $b \subset E_1$ , dann gilt: $w(a,b) < 180°$

**WMA 4** Zu jeder Halbgeraden a und jeder Winkelgröße $w(\alpha)$, $0° \leq w(\alpha) < 360°$, gibt es genau eine Halbgerade b, so dass $w(a,b) = w(\alpha)$.

**Orthogonalitätsaxiom:**

**OA** Zu jeder Geraden a gibt es durch jeden Punkt P mit $P \notin a$ höchstens eine Gerade l mit $P \in l$ und $l \perp a$.

# 4 Abbildungsgeometrie

## 4.1 Einstiegsproblem

Auf dieser und den folgenden Seiten sehen Sie ausgewählte Höhepunkte künstlerischer Werke aus verschiedenen Zeiten und Kulturkreisen. Seit jeher haben solche regelmäßigen Muster die Menschheit fasziniert.

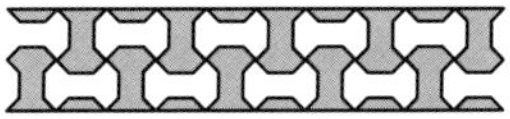

Abb. 51a: Spanien, 13. Jh.

Die Abbildungen 51 a bis d zeigen nacheinander den Ausschnitt aus einem Mosaik in der Alhambra, Granada (Spanien, 13. Jh.), ein Ornament am Tadsch Mahal (Indien 17. Jh.), das Bild „Acht Köpfe" (1922) des Niederländers M. C. Escher und das Bild „Tremor" (1962) der Engländerin B. Riley, beide Bilder aus Schuster (1978, S. 100, 103).

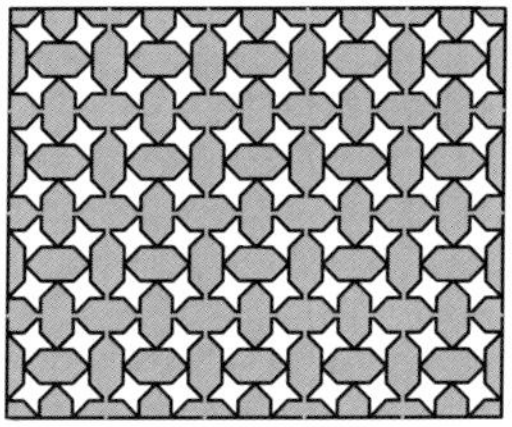

Abb. 51b: Indien, 17. Jh.

Worin besteht der Reiz all dieser Werke?
Ein Grund liegt sicherlich in der Regelmäßigkeit, mit der sich Grundfiguren wiederholen. Kopiert man die Ornamente auf Folie, so kann man durch Bewegungen der Folie Kopie und Ausgangsfigur immer wieder zur Deckung bringen. Eine mögliche Bewegung bei dem Bandornament aus Abbildung 51a ist die Verschiebung. Auch bei dem Parkett aus Abbildung 51b können wir die Folie verschieben, wobei wir hier sogar in verschiedene Richtungen verschieben können. Bei Eschers „Acht Köpfe" in Abbildung 51c könnten wir die Folienkopie horizontal von Nasenspitze zu Nasenspitze des Herren mit Zylinder verschieben. Finden Sie selbst weitere Möglichkeiten durch Bewegungen Original und Kopie zur Deckung zu bringen. Nun würde es schon erstaunen, wenn sich der Beitrag aus dem Inselreich ohne Brüche in diese Überlegungen integrieren ließe. Versuchen Sie es einmal.

Abb. 51c: Holland, 20.

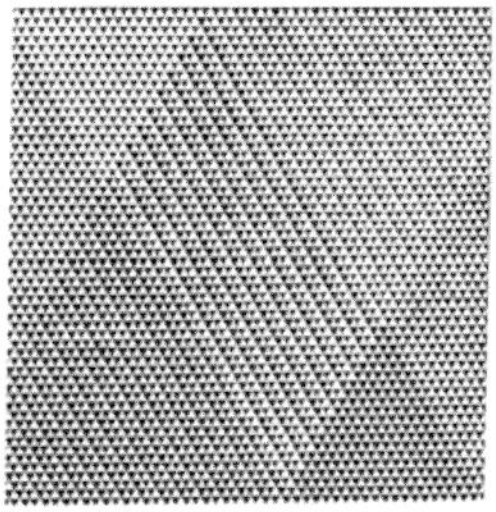

Abb. 51d: England, 20.

Im Buddhismus und im Hinduismus versinnbildlichen Kreisbilder, die so genannten Mandalas, das Universum und das Leben. Der Kreis soll von allem Irdischen befreien und Meditationen günstig beeinflussen, Quadrate stehen für materielle Endlichkeiten. In indischen Tempelanlagen werden Mandalas zunächst sorgfältig konstruiert und anschließend mit farbigem Sand künstlerisch ausgestaltet.

Abb. 52: Konstruktion (Bild 1,2) und Ausgestaltung (Bild 3) eines Mandala[1]

Aber auch im christlichen Abendland findet man ähnliche Muster: etwa in den Rosettenfenstern der großen europäischen Kathedralen (ab 12. Jh.) und wieder in verschiedenen Holzschnitten Eschers.

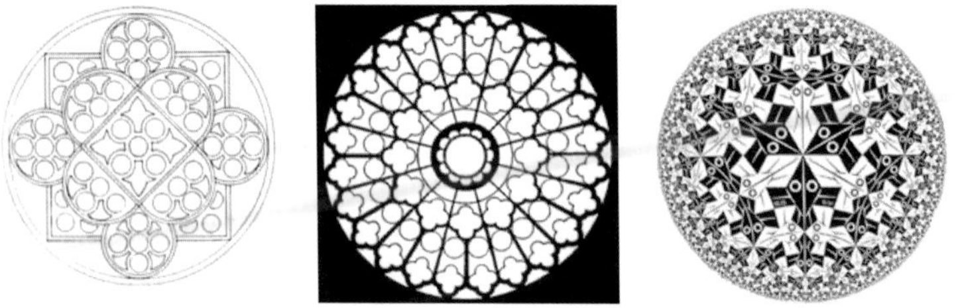

Abb. 53: Rahmen der Rosetten der Kathedralen Lausanne und Notre Dame de Paris und der Holzschnitt „Kreislimit I“ (1958) von Escher[2]

Bei dem Mandala, bei den Kirchenfenstern und bei Eschers Holzschnitt sind Drehungen um den Mittelpunkt der Figuren Bewegungen, die die Folienkopie mit der Ausgangsfigur zur Deckung bringen[3]. Es sind verschiedene

[1] aus: http://www.dharmanet.com.br/mandala

[2] Rosetten aus: Mathematik lehren 1996, S. 19; Holzschnitt aus: Ernst 2002, S. 108

[3] Dabei ist die farbliche Ausgestaltung beim Mandala zu vernachlässigen.

Abb. 54: „Drehstrudel“, Holzschnitt, Escher 1957

Drehungen möglich. Gemeinsam ist ihnen jeweils der Drehpunkt, sie unterscheiden sich aber in den Drehwinkeln. Abbildung 54 ist aus Ernst (2002, S. 107) entnommen und zeigt Eschers „Drehstrudel“, einen Holzschnitt aus dem Jahr 1957. Kleine Fische schwimmen im unteren Teich, wachsen dabei immer mehr und kommen schließlich in den oberen Teich. Dort werden sie wieder kleiner und verschwinden schließlich in der Teichmitte.
Gibt es auch hier Drehungen mit unterschiedlichen Drehwinkeln?

Verschiebungen und Drehungen nennt man *Bewegungen.* Bei diesen kommt man mit einer Seite der Folie aus. Bei manchen Figuren können wir unsere Folie aber auch wenden, und die Rückseite der Folie kommt mit der Ausgangsfigur zur Deckung. Wenn wir z.B. bei dem Parkett aus Abbildung 51b in der Ausgangsfigur und unserer Folie eine Gerade durch die Mittelpunkte der Sechsecke zeichnen, die Folie hochnehmen, umwenden und so auf die Originalfigur legen, dass die beiden Geraden zur Deckung kommen, dann kommt auch das kopierte Parkett mit dem ursprünglichen Parkett zur Deckung. Entsprechendes gilt für das Mandala, die Figuren in Abbildung 53 und Leonardos Proportionsdarstellung des menschlichen Körpers (aus Friedenthal 1959, S. 86). Solche *Umwendungen* nennt man Geraden- oder Achsenspiegelungen. Die Darstellungen in den Abbildungen 51b, 52, 53 und 55 sind also achsensymmetrisch. Auch das Bandornament aus Abbildung 51a ist achsensymmetrisch. Die Symmetrieachsen liegen senkrecht zur Verschiebungsrichtung und verlaufen durch die Mittelpunkte der „Knochen“. Die Mittelparallele des Bandornamentes ist dagegen keine Symmetrieachse. Wenn wir unsere Folie um diese Achse wenden, kommt die Kopie nicht mit der Ausgangsfigur zur Deckung. Wenn wir die so gewendete Folie aber ein Stückchen weiterschieben, dann können wir auch wieder Deckungsgleichheit erzielen. Eine solche Bewegung, die sich aus einer Achsenspiegelung und

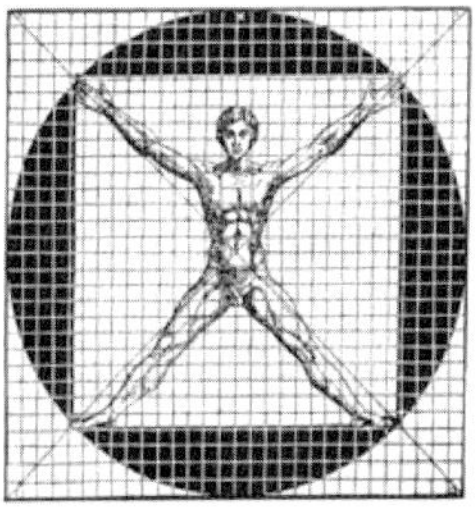

Abb. 55: Proportionsdarstellung des menschlichen Körpers, Leonardo 1535

einer Verschiebung parallel zur Spiegelachse zusammensetzt, nennt man Schub- oder Gleitspiegelung. Auch sie ist eine *Umwendung*.

Die bisher betrachteten Abbildungen haben eines gemeinsam: Sie bilden Figuren auf kongruente Figuren[4] ab. Man nennt sie deshalb auch Kongruenzabbildungen. Alle Streckenlängen, alle Winkelgrößen bleiben unverändert erhalten. Neben den Kongruenzabbildungen gibt es aber auch noch andere Abbildungen der Ebene auf sich.

Abb. 56a

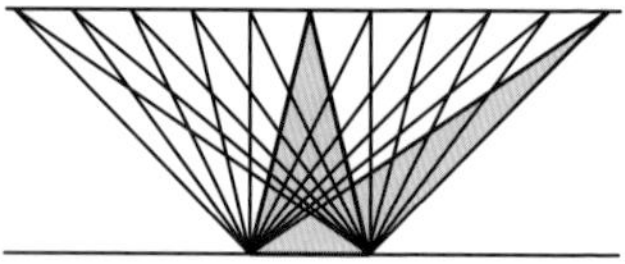

Abb. 56b

Offensichtlich handelt es sich bei den Abbildungen 56a-b nicht um Kongruenzabbildungen, da weder Läufer noch Dreiecke kongruent sind. Trotzdem gibt es Regelmäßigkeiten. Die Läufer sind einander ähnlich, sie sind durch eine Ähnlichkeitsabbildung entstanden. Die Dreiecke, zwei sind grau gefärbt, sind sich nicht einmal ähnlich. Trotzdem haben sie etwas gemeinsam.

Übung:

1) Bewegung oder Umwendung? Wie viele verschiedene Abbildungen, die die Figur auf sich selbst abbilden, gibt es?

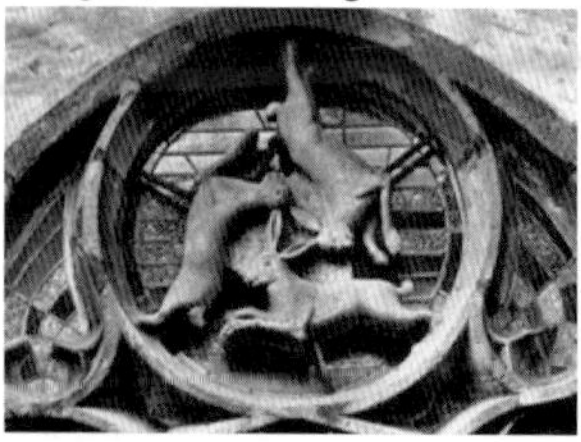

Hasenfenster am Paderborner Dom, 13. Jh.

Tadsch Mahal in Agra, 17. Jh.

2) Suchen Sie alle Symmetrieachsen in den Abbildungen 51-55.

4 Auf eine exakte Definition dessen, was wir unter „kongruenten Figuren" verstehen wollen, kommen wir in Kapitel 4.2.5 zurück.

3) Finden Sie für die Abbildungen 51a-c jeweils die kleinste Grundfigur, aus denen sich die Figur durch Verschiebung erzeugen lässt. Es gibt verschiedene Lösungen.

4) Welche Drehungen bilden die Ornamente in den Abbildungen 51-55 auf sich ab? Geben Sie Drehpunkt(e) und alle möglichen Drehwinkel an.

5) Welche Eigenschaften bleiben bei den in Abbildung 56a dargestellten „Läufern" erhalten?

6) Finden Sie mehrere Gemeinsamkeiten der Dreiecke aus Abbildung 56b.

## 4.2 Kongruenzabbildungen

### Vororientierung

Wir werden nun die im Einstieg aufgetretenen Abbildungen der Ebene auf sich definieren, indem wir die Konstruktionsvorschrift angeben, mit der man zu einem Punkt P der Ebene seinen Bildpunkt P' finden kann. Wir beginnen mit der Definition der Geradenspiegelung und ausführlichen Betrachtungen der Eigenschaften dieser Abbildung. Danach führen wir die Verschiebung, die Drehung, die Punktspiegelung und die Schub- oder Gleitspiegelung ein.

Schließlich werden wir zeigen, dass nicht nur die eben genannten Abbildungen, sondern auch jede beliebige Anzahl von nacheinander ausgeführten Geradenspiegelungen durch eine „äußerst geringe" Anzahl von Geradenspiegelungen ersetzt werden kann. Dabei sollen Sie die Geradenspiegelung als *das* Universalmodul aller Kongruenzabbildungen erfahren. Auch wenn wir von Anfang an von Kongruenzabbildungen reden, werden wir erst an dieser Stelle definieren, was wir eigentlich genau unter einer Kongruenzabbildung verstehen wollen.

Auf der Basis dieser Definition werden wir in einem weiteren Abschnitt der Frage nachgehen, unter welchen Bedingungen ein Dreieck $\Delta ABC$ zu einem Dreieck $\Delta A'B'C'$ kongruent ist und in diesem Kontext die Kongruenzsätze, die Sie bereits aus der Schulmathematik unter den Kürzeln „SSS, SWS, WSW und $SSW_{ggS}$" kennen, formulieren und beweisen.

Das Kapitel endet mit Überlegungen zur Menge aller Kongruenzabbildungen bzw. ausgewählter Teilmengen dieser Menge.

## 4.2.1 Definitionen und Eigenschaften der Kongruenzabbildungen

**Definition 1:** Geradenspiegelung $S_g$

Die *Geradenspiegelung* $S_g$ ist diejenige Abbildung der Ebene $\mathbb{E}$ auf sich, die jedem Punkt P seinen Bildpunkt P' nach folgender Vorschrift zuordnet:

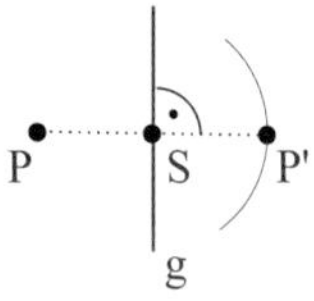


a) Wenn $P \in g$, dann $P = P'$
(alle $P \in g$ sind Fixpunkte)

b) Wenn $P \notin g$, dann gilt: $g \perp PP'$ und $l(\overline{PS}) = l(\overline{P'S})$, wobei $PP' \cap g = \{S\}$. [5]

Dabei heißt die Gerade g *Spiegelgerade* oder *-achse.*

**Definition 2:** Fixpunkt

Ein Punkt P heißt *Fixpunkt* bei einer Abbildung $\varphi$ (z. B. bei $S_g$), wenn Urbild P und Bild P' zusammenfallen.
formal: wenn $P = \varphi(P) = P'$

Bei der Geradenspiegelung $S_g$ sind alle Punkte auf der Spiegelgeraden Fixpunkte. Weitere Fixpunkte gibt es nicht.

Alle Geraden senkrecht zur Spiegelgeraden g werden bei der Geradenspiegelung $S_g$ auf sich selbst abgebildet. In Analogie zu den Fixpunkten bezeichnen wir derartige Geraden als *Fixgeraden*.

---

Wie konstruieren wir das Bild $S_g(P) = P'$ eines Punktes P ($P \notin g$) bei der Geradenspiegelung $S_g$ ?

---

- Die Lotgerade l zu g durch Punkt P zeichnen.
- Den Schnittpunkt von g und l mit S benennen.
- Den Punkt P' auf l auszeichnen, für den gilt: $l(\overline{P'S}) = l(\overline{PS})$ und $P' \neq P$.

---

[5] Gleichwertig: Wenn $P \notin g$, dann ist g die Mittelsenkrechte von $\overline{PP'}$. Den Begriff der „Mittelsenkrechten“ führen wir aber erst in Definition 3 ein, können ihn hier also noch nicht regulär verwenden.

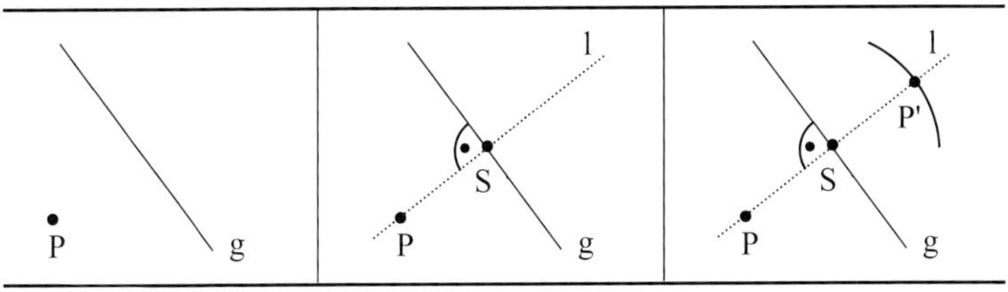


Zur Herleitung weiterer Eigenschaften der Geradenspiegelung (und auch weiterer, noch zu definierender Kongruenzabbildungen) reichen die bisher formulierten Axiome und die Definition der Geradenspiegelung allein nicht aus. Wir formulieren daher zwei weitere Axiome:

**SA 1:** Spiegelungsaxiom 1

Sei $A' = S_g(A)$ und $B' = S_g(B)$

Dann gilt:

$l(\overline{AB}) = l(\overline{A'B'})$

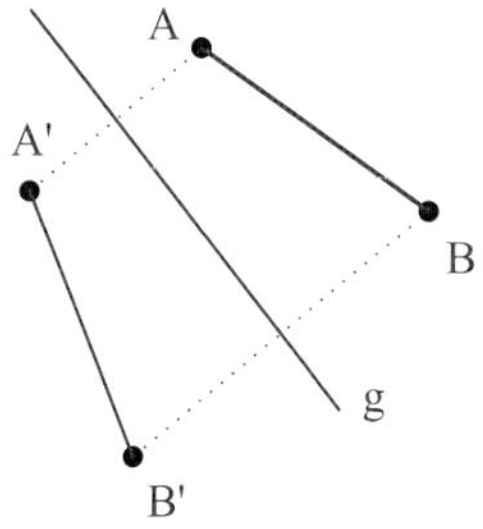


Wir weisen an dieser Stelle darauf hin, dass SA 1 nicht besagt, dass die Strecke $\overline{A'B'}$ das Bild der Strecke $\overline{AB}$ ist. Letzteres werden wir erst mit Satz 1b sicherstellen.

**SA 2:** Spiegelungsaxiom 2

Sei $A' = S_g(A)$, $B' = S_g(B)$ und $C' = S_g(C)$

Dann gilt:

$w(\overrightarrow{BA}, \overrightarrow{BC}) = w(\overrightarrow{B'C'}, \overrightarrow{B'A'})$

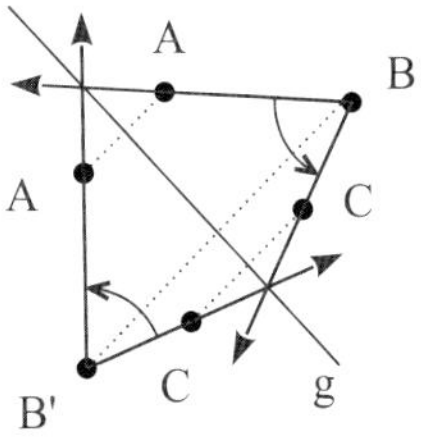


**Eigenschaften der Geradenspiegelung**

Spiegelt man zweimal nacheinander an derselben Geraden, so hat man den Ausgangszustand wieder hergestellt. Jede Geradenspiegelung $S_g$ ist also *Umkehrabbildung* zu sich selbst. Solche Abbildungen, bei denen $\varphi \circ \varphi$ gleich der *identischen Abbildung id* ist, nennt man *involutorisch*.

**Satz 1a:** Bei der Geradenspiegelung $S_g$ gilt für alle Punkte A, B der Ebene $\mathbb{E}$:

$B = S_g(A) \Rightarrow A = S_g(B)$

$S_g$ ist eine *involutorische Abbildung*.

**Beweis:**

Nach der Definition von $S_g$ gilt:

$B = S_g(A)$

$\Rightarrow$ $AB \perp g \wedge l(\overline{AS}) = l(\overline{BS})$

mit: $\{S\} = AB \cap g$

$\Rightarrow$ $BA \perp g \wedge l(\overline{BS}) = l(\overline{AS})$

$\Rightarrow$ $A = S_g(B)$

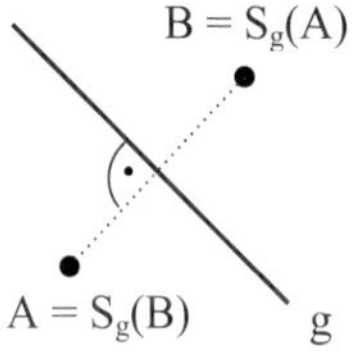


**Satz 1b:** Bei der Geradenspiegelung $S_g$ ist das Bild einer Strecke $\overline{AB}$ wieder eine Strecke, nämlich die Strecke $\overline{A'B'}$. Dabei ist $A' = S_g(A)$ und $B' = S_g(B)$.

Formalisiert lautet die Behauptung: $S_g(\overline{AB}) = \overline{A'B'}$

Dazu zeigen wir für alle $P \in \mathbb{E}$: $P \in \overline{AB} \Leftrightarrow P' \in \overline{A'B'}$

**Beweis:**

Wir wissen, ...

(a) nach Spiegelungsaxiom SA 1 gilt:

$l(\overline{AB}) = l(\overline{A'B'})$,

(b) Längenmaßaxiom LMA 1 gilt in beide Richtungen:

$P \in \overline{AB} \Leftrightarrow l(\overline{AB}) = l(\overline{AP}) + l(\overline{PB})$

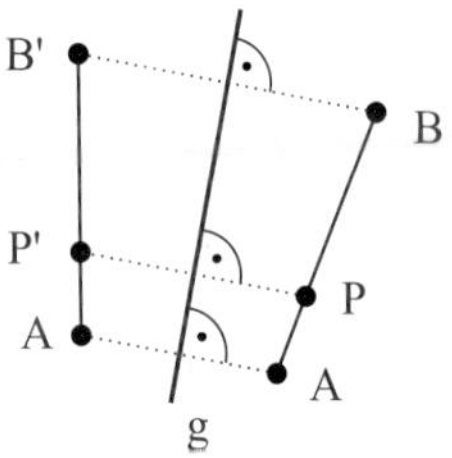


Dann gilt:

$P \in \overline{AB}$

$\Leftrightarrow$ $l(\overline{AB}) = l(\overline{AP}) + l(\overline{PB})$ / LMA 1

$\Leftrightarrow$ $l(\overline{A'B'}) = l(\overline{A'P'}) + l(\overline{P'B'})$ / dreimal SA 1

$\Leftrightarrow$ $P' \in \overline{A'B'}$ / LMA 1 (Rückrichtung)

Satz 1b und Spiegelungsaxiom SA 1 garantieren uns, dass das Bild einer Strecke bei der Geradenspiegelung wieder eine Strecke ist, die ebenso lang wie die Urbildstrecke ist. Man sagt auch: $S_g$ ist *strecken-* und *längentreu*.

In den Sätzen 1c und 1d formulieren wir Aussagen über die Bilder von Halbgeraden und Geraden bei der Geradenspiegelung $S_g$.

**Satz 1c:** Bei der Geradenspiegelung $S_g$ ist das Bild einer Halbgeraden $\overrightarrow{AB}$ wieder eine Halbgerade, nämlich die Halbgerade $\overrightarrow{A'B'}$. Dabei ist $A' = S_g(A)$ und $B' = S_g(B)$.

Formalisiert lautet die Behauptung: $S_g(\overrightarrow{AB}) = \overrightarrow{A'B'}$

Dazu zeigen wir für alle $P \in \mathbb{E}$: $P \in \overrightarrow{AB} \Leftrightarrow P' \in \overrightarrow{A'B'}$

**Beweis:**
Es gilt:

$$P \in \overrightarrow{AB}$$
$$\Leftrightarrow \quad P \in \overline{AB} \lor B \in \overline{AP} \qquad \text{/ Def. } \overrightarrow{AB}$$
$$\Leftrightarrow \quad P' \in \overline{A'B'} \lor B' \in \overline{A'P'} \qquad \text{/ Satz 1b}$$
$$\Leftrightarrow \quad P' \in \overrightarrow{A'B'} \qquad \text{/ Def. } \overrightarrow{AB}$$

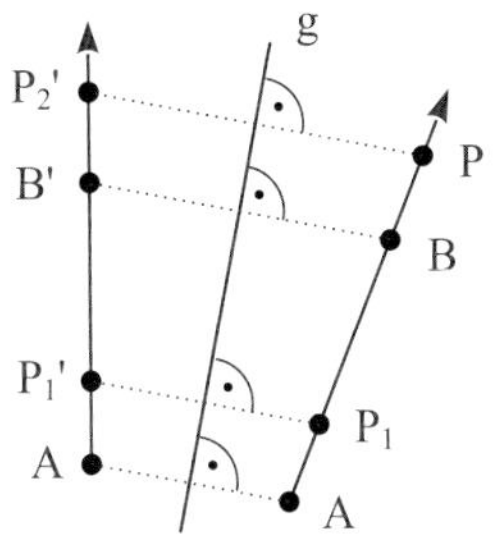


In Satz 1c haben wir gezeigt, dass das Bild einer Halbgeraden $\overrightarrow{AB}$ die Halbgerade $\overrightarrow{A'B'}$ ist. Man sagt auch: $S_g$ ist *halbgeradentreu*. Bei der Beweisführung haben wir wesentlich auf die in Satz 1b bewiesene Streckentreue zurückgegriffen: Das Bild einer Strecke $\overline{AB}$ ist die Strecke $\overline{A'B'}$.

**Satz 1d:** Bei der Geradenspiegelung $S_g$ ist das Bild einer Geraden AB wieder eine Gerade, nämlich die Gerade A'B'.

Dabei ist $A' = S_g(A)$ und $B' = S_g(B)$.

Formalisiert lautet die Behauptung: $S_g(AB) = A'B'$

Dazu zeigen wir für alle $P \in \mathbb{E}$: $P \in AB \Leftrightarrow P' \in A'B'$

**Beweis:**
Wir greifen die im vorangegangenen Satz erfolgreich angewandte Strategie auf und versuchen, die Behauptung mit Hilfe von Satz 1c zu zeigen. Mit anderen Worten versuchen wir also, die behauptete *Geradentreue* auf die Halbgeradentreue zurückzuführen.

- Wir zeichnen auf der Geraden AB zwei (nicht disjunkte) Teilmengen aus, nämlich die Punktmenge $\overrightarrow{AB}$ und die Punktmenge $\overrightarrow{BA}$.
- Die Vereinigung beider Punktmengen ist die Gerade AB:

$\overrightarrow{AB} \cup \overrightarrow{BA} = AB \quad (1)$

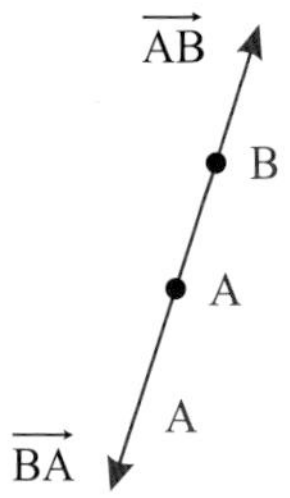


Dann gilt:

| | | |
|---|---|---|
| | $P \in AB$ | |
| $\Leftrightarrow$ | $P \in (\overrightarrow{AB} \cup \overrightarrow{BA})$ | / wegen (1) |
| $\Leftrightarrow$ | $P \in \overrightarrow{AB} \vee P \in \overrightarrow{BA}$ | / Def. der Vereinigungsmenge |
| $\Leftrightarrow$ | $P' \in \overrightarrow{A'B'} \vee P' \in \overrightarrow{B'A'}$ | / Satz 1c |
| $\Leftrightarrow$ | $P' \in (\overrightarrow{A'B'} \cup \overrightarrow{B'A'})$ | / Def. der Vereinigungsmenge |
| $\Leftrightarrow$ | $P' \in A'B'$ | / wegen (1) |

Satz 1d garantiert uns, dass das Bild einer Geraden bei der Geradenspiegelung $S_g$ stets wieder eine Gerade ist.
Man sagt auch: $S_g$ ist *geradentreu.*

Wir heben an dieser Stelle weitere Eigenschaften von $S_g$ hervor, ohne sie ausdrücklich zu beweisen:

Bei der Geradenspiegelung $S_g$ wird ein *Linkstripel* (A, B, C) auf ein *Rechtstripel* (A', B', C') abgebildet,
wobei $A' = S_g(A)$, $B' = S_g(B)$ und $C' = S_g(C)$.

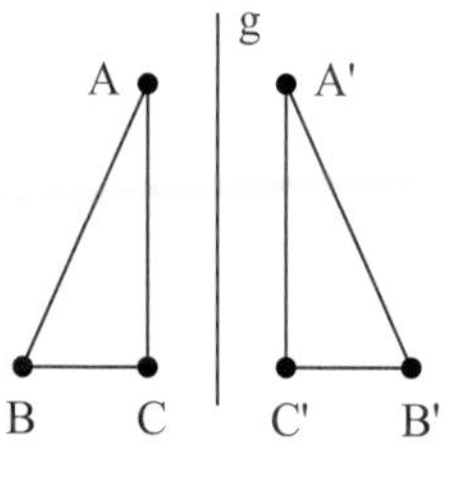


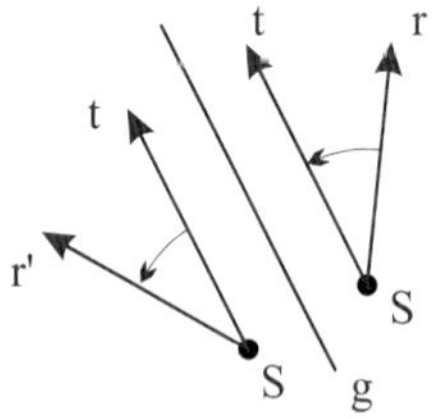


Bei $S_g$ wird ein Winkel $\sphericalangle(r, t)$ auf einen Winkel $\sphericalangle(t', r')$ abgebildet. Dabei stimmen die Winkelgrößen beider Winkel überein:

$w(r, t) = w(t', r')$

Man sagt: $S_g$ ist *winkeltreu.*

Bei $S_g$ wird ein Vieleck $E_1, E_2, E_3, ..., E_n$ auf ein Vieleck $E_1', E_2', E_3', ..., E_n'$ abgebildet. Dabei haben Urbild- und Bildvieleck *entgegengesetzten Umlaufsinn.*

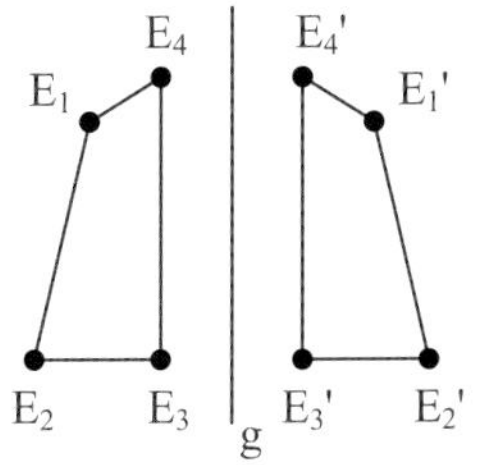


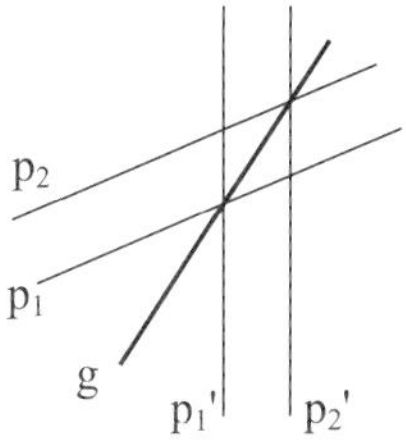


Bei $S_g$ werden zueinander parallele Geraden $p_1$, $p_2$ auf ebenfalls zueinander parallele Geraden $p_1'$, $p_2'$ abgebildet.
Man sagt: $S_g$ ist *parallelentreu.*

**Definition 3:** Mittelsenkrechte

Unter der *Mittelsenkrechten* m einer Strecke $\overline{AB}$ versteht man diejenige Gerade, die senkrecht durch den Mittelpunkt von $\overline{AB}$ geht.
formal:
$m \perp \overline{AB} \wedge l(\overline{AM}) = l(\overline{BM})$, wobei $AB \cap m = \{M\}$

Bei der Geradenspiegelung $S_g$ ist g Mittelsenkrechte von $\overline{PP'}$ [6].

Mit Hilfe der bisher erarbeiteten Axiome, Definitionen und Sätze können wir nunmehr beweisen, dass ein Punkt P genau dann auf der Mittelsenkrechten m einer Strecke $\overline{AB}$ liegt, wenn er von A und B gleichen Abstand hat.
Im Hinblick auf eine möglichst prägnante Beweisführung formalisieren wir die Behauptung in Satz 2 besonders stark:

**Satz 2:** Sei m die Mittelsenkrechte der Strecke $\overline{AB}$.
Dann gilt:
$P \in m \Leftrightarrow l(\overline{AP}) = l(\overline{BP})$

**Beweis:** „$\Rightarrow$"

[6] vgl. hierzu auch Definition 1

z.z.: $P \in m \Rightarrow l(\overline{AP}) = l(\overline{BP})$

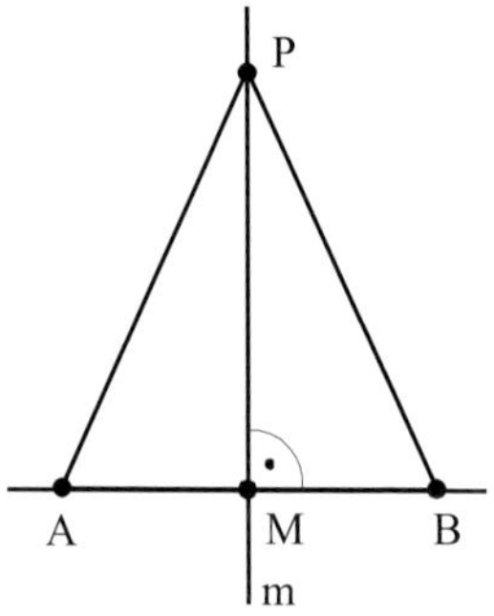


- Da m Mittelsenkrechte von $\overline{AB}$ ist, folgt mit der Definition der Geradenspiegelung
  $A = S_m(B)$ und $B = S_m(A)$ und
- da nach Voraussetzung $P \in m$, folgt wieder mit der Definition der Geradenspiegelung $S_m(P) = P$.

Dann gilt:

$P \in m$

$\Rightarrow \quad S_m(\overline{AP}) = \overline{BP}$ / Satz 1b

$\Rightarrow \quad l(\overline{AP}) = l(\overline{BP})$ / SA 1

„$\Leftarrow$" (durch Kontraposition[7])

z.z.: $l(\overline{AP}) = l(\overline{BP}) \Rightarrow P \in m$

Kontraposition : $P \notin m \Rightarrow l(\overline{AP}) \neq l(\overline{BP})$

Wenn $P \notin m$, dann sind hinsichtlich der Lage von P zwei Fälle möglich:

P kann dann in derselben Halbebene von m liegen, in der B liegt (Fall 1) bzw. in der A liegt (Fall 2).

zu Fall 1:

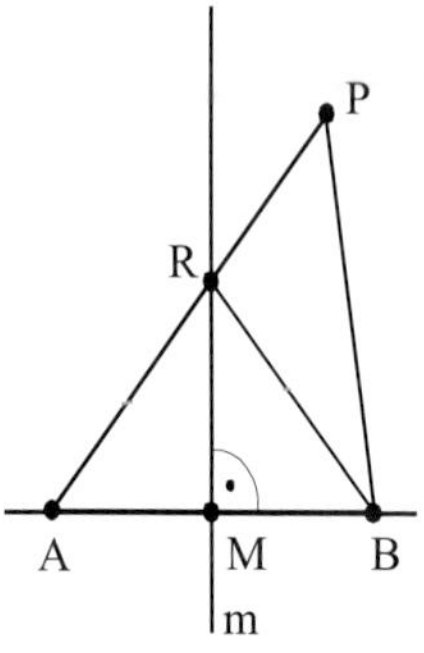


Liege P also in derselben Halbebene von m wie B.

- Dann schneidet $\overline{BP}$ die Mittelsenkrechte m nicht und $\overline{AP}$ schneidet m in einem Punkt R ($R \in m \wedge R \in \overline{AP}$).
- Mit Teil „$\Rightarrow$" des Beweises folgt:
  $R \in m \Rightarrow l(\overline{AR}) = l(\overline{BR})$ (*)

Dann gilt:

$l(\overline{BP}) < l(\overline{BR}) + l(\overline{RP})$ / Längenmaßaxiom LMA 2, da $R \notin \overline{BP}$

[7] Zum Beweis durch Kontraposition sei auf Gorski / Müller-Philipp 2009, Kapitel 0.4 hingewiesen.

$\Rightarrow \quad l(\overline{BP}) < l(\overline{AR}) + l(\overline{RP})$ / wegen (*)

$\Rightarrow \quad l(\overline{BP}) < l(\overline{AP})$ / Längenmaßaxiom LMA 1, da $R \in \overline{AP}$

also: $l(\overline{AP}) \neq l(\overline{BP})$

Fall 2 zeigt man analog.

Von Satz 2 werden wir insbesondere in Kapitel 5 mehrfach Gebrauch machen.

Nur vorübergehend verlassen wir die Geradenspiegelung und ihre Eigenschaften, um weitere Abbildungen zu definieren.

**Definition 4:** Verschiebung oder Translation $V_{\overrightarrow{ST}, l(\overline{ST})}$

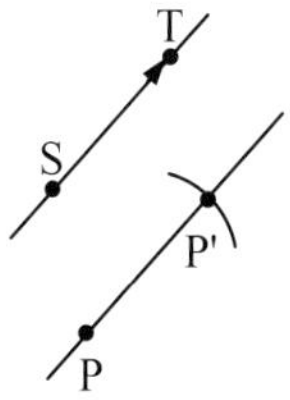


Die *Verschiebung* ist diejenige Abbildung der Ebene auf sich, die jedem Punkt P seinen Bildpunkt P' nach folgender Vorschrift zuordnet:

$\overrightarrow{PP'}$ ist richtungsgleich zu $\overrightarrow{ST}$ und $l(\overline{PP'}) = l(\overline{ST})$.

In der Notation $V_{\overrightarrow{ST}, l(\overline{ST})}$ gibt die Halbgerade $\overrightarrow{ST}$ die Richtung der Verschiebung, $l(\overline{ST})$ die Länge der Verschiebung an. In diesem Kontext sind $V_{\overrightarrow{ST}, 3 \cdot l(\overline{ST})}$ und $V_{\overrightarrow{ST}, 0{,}5 \cdot l(\overline{ST})}$ Verschiebungen, bei denen die Länge der Verschiebung vom Abstand der Punkte S und T auf $\overrightarrow{ST}$ abweicht.

Stimmt hingegen die Länge der Verschiebung mit dem Abstand der Punkte S und T auf der Halbgeraden $\overrightarrow{ST}$ überein, so schreibt man für $V_{\overrightarrow{ST}, l(\overline{ST})}$ auch kurz $V_{\overrightarrow{ST}}$.

Wie konstruieren wir nun das Bild P' eines Punktes P bei der Verschiebung $V_{\overrightarrow{ST},\, l(\overline{ST})}$?

- Die Halbgerade h zeichnen, die den Anfangspunkt P hat und die richtungsgleich zu $\overrightarrow{ST}$ ist.
- Denjenigen Punkt auf der Halbgeraden h mit P' bezeichnen, der von P die Entfernung $l(\overline{ST})$ hat.

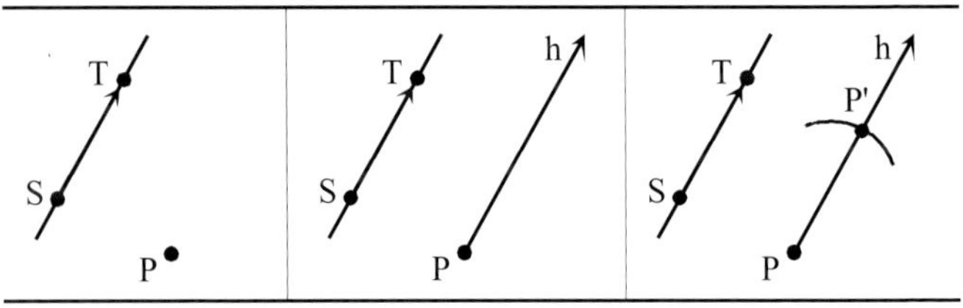


**Eigenschaften der Verschiebung**

Bei der Verschiebung $V_{\overrightarrow{ST},\, l(\overline{ST})}$ ist der Fall S = T zugelassen. Wir sprechen dann von der *Nullverschiebung*. Da jeder Punkt P dann auf sich selbst abgebildet wird, handelt es sich bei der *Nullverschiebung* um die *identische Abbildung* id.

Aus der Definition der Verschiebung geht hervor, dass Urbild- und Bildpunkt stets denselben Abstand voneinander haben. Falls $V_{\overrightarrow{ST},\, l(\overline{ST})}$ nicht die identische Abbildung ist, gibt es bei der Verschiebung *keine Fixpunkte*.

Demgegenüber gibt es *Fixgeraden*: Alle Geraden, die parallel zur Geraden ST sind, werden durch $V_{\overrightarrow{ST}}$ auf sich abgebildet, sind also Fixgeraden.

Die *Umkehrabbildung* der Verschiebung $V_{\overrightarrow{ST},\, l(\overline{ST})}$ ist die Verschiebung $V_{\overrightarrow{TS},\, l(\overline{TS})}$.

Im Gegensatz zum zweimaligen Nacheinanderausführen der Geradenspiegelung $S_g$, stellt das zweimalige Ausführen ein und derselben Verschiebung $V_{\overrightarrow{ST},\, l(\overline{ST})}$ keineswegs den Ausgangszustand wieder her:

Die Verschiebung ist also *keine involutorische Abbildung*.

Wir werden weiter unten beweisen[8], dass jede Verschiebung durch die Nacheinanderausführung (Verkettung) von zwei besonderen Geradenspiegelungen ersetzt werden kann. Aus diesem Sachverhalt leiten sich weitere Eigenschaften der Verschiebung her:

- Bei der Verschiebung werden Strecken auf gleich lange Strecke abgebildet (Abbildung 57a).
  $V_{\overrightarrow{ST}}$ ist *strecken- und längentreu.*

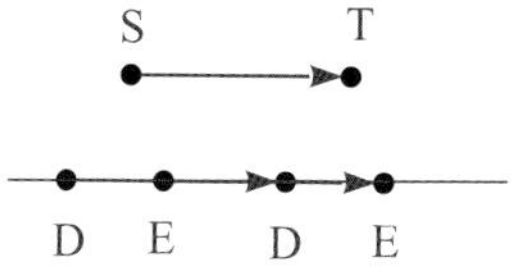


Abb. 57a

- Bei der Verschiebung ist das Bild einer Geraden wieder eine Gerade (Abbildung 57b).
  $V_{\overrightarrow{ST}}$ ist *geradentreu.*

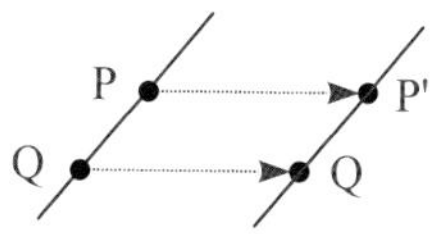


Abb. 57b

- Bei der Verschiebung werden zueinander parallele Geraden auf ebenfalls zueinander parallele Geraden abgebildet (Abbildung 57c).
  $V_{\overrightarrow{ST}}$ ist also *parallelentreu.*

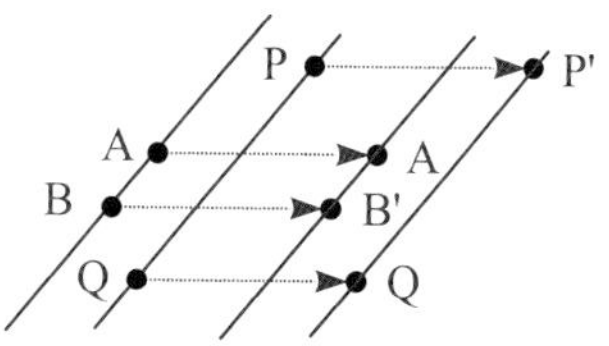


Abb. 57c

- Bei der Verschiebung werden Winkel auf gleich große Winkel abgebildet (Abbildung 57d).
  $V_{\overrightarrow{ST}}$ ist *winkeltreu.*

- Bei der Verschiebung wird ein Vieleck $E_1$, $E_2$, $E_3$, ..., $E_n$ auf ein Vieleck $E_1'$, $E_2'$, $E_3'$, ..., $E_n'$ abgebildet (Abbildung 57d). Dabei haben Urbild- und Bildvieleck *gleichen Umlaufsinn.*

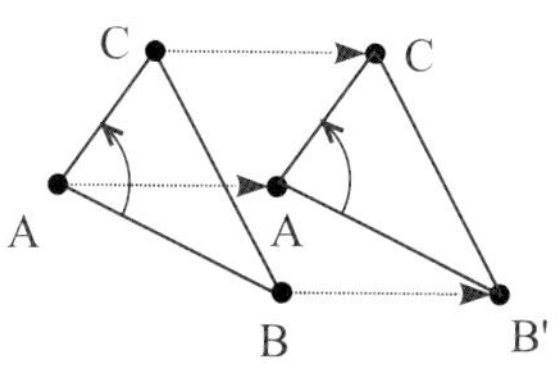


Abb. 57d

---

[8] vgl. hierzu Satz 3

**Definition 5:** Drehung $D_{M,w(\alpha)}$

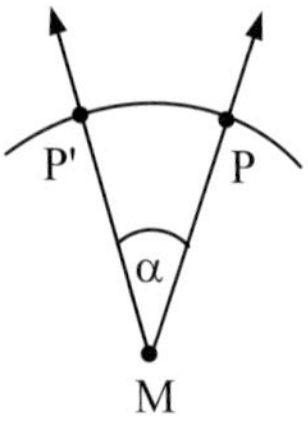


Die *Drehung* $D_{M,w(\alpha)}$ ist diejenige Abbildung der Ebene auf sich, die jedem Punkt P seinen Bildpunkt P' nach folgender Vorschrift zuordnet:

a) Wenn P = M, dann P' = P. (M ist Fixpunkt.)

b) Wenn P ≠ M, dann ist P' so zu wählen, dass gilt:
$w(\overrightarrow{MP}, \overrightarrow{MP'}) = w(\alpha)$ und $l(\overline{MP}) = l(\overline{MP'})$.

M heißt *Drehpunkt* und w(α) mit $0° \leq w(\alpha) < 360°$ heißt *Drehmaß* der Drehung.

---

Wie konstruieren wir das Bild P' eines Punktes P (P ≠ M) bei der Drehung $D_{M,w(\alpha)}$ ?

---

- Die Halbgerade $\overrightarrow{MP}$ zeichnen und h nennen.
- Die Halbgerade k mit dem Anfangspunkt M zeichnen, für die gilt: w(h,k) = w(α).
- Denjenigen Punkt auf k mit P' bezeichnen, der von M die Entfernung $l(\overline{MP})$ hat.

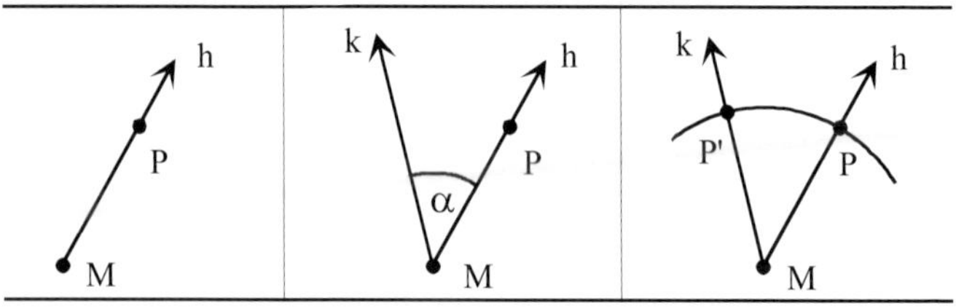


**Eigenschaften der Drehung**

Wenn w(α) = 0°, haben wir die *Nulldrehung*, also die identische Abbildung id vorliegen.

Für w(α) ≠ 0° gibt es außer dem Drehpunkt keine weiteren *Fixpunkte*.
Nur für den Spezialfall w(α) = 180° gibt es *Fixgeraden*. Dies sind alle Geraden durch den Drehpunkt M.

Die *Umkehrabbildung* der Drehung $D_{M,w(\alpha)}$ ist die Drehung $D_{M,360°-w(\alpha)}$ .

Wir werden weiter unten beweisen[9], dass jede Drehung durch die Nacheinanderausführung (Verkettung) zweier geeigneter Geradenspiegelungen ersetzt werden kann. Ähnlich wie bei der Verschiebung leiten sich aus diesem Sachverhalt weitere Eigenschaften der Drehung her:

- $D_{M,w(\alpha)}$ ist strecken- bzw. längentreu.
- $D_{M,w(\alpha)}$ ist winkeltreu.
- $D_{M,w(\alpha)}$ ist geradentreu.
- $D_{M,w(\alpha)}$ ist parallelentreu.
- $D_{M,w(\alpha)}$ bildet das Vieleck $E_1$, $E_2$, $E_3$, ... , $E_n$ auf das Vieleck $E_1'$,$E_2'$,$E_3'$, ... , $E_n'$ ab. Dabei haben beide Vielecke gleichen Umlaufsinn.

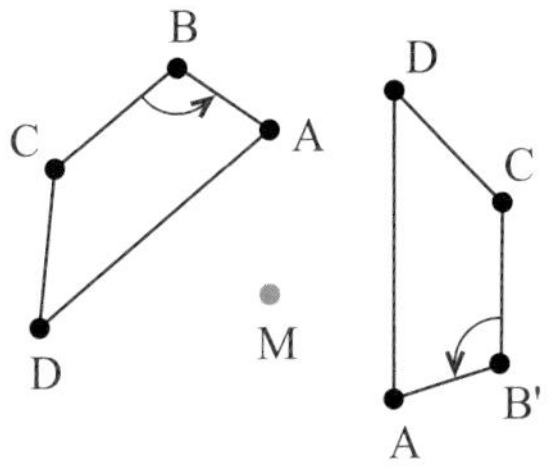


Den Spezialfall der Drehung mit einem Drehwinkel der Größe 180° hebt man unter dem Namen *Punktspiegelung* besonders hervor. Da diese Abbildung in der Schule oftmals als eigenständige Abbildung betrachtet wird, im Regelfall vor der Behandlung der Drehung, wollen wir sie auch hier eigenständig definieren.

**Definition 6:** Punktspiegelung $S_Z$

Die *Punktspiegelung* $S_Z$ ist diejenige Abbildung der Ebene auf sich, die jedem Punkt P seinen Bildpunkt P' nach folgender Vorschrift zuordnet:

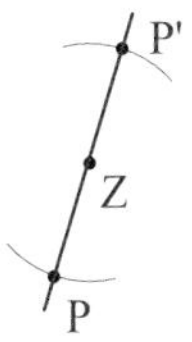


a) Wenn P = Z, dann P' = P. (Z ist Fixpunkt.)

b) Wenn P ≠ Z, dann ist P' so zu wählen, dass gilt:
$P' \in \overrightarrow{PZ}$ und $l(\overline{ZP}) = l(\overline{ZP'})$ und $P \neq P'$.[10]

Z heißt *Zentrum* der Punktspiegelung $S_Z$.

---

[9] vgl. hierzu Satz 4

[10] Alternativ könnten wir in (b) auch definieren:
Wenn P ≠ Z, dann ist P' so zu wählen, dass Z Mittelpunkt von $\overline{PP'}$ ist.

Analog zum Vorgehen bei den bisher eingeführten Abbildungen fragen wir wieder:

---

Wie konstruieren wir das Bild P' eines Punktes P ($P \neq Z$) bei der Punktspiegelung $S_Z$ ?

---

- Die Gerade PZ zeichnen.
- Auf der Geraden PZ den Punkt P' markieren, für den gilt:
  $P' \neq P$ und $l(\overline{P'Z}) = l(\overline{PZ})$ .

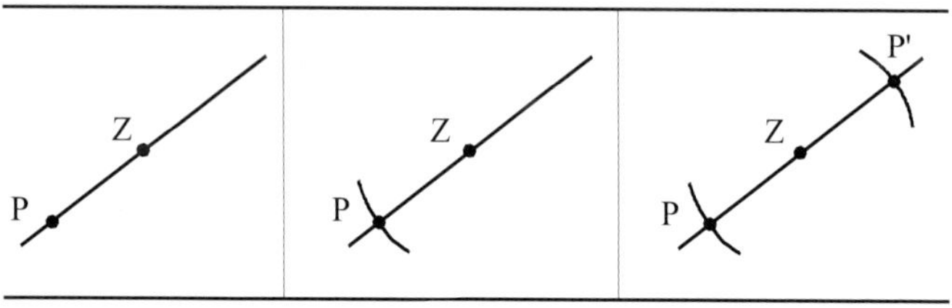


**Eigenschaften der Punktspiegelung**

Da die Punktspiegelung ein Spezialfall der Drehung ist ($S_Z = D_{Z,\,180°}$), gelten die oben aufgelisteten Eigenschaften der Drehung auch für die Punktspiegelung. Zusätzlich gibt es die schon aufgeführten *Fixgeraden* (Geraden durch das Zentrum Z).

Für den allgemeinen Fall der Drehung haben wir herausgestellt, dass die Drehung $D_{M,360°-w(\alpha)}$ Umkehrabbildung zu $D_{M,w(\alpha)}$ ist. Übertragen wir diese Aussage auf den Spezialfall $S_Z = D_{Z,\,180°}$, so stellen wir fest, dass $S_Z$ *Umkehrabbildung* zu sich selbst ist.

Die Punktspiegelung ist also wie die Geradenspiegelung eine *involutorische Abbildung*.

Wir haben in diesem Kapitel die Geradenspiegelung, die Verschiebung, die Drehung und die Punktspiegelung als Abbildungen definiert, uns jeweils überlegt, wie die Bilder bei diesen Abbildungen konstruiert werden und Eigenschaften dieser Abbildungen herausgestellt. Wir beenden dieses Kapitel mit der Einführung einer letzten Abbildung, die aus der Nacheinanderausführung zweier bereits definierter Abbildungen entsteht.

**Definition 7:** Schub- oder Gleitspiegelung $G_{g,\overrightarrow{ST}}$

Sei g eine Gerade und $\overrightarrow{ST}$ eine Halbgerade mit ST || g.

Die Nacheinanderausführung (Verkettung) der Geradenspiegelung $S_g$ nach der Verschiebung $V_{\overrightarrow{ST}}$ heißt *Schub-* oder *Gleitspiegelung* $G_{g,\overrightarrow{ST}}$.

$G_{g,\overrightarrow{ST}} = S_g \circ V_{\overrightarrow{ST}}$

(gelesen: „$S_g$ nach $V_{\overrightarrow{ST}}$" oder „$S_g$ verkettet mit $V_{\overrightarrow{ST}}$")

Die Gerade g heißt *Schub-* oder *Gleitspiegelungsachse.*

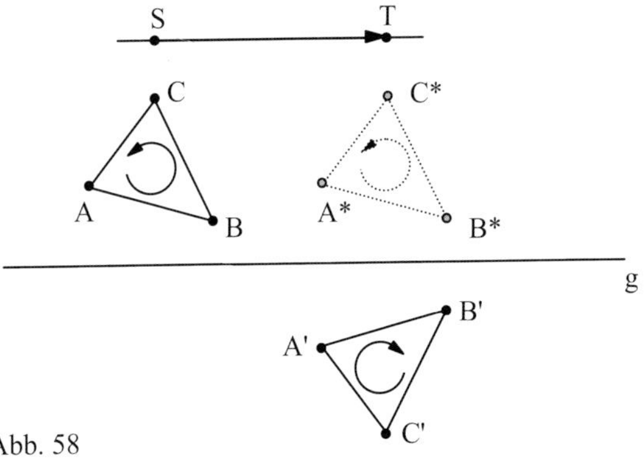


Abb. 58

Wir verzichten auf die Angabe einer Konstruktionsvorschrift, da die Schubspiegelung aus der Verkettung einer Verschiebung und einer Geradenspiegelung besteht, für die wir die Konstruktionsvorschriften kennen.

Als Verkettung einer Bewegung und einer Umwendung ist die Gleitspiegelung eine Umwendung. Der *Umlaufsinn* einer Figur *kehrt sich um* (vgl. Abbildung 58). *Fixpunkte* gibt es keine, die Spiegelachse g ist die einzige Fixgerade. Wie alle anderen bisher beschriebenen Abbildungen ist auch die Schub- oder Gleitspiegelung *geradentreu, parallelentreu, längentreu* und *winkeltreu.*

Wegen dieser Eigenschaften werden Figuren durch diese Abbildungen in kongruente, also deckungsgleiche Figuren überführt. Deshalb nennt man die

Abbildungen Geradenspiegelung, Verschiebung, Drehung, Punktspiegelung und Gleitspiegelung *Kongruenzabbildungen.* Detailliert werden wir auf diese Vorab-Information in Kapitel 4.2.4 eingehen.

Bei der Gleitspiegelung spielt es keine Rolle, ob man zunächst verschiebt und anschließend spiegelt – wie in Abbildung 58 – oder ob man erst spiegelt und dann verschiebt[11]. Den Beweis dieses Sachverhalts führen wir an dieser Stelle nicht, weisen jedoch darauf hin, dass er leicht mit Hilfe von Satz 3 gelingt.

Übung: 1) Geben Sie für jede Abbildung alle Drehungen (mit Drehpunkt und Drehmaß) an, die die Figuren auf sich selbst abbilden.

2) Geben Sie für die Figuren aus (1) alle Geradenspiegelungen an, die die Figuren auf sich selbst abbilden.

3) Finden Sie Firmenzeichen (Logos) bekannter Firmen, die durch (a) eine bzw. (b) mehrere Kongruenzabbildungen auf sich selbst abgebildet werden. Zeichnen Sie jeweils die charakteristischen Parameter dieser Abbildungen in die Firmenzeichen ein.

[11] Im Allgemeinen ist die Reihenfolge bei der Hintereinanderausführung von Abbildungen nicht gleichgültig.

4) Zeigen Sie an einem Beispiel Ihrer Wahl, dass bei der Hintereinanderausführung von Abbildungen die Reihenfolge nicht gleichgültig ist.

5) a) Welches ist die kleinste Grundfigur, aus der sich die Muster durch Verschiebung erzeugen lassen?

b) Geben Sie alle Abbildungen an, die die Muster auf sich selbst abbilden.

6) Zeichnen Sie ein gleichseitiges Dreieck mit der Seitenlänge 4 cm und beschriften Sie die Eckpunkte entgegen dem Uhrzeigersinn mit A, B und C.

a) Führen Sie mit diesem Dreieck die Drehung $D_{C,120^\circ}$ aus.

b) Führen Sie am Ausgangsdreieck nacheinander die Geradenspiegelungen $S_{CA}$ und $S_{CB}$ aus. Nun müsste Ihnen etwas auffallen.

7) Zeichnen Sie das Dreieck aus (6) noch einmal.

a) Führen Sie mit diesem Dreieck die Drehung $D_{C,60^\circ}$ aus.

b) Welche beiden Geradenspiegelungen müssen Sie nacheinander ausführen, damit Analoges zu (6.b) auffällt?

## 4.2.2 Verkettung von Kongruenzabbildungen

Wir überlegen, welche Abbildungen entstehen, wenn Geradenspiegelungen miteinander verkettet werden. Zunächst betrachten wir zwei verschiedene Geraden a und b. Für die Lage von a und b gilt $a \parallel b$ oder $a \cap b = \{P\}$. Wir beginnen mit zueinander parallelen Geraden und fragen:

---

Durch welche Ersatzabbildung kann die Nacheinanderausführung zweier Geradenspiegelungen $S_b \circ S_a$ an zueinander parallelen Geraden ersetzt werden?

---

**Hinführung zu Satz 3:**

Aufgabe:

Zeichnen Sie zwei zueinander parallele Geraden a und b sowie ein Dreieck XYZ.

a) Führen Sie nacheinander die Abbildungen $S_a$ und $S_b$ aus. Für diese Verkettung oder Nacheinanderausführung zweier Geradenspiegelungen schreibt man auch $S_b \circ S_a$ , gelesen: „ $S_b$ nach $S_a$" oder auch „ $S_b$ verkettet mit $S_a$" .

b) Überlegen Sie anschießend, durch welche Ersatzabbildung Sie die Verkettung $S_b \circ S_a$ ersetzen könnten.

Lösung:

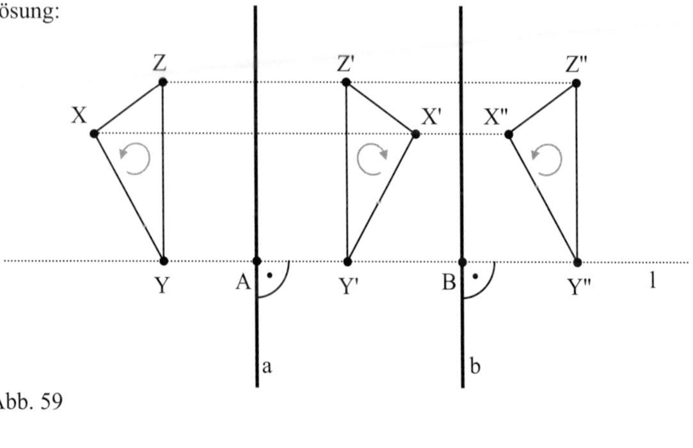


Abb. 59

Wir überlegen:

- In Abbildung 59 wird Dreieck XYZ (kurz: $\Delta XYZ$) durch $S_a$ auf $\Delta X'Y'Z'$ abgebildet, der Umlaufsinn ändert sich.

  Danach wird $\Delta X'Y'Z'$ durch $S_b$ auf $\Delta X''Y''Z''$ abgebildet, der Umlaufsinn ändert sich ein zweites Mal, stimmt also mit dem Umlaufsinn der Ausgangsfigur wieder überein.

- Die Ersatzabbildung, die $\Delta XYZ$ direkt auf $\Delta X''Y''Z''$ abbildet, muss also eine Bewegung (Verschiebung, Drehung) sein. Geradenspiegelung und Gleitspiegelung ändern den Umlaufsinn, scheiden also als Ersatzabbildung an dieser Stelle aus.

- Wir betrachten nun die Punkte Y, Y' und Y'' in Abbildung 59.
  Alle drei Punkte liegen auf der zusätzlich in die Darstellung aufgenommenen Geraden l (mit $l \perp a \wedge l \perp b$), die die Geraden a und b in A und B schneidet.

  Y und Y' sind $2 \cdot l(\overline{AY'})$ voneinander entfernt.

  Y' und Y'' sind $2 \cdot l(\overline{Y'B})$ voneinander entfernt.
  Dann beträgt die Entfernung von Y und Y''

  $2 \cdot l(\overline{AY'}) + 2 \cdot l(\overline{Y'B}) = 2 \cdot (l(\overline{AY'}) + l(\overline{Y'B})) = 2 \cdot l(\overline{AB})$.

- Der Punkt Y wird also durch $S_b \circ S_a$ um $2 \cdot l(\overline{AB})$ in Richtung der Halbgeraden $\overrightarrow{AB}$ verschoben. Dabei ist $2 \cdot l(\overline{AB})$ genau das Doppelte des Abstandes der Geraden a und b.

- Offensichtlich lassen sich diese Überlegungen analog auf die Punkte X, X', X'' bzw. Z, Z', Z'' aus Abbildung 59 übertragen.

Wir halten für dieses Beispiel fest:

Sind die Geraden a und b zueinander parallel, so können wir $S_b \circ S_a$ durch eine Verschiebung ersetzen.

Die Richtung dieser Verschiebung wird durch die Halbgerade $\overrightarrow{AB}$ bestimmt; ihre Länge beträgt $2 \cdot l(\overline{AB})$, also das Doppelte des Abstandes der Geraden a und b.

Wir formulieren den am Beispiel gefundenen Zusammenhang in Satz 3.

**Satz 3:** Es seien a und b Geraden mit $a \parallel b$, P sei ein beliebiger Punkt der Ebene und l eine Gerade durch P mit $l \perp a$. Ferner sei $l \cap a = \{A\}$ und $l \cap b = \{B\}$. Dann gilt:

Die Verkettung der Geradenspiegelungen $S_b \circ S_a$ ist die Verschiebung $V_{\overrightarrow{AB},\, 2\,l(\overline{AB})}$.

**Beweis:** Es gilt: $P' = S_a(P) \wedge P'' = S_b(P')$

Wir betrachten $S_b \circ S_a(P) = S_b(S_a(P)) = S_b(P') = P''$

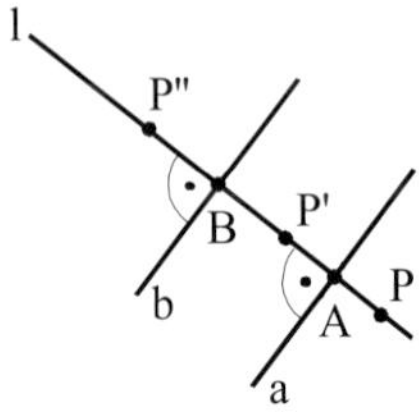


- Nach Spiegelungsaxiom SA1 und der Definition von $S_g$ gilt:
  $l(\overline{PA}) = l(\overline{P'A}) \quad \wedge \quad l(\overline{P'B}) = l(\overline{P''B})$,
  sowie $PP' \perp a \wedge P'P'' \perp b$.
- Weil $a \parallel b$ und $l \perp a$ liegen P, P' und P'' auf der Geraden l.
- P'' geht also aus P durch eine Verschiebung in Richtung $\overrightarrow{PP''}$ hervor, wobei $\overrightarrow{PP''}$ richtungsgleich zu $\overrightarrow{AB}$ ist.

Wir untersuchen nun die Länge dieser Verschiebung. Die Anwendung des Längenmaßaxioms LMA1 und die mehrfache Anwendung der Definition von $S_g$ liefern:

$$\begin{aligned} l(\overline{PP''}) &= 2\,l(\overline{AP'}) + 2\,l(\overline{P'B}) \\ &= 2\,(\,l(\overline{AP'}) + l(\overline{P'B})\,) \\ &= 2\,l(\overline{AB}) \end{aligned}$$

Dieser Zusammenhang gilt auch, wenn P zwischen a und b liegt ...

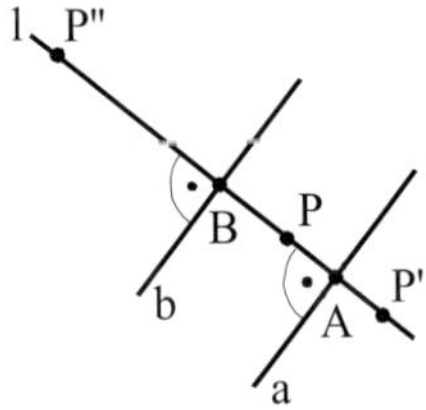


$$\begin{aligned} l(\overline{PP''}) &= l(\overline{P'P''}) - l(\overline{PP'}) \\ &= 2\,l(\overline{BP'}) - 2\,l(\overline{P'A}) \\ &= 2\,(\,l(\overline{BP'}) - l(\overline{P'A})\,) \\ &= 2\,l(\overline{AB}) \end{aligned}$$

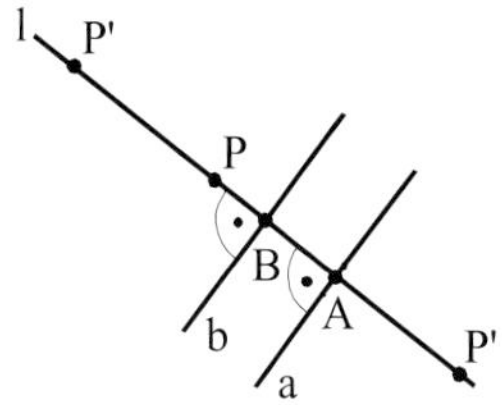


... und auch wenn P auf der anderen Seite von b liegt:

$$\begin{aligned} l(\overline{PP''}) &= l(\overline{P'P''}) - l(\overline{PP'}) \\ &= 2\,l(\overline{BP'}) - 2\,l(\overline{P'A}) \\ &= 2\,(\,l(\overline{BP'}) - l(\overline{P'A})) \\ &= 2\,l(\overline{AB}) \end{aligned}$$

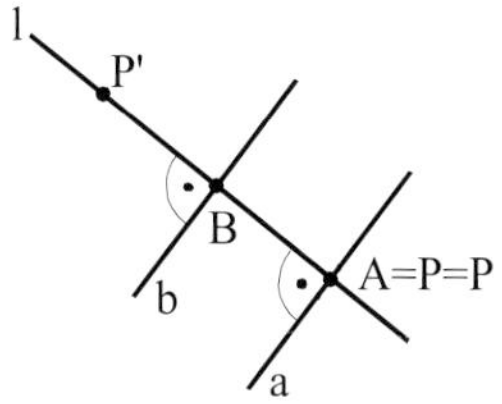


... und auch wenn P = A oder P = B, was wir hier nur für den Fall P = A zeigen. Das Vorgehen lässt sich analog auf den Fall P = B übertragen.

$$\begin{aligned} l(\overline{PP''}) &= l(\overline{P''B}) + l(\overline{AB}) \\ &= l(\overline{AB}) + l(\overline{AB}) \\ &= 2\,l(\overline{AB}) \end{aligned}$$

Die Verkettung zweier Geradenspiegelungen an zueinander parallelen Geraden kann also stets durch eine Verschiebung ersetzt werden (vgl. Abbildung 60a).

Umgekehrt lässt sich jede Verschiebung als Verkettung von zwei Geradenspiegelungen auffassen:
Dabei sind die Geraden dieser Spiegelungen zueinander parallel und senkrecht zur Trägergeraden der Verschiebungshalbgeraden. Ihr Abstand ist halb so groß wie die Länge der Verschiebung.
Unter diesen Bedingungen kann die erste Gerade frei gewählt werden. Danach ist allerdings die Richtung der Verschiebung zu beachten (vgl. Abbildung 60b). Die Reihenfolge der Geradenspiegelungen ist nämlich nicht vertauschbar: $S_a \circ S_b$ ist die Umkehrabbildung (Gegenverschiebung) von $S_b \circ S_a$ .

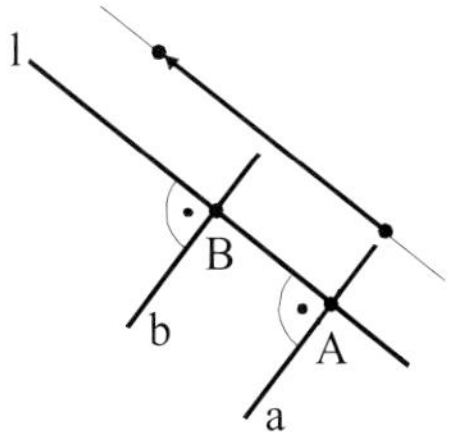


Abb. 60a

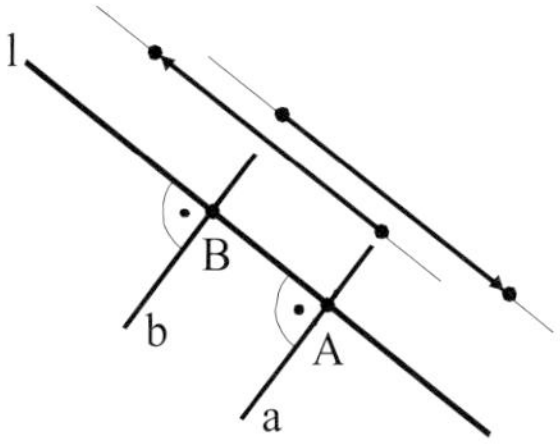


Abb. 60b

Wir betrachten nun die Verkettung zweier Geradenspiegelungen, deren Geraden nicht zueinander parallel sind und fragen:

Durch welche Ersatzabbildung können wir die Nacheinanderausführung zweier Geradenspiegelungen $S_b \circ S_a$ ersetzen, deren Achsen sich in einem Punkt M schneiden?

**Hinführung zu Satz 4:**

Aufgabe:

Zeichnen Sie zwei Geraden a und b, die sich in einem Punkt M schneiden, sowie ein Dreieck $\Delta XYZ$.

a) Konstruieren Sie das Bilddreieck $\Delta X''Y''Z''$ von $\Delta XYZ$ bei der Verkettung $S_b \circ S_a$.

b) Überlegen Sie anschießend, durch welche Ersatzabbildung Sie die Verkettung $S_b \circ S_a$ mit $a \cap b = \{M\}$ ersetzen können.

Lösung:

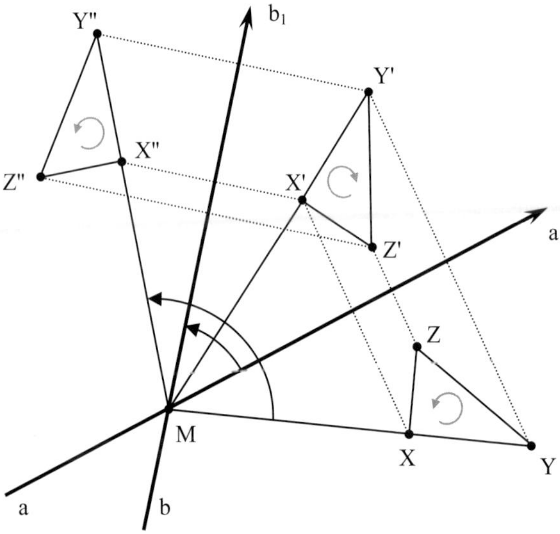


Abb. 61

- In Abbildung 61 wird $\Delta XYZ$ durch $S_a$ auf $\Delta X'Y'Z'$ abgebildet, danach wird $\Delta X'Y'Z'$ durch $S_b$ auf $\Delta X''Y''Z''$ abgebildet. Dabei ändert sich zweimal der Umlaufsinn; Urbild und Bild haben also nach der Ausführung von $S_b \circ S_a$ gleichen Umlaufsinn.
- Als Ersatzabbildung für $S_b \circ S_a$ kommen also nur die Bewegungen Drehung oder Verschiebung in Betracht. Die Verschiebung können wir ausschließen, da wir schon per Augenschein erkennen, dass nicht alle Urbild- und Bildpunkte gleich weit voneinander entfernt sind. Es bleibt offensichtlich die Drehung um M übrig – aber:

---

Wie groß ist das Drehmaß der Drehung um M?

---

- Wir betrachten die Punkte X, X' und X'' in Abbildung 61 [12]. In die Überlegungen beziehen wir die auf a und b ausgezeichneten Halbgeraden ein. Dann gilt:

  $X \xrightarrow{S_a} X'$, also $w(\overrightarrow{MX}, a_1) = w(a_1, \overrightarrow{MX'})$, denn $S_g$ ist winkeltreu,

  $X' \xrightarrow{S_b} X''$, also $w(\overrightarrow{MX'}, b_1) = w(b_1, \overrightarrow{MX''})$, denn $S_g$ ist winkeltreu.

  Dann folgt:

$$\begin{aligned} w(\overrightarrow{MX}, \overrightarrow{MX''}) &= w(\overrightarrow{MX}, a_1) + w(a_1, \overrightarrow{MX'}) + w(\overrightarrow{MX'}, b_1) + w(b_1, \overrightarrow{MX''}) \\ &= 2 \cdot [\, w(a_1, \overrightarrow{MX'}) + w(\overrightarrow{MX'}, b_1) \,] \\ &= 2 \cdot \ w(a_1, b_1) \end{aligned}$$

- Das gesuchte Drehmaß der Drehung um M ist also doppelt so groß wie die Größe des Winkels $\sphericalangle(a_1, b_1)$, den die auf a und b ausgezeichneten Halbgeraden bilden.

  Die gesuchte Ersatzabbildung ist also die Drehung $D_{M, 2\cdot w(a_1, b_1)}$.

Wir formulieren diese am Beispiel gefundene Erkenntnis in Satz 4.

**Satz 4:** Es seien a und b zwei Geraden mit dem gemeinsamen Punkt M. Dann gilt:

Die Verkettung der Geradenspiegelungen $S_b \circ S_a$ ist die Drehung $D_{M, 2\cdot w(a_1, b_1)}$.

---

[12] Diese Überlegungen gelten analog für Y, Y', Y'' und Z, Z', Z''.

Formal: $S_b \circ S_a = D_{M, 2 \cdot w(a_1, b_1)}$ , wobei

$a_1$: Halbgerade auf a mit Anfangspunkt M und
$b_1$: Halbgerade auf b mit Anfangspunkt M

**Beweis:** z.z.: Für alle Punkte P der Ebene mit $P \neq M$ gilt:

1. $l(\overline{MP}) = l(\overline{MP''})$
2. $w(\overrightarrow{MP}, \overrightarrow{MP''}) = 2 \cdot w(a_1, b_1)$

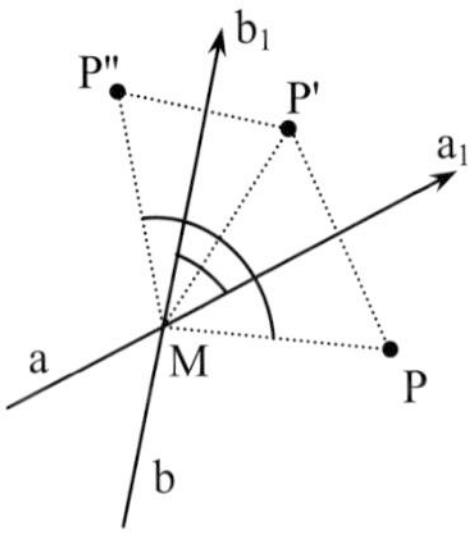


zu (1): Es gilt: $P' = S_a(P) \wedge P'' = S_b(P')$

Dann folgt:

$$\begin{aligned} l(\overline{MP}) &= l(\overline{MP'}) && \text{/ SA1} \\ &= l(\overline{MP''}) && \text{/ SA1} \\ \Rightarrow \quad l(\overline{MP}) &= l(\overline{MP''}) && \text{/ Trans. von "="} \end{aligned}$$

zu (2): Für das Winkelmaß des Winkels $\sphericalangle(a_1, b_1)$ können zwei Fälle unterschieden werden, von denen Fall 1 zwei Sonderfälle einschließt, auf die wir nach dem Beweis noch eingehen werden:

1. Fall: $0° \leq w(a_1,b_1) < 180°$
2. Fall: $180° \leq w(a_1,b_1) < 360°$

Wir beweisen hier nur den wichtigen ersten Fall[13].

Sei also $0° \leq w(a_1,b_1) < 180°$. Dann gilt:

$$\begin{aligned} w(\overrightarrow{MP}, \overrightarrow{MP''}) &= w(\overrightarrow{MP}, a_1) + w(a_1, \overrightarrow{MP'}) + w(\overrightarrow{MP'}, b_1) + w(b_1, \overrightarrow{MP''}) && \text{/ WMA 2} \\ &= 2\, w(a_1, \overrightarrow{MP'}) + 2\, w(\overrightarrow{MP'}, b_1) && \text{/ SA 2} \\ &= 2\, [\, w(a_1, \overrightarrow{MP'}) + w(\overrightarrow{MP'}, b_1)\, ] \\ &= 2 \cdot w(a_1, b_1) && \text{/ WMA 2} \end{aligned}$$

Für alle $P \in \mathbb{E} \setminus \{M\}$ gilt also $S_b \circ S_a = D_{M, 2 \cdot w(a_1, b_1)}$.

Wenn nun P = M gilt wegen $\{M\} = a \cap b$ auch $S_b(M) = M \wedge S_a(M) = M$, also auch $(S_b \circ S_a)(M) = M = D_{M, 2 \cdot w(a_1, b_1)}$ und es folgt die Behauptung.

---

13 Fall 1 garantiert uns, Drehungen mit einem Drehmaß $0° \leq w(\alpha) < 360°$ als Verkettung zweier Geradenspiegelungen darzustellen.

Der Beweis von Satz 4 schließt zwei Sonderfälle ein:

- Im Sonderfall $w(a_1,b_1) = 90°$,
  wenn also die Spiegelgeraden a und b einen rechten Winkel miteinander bilden, gilt
  $S_b \circ S_a = D_{M,2\cdot 90°} = D_{M,180°} = S_M$.
  In diesem Fall ist die Verkettung $S_b \circ S_a$ also eine Punktspiegelung, die den Schnittpunkt der beiden Geraden als Spiegelzentrum hat.
- Im Sonderfall $w(a_1,b_1) = 0°$,
  wenn also die Spiegelgeraden a und b aufeinander fallen, gilt
  $S_b \circ S_a = D_{M,2\cdot 0°} = D_{M,0°} = id$.
  Mit der Verkettung $S_b \circ S_a$ haben wir also in diesem Fall die Nulldrehung bzw. die identische Abbildung id vorliegen.

Wir wollen aus den Sätzen 3 und 4 zwei einfache Folgerungen ziehen, auf die wir weiter unten mehrfach zurückkommen werden. Wir fragen:

---

Unter welchen Voraussetzungen kann die Verkettung von zwei Geradenspiegelungen $S_h \circ S_g$ durch die Verkettung $S_f \circ S_e$ ersetzt werden?

---

**Folgerung aus Satz 3**

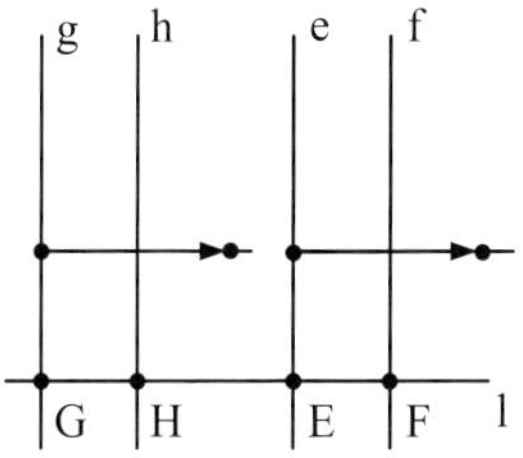


Abb. 62

Voraussetzungen 1:

Wir betrachten zunächst zueinander parallele Geraden g, h, e, f. Die Schnittpunkte dieser Geraden mit der Lotgeraden l ($l \perp g$) seien die in Abbildung 62 markierten Punkte G, H, E, F.
Ferner gelte: $l(\overline{GH}) = l(\overline{EF})$

Dann gilt nach Satz 3:
$S_h \circ S_g = V_{\overrightarrow{GH},\, 2\cdot l(\overline{GH})}$ und
$S_f \circ S_e = V_{\overrightarrow{EF},\, 2\cdot l(\overline{EF})}$.

Da $\overrightarrow{GH}$ richtungsgleich zu $\overrightarrow{EF}$ ist und weil wegen der Voraussetzung $l(\overline{GH}) = l(\overline{EF})$ auch $2\cdot l(\overline{GH}) = 2\cdot l(\overline{EF})$ gilt,
stimmen beide Verschiebungen überein. $V_{\overrightarrow{GH},\, 2\cdot l(\overline{GH})}$ und $V_{\overrightarrow{EF},\, 2\cdot l(\overline{EF})}$ sind also zwei unterschiedliche Darstellungen für ein und dieselbe Verschiebung.

Mit der Symmetrie und Transitivität der Gleichheitsrelation folgern wir, dass dann auch $S_h \circ S_g = S_f \circ S_e$ gilt.

Antwort 1: Wir können die Verkettung der Geradenspiegelungen $S_h \circ S_g$ mit $g \parallel h$ durch die Verkettung der Geradenspiegelungen $S_f \circ S_e$ ersetzen, wenn sich das Geradenpaar (e, f) durch eine Verschiebung des Geradenpaares (g, h) erzeugen lässt.

Etwas salopper: Wir können das Geradenpaar (g, h) beliebig verschieben, ohne dass sich die durch $S_h \circ S_g$ festgelegte Verschiebung ändert.

**Folgerung aus Satz 4**

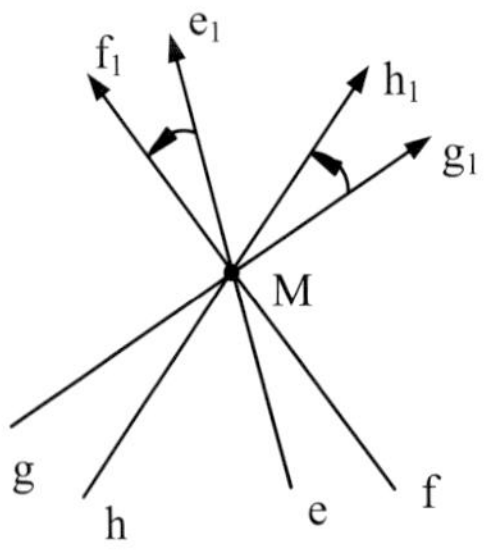


Abb. 63

Voraussetzungen 2:

Wir betrachten die Geraden g, h, e, f, die sich alle in Punkt M schneiden.

Auf g, h, e, f seien – wie in Abbildung 63 dargestellt – die Halbgeraden $g_1$, $h_1$, $e_1$, $f_1$ mit dem gemeinsamen Anfangspunkt M ausgezeichnet.

Ferner gelte: $w(g_1,h_1) = w(e_1,f_1)$

Dann gilt nach Satz 4:
$S_h \circ S_g = D_{M,2\cdot w(g_1,h_1)}$ und
$S_f \circ S_e = D_{M,2\cdot w(e_1,f_1)}$.

Beide Drehungen stimmen im Drehpunkt M überein. Wegen der Voraussetzung $w(g_1,h_1) = w(e_1,f_1)$ gilt auch $2\cdot w(g_1,h_1) = 2\cdot w(e_1,f_1)$. Damit stimmen beide Drehungen in Drehpunkt und Drehmaß überein. $D_{M,2\cdot w(g_1,h_1)}$ und $D_{M,2\cdot w(e_1,f_1)}$ sind also zwei verschiedene Konkretisierungen ein und derselben Drehung[14]. Mit der Symmetrie und Transitivität der Gleichheitsrelation folgern wir, dass dann auch $S_h \circ S_g = S_f \circ S_e$ gilt.

Antwort 2: Die Verkettung zweier Geradenspiegelungen $S_h \circ S_g$ kann durch die Verkettung der Geradenspiegelungen $S_f \circ S_e$ ersetzt werden, wenn g und

[14] Wir könnten diese Drehung etwa $D_{M,\, w(\alpha)}$ nennen, wenn wir einen entsprechenden Winkel $\alpha$ in unsere Abbildung aufgenommen hätten.

h denselben Schnittpunkt wie e und f haben und wenn g und h einen Winkel der gleichen Größe wie e und f miteinander bilden[15].

Etwas salopper: Wir können das Geradenpaar (g, h) um M drehen, ohne dass sich die durch $S_h \circ S_g$ festgelegte Drehung ändert.

## Der Dreispiegelungssatz

Auf den nächsten Seiten werden wir der Frage nachgehen, durch welche Abbildung die Verkettung dreier Geradenspiegelungen $S_c \circ S_b \circ S_a$ ersetzt werden kann.

Hinsichtlich der Lage der Geraden a, b und c können die folgenden Fälle unterschieden werden:

1.

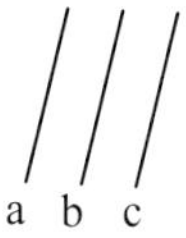


mit den Sonderfällen

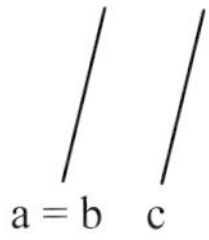


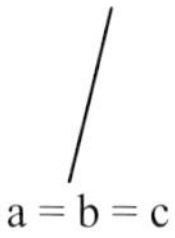


$a \parallel b \parallel c$

2.

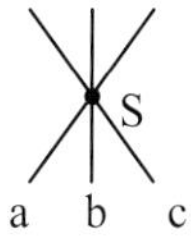


mit dem Sonderfall

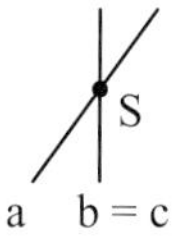


$a \cap b \cap c = \{S\}$

3.

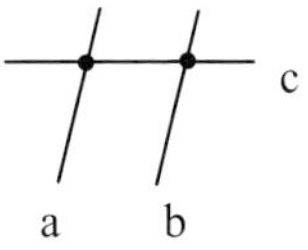


$a \parallel b \wedge c \nparallel a$

4.

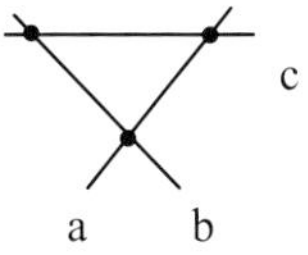


$a \nparallel b,\ b \nparallel c,\ c \nparallel a \ \wedge\ a \cap b \cap c = \varnothing$

15 Genauer: „...wenn die auf g und h ausgezeichneten Halbgeraden $g_1$, $h_1$ einen Winkel der gleichen Größe miteinander bilden wie die auf e und f ausgezeichneten Halbgeraden $e_1$, $f_1$."

Wir betrachten zunächst diejenigen Verkettungen $S_c \circ S_b \circ S_a$ , bei denen alle Spiegelgeraden parallel zueinander sind (Fall 1) bzw. genau einen Schnittpunkt haben (Fall 2) und werden das Ergebnis dieser Überlegungen in den Sätzen 5 und 6 formulieren. Für die oben herausgestellten Fälle 3 und 4 werden wir in Satz 8 eine Aussage herleiten.

**Hinführung zu Satz 5:**

Wir betrachten $S_c \circ S_b \circ S_a$ mit $a \parallel b \parallel c$.

---

Durch welche Ersatzabbildung können wir $S_c \circ S_b \circ S_a$ ersetzen?

---

In Abbildung 64a wird das Dreieck $\Delta XYZ$ nacheinander an den Geraden a, b und c gespiegelt:

$$\Delta XYZ \xrightarrow{S_a} \Delta X^*Y^*Z^* \xrightarrow{S_b} \Delta X^{**}Y^{**}Z^{**} \xrightarrow{S_c} \Delta X'Y'Z'$$

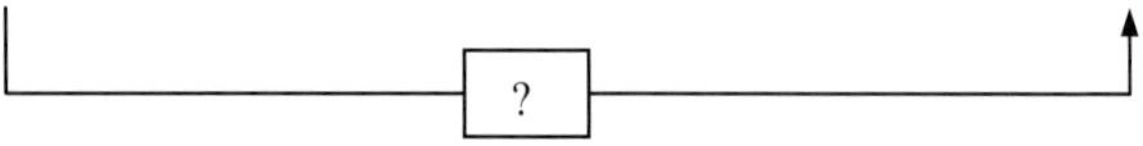


Das Bilddreieck $\Delta X'Y'Z'$ hat einen anderen Umlaufsinn als das Urbild $\Delta XYZ$, die gesuchte Ersatzabbildung könnte also eine Geradenspiegelung oder eine Gleitspiegelung sein.

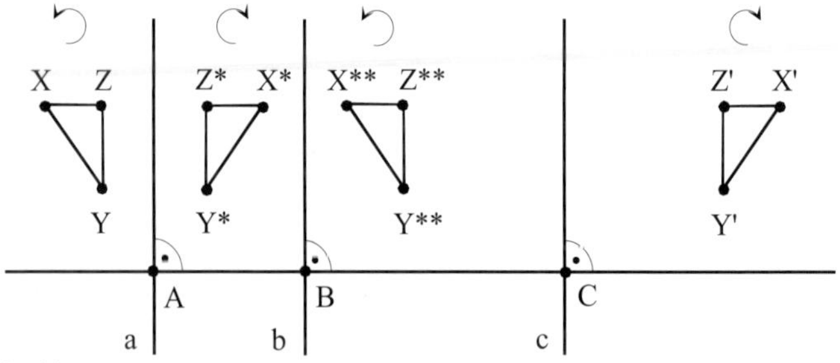


Abb. 64a

Nach der Folgerung aus Satz 3 können wir $S_b \circ S_a$ durch ein anderes Paar Geradenspiegelungen ersetzen (vgl. Abbildung 64b). Dabei müssen die Geraden des neuen Paares den gleichen Abstand voneinander haben wie a und b und sie müssen parallel zu a und b sein, sie müssen sich also durch Verschiebung des Paares (a, b) erzeugen lassen.

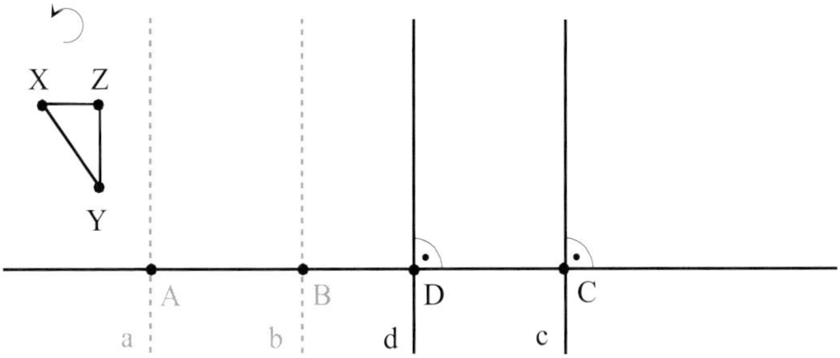


Abb. 64b

In $S_c \circ S_b \circ S_a$ ersetzen wir also $S_b \circ S_a$ durch $S_c \circ S_d$ und erhalten damit $S_c \circ S_c \circ S_d$.
Nach Satz 1 wissen wir, dass die Geradenspiegelung einc involutorische Abbildung ist, also Umkehrabbildung zu sich selbst.
In $S_c \circ S_c \circ S_d$ ist also $S_c \circ S_c$ die identische Abbildung und wir erhalten schließlich als gesuchte Ersatzabbildung: $S_c \circ S_b \circ S_a = S_d$ .

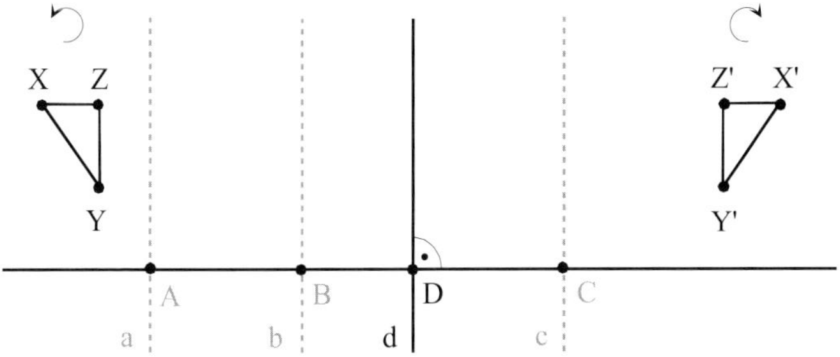


Abb. 64c

Die Verkettung dreier Geradenspiegelungen $S_c \circ S_b \circ S_a$, deren Achsen alle parallel zueinander sind, ist also eine Geradenspiegelung $S_d$ (vgl. Abbildung 64c). Dabei ist d parallel zu a, b und c.

Wir formulieren die in der Hinführung gewonnene Erkenntnis in Satz 5.

**Satz 5:** Dreispiegelungssatz (Teil a)

Seien a, b, c zueinander parallele Geraden. Dann ist die Verkettung $S_c \circ S_b \circ S_a$ eine Geradenspiegelung $S_d$. Dabei ist d parallel zu a, b und c.

$S_c \circ S_b \circ S_a = S_d$ mit $a \parallel b \parallel c \parallel d$

<u>Konstruktion von d</u>

1. Die parallelen Geraden a, b, c zeichnen.
2. Eine Lotgerade l zu a zeichnen.
3. Die entstandenen Schnittpunkte nacheinander mit A, B, C bezeichnen.
4. Punkt D auf l zeichnen, so dass gilt: $\overrightarrow{AB}$ ist richtungsgleich zu $\overrightarrow{DC}$ und $l(\overline{AB}) = l(\overline{DC})$.
5. Die Gerade d durch D mit $d \| c$ zeichnen.

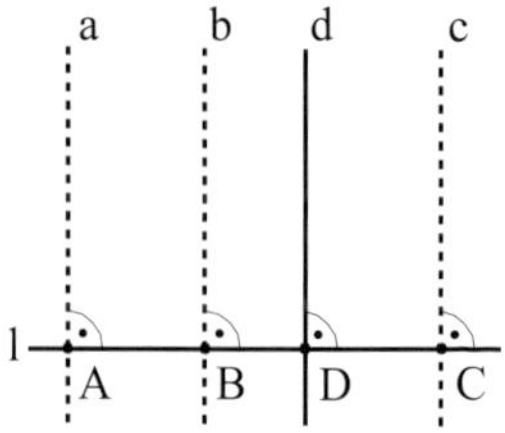


**Beweis:**

Sei l eine Lotgerade zu a mit $l \cap a = \{A\}$, $l \cap b = \{B\}$, $l \cap c = \{C\}$. Ferner sei d eine Parallele zu c mit $l \cap d = \{D\}$, $\overrightarrow{DC}$ richtungsgleich zu $\overrightarrow{AB}$ und $l(\overline{DC}) = l(\overline{AB})$. Dann gilt:

$$
\begin{aligned}
S_c \circ S_b \circ S_a &= S_c \circ (S_b \circ S_a) && \text{/ AG für "}\circ\text{" von Abbildungen} \\
&= S_c \circ V_{\overrightarrow{AB},\, 2\cdot l(\overline{AB})} && \text{/ Satz 3, da } a \parallel b \\
&= S_c \circ V_{\overrightarrow{DC},\, 2\cdot l(\overline{DC})} && \text{/ Vorauss.; Folg. aus Satz 3} \\
&= S_c \circ (S_c \circ S_d) && \text{/ Satz 3, da } d \parallel c \\
&= (S_c \circ S_c) \circ S_d && \text{/ AG für "}\circ\text{" von Abbildungen} \\
&= S_d && \text{/ Satz 1, } S_g \circ S_g = id
\end{aligned}
$$

**Hinführung zu Satz 6:**

Wir betrachten $S_c \circ S_b \circ S_a$ mit $a \cap b \cap c = \{M\}$.

---

Durch welche Ersatzabbildung können wir $S_c \circ S_b \circ S_a$ ersetzen?

---

In Abbildung 65a wird das Dreieck $\Delta XYZ$ nacheinander an den Geraden a, b und c gespiegelt:

$$\Delta XYZ \xrightarrow{S_a} \Delta X^*Y^*Z^* \xrightarrow{S_b} \Delta X^{**}Y^{**}Z^{**} \xrightarrow{S_c} \Delta X'Y'Z'$$

$$\Delta XYZ \xrightarrow{\;?\;} \Delta X'Y'Z'$$

Das Bilddreieck $\Delta X'Y'Z'$ hat einen anderen Umlaufsinn als das Urbild $\Delta XYZ$, die gesuchte Ersatzabbildung könnte also eine Geradenspiegelung oder eine Gleitspiegelung sein.

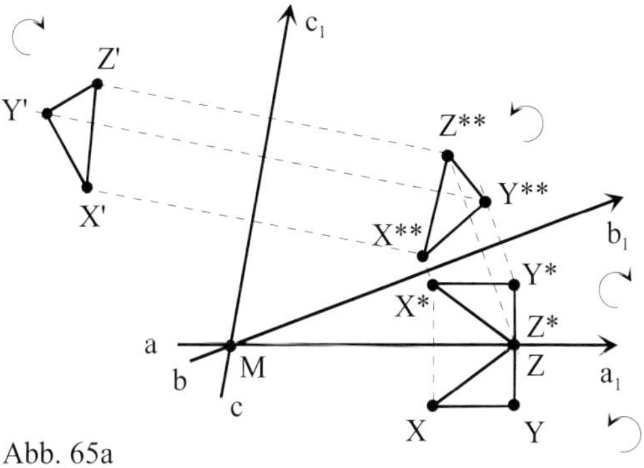


Abb. 65a

In $S_c \circ S_b \circ S_a$ stellt $S_b \circ S_a$ nach Satz 4 die Drehung $D_{M,\,2\cdot w(a_1,b_1)}$ dar.

Nach der Folgerung aus Satz 4 können wir $S_b \circ S_a$ auch durch die Verkettung zweier anderer Geradenspiegelungen darstellen, wenn deren Geraden sich ebenfalls in M schneiden und die auf ihnen ausgezeichneten Halbgeraden einen Winkel gleicher Größe miteinander bilden, wie die entsprechenden auf a und b ausgezeichneten Halbgeraden.

In $S_c \circ S_b \circ S_a$ ersetzen wir $S_b \circ S_a$ durch $S_c \circ S_d$ und erhalten

$S_c \circ S_c \circ S_d$ (Abbildung 65b). Nach Satz 1 wissen wir, dass die Geradenspiegelung eine involutorische Abbildung ist.

In $S_c \circ S_c \circ S_d$ ist $S_c \circ S_c$ also die identische Abbildung id und wir erhalten: $S_c \circ S_b \circ S_a = S_d$ .

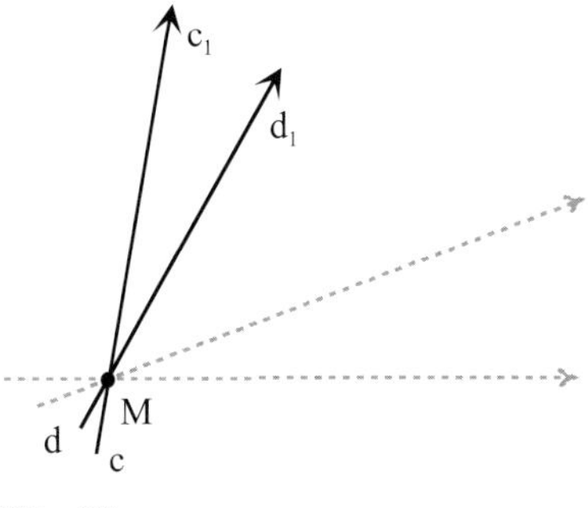


Abb. 65b

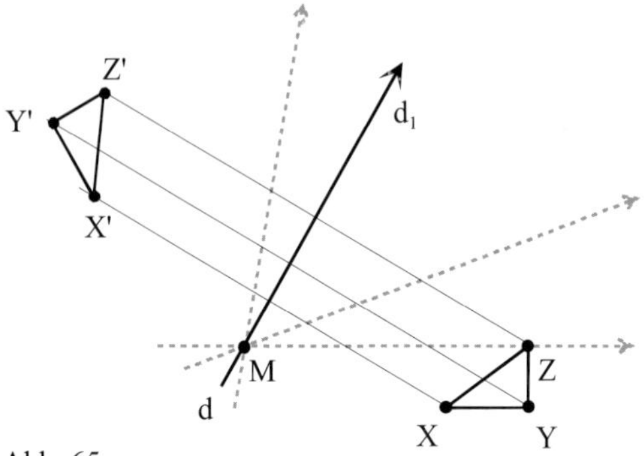


Abb. 65c

Die Verkettung der Geradenspiegelungen $S_c \circ S_b \circ S_a$ , deren Geraden sich in einem Punkt M schneiden, ist also eine Geradenspiegelung $S_d$ (vgl. Abbildung 65c). Dabei geht d ebenfalls durch M.

Wir formulieren die in dieser Hinführung gewonnene Erkenntnis in Satz 6.

**Satz 6:** Dreispiegelungssatz (Teil b)

Seien a, b, c Geraden, die sich in einem Punkt M schneiden. Dann ist die Verkettung $S_c \circ S_b \circ S_a$ eine Geradenspiegelung $S_d$ . Dabei geht die Achse d ebenfalls durch M.

$S_c \circ S_b \circ S_a = S_d$ mit $a \cap b \cap c \cap d = \{M\}$

Konstruktion von d:

1. Den Punkt M festlegen.
2. Die Geraden a, b, c durch M zeichnen und auf ihnen die Halbgeraden $a_1$, $b_1$, $c_1$ mit Anfangspunkt M auszeichnen.
3. Die Halbgerade $d_1$ mit Anfangspunkt M zeichnen für die gilt:
   $w(d_1,c_1) = w(a_1,b_1)$
   oder $w(c_1,d_1) = -w(a_1,b_1)$
4. Die Trägergerade d zu $d_1$ zeichnen.

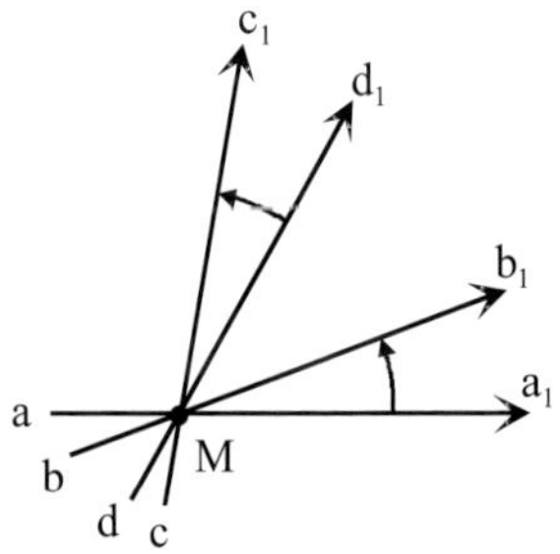

**Beweis:**
Seien $a_1$, $b_1$, $c_1$ Halbgeraden auf a, b, c mit gemeinsamem Anfangspunkt M. Dann gilt:

$$
\begin{aligned}
S_c \circ S_b \circ S_a &= S_c \circ D_{M,\, 2\cdot w(a_1, b_1)} && \text{/ Satz 4, da } a \cap b = \{M\} \\
&= S_c \circ D_{M,\, 2\cdot w(d_1, c_1)} && \text{, wobei } d_1 \text{ Halbgerade mit Anfangs-} \\
& && \text{punkt M und } w(d_1,c_1) = w(a_1,b_1)\text{;} \\
& && \text{(vgl. Folgerung aus Satz 4)} \\
&= S_c \circ (\, S_c \circ S_d \,) && \text{/ Satz 4, wobei d Trägergerade von } d_1 \\
&= (\, S_c \circ S_c \,) \circ S_d && \text{/ AG für "}\circ\text{" von Abbildungen} \\
&= S_d && \text{/ Satz 1a; } S_g \circ S_g = id
\end{aligned}
$$

Die Aussagen der bewiesenen Sätze 5 und 6 werden in der Regel zu einem Satz, dem Dreispiegelungssatz, zusammengefasst:

**Sätze 5 und 6:** Dreispiegelungssatz

Die Verkettung von drei Geradenspiegelungen, deren Geraden sich in genau einem Punkt schneiden oder die alle parallel zueinander sind, ist eine Geradenspiegelung:

$S_c \circ S_b \circ S_a = S_d$

mit $a \cap b \cap c \cap d = \{M\}$ oder $a \parallel b \parallel c \parallel d$ .

In dieser Form stellt der Dreispiegelungssatz lediglich die Existenz einer Ersatzspiegelung $S_d$ sicher. Die in Satz 7 vorgenommene Umformulierung des Dreispiegelungssatzes gibt darüber hinaus Hinweise auf die Lage der Geraden. Abbildung 66b veranschaulicht die Lage der Geraden d und d' für den Fall $a \cap b \cap c = \{M\}$, Abbildung 66a für den Fall $a \parallel b \parallel c$.

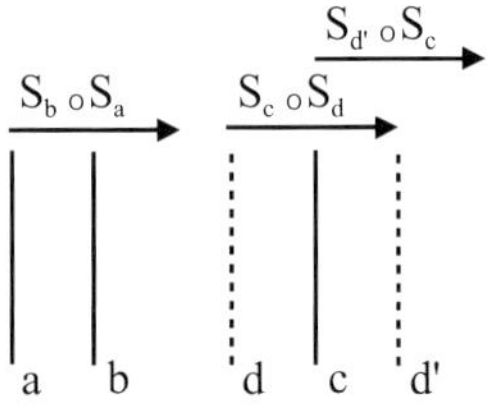


Abb 66a

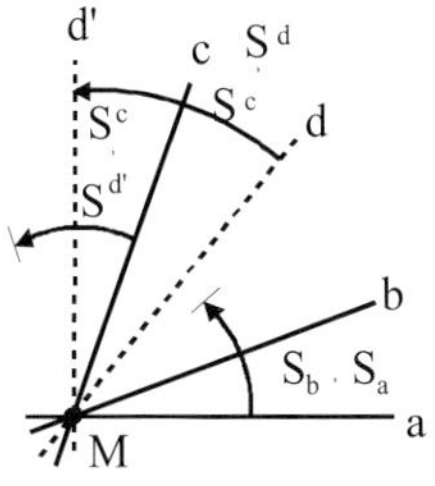


Abb 66b

**Satz 7:** Gilt für drei Geraden $a \cap b \cap c = \{M\}$ oder $a \parallel b \parallel c$, dann gibt es stets

I. eine Gerade d, so dass $S_b \circ S_a = S_c \circ S_d$ und

II. eine Gerade d', so dass $S_b \circ S_a = S_{d'} \circ S_c$ .

**Beweis:**

Voraussetzung: $a \cap b \cap c = \{M\}$ oder $a \parallel b \parallel c$

zu I.

Wenden wir den Dreispiegelungssatz auf die Verkettung $S_c \circ S_b \circ S_a$ an, was wir laut Voraussetzung dürfen, so folgt:

$S_c \circ S_b \circ S_a = S_d$

Verknüpfen wir beidseitig links mit $S_c$, so erhalten wir:

$S_c \circ S_c \circ S_b \circ S_a = S_c \circ S_d$

$\Rightarrow (S_c \circ S_c) \circ S_b \circ S_a = S_c \circ S_d$ / AG für „∘“ von Abbildungen

$\Rightarrow S_b \circ S_a = S_c \circ S_d$ (*) / Satz 1a; $S_g \circ S_g = id$

zu II.

Wenden wir den Dreispiegelungssatz auf die Verkettung $S_b \circ S_a \circ S_c$ an, was wir nach Voraussetzung dürfen, so folgt:

$S_b \circ S_a \circ S_c = S_{d'}$

Verknüpfen wir beidseitig rechts mit $S_c$, so erhalten wir:

$S_b \circ S_a \circ S_c \circ S_c = S_{d'} \circ S_c$

$\Rightarrow S_b \circ S_a \circ (S_c \circ S_c) = S_{d'} \circ S_c$ / (AG für „∘“ von Abbildungen)

$\Rightarrow S_b \circ S_a = S_{d'} \circ S_c$ (**) / Satz 1a; $S_g \circ S_g = id$

Aus (*) und (**) folgt die Behauptung.

**Hinführung zu Satz 8**

Nachdem wir im Dreispiegelungssatz geklärt haben, dass sich die Verkettung von drei Geradenspiegelungen, deren Geraden sich alle in einem Punkt schneiden bzw. alle parallel zueinander sind, durch eine Geradenspiegelung ersetzen lässt, betrachten wir die zu Beginn dieses Unterkapitels herausgestellten Fälle 3 und 4 und fragen:

Durch welche Ersatzabbildung lässt sich die Verkettung von drei Geradenspiegelungen $S_c \circ S_b \circ S_a$ ersetzen, deren Geraden nicht den Bedingungen des Dreispiegelungssatzes genügen?

Wir werden in Satz 8 behaupten, dass die Verkettung derartiger Geradenspiegelungen eine Gleitspiegelung ist. Bei Betrachtung der Geraden a, b, c und den auf ihnen ausgezeichneten Halbgeraden $a_1$, $b_1$, $c_1$ scheint diese Behauptung jedoch gar nicht nahe zu liegen. Wir versuchen diesen Zusammenhang zunächst unter lockerer Heranziehung der Beweisidee zu verstehen. Dabei werden wir intensiven Gebrauch von Satz 7 (bzw. der Folgerung aus Satz 4) machen.

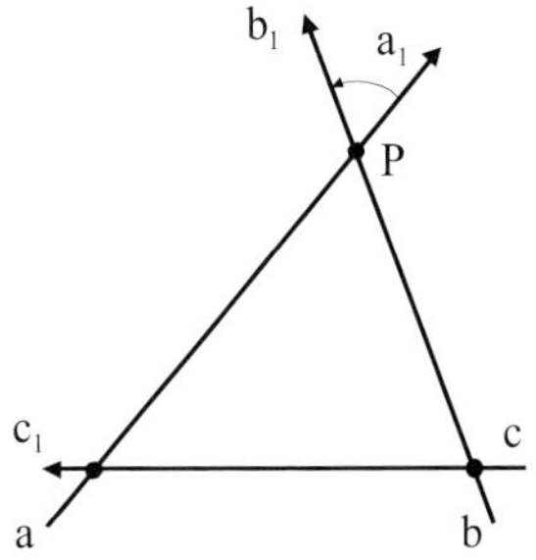


In $S_c \circ S_b \circ S_a$ stellt $S_b \circ S_a$ eine Drehung um P mit dem Drehmaß $2 \cdot w(a_1,b_1)$ dar, die wir nach der Folgerung aus Satz 4 auch durch ein geeignetes anderes Geradenpaar ersetzen können.

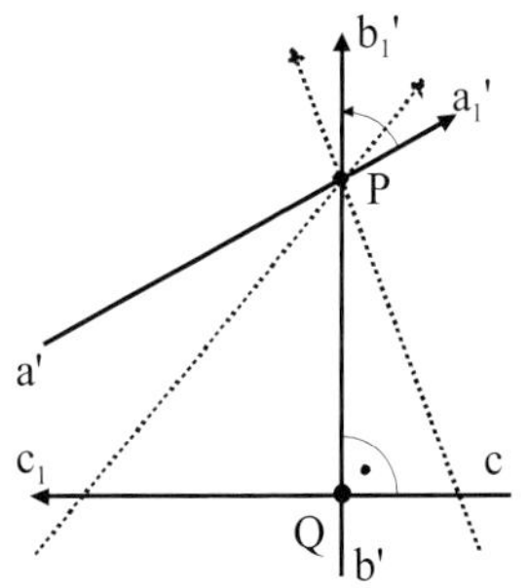


Anders argumentiert: Nach Satz 7 gibt es zu a, b und b' eine Gerade a', so dass

$S_b \circ S_a = S_{b'} \circ S_{a'}$.

Dabei wählen wir b' derart, dass $b' \perp c$.

Also:

$S_c \circ (S_b \circ S_a) = S_c \circ (S_{b'} \circ S_{a'})$,

wobei für die Halbgeraden $a_1'$, $b_1'$ auf a', b' gilt: $w(a_1',b_1') = w(a_1,b_1)$.

Wir nutzen die Assoziativität von Abbildungen und klammern um:

$S_c \circ (S_{b'} \circ S_{a'}) = (S_c \circ S_{b'}) \circ S_{a'}$

Wir lassen a' unverändert. $S_c \circ S_{b'}$ stellt eine Drehung um Q um 180° dar. Wie oben kann auch diese Drehung wieder durch ein anderes

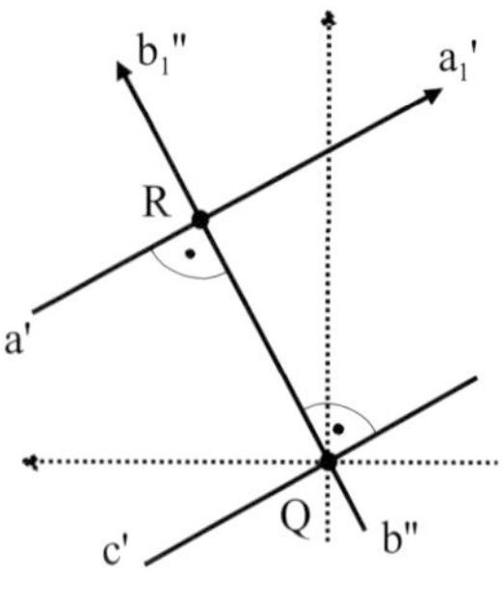


zueinander senkrechtes Geradenpaar ersetzt werden, dessen Schnittpunkt ebenfalls Q ist.

Anders argumentiert: Nach Satz 7 gibt es zu c, b' und c' eine Gerade b", so dass
$S_c \circ S_{b'} = S_{b''} \circ S_{c'}$ .
Dabei wählen wir c' derart, dass c' || a'.

Wir erhalten schließlich:

$$\begin{aligned}(S_c \circ S_{b'}) \circ S_{a'} &= (S_{b''} \circ S_{c'}) \circ S_{a'} \\ &= S_{b''} \circ (S_{c'} \circ S_{a'}) \\ &= S_{b''} \circ V_{\overrightarrow{RQ},\, 2\cdot l(\overline{RQ})} \\ &= G_{b'',\, \overrightarrow{RQ},\, 2\cdot l(\overline{RQ})}\end{aligned}$$

Wir fassen die gewonnene Erkenntnis in Satz 8 zusammen.

**Satz 8:** Die Verkettung dreier Geradenspiegelungen $S_c \circ S_b \circ S_a$ an Geraden, die den Voraussetzungen des Dreispiegelungssatzes nicht genügen, ist eine Gleitspiegelung.

Konstruktion

1. Die Geraden a, b, c mit $a \cap b = \{P\}$ zeichnen.
2. Die Senkrechte b' zu c durch P zeichnen; $b' \cap c = \{Q\}$ .
3. Die Gerade a' durch P zeichnen für die gilt: w(a',b') = w(a,b) . [16]
4. Die Senkrechte b" zu a' durch Q zeichnen; $a' \cap b'' = \{R\}$ .
5. Die Senkrechte c' zu b" durch Q zeichnen.

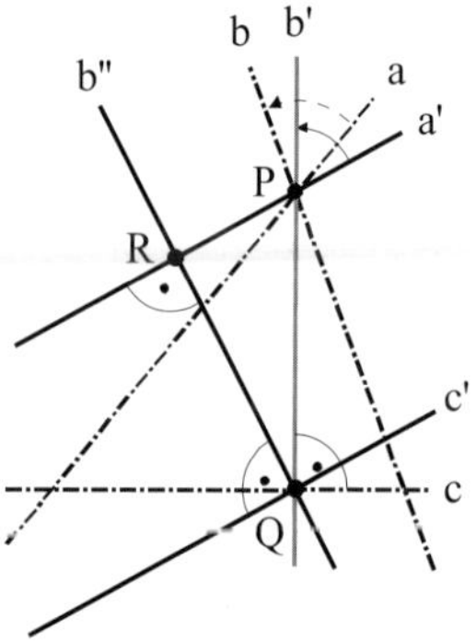


[16] Natürlich werden Winkel und Winkelgrößen über Halbgeraden festgelegt. Exakt müssten auf den Geraden zunächst Halbgeraden ausgezeichnet werden und danach Aussagen über Winkel (-größen) aufgestellt werden. Wir verzichten an dieser Stelle zugunsten der Lesbarkeit hierauf.

**Beweis:** z.z.: $S_c \circ S_b \circ S_a$ ist eine Gleitspiegelung.

Es gilt:

| | | |
|---|---|---|
| | $S_c \circ S_b \circ S_a$ | |
| = | $S_c \circ ( S_{b'} \circ S_{a'} )$ | wobei gilt: w(b',c) = 90°, a' $\cap$ b' = {P}, w(a',b') = w(a,b) und b' $\cap$ c = {Q} / Satz 7 |
| = | $( S_c \circ S_{b'} ) \circ S_{a'}$ | / AG für "$\circ$" von Abbildungen |
| = | $D_{Q,180°} \circ S_{a'}$ | / Satz 4 [17] |
| = | $( S_{b''} \circ S_{c'} ) \circ S_{a'}$ | mit w(c', b") = 90°, c' $\cap$ b" = {Q}, c' $\parallel$ a' und b" $\cap$ a' = {R} / Satz 4 |
| = | $S_{b''} \circ ( S_{c'} \circ S_{a'} )$ | / AG für "$\circ$" von Abbildungen |
| = | $S_{b''} \circ V_{\overrightarrow{RQ},\, 2\cdot l(\overline{RQ})}$ | mit RQ $\parallel$ b", da R, Q $\in$ b" / Satz 3, da c' $\parallel$ a' |
| = | $G_{b'',\, \overrightarrow{RQ},\, 2\cdot l(\overline{RQ})}$ | / Def. 7 (Gleitspiegelung) |

**Die Verkettung von mehr als drei Geradenspiegelungen**

Wir schauen zurück und fassen zusammen:

Die Verkettung *zweier Geradenspiegelungen* ist eine Verschiebung oder eine Drehung, je nachdem, ob die beiden Geraden parallel zueinander sind oder sich in genau einem Punkt schneiden[18].

Die Verkettung *dreier Geradenspiegelungen* ist eine Geradenspiegelung, wenn die drei Geraden parallel zueinander sind oder sich in genau einem Punkt schneiden[19], sonst eine Gleitspiegelung[20].

---

17 Auf diesen Beweisschritt kann auch verzichtet werden. Wie lautet dann die Begründung des folgenden Schrittes?

18 Vergleichen Sie hierzu die Sätze 3 und 4.

19 Vergleichen Sie hierzu die Sätze 5, 6 und 7.

20 Vergleichen Sie hierzu Satz 8.

Diese kleine Zusammenfassung ist geradezu darauf angelegt, die nächste Frage

---

Welche Ersatzabbildung(en) können wir für die Verkettung von vier Geradenspiegelungen angeben?

---

zu stellen, auch wenn an dieser Stelle bei vielen unserer Studierenden – und sicherlich auch unserer Leser – fortgeschrittene Faltenbildung in der oberen Gesichtshälfte unübersehbar wird. Zum Trost und zur Motivation stellen wir Ihnen ein baldiges und unerwartetes happy end dieses Fragealgorithmus in Aussicht.

**Satz 9:** Die Verkettung von vier Geradenspiegelungen kann immer als Verkettung von zwei Geradenspiegelungen dargestellt werden.

**Beweis:** Seien $S_d$ , $S_c$ , $S_b$ , $S_a$ die vier Geradenspiegelungen.

1. Diejenigen Fälle, in denen die Geraden von drei nacheinander ausgeführten Geradenspiegelungen den Bedingungen des Dreispiegelungssatzes genügen, sind trivial und brauchen nicht näher betrachtet werden.
2. Auch für all diejenigen Verkettungen, in denen zwei aufeinander folgende Geradenspiegelungen identisch sind und sich daher aufheben, liegt die Gültigkeit von Satz 9 unmittelbar auf der Hand.

Wir brauchen daher nur die folgenden verbleibenden Achsenkonstellationen zu untersuchen:

3. $a \cap b = \{M\} \quad \wedge \quad c \cap d = \{N\}$ 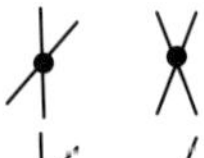
4. $a \cap b = \{M\} \quad \wedge \quad c \parallel d$ 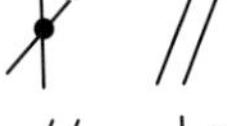
5. $a \parallel b \quad \wedge \quad c \cap d = \{N\}$ 
6. $a \parallel b \quad \wedge \quad c \parallel d$ 

zu 3:

Sei also $a \cap b = \{M\} \quad \wedge \quad c \cap d = \{N\}$ .

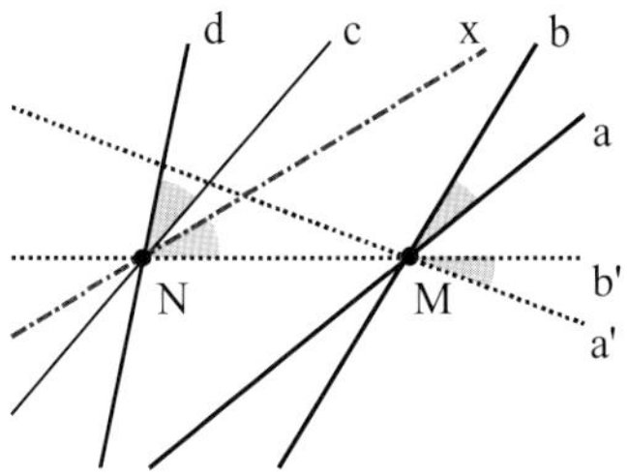


Wir benennen die Gerade NM mit b'.

Nach Satz 7 gibt es zu a, b und b' eine Gerade a', so dass gilt:

$S_b \circ S_a = S_{b'} \circ S_{a'}$ . (*)

Für die Verkettung der vier Geradenspiegelungen folgt dann:

| | | |
|---|---|---|
| | $S_d \circ S_c \circ S_b \circ S_a$ | |
| = | $S_d \circ S_c \circ S_{b'} \circ S_{a'}$ mit $d \cap c \cap b' = \{N\}$ | / Satz 7, (*) |
| = | $(S_d \circ S_c \circ S_{b'}) \circ S_{a'}$ | / AG für „∘“ |
| = | $S_x \circ S_{a'}$ | / Satz 6 |

zu 4:

Sei also $a \cap b = \{M\} \quad \wedge \quad c \parallel d$ .

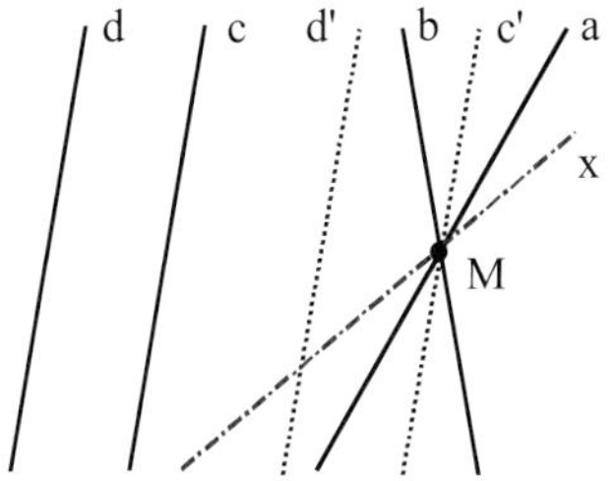


Sei c' eine Parallele zu c durch M $(c' \parallel c \wedge c' \cap a = \{M\})$.

Nach Satz 7 gibt es dann zu d, c und c' eine Gerade d' so dass gilt:

$S_d \circ S_c = S_{d'} \circ S_{c'}$ . (*)

Für die Verkettung der vier Geradenspiegelungen folgt wieder:

| | | |
|---|---|---|
| | $S_d \circ S_c \circ S_b \circ S_a$ | |
| = | $(S_d \circ S_c) \circ S_b \circ S_a$ | / AG für "∘" |
| = | $(S_{d'} \circ S_{c'}) \circ S_b \circ S_a$ mit $c' \cap b \cap a = \{M\}$ | / Satz 7, (*) |
| = | $S_{d'} \circ (S_{c'} \circ S_b \circ S_a)$ | / AG für "∘" |
| = | $S_{d'} \circ S_x$ | / Satz 6 |

zu 5:
Sei also $a \parallel b \;\wedge\; c \cap d = \{N\}$ .

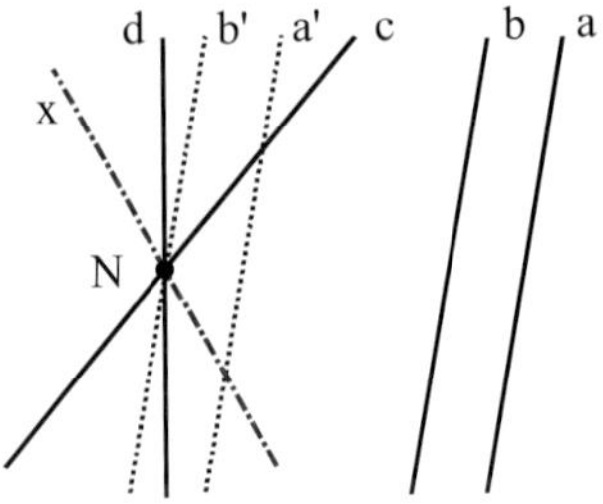


Sei b' eine Parallele zu b durch N ($b' \parallel b \;\wedge\; b' \cap c = \{N\}$).

Nach Satz 7 gibt es dann zu b, a und b' eine Gerade a' so dass gilt:

$S_b \circ S_a = S_{b'} \circ S_{a'}$ . (*)

Für die Verkettung der vier Geradenspiegelungen folgt wieder:

| | | |
|---|---|---|
| | $S_d \circ S_c \circ S_b \circ S_a$ | |
| = | $S_d \circ S_c \circ S_{b'} \circ S_{a'}$ | / Satz 7, (*) |
| = | $(S_d \circ S_c \circ S_{b'}) \circ S_{a'}$ | / AG für „∘“ |
| = | $S_x \circ S_{a'}$ | / Satz 6 |

zu 6:
Sei also $a \parallel b \;\wedge\; c \parallel d$ .

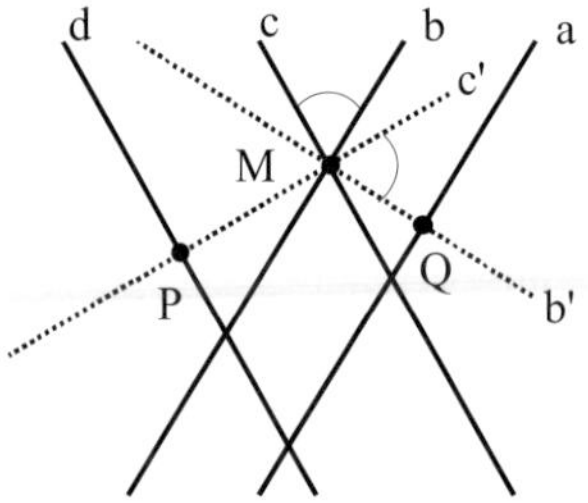


Für Fall 6 ist eine zusätzliche Ersetzung notwendig: Wir ersetzen das Geradenpaar (b, c) so durch das Paar (b', c'), dass sich c' und d, aber auch b' und a jeweils in einem Punkt schneiden. Dann verfahren wir wie in Fall 3.

Sei $c \cap b = \{M\}$.

Wir betrachten die Gerade c' mit $c' \cap b = \{M\}$, $c' \perp d$ und $c' \cap d = \{P\}$[21].

Nach Satz 7 gibt es zu c, b und c' eine Gerade b', so dass gilt:
$S_c \circ S_b = S_{c'} \circ S_{b'}$ . (*)

Sei $b' \cap a = \{Q\}$.
Für die Verkettung der vier Geradenspiegelungen folgt wieder:

21 Die Bedingung $c' \perp d$ ist nicht unbedingt erforderlich, erleichtert jedoch das weitere Vorgehen. Mindestens muss für c' gelten: $c' \neq c$ und $c' \neq b$.

| | | |
|---|---|---|
| | $S_d \circ S_c \circ S_b \circ S_a$ | |
| = | $S_d \circ (S_c \circ S_b) \circ S_a$ | / AG für „∘“ |
| = | $S_d \circ (S_{c'} \circ S_{b'}) \circ S_a$ | / Satz 7, (*) |
| = | $S_d \circ S_{c'} \circ (S_{b'} \circ S_a)$ | / AG für "∘" |

Mit $S_d \circ S_{c'} \circ (S_{b'} \circ S_a)$ haben wir eine Verkettung vorliegen, bei der sich d und c' in Punkt P schneiden und b' und a den Punkt Q gemeinsam haben. Damit haben wir Fall 6 auf Fall 3 zurückgeführt und sind fertig.

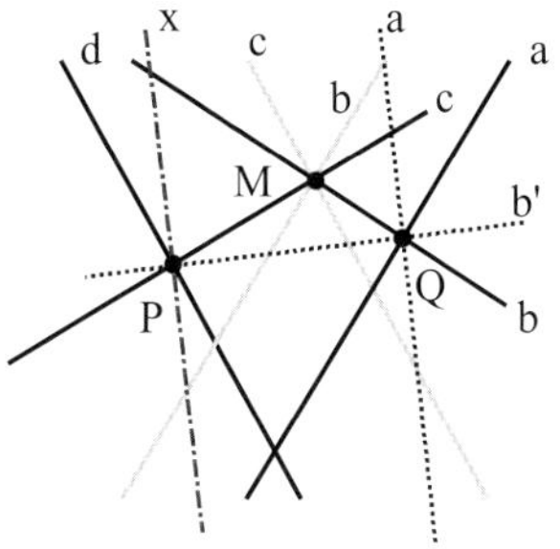


Nur um die abgebildete Konstruktion der beiden Ersatzgeraden argumentativ zu begleiten, stellen wir die verbleibende Überlegung analog zu Fall 3 dar:

Sei b'' = PQ.

Nach Satz 7 gibt es zu b', a und b'' eine Gerade a' so dass gilt:

$S_{b'} \circ S_a = S_{b''} \circ S_{a'}$. (*)

Dies setzen wir in unsere letzte Gleichung ein und erhalten:

| | | |
|---|---|---|
| = | $S_d \circ S_{c'} \circ (S_{b''} \circ S_{a'})$ | / Satz 7, (*) |
| = | $(S_d \circ S_{c'} \circ S_{b''}) \circ S_{a'}$ | / AG für „∘“ |
| = | $S_x \circ S_{a'}$ | / Satz 6 |

Aus (1) – (6) folgt die Behauptung.

Wenn sich nun vier Geradenspiegelungen durch zwei Geradenspiegelungen ersetzen lassen, dann kann man fünf Spiegelungen durch drei ersetzen. Bei sechs Spiegelungen lassen sich vier durch zwei ersetzen, die vier Spiegelungen dann wieder durch zwei Geradenspiegelungen usw.

Wir wissen jetzt, dass wir mit höchstens drei Geradenspiegelungen auskommen. Braucht man wirklich drei, so liegt im allgemeinen Fall eine Gleitspiegelung vor (Satz 8). Kommt man mit zwei Geraden aus, so sind nur die Fälle möglich, dass die Geraden parallel sind oder sich schneiden. Wir haben dann also eine Verschiebung (Satz 3) oder eine Drehung (Satz 4) vorliegen. Das bedeutet auch, dass die Hintereinanderausführung von beliebig vielen verschiedenen Kongruenzabbildungen durch eine der von uns definierten Kongruenzabbildungen ersetzbar ist.

Führt man z.B. erst eine Gleitspiegelung durch und anschließend eine Drehung, so kann die erste Abbildung durch drei, die zweite durch zwei Geradenspiegelungen ersetzt werden, also die gesamte Abbildung durch fünf Geradenspiegelungen. Diese sind ersetzbar durch drei andere Geradenspiegelungen. Das wiederum kann eine Gleitspiegelung oder eine einfache Geradenspiegelung sein.

Zeichnen wir also z.B. ein Dreieck und irgendwo ein dazu kongruentes Dreieck auf ein Blatt Papier, so kann man diejenige Kongruenzabbildung bestimmen, die das eine in das andere Dreieck überführt. Dies wollen wir im Folgenden üben.

Wir betrachten Abbildung 67 mit drei kongruenten Dreiecken. Gesucht sind die Abbildungen, die $\Delta A_1B_1C_1$ in $\Delta A_2B_2C_2$ bzw. $\Delta A_1B_1C_1$ in $\Delta A_3B_3C_3$ überführen. Einen ersten Hinweis liefert der Umlaufsinn der Dreiecke. $\Delta A_2B_2C_2$ hat denselben Umlaufsinn wie $\Delta A_1B_1C_1$, also kann $\Delta A_2B_2C_2$ nur durch eine Verschiebung oder durch eine Drehung aus $\Delta A_1B_1C_1$ entstanden sein. Eventuell ist die Drehung sogar eine Punktspiegelung. Bei $\Delta A_1B_1C_1$ und $\Delta A_3B_3C_3$ stimmt der Umlaufsinn nicht überein, als Abbildung kommt also nur eine Geradenspiegelung oder eine Gleitspiegelung in Frage.

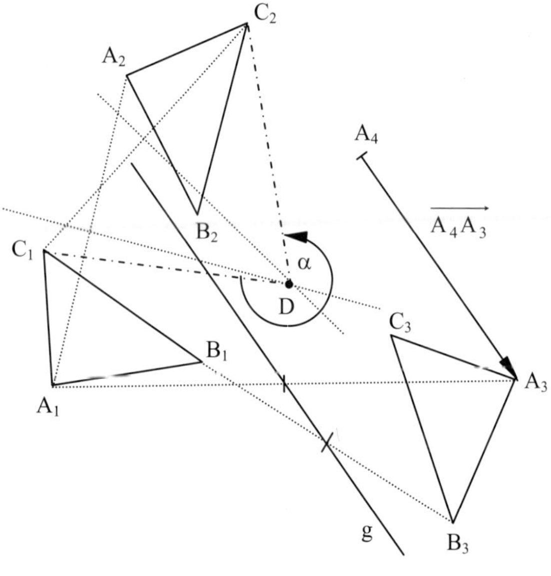


Abb. 67

Wir betrachten zunächst die Abbildung, die $\Delta A_1B_1C_1$ in $\Delta A_2B_2C_2$ überführt. Die Verschiebung scheidet offensichtlich sofort aus, denn die Strecken $\overline{A_1A_2}$ und $\overline{C_1C_2}$ sind nicht parallel. Also ist die gesuchte Abbildung eine Drehung. Da der Drehpunkt D von Urbild und Bild denselben Abstand hat, liegt D auf den Mittelsenkrechten zu $\overline{A_1A_2}$, $\overline{B_1B_2}$ und $\overline{C_1C_2}$ (vgl. Satz 2). Um D zu bestimmen reicht es, zwei dieser Mittelsenkrechten zu konstruieren, z.B. die zu $\overline{A_1A_2}$ und zu $\overline{C_1C_2}$ (s. Abbildung 67). Ihr Schnittpunkt ist D. Den Drehwinkel $\alpha$ erhalten wir, indem wir z.B. $C_1$ und $C_2$ mit D verbinden. Beachten Sie, dass wir gegen den Uhrzeigersinn drehen. In Abbildung 67 beträgt $w(\alpha)$ ca. 288°, also liegt keine Punktspiegelung vor. Mit $D_{D,288°}$ ist die Abbildung gefunden, die $\Delta A_1B_1C_1$ in $\Delta A_2B_2C_2$ überführt. Es gilt also: $D_{D,288°}(\Delta A_1B_1C_1) = \Delta A_2B_2C_2$ .

Falls die Abbildung, die $\Delta A_1B_1C_1$ in $\Delta A_3B_3C_3$ überführt, eine Geradenspiegelung an einer Geraden g ist, dann verläuft g durch die Mittelpunkte der Strecken $\overline{A_1A_3}$, $\overline{B_1B_3}$ und $\overline{C_1C_3}$ (Definition 1). Wir können die in Frage kommende Gerade g konstruieren, indem wir bei zwei dieser Strecken die Mittelpunkte bestimmen und durch diese eine Gerade legen. Wir wählen in Abbildung 67 die Mittelpunkte von $\overline{A_1A_3}$ und $\overline{B_1B_3}$. Unsere gesuchte Abbildung ist ganz sicher keine Geradenspiegelung an g, denn dann müsste g auch senkrecht zu $\overline{A_1A_3}$ und $\overline{B_1B_3}$ sein. Also haben wir es mit einer Gleitspiegelung zu tun. Wir spiegeln $A_1$ an g und erhalten den Punkt $A_4$. Die Halbgerade $\overrightarrow{A_4A_3}$ gibt die Richtung der Verschiebung an, $l(\overline{A_4A_3})$ die Länge der Verschiebung; g die Gleitspiegelungsachse, denn g verläuft nach Konstruktion durch den Mittelpunkt von $\overline{A_1A_3}$, durch den Mittelpunkt von $\overline{A_1A_4}$, und steht senkrecht auf $A_1A_4$. Folglich ist $A_4A_3$ parallel zu g, wie es bei einer Gleitspiegelung gefordert ist.

Übung:

1) In Abbildung 67 gilt: $D_{D,288°}(\Delta A_1B_1C_1) = \Delta A_2B_2C_2$. Konstruieren Sie Geraden h und i mit $h \| A_1B_1$ für die gilt: $S_i \circ S_h = D_{D,288°}$.

2) Konstruieren Sie zwei Geraden e und f, so dass $S_g \circ S_f \circ S_e$ die Schubspiegelung ist, die $\Delta A_1B_1C_1$ in $\Delta A_3B_3C_3$ überführt (Abbildung 67). Dabei soll e durch $A_1$ verlaufen.

3) Übertragen Sie die dargestellten Geraden auf Karopapier.

a) Überlegen Sie: Durch welche der von uns definierten Abbildungen kann die Verkettung $S_d \circ S_c \circ S_b \circ S_a$ jeweils ersetzt werden?

b) Ersetzen Sie dann die Verkettung $S_d \circ S_c \circ S_b \circ S_a$ durch möglichst wenig Geradenspiegelungen. Dokumentieren Sie Ihre Umformungen stichpunktartig. Der dezente Einsatz von Buntstiften kann die Übersichtlichkeit erhöhen.

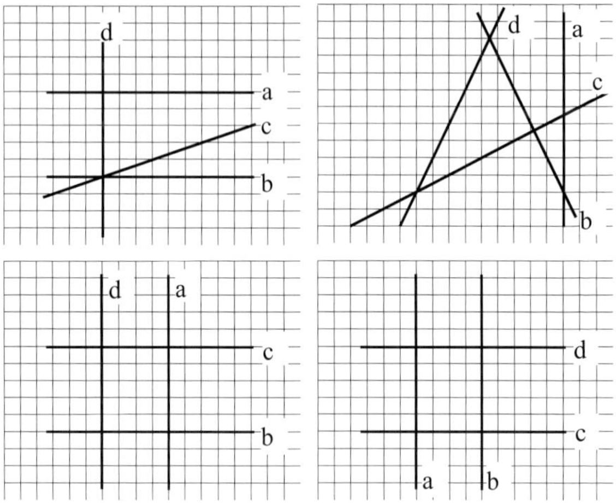


Hilfe: Erläuterungen im Beweis des Satzes 9

4) Gegeben sind vier Geraden f, g, h und i. Zeichnen Sie diese in ein Koordinatensystem und konstruieren Sie die zwei Geraden k und l, für die gilt: $S_f \circ S_g \circ S_h \circ S_i = S_k \circ S_l$.

a) f: $6{,}5x + 2y = 33$
g: $y = 10$
h: $4x - 3y = 12$
i: $4y - x = 10$

b) f: $2x + y = 8$
g: $x + 0{,}5y = 7$
h: $10y - x = 70$
i: $8x - 7y = 24$

5) Übertragen Sie die dargestellten Dreiecke auf Karopapier. Welche Abbildung bildet jeweils $\Delta ABC$ auf $\Delta A'B'C'$ ab?

a) Benennen Sie diese Abbildung und konstruieren Sie ihre Spiegelachse, ihren Drehpunkt, ihr Spiegelzentrum, ... .

b) Stellen Sie die erkannte Abbildung durch eine Verkettung von möglichst wenigen Geradenspiegelungen dar.

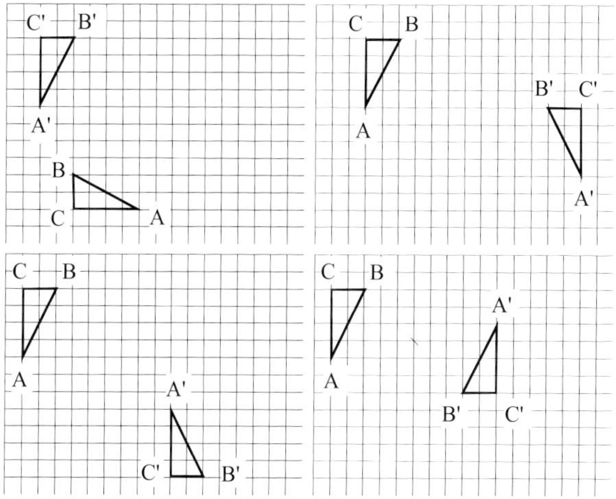


Bei unüberwindbaren Schwierigkeiten sei auf die Erläuterungen nach dem Beweis von Satz 9 zur Hilfe verwiesen.

6) Zeichnen Sie ein gleichseitiges Dreieck $\Delta ABC$. Spiegeln Sie es zunächst an der Seite c. Drehen Sie nun das Bilddreieck um B um 60°, und führen Sie anschließend die Verschiebung $V_{\overrightarrow{AB},\, l(\overline{AB})}$ aus.

a) Kann $V_{\overrightarrow{AB},\, l(\overline{AB})} \circ D_{B,60^\circ} \circ S_c$ durch genau eine der von uns definierten Kongruenzabbildungen ersetzt werden?

b) Stellen Sie $V_{\overrightarrow{AB},\, l(\overline{AB})} \circ D_{B,60^\circ} \circ S_c$ durch die Verkettung von höchstens drei Geradenspiegelungen dar.

### 4.2.3 Weitere Sätze zur Verkettung von Kongruenzabbildungen

Mit Hilfe der vorangegangenen Sätze lassen sich auf der Ebene des Verkettens von Abbildungen leicht weitere Sätze herleiten, deren Beweise wir Ihnen zur Übung überlassen. Legen Sie zu jedem Beweis zunächst eine Skizze an.

**Satz 10:** Bei der Gleitspiegelung $G_{g,\overrightarrow{ST}}$ spielt es keine Rolle, ob man zunächst die Geradenspiegelung und danach die Verschiebung ausführt oder umgekehrt.
Es gilt: $G_{g,\overrightarrow{ST}} = S_g \circ V_{\overrightarrow{ST}} = V_{\overrightarrow{ST}} \circ S_g$

**Beweis:** mit Hilfe der Sätze 3, 4

**Satz 11:** Die Verkettung $S_g \circ S_Z$ einer Punktspiegelung $S_Z$ und einer Geradenspiegelung $S_g$ mit $Z \notin g$ ist eine Gleitspiegelung.

**Beweis:** Der „fleißige“ Weg führt über Satz 4,
der „geniale“ Weg über einen späteren Satz.

**Satz 12:** Die Verkettung zweier Verschiebungen $V_{\overrightarrow{CD}} \circ V_{\overrightarrow{AB}}$ ist eine Verschiebung.

**Beweis:** mit Hilfe von Satz 9, Fall 6

**Satz 13:** Die Verkettung einer Drehung und einer Verschiebung ist eine Drehung.

**Beweis:** mit Hilfe von Satz 9, Fall 4 und 5

**Satz 14:** Die Verkettung zweier Punktspiegelungen $S_N \circ S_M$ mit verschiedenen Spiegelzentren ($N \neq M$) ist eine Verschiebung.

**Beweis:** mit Hilfe von Satz 9, Fall 3

**Satz 15a:** Die Verkettung zweier Drehungen $D_{M,\, w(\alpha)} \circ D_{M,\, w(\beta)}$ mit gleichem Drehzentrum ist ...

- die Drehung $D_{M,\, w(\alpha)+w(\beta)}$, falls $w(\alpha) + w(\beta) < 360°$ ;
- die Drehung $D_{M,\, w(\alpha)+w(\beta)-360°}$, falls $w(\alpha) + w(\beta) \geq 360°$.

**Beweis:** mit Hilfe von Satz 4

**Satz 15b:** Die Verkettung zweier Drehungen mit verschiedenen Drehzentren $D_{N,\, w(\beta)} \circ D_{M,\, w(\alpha)}$ ist ...

- die Drehung $D_{P,\, w(\alpha)+w(\beta)}$, falls $w(\alpha) + w(\beta) \neq 360°$;
- eine Verschiebung, falls $w(\alpha) + w(\beta) = 360°$.

**Beweis:** mit Hilfe von Satz 9, Fall 3 bzw. der Sätze 3, 4

Übung: Beweisen Sie die Sätze bis 10 bis 15b.
Legen Sie zu jedem Beweis zunächst eine Skizze an. Achten Sie darauf, im Beweis neu auftretende Objekte zu erklären (zu definieren) und nicht etwa (nur) der Erläuterungsskizze zu entnehmen.

## 4.2.4 Die Gruppe der Kongruenzabbildungen

Im bisherigen Verlauf des Kapitels 4 haben wir die Geradenspiegelung, die Verschiebung, die Drehung, die Punktspiegelung und die Gleitspiegelung als Kongruenzabbildungen bezeichnet. Dabei haben wir in Kapitel 4.2.3 erfahren, dass sich die genannten fünf Kongruenzabbildungen allesamt durch die Nacheinanderausführung von bis zu drei Geradenspiegelungen ersetzen lassen und dass ferner jede beliebige Anzahl von verketteten Geradenspiegelungen immer durch maximal drei nacheinander ausgeführte Geradenspiegelungen ersetzt werden kann.

Wir wollen an dieser Stelle den Begriff der Kongruenzabbildung allgemeiner fassen und definieren:

**Definition 8:** Kongruenzabbildung

Jede Verkettung von endlich vielen Geradenspiegelungen heißt *Kongruenzabbildung*.

Die Menge aller Kongruenzabbildungen heißt $\mathbb{K}$.

Ist also φ eine Kongruenzabbildung ($\varphi \in \mathbb{K}$), dann kann φ dargestellt werden als $\varphi = S_{g_n} \circ S_{g_{n-1}} \circ S_{g_{n-2}} \circ \ldots \circ S_{g_1}$ mit $n \in \mathbb{N}$.

Mit Definition 8 übertragen sich wichtige Eigenschaften der Geradenspiegelung $S_g$ auf jede Kongruenzabbildung $\varphi \in \mathbb{K}$:

- Bei jeder Kongruenzabbildung φ ist das Bild einer Strecke $\overline{AB}$ eine zu $\overline{AB}$ gleichlange Strecke $\overline{A'B'}$. φ ist strecken- und längentreu.
- Bei jeder Kongruenzabbildung φ ist das Bild einer Geraden wieder eine Gerade. φ ist geradentreu.
- Bei jeder Kongruenzabbildung φ ist das Bild eines Winkels ein Winkel mit gleichem Winkelmaß. φ ist winkeltreu[22].

In Kapitel 4.1 hatten wir *Bewegungen* wie die Drehung oder Verschiebung vorläufig als Abbildungen charakterisiert, bei denen die Urbildfigur durch Bewegen einer Folienkopie mit der Bildfigur zur Deckung gebracht werden kann. Kopieren wir hingegen bei einer *Umwendung* wie der Geradenspiegelung oder der Gleitspiegelung die Urbildfigur auf Folie, so können wir die Folienkopie nur dann mit der Bildfigur zur Deckung bringen, wenn wir die Folie einmal umwenden.

Die Eigenschaft Bewegung oder Umwendung zu sein, hängt offensichtlich eng mit dem Umlaufsinn einer Figur zusammen, der sich mit jeder durchgeführten Geradenspiegelung ändert: Führt man eine geradzahlige Anzahl von Geradenspiegelungen nacheinander aus, stimmen Umlaufsinn von Urbild und Bild überein, die Folie kann *bewegt* werden. Bei einer ungeraden Anzahl nacheinander ausgeführter Geradenspiegelungen haben Urbild und Bild entgegengesetzten Umlaufsinn, die Folie muss *umgewendet* werden.

Im Anschluss an Definition 8 können wir nun die Bewegungen und Umwendungen allgemeiner bestimmen:

---

[22] In Analogie zur Strecken- und Längentreue müssten wir eigentlich von Winkel- und Winkelmaßtreue reden. Eine derartige Sprachpräzision ist in der Literatur allerdings nicht gebräuchlich.

**Definition 9:** Bewegung bzw. Umwendung

Besteht eine Kongruenzabbildung $\varphi$ aus der Verkettung von 2n Geradenspiegelungen ($n \in \mathbb{N}$), so heißt sie *Bewegung*, sonst *Umwendung* [23].

Bevor wir im Folgenden zeigen werden, dass die Menge der Kongruenzabbildungen $\mathbb{K}$ bezüglich der Verkettung „$\circ$" eine Gruppe ist, rufen wir den Gruppen- und Untergruppenbegriff in Erinnerung[24]:

**Definition 10a:** Gruppe

Ein Paar $(G,\circ)$ bestehend aus einer nichtleeren Menge G und einer Verknüpfung „$\circ$" heißt *Gruppe*, wenn folgende vier Bedingungen erfüllt sind:

a) Mit $a, b \in G$ liegt stets auch $a \circ b$ in G. (*Abgeschlossenheit*)

b) $(a \circ b) \circ c = a \circ (b \circ c)$ für alle $a, b, c \in G$ (*Assoziativität*)

c) Es gibt ein *neutrales Element* $e \in G$ mit $e \circ a = a \circ e = a$ für alle $a \in G$.

d) Zu jedem $a \in G$ gibt es ein $a^i \in G$, so dass $a \circ a^i = a^i \circ a = e$.
$a^i$ heißt *inverses Element* zu a.

Eine Gruppe $(G,\circ)$ heißt *kommutativ* oder *abelsch*, wenn zusätzlich zu den Bedingungen (a) bis (d) für alle $a, b \in G$ gilt: $a \circ b = b \circ a$.

**Definition 10b:** Untergruppe

Sei $(G,\circ)$ eine Gruppe. $(H,\circ)$ heißt *Untergruppe* von $(G,\circ)$, wenn gilt: $(H,\circ)$ ist eine Gruppe und $H \subseteq G$.

---

23 Gelegentlich findet man in der Literatur auch die Rede von „eigentlichen Bewegungen" (für Bewegungen) und „uneigentlichen Bewegungen" (für Umwendungen), der wir aber nicht folgen wollen.

24 vgl. auch Gorski / Müller-Philipp 2009, Kapitel 5.5

Beispiele für Gruppen aus der Arithmetik sind $(\mathbb{Z}; +)$, $(\mathbb{Q}, \cdot)$ oder die Restklassenmenge $R_m$ mit der Restklassenaddition $\oplus$.
In Satz 16 lernen Sie ein Beispiel aus der Geometrie kennen.

**Satz 16:** Die Menge der Kongruenzabbildungen $\mathbb{K}$ bildet mit der Verknüpfung „$\circ$“ (Nacheinanderausführung) eine Gruppe. $(\mathbb{K};\circ)$ ist eine Gruppe.

**Beweis:** z.z.: a) Abgeschlossenheit
b) Assoziativität
c) Existenz eines neutralen Elements
d) Inverseneigenschaft

zu a) Abgeschlossenheit

Seien $\varphi_1, \varphi_2 \in \mathbb{K}$ mit

$\varphi_1 = S_{a_m} \circ S_{a_{m-1}} \circ S_{a_{m-2}} \circ \ldots \circ S_{a_1}$ mit $m \in \mathbb{N}$,

$\varphi_2 = S_{b_n} \circ S_{b_{n-1}} \circ S_{b_{n-2}} \circ \ldots \circ S_{b_1}$ mit $n \in \mathbb{N}$.

Dann gilt:

$\varphi_2 \circ \varphi_1 = (S_{b_n} \circ S_{b_{n-1}} \circ S_{b_{n-2}} \circ \ldots \circ S_{b_1}) \circ (S_{a_m} \circ S_{a_{m-1}} \circ S_{a_{m-2}} \circ \ldots \circ S_{a_1})$

Da dies eine Verkettung von m + n Geradenspiegelungen ist, folgt mit Definition 8: $\varphi_2 \circ \varphi_1 \in \mathbb{K}$.

zu b) Assoziativität

z.z.: Für $\varphi_1, \varphi_2, \varphi_3 \in \mathbb{K}$ gilt: $\varphi_3 \circ (\varphi_2 \circ \varphi_1) = (\varphi_3 \circ \varphi_2) \circ \varphi_1$

Sei X ein beliebiger Punkt der Ebene.
Dann gilt:

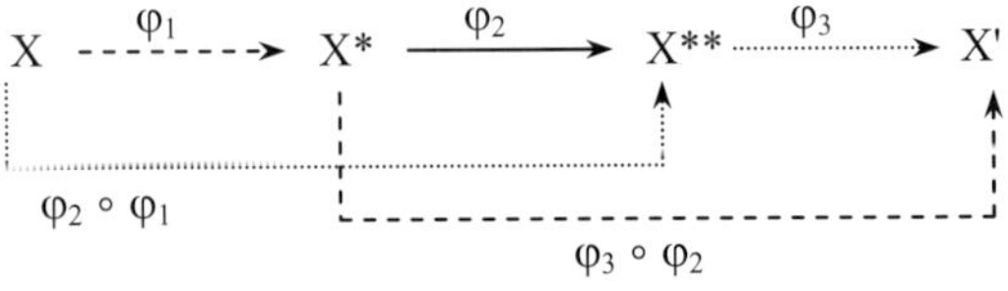


Somit:

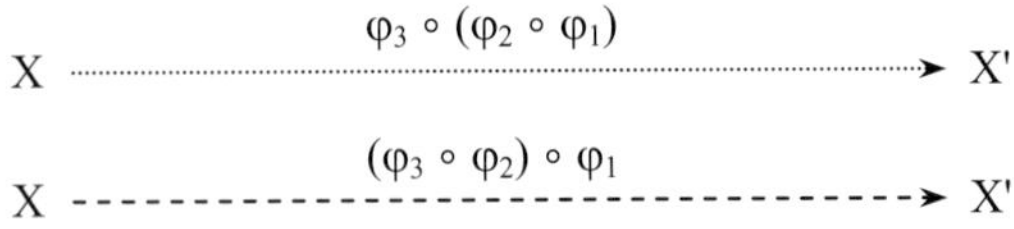

Da die Bilder von $\varphi_3 \circ (\varphi_2 \circ \varphi_1)$ und $(\varphi_3 \circ \varphi_2) \circ \varphi_1$ für jeden beliebigen Punkt X der Ebene übereinstimmen, sind beide Abbildungen gleich.
Es gilt also: $\varphi_3 \circ (\varphi_2 \circ \varphi_1) = (\varphi_3 \circ \varphi_2) \circ \varphi_1$ .

zu c) Existenz eines neutralen Elements

Es gibt in $\mathbb{K}$ ein Element id, so dass für alle $\varphi \in \mathbb{K}$ gilt:
$\mathrm{id} \circ \varphi = \varphi \circ \mathrm{id} = \varphi$ .
id ist aus $\mathbb{K}$, denn nach Satz 1a ist die Geradenspiegelung $S_g$ eine involutorische Abbildung und es gilt: $\mathrm{id} = S_g \circ S_g$ .

zu d) Inverseneigenschaft

z.z.: Zu jeder Kongruenzabbildung $\varphi$ gibt es eine inverse Kongruenzabbildung $\varphi^i$, so dass $\varphi \circ \varphi^i = \varphi^i \circ \varphi = \mathrm{id}$ .

Sei $\varphi = S_{a_m} \circ S_{a_{m-1}} \circ S_{a_{m-2}} \circ \ldots \circ S_{a_1}$ mit $m \in \mathbb{N}$ ,

dann ist $\varphi^i = S_{a_1} \circ S_{a_2} \circ S_{a_3} \circ \ldots \circ S_{a_m}$ mit $m \in \mathbb{N}$ ,

denn:

$$\begin{aligned}
\varphi^i \circ \varphi &= (S_{a_1} \circ S_{a_2} \circ \ldots \circ S_{a_{m-1}} \circ S_{a_m}) \circ (S_{a_m} \circ S_{a_{m-1}} \circ \ldots \circ S_{a_1}) \\
&= S_{a_1} \circ S_{a_2} \circ \ldots \circ S_{a_{m-1}} \circ (S_{a_m} \circ S_{a_m}) \circ S_{a_{m-1}} \circ \ldots \circ S_{a_1} \\
&= S_{a_1} \circ S_{a_2} \circ \ldots \circ S_{a_{m-1}} \circ \mathrm{id} \circ S_{a_{m-1}} \circ \ldots \circ S_{a_1} \\
&= \ldots
\end{aligned}$$

Die insgesamt m-fache Anwendung der Assoziativität von „∘“ (Satz 16, Teil b) und von $S_g \circ S_g = \mathrm{id}$ (Satz 16, Teil c) liefern schließlich:

$$\begin{aligned}
&= \ldots \\
\varphi^i \circ \varphi &= \mathrm{id}
\end{aligned}$$

Analog zeigt man $\varphi \circ \varphi^i = \mathrm{id}$ .

Aus a, b, c und d folgt, dass $(\mathbb{K};\circ)$ eine Gruppe ist.

$(\mathbb{K};\circ)$ ist *nicht* kommutativ. Die Abbildung rechts mag schöne Erinnerungen an Satz 3 bzw. die Erläuterungen nach Satz 3 wecken.

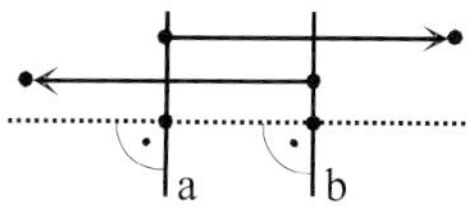

### 4.2.5 Kongruenz von Strecken, Winkeln, Dreiecken

Bilden wir eine Punktmenge F, die wir im Folgenden als Figur F bezeichnen, durch die Verkettung von endlich vielen Geradenspiegelungen – also durch eine Kongruenzabbildung – auf eine Figur F' ab, dann stimmen Urbild- und Bildfigur in den Längen entsprechender Strecken und den Größen entsprechender Winkel überein (Abbildung 68). Diese Übereinstimmungen sind eine unmittelbare Folge der Längen- und Winkeltreue aller Kongruenzabbildungen. Offensichtlich unterscheiden sich Urbild und die durch Kongruenzabbildungen erzeugten Bilder nur durch ihre verschiedene Lage in der Ebene[25]. Diese besondere Beziehung zwischen Figuren beschreiben wir durch die Relation „ ... ist kongruent zu ...“ (in Zeichen: „≡“). Wir legen daher fest:

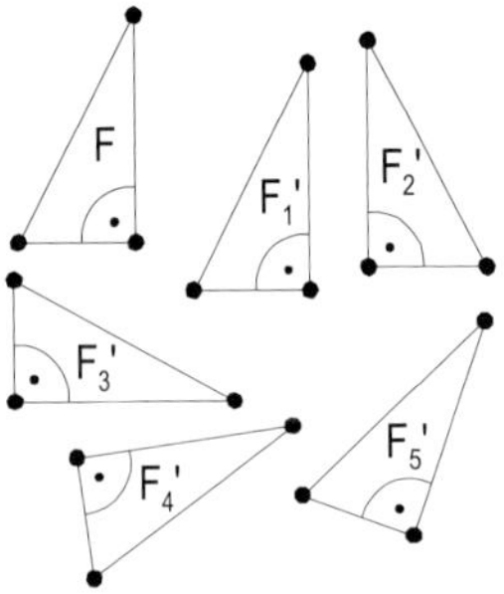

Abb. 68

**Definition 11:** Relation „ ... ist kongruent zu ... “

Eine Figur F heißt genau dann kongruent zur Figur F' (in Zeichen: F ≡ F'), wenn es eine Kongruenzabbildung $\varphi \in \mathbb{K}$ gibt, so dass $\varphi(F) = F'$.

Beispiel:

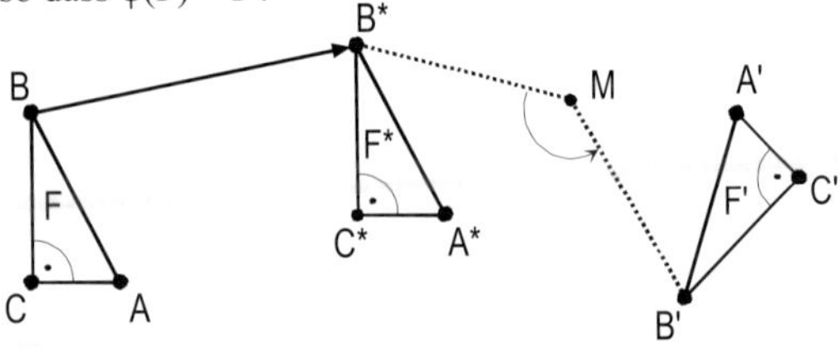

Abb. 69

In Abbildung 69 gilt F ≡ F', denn

$$F \xrightarrow{V_{\overrightarrow{BB^*}}} F^* \xrightarrow{D_{M,135^\circ}} F'$$

$$D_{M,135^\circ} \circ V_{\overrightarrow{BB^*}}$$

[25] Damit sind Urbild und Bild natürlich nicht notwendig identisch.

Mit Hilfe von Satz 16 lässt sich leicht zeigen, dass die Relation „≡" eine Äquivalenzrelation ist.

**Satz 17:** Die Relation „ ... ist kongruent zu ... " (in Zeichen: „≡") ist eine Äquivalenzrelation.

**Beweis:** z.z.: 1. „≡" ist reflexiv,
2. „≡" ist symmetrisch und
3. „≡" ist transitiv.

zu 1: Reflexivität
Jede Figur F ist zu sich selbst kongruent, denn nach Satz 16(c) gibt es in $\mathbb{K}$ das Element id und es gilt: id (F) = F .

zu 2: Symmetrie; z.z.: $F \equiv F' \Rightarrow F' \equiv F$
Es gelte also:

| | | |
|---|---|---|
| | $F \equiv F'$ | / Voraussetzung |
| $\Rightarrow$ | $\exists\, \varphi \in \mathbb{K}$, so dass $\varphi(F) = F'$ | / Def. 11 |
| $\Rightarrow$ | $\exists\, \varphi^{i} \in \mathbb{K}$ mit $\varphi^{i}(F') = F$ | / Satz 16(d) |
| $\Rightarrow$ | $F' \equiv F$ [26] | / Def. 11 |

zu 3: Transitivität; z.z.: $F \equiv F^* \wedge F^* \equiv F' \Rightarrow F \equiv F'$
Es gelte also:

| | | |
|---|---|---|
| | $F \equiv F^* \wedge F^* \equiv F'$ | / Voraussetzung |
| $\Rightarrow$ | $\exists\, \varphi_1, \varphi_2 \in \mathbb{K}$ mit $\varphi_1(F) = F^* \wedge \varphi_2(F^*) = F'$ | / Def. 11 |
| $\Rightarrow$ | $\varphi_2(\varphi_1(F)) = F'$ | / s.o., $\varphi_1(F) = F^*$ |
| $\Rightarrow$ | $(\varphi_2 \circ \varphi_1)(F) = F' \wedge (\varphi_2 \circ \varphi_1) \in \mathbb{K}$ | / Satz 16(a), Abgeschl. |
| $\Rightarrow$ | $\exists\, \varphi \in \mathbb{K}$ mit $\varphi(F) = F'$ | / nämlich $\varphi = (\varphi_2 \circ \varphi_1)$ |
| $\Rightarrow$ | $F \equiv F'$ | / Def. 11 |

Für die Beweise der Kongruenzsätze (Sätze 20 bis 23) am Ende dieses Kapitels benötigen wir zwei „Hilfssätze" über die Strecken- und Winkelkongruenz, die von der Anschauung her unmittelbar klar sind. Wir werden in den beiden folgenden Sätzen zeigen, dass gleich lange Strecken ebenso zueinander kongruent sind wie Winkel gleicher Winkelgrößen.

---

[26] Erst jetzt – nach dem Beweis der Symmetrie der Kongruenzrelation – macht es übrigens Sinn, von *zueinander* kongruenten Figuren zu reden.

**Satz 18:** Zwei Strecken sind genau dann gleich lang, wenn sie kongruent zueinander sind.

formal: Seien $\overline{AB}$, $\overline{CD}$ Strecken.

Dann gilt: $l(\overline{AB}) = l(\overline{CD}) \Leftrightarrow \overline{AB} \equiv \overline{CD}$

**Beweis:**

„⇒" Voraussetzung: $l(\overline{AB}) = l(\overline{CD})$

z.z.: $\exists\ \varphi \in \mathbb{K}$, so dass $\varphi(\overline{AB}) = \overline{CD}$.

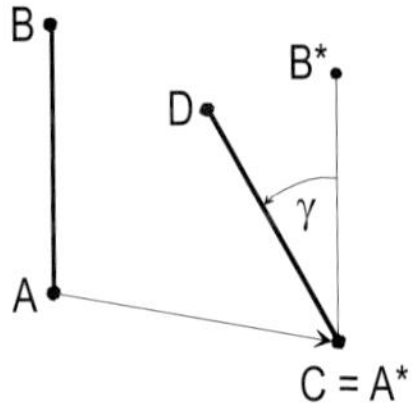


Wir geben diese Abbildung φ zu Beginn des Beweises an und zeigen dann, dass $\overline{AB}$ durch φ auf $\overline{CD}$ abgebildet wird.

$\varphi = D_{C,w(\gamma)} \circ V_{\overrightarrow{AC}}$, wobei $\gamma = \sphericalangle(\overrightarrow{CB^*}, \overrightarrow{CD})$ mit $B^* = V_{\overrightarrow{AC}}(B)$

ist die gesuchte Abbildung, denn:

Durch $V_{\overrightarrow{AC}}$ wird A auf C = A* und B auf B* abgebildet.

Also: $V_{\overrightarrow{AC}}(\overline{AB}) = \overline{CB^*} \wedge l(\overline{AB}) = l(\overline{CB^*})$ (1) / Eigensch. v. $\varphi \in \mathbb{K}$

| | | |
|---|---|---|
| Wegen | $l(\overline{AB}) = l(\overline{CB^*})$ | / (1) |
| und | $l(\overline{AB}) = l(\overline{CD})$ | / Voraussetzung |
| folgt | $l(\overline{CB^*}) = l(\overline{CD})$ | (2) / Symm., Trans. „=" |

| | | |
|---|---|---|
| Sei nun | $\gamma = \sphericalangle(\overrightarrow{CB^*}, \overrightarrow{CD})$. | |
| Dann gilt: | $D_{C,w(\gamma)}(C) = C$ | / C ist Fixpunkt, Def. 5 |
| und wegen | $w(\overrightarrow{CB^*}, \overrightarrow{CD}) = w(\gamma)$ | |
| und | $l(\overline{CB^*}) = l(\overline{CD})$ | / (2) |
| gilt: | $D_{C,w(\gamma)}(B^*) = D$ | / Def. 5 |
| Also: | $D_{C,w(\gamma)}(\overline{CB^*}) = \overline{CD}$ | (3) / Eigensch. v. $\varphi \in \mathbb{K}$ |

Aus (1) und (3) folgt: $D_{C,w(\gamma)} \circ V_{\overrightarrow{AC}}(\overline{AB}) = \overline{CD}$, also $\overline{AB} \equiv \overline{CD}$.

„⇐" Voraussetzung: $\overline{AB} \equiv \overline{CD}$

Wenn $\overline{AB} \equiv \overline{CD}$, dann gibt es nach Definition 11 eine Kongruenzabbildung φ mit $\varphi(\overline{AB}) = \overline{CD}$. Da alle Kongruenzabbildungen als Verkettung endlich vieler Geradenspiegelungen längentreu sind, folgt $l(\overline{AB}) = l(\overline{CD})$.

**Satz 19:** Zwei Winkel sind genau dann gleich groß, wenn sie kongruent zueinander sind.
formal:
Seien a, b Halbgeraden mit Anfangspunkt S und seien c, d Halbgeraden mit Anfangspunkt T. Dann gilt:
$w(a,b) = w(c,d) \Leftrightarrow \sphericalangle(a,b) \equiv \sphericalangle(c,d)$ .

**Beweis:**

„$\Rightarrow$" Voraussetzung: $w(a,b) = w(c,d)$

z.z.: Wir müssen ein $\varphi \in \mathbb{K}$ angeben, so dass $\varphi(\sphericalangle(a,b)) = \sphericalangle(c,d)$.

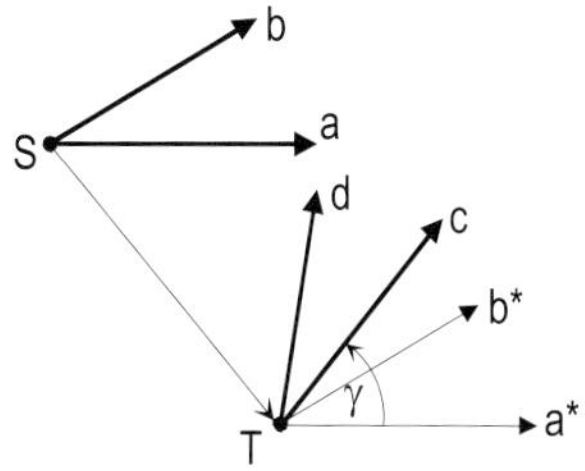


Wir geben diese Kongruenzabbildung $\varphi$ wieder zu Beginn des Beweises an und zeigen dann, dass $\varphi$ tatsächlich a auf c und b auf d abbildet.

$\varphi = D_{T,w(a^*,c)} \circ V_{\overrightarrow{ST}}$ ist die gesuchte Kongruenzabbildung, denn:
$V_{\overrightarrow{ST}}(a) = a^*$ , $V_{\overrightarrow{ST}}(b) = b^*$ und $w(a,b) = w(a^*,b^*)$

(1) / Eigensch. v. $\varphi \in \mathbb{K}$

Sei nun $\gamma = \sphericalangle(a^*, c)$. Dann gilt:

$D_{T,w(\gamma)}(a^*) = a' = c$, $D_{T,w(\gamma)}(b^*) = b'$ und $w(a^*,b^*) = w(c,b')$

(2) / Eigensch. v. $\varphi \in \mathbb{K}$

Aus (1) und (2) folgt:

| | | |
|---|---|---|
| | $w(a,b) = w(a^*,b^*) \wedge w(a^*,b^*) = w(c,b')$ | |
| $\Rightarrow$ | $w(a,b) = w(c, b')$ | / Trans. von „=" |
| $\Rightarrow$ | $w(a,b) = w(c,b') \wedge w(a,b) = w(c,d)$ | / Voraussetzung |
| $\Rightarrow$ | $w(c,d) = w(c,b')$ | / Symm., Trans. von „=" |
| $\Rightarrow$ | $d = b'$ | (3) / Folgerung aus WMA 4 |

Also gilt: $\varphi(a) = c$ (wegen (1), (2)) und $\varphi(b) = d$ (wegen (1), (2), (3)), was zu zeigen war.

„$\Leftarrow$" Voraussetzung: $\sphericalangle(a,b) \equiv \sphericalangle(c,d)$

Wenn $\sphericalangle(a,b) \equiv \sphericalangle(c,d)$, dann gibt es nach Definition 11 eine Kongruenzabbildung $\varphi$ mit $\varphi(\sphericalangle(a,b)) = \sphericalangle(c,d)$. Da alle Kongruenzabbildungen als Verkettungen einer endlichen Anzahl von Geradenspiegelungen winkeltreu sind, folgt $w(a,b) = w(c,d)$ .

Vielleicht haben Sie bei den verbalen Formulierungen der Sätze 18 und 19 zunächst gezaudert – mit Recht. Auch wir hätten beide Sätze weitaus lieber in vernünftigem Deutsch und / oder prägnanter formuliert. So klingen Formulierungen wie „Zwei gleich lange Strecken sind zueinander kongruent.“ oder „Zwei gleich große Winkel sind zueinander kongruent.“ doch wesentlich saloppe und merkbarer. Bei genauer Betrachtung derartiger Formulierungen erkennen Sie jedoch recht schnell, dass diese saloppen Formulierungen die behauptete und bewiesene Äquivalenz recht effektiv verschleiern: beide Sätze werden um ihre Rückrichtungen kastriert. Wir weisen an dieser Stelle daher besonders darauf hin, dass Satz 18 in der Rückrichtung sicherstellt, dass zueinander kongruente Strecken die gleiche Länge haben und dass uns Satz 19 in seiner Rückrichtung garantiert: Zueinander kongruente Winkel sind stets gleich groß (haben dasselbe Winkelmaß).

Mit Satz 20 und Satz 21 formulieren wir nun zwei Sätze, die fester Bestandteil des Mathematikunterrichts im Sekundarbereich I sind. Die Beweise beider Sätze überlassen wir Ihnen.[27]

**Satz 20:** Stufenwinkel an geschnittenen Parallelen sind gleich groß.

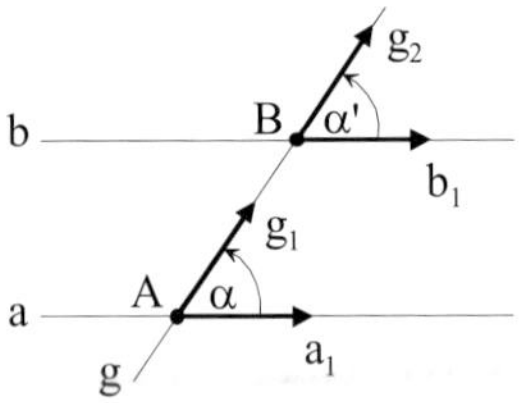


**Satz 21:** Wechselwinkel an geschnittenen Parallelen sind gleich groß.

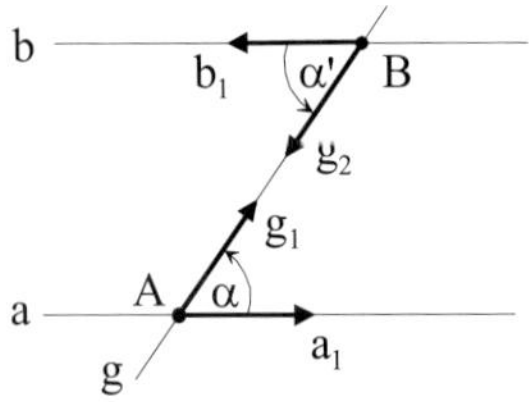


[27] Sie können Ihre Beweisidee in beiden Fällen auf einen nicht sehr weit zurückliegenden Satz stützen.

**Hinführung zu den Kongruenzsätzen**

Was besagen eigentlich die Kongruenzsätze ?
Was verbirgt sich hinter den Kürzeln „SSS, SWS, WSW und $SSW_{ggS}$“ ?

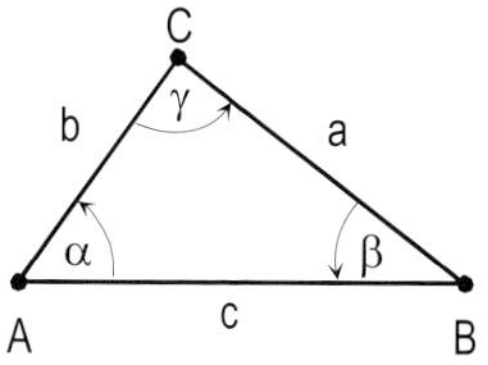


Dreiecke sind durch sechs so genannte *Bestimmungsstücke* charakterisiert:

die Längen der drei Seiten a, b und c sowie die Größen der drei Innenwinkel α, β und γ.

Sie werden sich erinnern, dass die Kenntnis dreier dieser Bestimmungsstücke ausreicht, um ein Dreieck zu konstruieren.

Versuchen wir jedoch, ein Dreieck aufgrund der Vorgabe der Größe der drei Innenwinkel $w(\alpha) = 70°$, $w(\beta) = 20°$ und $w(\gamma) = 90°$ zu konstruieren, so stellen wir sehr schnell fest, dass es unendlich viele Lösungen dieser Aufgabe gibt, von denen drei in Abbildung 70 dargestellt sind.

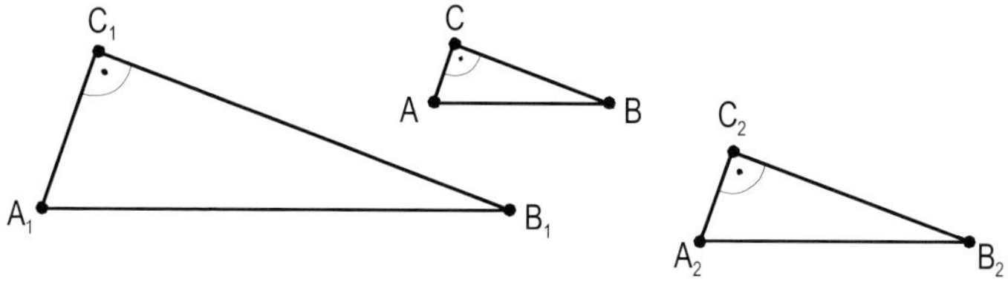


Abb. 70

In Abbildung 70 erkennen Sie auch, dass die drei konstruierten Dreiecke keineswegs kongruent zueinander sind. Wären sie kongruent, so müssten wir eine Kongruenzabbildung φ vorweisen können, die etwa $\Delta ABC$ auf $\Delta A_1B_1C_1$ abbildet. Die Überflüssigkeit dieses Suchprozesses wird sofort klar, wenn Sie erinnern, dass bei Kongruenzabbildungen Strecken auf gleich lange Strecken abgebildet werden.

Versuchen wir eine zweite Konstruktion mit anderen Bestimmungsstücken:

Gegeben seien:

$l(c) = 2{,}6$ cm
$l(b) = 1{,}7$ cm
$w(\alpha) = 70°$

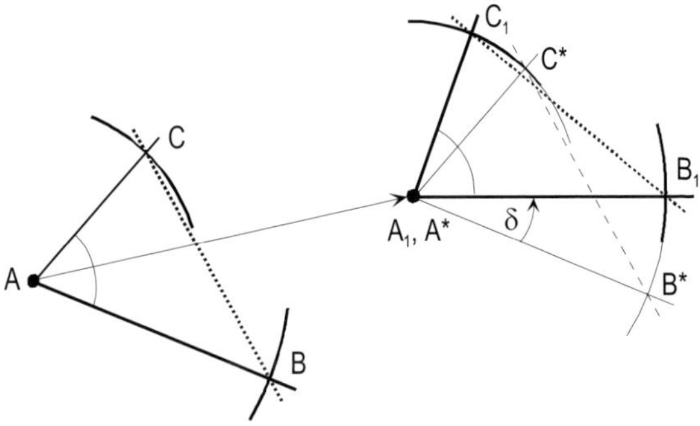


Abb. 71

Zwei Konstruktionsergebnisse dieser Aufgabe, nämlich die Dreiecke $\Delta ABC$ und $\Delta A_1B_1C_1$, haben wir in Abbildung 71 zusammengestellt[28]. Zunächst einmal halten wir fest, dass die Dreiecke $\Delta ABC$ und $\Delta A_1B_1C_1$ *nicht identisch* sind, bestehen sie doch aus verschiedenen – in diesem Fall sogar disjunkten – Punktmengen.

Die beiden in Abbildung 71 dargestellten Konstruktionsergebnisse unterscheiden sich deutlich von den Ergebnissen der vorangegangenen Aufgabe:

Zwar sind $\Delta ABC$ und $\Delta A_1B_1C_1$ nicht identisch, wohl aber *kongruent* zueinander, denn es lässt sich eine Kongruenzabbildung φ angeben, die $\Delta ABC$ auf $\Delta A_1B_1C_1$ abbildet. Offensichtlich lassen sich alle Konkretisierungen dieser Konstruktionsaufgabe durch die Abbildung

$\varphi = D_{A^*,w(\delta)} \circ V_{\overrightarrow{AA^*}}$ ,

wobei $A^* = V_{\overrightarrow{AA^*}}(A)$, $B^* = V_{\overrightarrow{AA^*}}(B)$ und $\delta = \sphericalangle(\overrightarrow{A^*B^*}, \overrightarrow{A_1B_1})$,

aufeinander abbilden. Alle derart konstruierten Dreiecke sind also bis auf ihre Lage in der Ebene eindeutig bestimmt (kongruent).

Um „Konstruktionsaufgaben“ dieses zweiten Typs geht es in den vier Kongruenzsätzen, die wir im Folgenden formulieren und beweisen werden. Wir werden zeigen, dass es bei vier verschiedenen Kombinationen von jeweils

28 Machen Sie sich klar, dass sich leicht beliebig viele weitere Konkretisierungen dieser Konstruktionsaufgaben angeben ließen.

drei Bestimmungsstücken (aus sechs Bestimmungsstücken) gelingt, ausschließlich kongruente Dreiecke zu konstruieren[29].

Dreiecke sind zueinander kongruent, wenn sie ...

- in den drei Seitenlängen übereinstimmen (Abkürzung: SSS).
- in zwei Seitenlängen und der Größe des eingeschlossenen Innenwinkels übereinstimmen (Abkürzung: SWS).
- in einer Seitenlänge und der Größe der beiden anliegenden Innenwinkel übereinstimmen (Abkürzung: WSW).
- in zwei Seitenlängen und der Größe des Innenwinkels übereinstimmen, der der größeren Seite gegenüberliegt (Abkürzung: $SSW_{ggS}$).

Damit haben wir zunächst die Aussagen der angesprochenen Kongruenzsätze und die Bedeutung der Kürzel SSS, SWS, WSW und $SSW_{ggS}$ geklärt.

**Die Kongruenzsätze und ihre Beweise**

Wir werden in den Beweisen der Kongruenzsätze zeigen, dass jeweils zwei Dreiecke ($\Delta ABC$ und $\Delta A'B'C'$), die in den oben genannten Bestimmungsstücken übereinstimmen, kongruent zueinander sind. Natürlich müssen wir hierfür nach Definition 11 jeweils eine Kongruenzabbildung $\varphi$ vorweisen, die $\Delta ABC$ auf $\Delta A'B'C'$ abbildet.

Dem mehr oder weniger, hoffentlich aber noch nicht vollkommen geneigten Leser mag bei der oben aufgeführten vorläufigen Formulierung der vier Kongruenzsätze aufgefallen sein, dass jeder Satz wenigstens ein Paar gleichlange Seiten voraussetzt. Diese Besonderheit machen wir uns zunutze, indem wir

---

29 Das ist eine vergleichsweise „bescheidene Quote" bei so vielen Möglichkeiten. Oder?
Wie viele Möglichkeiten der Dreieckskonstruktion aus drei von sechs Bestimmungsstücken mag es wohl geben?
Wie viele Kongruenzsätze haben wir eigentlich angesprochen? Waren es wirklich genau vier?
Lassen sich vielleicht weitere Kongruenzsätze formulieren? Wenn ja, wie viele?
Welche von diesen ggf. zusätzlichen Kongruenzsätzen lassen sich auf andere Kongruenzsätze zurückführen? (Auf welche anderen?)
Wie sieht es mit der oben angesprochenen Quote aus?

aus ihr übergeordnete Voraussetzungen formen, die in den Beweis jedes Kongruenzsatzes eingehen werden.

O.B.d.A. gehen wir davon aus, dass für $\Delta ABC$ und $\Delta A'B'C'$ gilt:

$$l(\overline{AB}) = l(\overline{A'B'})$$

Wegen Satz 18 folgt: $\overline{AB} \equiv \overline{A'B'}$

Dann gibt es also ein $\varphi \in \mathbb{K}$ mit: $\varphi(A) = A' \wedge \varphi(B) = B'$

Die Bilder von C, $\alpha$ , $\beta$ bei $\varphi$ bezeichnen wir mit C*, $\alpha$*, $\beta$*.
Wir werden in jedem Beweis zu zeigen haben, dass C* = C'.

übergeordnete Voraussetzung V1:
Für alle weiteren Überlegungen setzen wir voraus, dass C* und C' in derselben Halbebene von A'B' liegen. Ist dies bei einem ersten „Entwurf" der Abbildung $\varphi$ noch nicht der Fall, so gelingt es durch Anhängen der Geradenspiegelung $S_{A'B'}$.

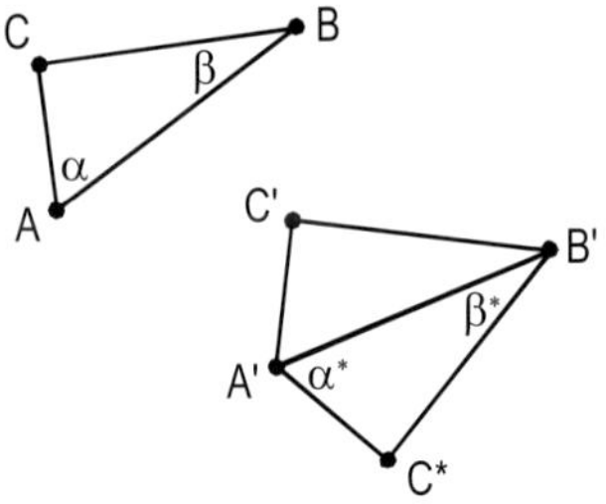


übergeordnete Voraussetzung V2:
Da $\varphi \in \mathbb{K}$ und da $\varphi(A) = A'$ , $\varphi(B) = B'$ und $\varphi(C) = C^*$ folgt aufgrund der Eigenschaften von Kongruenzabbildungen als Verkettung von endlich vielen Geradenspiegelungen[30]:

$$l(\overline{AC}) = l(\overline{A'C^*})$$
$$\wedge \quad l(\overline{BC}) = l(\overline{B'C^*})$$
$$\wedge \quad w(\alpha) = w(\alpha^*)$$
$$\wedge \quad w(\beta) = w(\beta^*)$$

**Satz 22:** Kongruenzsatz SSS

Wenn die Dreiecke $\Delta ABC$ und $\Delta A'B'C'$ in den Längen aller drei Seiten übereinstimmen, dann sind sie zueinander kongruent.

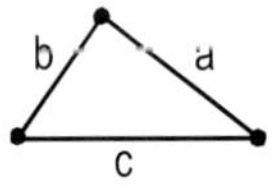


formal:

$$l(\overline{AB}) = l(\overline{A'B'}) \wedge l(\overline{BC}) = l(\overline{B'C'}) \wedge l(\overline{AC}) = l(\overline{A'C'})$$
$$\Rightarrow \exists\, \varphi \in \mathbb{K}: \ \varphi(A) = A' \ \wedge \ \varphi(B) = B' \ \wedge \ \varphi(C) = C'$$
$$\text{also } \triangle ABC \equiv \triangle A'B'C'$$

30 vgl. hierzu Definition 8, die Eigenschaften der Geradenspiegelung und Spiegelungsaxiom SA1

**Beweis:**

Zusätzlich zu V1 und V2 gelten die Voraussetzungen

V3: $l(\overline{BC}) = l(\overline{B'C'})$ und V4: $l(\overline{AC}) = l(\overline{A'C'})$

$l(\overline{BC}) = l(\overline{B'C'}) \wedge l(\overline{BC}) = l(\overline{B'C^*})$ / V3, V2

$\Rightarrow l(\overline{B'C'}) = l(\overline{B'C^*})$ (1) / Sym., Trans. von „="

$l(\overline{AC}) = l(\overline{A'C'}) \wedge l(\overline{AC}) = l(\overline{A'C^*})$ / V4, V2

$\Rightarrow l(\overline{A'C'}) = l(\overline{A'C^*})$ (2) / Sym., Trans. von „="

**Annahme**[31]: $C^* \neq C'$

Aus (1) und (2) folgt:

A' liegt auf der Mittelsenkrechten zu $\overline{C^*C'}$. / Satz 2 und $C^* \neq C'$

$\wedge$ B' liegt auf der Mittelsenkrechten zu $\overline{C^*C'}$. / Satz 2 und $C^* \neq C'$

$\Rightarrow$ A'B' ist die Mittelsenkrechte zu $\overline{C^*C'}$ / I 1

und es gilt: $S_{A'B'}(C^*) = C'$ / $A' \neq B'$ in $\Delta A'B'C'$

Das ist ein Widerspruch zu V1, dass C* und C' in derselben Halbebene von A'B' liegen. Die Annahme ist zu verneinen. Es gilt: C* = C'.

**Satz 23:** Kongruenzsatz SWS

Wenn die Dreiecke $\Delta ABC$ und $\Delta A'B'C'$ in zwei Seitenlängen und der Größe des eingeschlossenen Winkels übereinstimmen, dann sind sie zueinander kongruent.

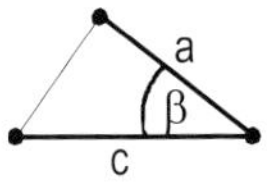


formal:

Seien $\Delta ABC$ und $\Delta A'B'C'$ Dreiecke mit dem Innenwinkel β bzw. β'.

$l(\overline{AB}) = l(\overline{A'B'}) \wedge l(\overline{BC}) = l(\overline{B'C'}) \wedge w(\beta) = w(\beta')$

$\Rightarrow \exists\, \varphi \in \mathbb{K}: \varphi(A) = A' \wedge \varphi(B) = B' \wedge \varphi(C) = C'$

also $\Delta ABC \equiv \Delta A'B'C'$

**Beweis:**

Zusätzlich zu V1 und V2 gelten die Voraussetzungen

V3: $l(\overline{BC}) = l(\overline{B'C'})$ und V4: $w(\beta) = w(\beta')$

[31] Zu Grundlagen und Technik der indirekten Beweisführung sei auf Gorski / Müller-Philipp 2008, Kapitel 0.3 verwiesen.

$l(\overline{BC}) = l(\overline{B'C'}) \wedge l(\overline{BC}) = l(\overline{B'C^*})$ / V3, V2

$\Rightarrow l(\overline{B'C'}) = l(\overline{B'C^*})$ (1) / Sym., Trans. von „="

$w(\beta) = w(\beta') \wedge w(\beta) = w(\beta^*)$ / V4, V2

$\Rightarrow w(\beta') = w(\beta^*)$ (2) / Sym., Trans. von „="

**Annahme:** $C^* \neq C'$

Es gilt:

$w(\beta^*) = w(\beta')$ / wegen (2)

$\Rightarrow w(\overrightarrow{B'C^*}, \overrightarrow{B'A'}) = w(\overrightarrow{B'C'}, \overrightarrow{B'A'})$ / C*, C' liegen nach V1 in der gleichen Halbebene von A'B'

$\Rightarrow \overrightarrow{B'C^*} = \overrightarrow{B'C'}$ (3) / Folgerung aus WMA 4

Andererseits gilt:

$l(\overline{B'C'}) = l(\overline{B'C^*}) \wedge C^* \neq C'$ / (1) und Annahme

$\Rightarrow$ B' liegt auf der Mittelsenkrechten m zu $\overline{C^*C'}$. / Satz 2

$\Rightarrow S_m(C^*) = C' \wedge S_m(B') = B' \wedge S_m(\overrightarrow{B'C'}) = \overrightarrow{B'C^*}$

/ Def. 1, Satz 1c

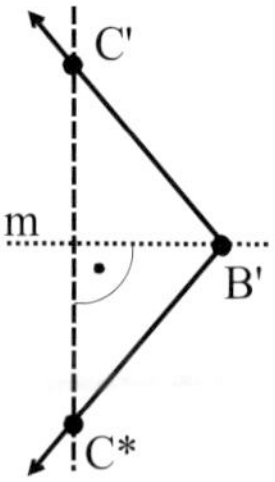


$\Rightarrow \overrightarrow{B'C'}$ und $\overrightarrow{B'C^*}$ liegen bis auf ihren Anfangspunkt B' in verschiedenen Halbebenen von m, sind also nicht identisch.

Das ist ein Widerspruch zu (3). Die Annahme ist zu verneinen. Es folgt: $C^* = C'$.

**Satz 24:** Kongruenzsatz WSW

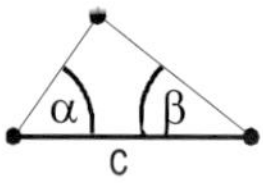


Wenn die Dreiecke $\Delta ABC$ und $\Delta A'B'C'$ in der Länge einer Seite und den Größen der beiden anliegenden Winkel übereinstimmen, dann sind sie zueinander kongruent.

formal:

$\Delta ABC$ und $\Delta A'B'C'$ seien Dreiecke mit den Innenwinkeln $\alpha$, $\beta$ bzw. $\alpha'$, $\beta'$.

$l(\overline{AB}) = l(\overline{A'B'}) \wedge w(\alpha) = w(\alpha') \wedge w(\beta) = w(\beta')$

$\Rightarrow \exists\, \varphi \in \mathbb{K}: \varphi(A) = A' \wedge \varphi(B) = B' \wedge \varphi(C) = C'$

also $\Delta ABC \equiv \Delta A'B'C'$

**Beweis:**
Zusätzlich zu V1 und V2 gelten die Voraussetzungen
V3: $w(\alpha) = w(\alpha')$ und V4: $w(\beta) = w(\beta')$

$w(\alpha) = w(\alpha') \wedge w(\alpha) = w(\alpha^*)$ / V3, V2
$\Rightarrow w(\alpha') = w(\alpha^*)$ (1) / Sym., Trans. von „=“

$w(\beta) = w(\beta') \wedge w(\beta) = w(\beta^*)$ / V3, V2
$\Rightarrow w(\beta') = w(\beta^*)$ (2) / Sym., Trans. von „=“

Weil C' und C* nach V1 in derselben Halbebene von A'B' liegen folgt aus (1) und (2):

$$w(\overrightarrow{A'B'}, \overrightarrow{A'C'}) = w(\overrightarrow{A'B'}, \overrightarrow{A'C^*}) \wedge w(\overrightarrow{B'C'}, \overrightarrow{B'A'}) = w(\overrightarrow{B'C^*}, \overrightarrow{B'A'})$$

$\Rightarrow \overrightarrow{A'C'} = \overrightarrow{A'C^*} \wedge \overrightarrow{B'C'} = \overrightarrow{B'C^*}$ / Folgerung aus WMA 4

- Es gilt also $\overrightarrow{A'C'} = \overrightarrow{A'C^*}$.
  Da diese beiden Halbgeraden (Punktmengen) gleich sind, stimmen sie nicht nur in ihrem Anfangspunkt A', sondern in allen Punkten überein. Insbesondere gilt auch $C^* \in \overrightarrow{A'C'}$. (3)
  Die Abbildung rechts zeigt mögliche Lagen von $C^*$ auf $\overrightarrow{A'C'}$.

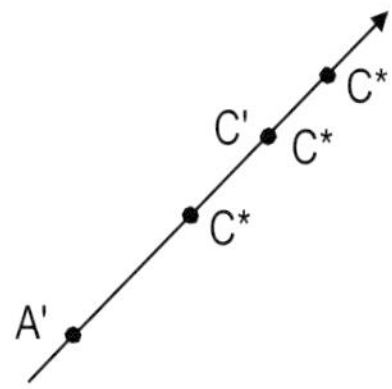


- Es gilt auch $\overrightarrow{B'C'} = \overrightarrow{B'C^*}$.
  Analog zu oben folgt $C^* \in \overrightarrow{B'C'}$. (4)
- Da A', B' und C' Eckpunkte eines Dreiecks sind, kann B' nicht auf $\overrightarrow{A'C'}$ liegen ($B' \notin \overrightarrow{A'C'}$).
  $\overrightarrow{A'C'}$ und $\overrightarrow{B'C'}$ sind also verschieden. Zwei verschiedene Geraden (A'C' und B'C') können höchstens einen Punkt gemeinsam haben[32]. Das gilt erst Recht für zwei Teilmengen ($\overrightarrow{A'C'}$ und $\overrightarrow{B'C'}$) dieser Geraden. (5)

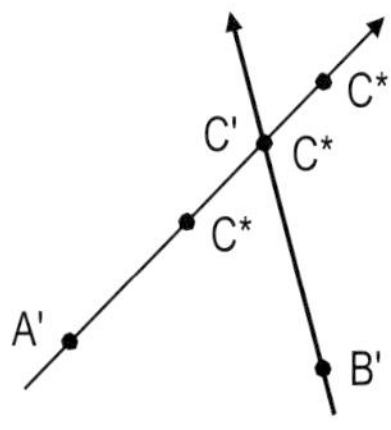


- Da $C' \in \overrightarrow{B'C'} \wedge C' \in \overrightarrow{A'C'}$
  $\Rightarrow C' \in \overrightarrow{B'C'} \cap \overrightarrow{A'C'}$ (6) / Def. „$\cap$“

[32] vgl. Kapitel 3, Satz 1

- Wegen (3) und (4) gilt:

  $C^* \in \overrightarrow{B'C'} \wedge C^* \in \overrightarrow{A'C'}$

  $\Rightarrow C^* \in \overrightarrow{B'C'} \cap \overrightarrow{A'C'}$ / Def. „∩“ (7)

- Weil die Halbgeraden $\overrightarrow{B'C'}$ und $\overrightarrow{A'C'}$ höchstens einen Punkt gemeinsam haben können (5), folgt aus (6) und (7): $C^* = C'$.

**Satz 25:** Kongruenzsatz $SSW_{ggS}$

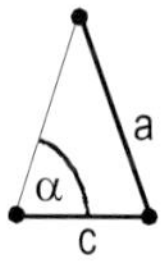


Wenn die Dreiecke ΔABC und ΔA'B'C' in den Längen zweier Seiten und der Größe des Winkels, der der größeren der beiden Seiten gegenüberliegt, übereinstimmen, dann sind sie zueinander kongruent.

formal:

ΔABC und ΔA'B'C' seien Dreiecke mit dem Innenwinkel α bzw. α'.

$l(\overline{AB}) = l(\overline{A'B'}) \wedge l(\overline{BC}) = l(\overline{B'C'}) \wedge l(\overline{BC}) > l(\overline{AB}) \wedge$

$w(\alpha) = w(\alpha')$

$\Rightarrow \exists\, \varphi \in \mathbb{K}\colon\ \varphi(A) = A' \wedge \varphi(B) = B' \wedge \varphi(C) = C'$

also $\Delta ABC \equiv \Delta A'B'C'$

**Beweis:**

Zusätzlich zu V1 und V2 gelten die Voraussetzungen

V3: $l(\overline{BC}) = l(\overline{B'C'})$, V4: $l(\overline{BC}) > l(\overline{AB})$ und V5: $w(\alpha) = w(\alpha')$

$w(\alpha) = w(\alpha') \wedge w(\alpha) = w(\alpha^*)$ / V5, V2

$\Rightarrow w(\alpha') = w(\alpha^*)$ (1) / Sym., Trans. von „=“

und da C*, C' in derselben Halbebene von A'B' liegen

$\Rightarrow w(\overrightarrow{A'B'}, \overrightarrow{A'C'}) = w(\overrightarrow{A'B'}, \overrightarrow{A'C^*})$

$\Rightarrow \overrightarrow{A'C'} = \overrightarrow{A'C^*}$ (2) / Folgerung aus WMA 4

$l(\overline{BC}) = l(\overline{B'C'}) \wedge l(\overline{BC}) = l(\overline{B'C^*})$ / V3, V2

$\Rightarrow l(\overline{B'C'}) = l(\overline{B'C^*})$ (3) / Sym., Trans. von „=“

$l(\overline{BC}) > l(\overline{AB})$ / V4

$\Rightarrow l(\overline{B'C'}) > l(\overline{A'B'})$ (4) / V3, V2

**Annahme:** $C^* \neq C'$

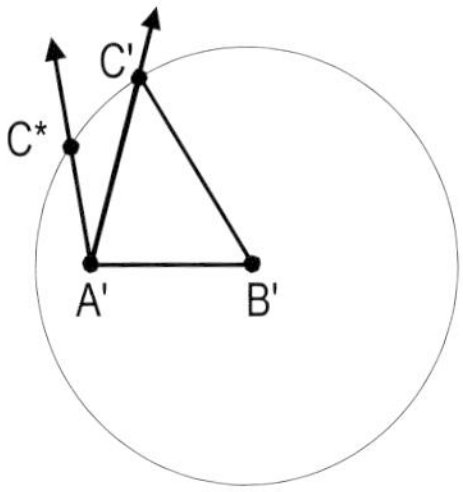


- Wenn also $C^* \neq C'$ und wenn wegen (3) ferner $l(\overline{B'C'}) = l(\overline{B'C^*})$ gilt, dann sind C* und C' *verschiedene* Punkte auf dem Kreis um B' mit dem Radius $l(\overline{B'C'})$.
  A' liegt wegen (4) innerhalb dieses Kreises.
- Dann schneiden die Halbgeraden $\overrightarrow{A'C^*}$ und $\overrightarrow{A'C'}$ mit dem gemeinsamen Anfangspunkt A' diesen Kreis in verschiedenen Punkten (C*, C') und es gilt[33]: $\overrightarrow{A'C'} \neq \overrightarrow{A'C^*}$.

Das ist ein Widerspruch zu $\overrightarrow{A'C'} = \overrightarrow{A'C^*}$ (2).
Die Annahme ist zu verneinen. Es folgt: $C^* = C'$

Übung: 1) Im Beweis der „Hinrichtung" von Satz 18 (Streckenkongruenz) haben wir $D_{C,\, w(\gamma)} \circ V_{\overrightarrow{AC}}$ als diejenige Abbildung angegeben, die $\overline{AB}$ auf $\overline{CD}$ abbildet.

a) Zeigen Sie jeweils mit einer Skizze, dass dies auch für besondere Lagen der Strecken $\overline{AB}$, $\overline{CD}$ gilt, nämlich:
Lage 1: $A = C \wedge B \neq D$
Lage 2: $A = D \wedge B = C$
Lage 3: $A = C \wedge B = D$

b) Für die unter (a) genannten Sonderfälle lassen sich auch einfachere[34] Kongruenzabbildungen $\varphi$ als $D_{C,\, w(\gamma)} \circ V_{\overrightarrow{AC}}$ angeben, so dass $\varphi(\overline{AB}) = \overline{CD}$.

---

[33] Wir benutzen hier den Satz: Jede Halbgerade, deren Anfangspunkt im Innern eines Kreises liegt, schneidet diesen Kreis in genau einem Punkt. Auf einen Beweis verzichten wir an dieser Stelle.

[34] Mit einer „einfacheren" Kongruenzabbildung meinen wir eine solche, die sich aus einer kleineren Anzahl von nacheinander ausgeführten Geradenspiegelungen darstellen lässt.

2) Wir erinnern an die im Rahmen der Hinführung zu den Kongruenzsätzen in einer Fußnote aufgeworfenen Fragen.
   a) Wie viele Möglichkeiten der Dreieckskonstruktion mit drei aus sechs „Bestimmungsstücken“ gibt es eigentlich?
   b) Für wie viele dieser Möglichkeiten haben wir Kongruenzsätze formuliert?
   c) Für wie viele der verbleibenden Möglichkeiten ließen sich weitere Kongruenzsätze formulieren? Formulieren Sie sie.
   d) Formulieren Sie alle verbotenen (falschen) Kongruenzsätze.
   e) Nehmen Sie Stellung zu unserer Bemerkung: „Das ist eine vergleichsweise ‚bescheidene Quote‘ bei so vielen Möglichkeiten.“

3) Beweisen Sie die Sätze 20 und 21.

### 4.2.6 Symmetrie

Der Begriff „achsensymmetrisch“ ist Ihnen im *Leitfaden Geometrie* bereits begegnet. Im Rahmen der Einführung in die Abbildungsgeometrie (Kapitel 4.1) haben wir ihn benutzt, um Besonderheiten eines indischen Ornaments (Abb. 51b), eines Mandalas (Abb. 52), der Rosetten zweier Kathedralen sowie eines Holzschnitts (Abb. 53) und natürlich der Proportionaldarstellung des menschlichen Körpers von Leonardo da Vinci (Abb. 55) herauszustellen. Danach ist der Begriff nicht mehr aufgetaucht. Wir knüpfen an Ihre Vorerfahrungen an, um den Begriff zu präzisieren:

Firmenzeichen sind ein nicht unbedeutender Teil des äußeren Erscheinungsbildes eines Unternehmens. Weil Firmenzeichen u. a. einprägsam und leicht reproduzierbar sein sollen und darüber hinaus ein hoher Wiedererkennungswert von ihnen erwartet wird, greifen die Designer bei ihrer Arbeit gern auf Symmetrien zurück.

In Abbildung 72 sind Firmenzeichen einiger Hersteller aus der Automobilbranche zusammengestellt. Welche Symmetrien erkennen Sie?

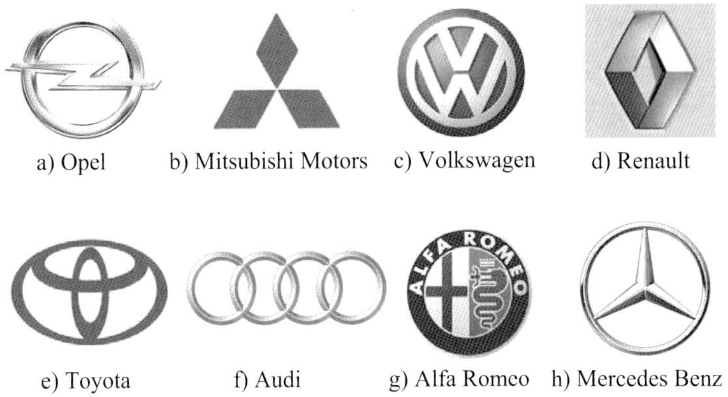


Abb. 72: Markenzeichen verschiedener Autohersteller[35]

Wenn Sie 10 Achsen-, 7 Drehsymmetrien und keine Translationssymmetrie[36] entdeckt haben, könnten Sie richtig liegen. Bitte zeichnen Sie in diesem Fall die Symmetrieachsen, Drehzentren und Drehwinkel in die Abbildungen ein[37].

Allgemein können wir die Symmetrie wie folgt definieren:

**Definition 12:** symmetrisch

Eine Figur F der Ebene heißt *symmetrisch*, wenn sie durch eine von der identischen Abbildung verschiedene Kongruenzabbildung auf sich selbst abgebildet wird.

---

[35] Alle abgebildeten Zeichen sind natürlich Eigentum der entsprechenden Markeninhaber.

[36] Die Translationssymmetrie wird auch als Schubsymmetrie bezeichnet. Wir vermeiden die Begriffsverwendung „Schubsymmetrie" um Interferenzen zwischen „Schubsymmetrie" (hier geht's um eine Verschiebung) und „Schubspiegelung" (hier geht's um eine Gleitspiegelung) aus dem Weg zu gehen.

[37] Bitte nur, wenn Sie den *Leitfaden Geometrie* nicht aus der Seminarbibliothek des Instituts für Didaktik der Mathematik und Informatik der Universität Münster ausgeliehen haben.

Bitte beachten Sie, dass Drehungen mit dem Drehmaß 0° und die Nullverschiebung andere Bezeichnungen für die identische Abbildung sind. Würden wir diese Abbildung(en) nicht ausnehmen, müssten wir das Firmenzeichen von Alfa Romeo als symmetrisch bezeichnen.

Je nachdem, welche Kongruenzabbildung die Symmetrie erzeugt, können besondere Formen der Symmetrie unterschieden werden:

**Definition 12a:** achsensymmetrisch

Eine Figur F der Ebene heißt *achsensymmetrisch*, wenn es eine Geradenspiegelung $S_g$ gibt, die die Figur auf sich selbst abbildet. $S_g(F) = F$.

Beispiele in Abbildung 72: Zeichen c, e sind einfach achsensymmetrisch; Zeichen f zweifach achsensymmetrisch, Zeichen b, h dreifach achsensymmetrisch.

Nun haben wir geklärt, wann eine Figur achsensymmetrisch *ist* (statische Definition). Im Mathematikunterricht stellt sich allerdings häufig(er) die Frage: Wie *erzeugt* man eine achsensymmetrische Figur? (genetische Definition)

Das Herstellen von achsensymmetrischen Klecksbildern im Mathematikunterricht der Grundschule veranschaulicht das Verfahren sehr gut, wenn die gewählte Lage der Spiegelgeraden keinen Sonderfall repräsentiert.

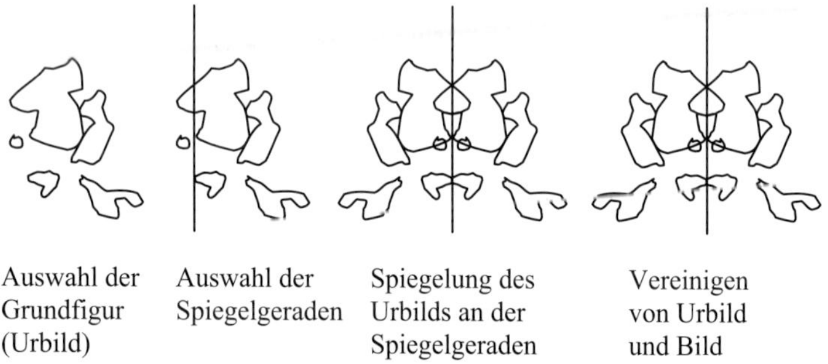


Abb. 73: Herstellung achsensymmetrischer Figuren

*Man erzeugt* aus einer Ausgangsfigur (Urbild) eine achsensymmetrische Figur, indem man

a) eine beliebige Spiegelgerade g auswählt,

b) das Urbild an g spiegelt und

c) Urbild und Bild vereinigt.

Offensichtlich muss es sich bei der Ausgangsfigur nicht um eine zusammenhängende Figur handeln und ebenso ist die besondere Lage der Spiegelgeraden bezüglich der Ausgangsfigur für das Zustandekommen der achsensymmetrischen Gesamtfigur unerheblich.

**Definition 12b:** drehsymmetrisch

Eine Figur F der Ebene heißt *drehsymmetrisch*, wenn es eine von der identischen Abbildung verschiedene Drehung $D_{M,w(\alpha)}$ gibt[38], die die Figur auf sich selbst abbildet.

$D_{M,w(\alpha)}(F) = F.$

Je nachdem, ob es sich bei der existierenden Drehung um eine Halb-, Drittel-, Viertel- ... Drehung handelt, unterscheidet man 2-, 3-, 4-, ... zählige Drehsymmetrie.

Beispiele in Abbildung 72: Zeichen a, d, f sind 2-zählig drehsymmetrisch, Zeichen b, h sind 3-zählig drehsymmetrisch

Ähnlich wie bei der Achsensymmetrie können wir auch hier fragen: Wie *erzeugt* man eine drehsymmetrische Figur? Bitte geben Sie eine genetische Definition an. Die genetische Definition der Achsensymmetrie, Definition 12b und Abbildung 74 sind dabei ggf. hilfreich.

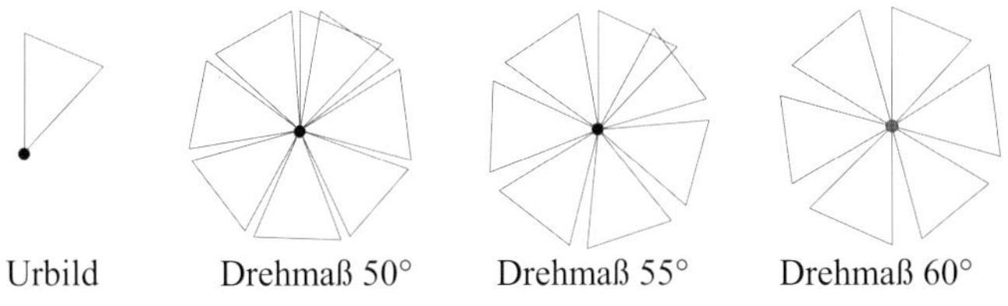


Abb. 74: Zur Herstellung drehsymmetrischer Figuren

[38] Also: $w(\alpha) \neq 0°$

**Definition 12c:** punktsymmetrisch

Eine Figur F der Ebene heißt *punktsymmetrisch*, wenn es eine Punktspiegelung $S_Z$ gibt, die die Figur auf sich selbst abbildet. $S_Z(F) = F$.

Die Punktsymmetrie ist ein Sonderfall der Drehsymmetrie.

Beispiele in Abbildung 72: Zeichen a, d, f

Da die Punktsymmetrie einen Sonderfall der Drehsymmetrie darstellt, verzichten wir – zunächst – auf die Behandlung der Frage: Wie *erzeugt* man eine punktsymmetrische Figur?

**Definition 12d:** translationssymmetrisch

Eine Figur F der Ebene heißt *translationssymmetrisch*, wenn es eine von der identischen Abbildung verschiedene Verschiebung $V_{\overrightarrow{ST},l(a)}$ gibt[39], die die Figur auf sich selbst abbildet. $V_{\overrightarrow{ST},l(a)}(F) = F$.

Beispiele in Abbildung 72: leider keine

Die oben gegebene Auskunft, dass Abbildung 72 kein Beispiel für eine translationssymmetrische Figur enthält, ist richtig. Trotzdem wissen wir von unserer Studierenden, dass das Audizeichen allzu gern für translationssymmetrisch gehalten wird. Dabei wird besonders gern die in Abbildung 75 dargestellte Verschiebung $V_{\overrightarrow{ST}}$ als diejenige Verschiebung genannt, die das Zeichen auf sich auf sich abbildet.

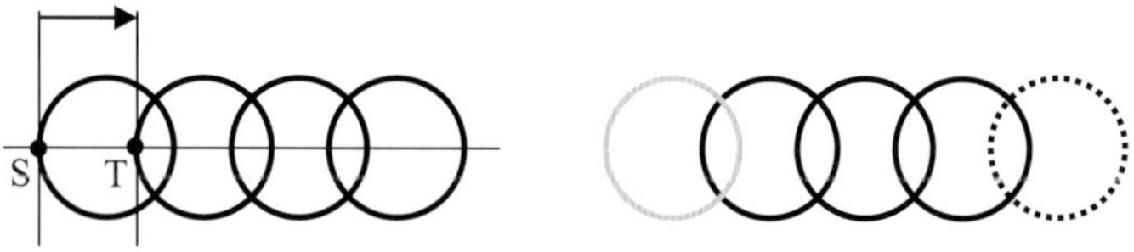


Abb. 75

Das ist natürlich nicht richtig, denn:

[39] Also: $S \neq T$ und $l(a) \neq 0$ cm

$V_{\overrightarrow{ST}}$ bildet zwar die Ringe 1, 2, 3 auf die Ringe 2, 3, 4 ab, der vierte Audiring würde jedoch auf den in Abbildung 75 gestrichelt dargestellten Ring abgebildet, der nicht mehr zu diesem Markenzeichen gehört. Ebenso wird kein Ring auf Ring 1 abgebildet. Die Figur wird nicht auf sich selbst abgebildet: Es scheitert rechts und es scheitert links.

Wir können nun versuchen, die Defizite des Audizeichens hinsichtlich einer Translationssymmetrie auszubessern: Wir verschieben das Zeichen etwa gemäß der in Abbildung 76 abgebildeten Verschiebung unendlich oft nach rechts und mit der Umkehrabbildung zur dargestellten Verschiebung unendlich oft nach links. Anschließend vereinigen wir das Urbild und alle Bilder.

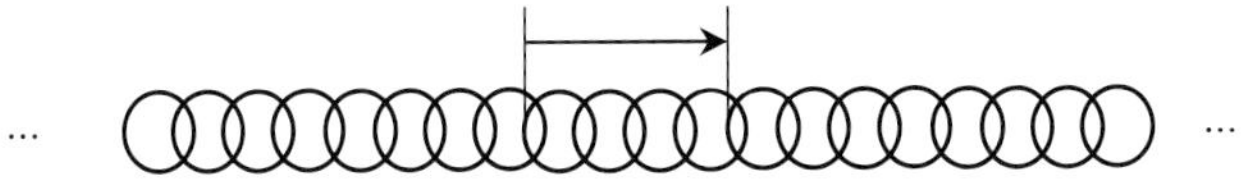


Abb. 76: Modifiziertes Audizeichen

Als Ergebnis erhalten wir eine translationssymmetrische Figur. Die in Definition 12 geforderte Verschiebung, die die Figur auf sich selbst abbildet, ist in der Abbildung eingezeichnet. Wir haben ein *Bandornament* hergestellt.

*Bandornamente* sind translationssymmetrische Figuren, die zwangsläufig von zueinander parallelen Geraden begrenzt werden. Bandornamente sind insofern *endlos*, als sich eine *Elementarfigur* in Richtung der Verschiebung und der Umkehrverschiebung unendlich oft wiederholt. Der Abstand, in dem sich die *Elementarfigur* in beiden Richtungen wiederholt, heißt *Elementardistanz*. Aus dieser Begriffsbildung „*Bandornament*“ folgt, dass ein *Bandornament* nie ganz, sondern allenfalls zu einem repräsentativen Teil darstellen lässt[40].

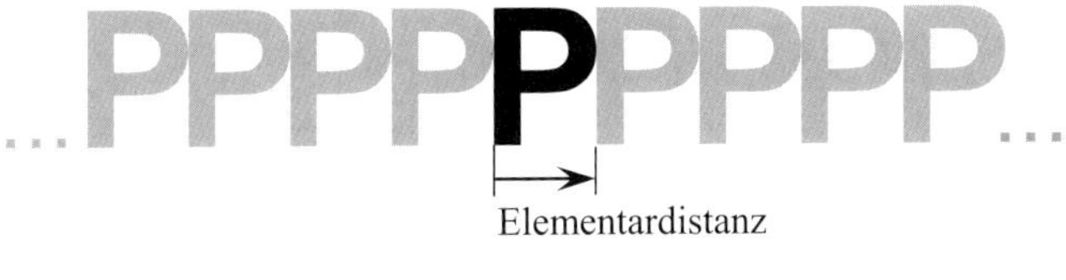


Abb. 77: Bandornament mit hervorgehobener Elementarfigur P

[40] In Abbildung 77 deuten wir die Endlosigkeit des Bandornaments durch „...“ an, im Folgenden stellen wir nur noch einen repräsentativen Teil dar.

Unser P-Bandornament ist – wie jedes Bandornament – translationssymmetrisch. Benutzen wir andere Elementarfiguren, können zusätzliche Symmetrien auftreten.

Abb. 78: D-Ornament

Das D-Ornament zeichnet sich durch eine zusätzliche Achsensymmetrie zur Mittellinie des Streifens aus (Längsspiegelung). Diese Eigenschaft ist insofern nicht sonderlich überraschend, als sie durch die Achsensymmetrie des einzelnen Buchstabens „D“ in das Ornament hineingetragen wird.

Andere Buchstaben unseres Alphabets weisen andere Symmetrien auf:

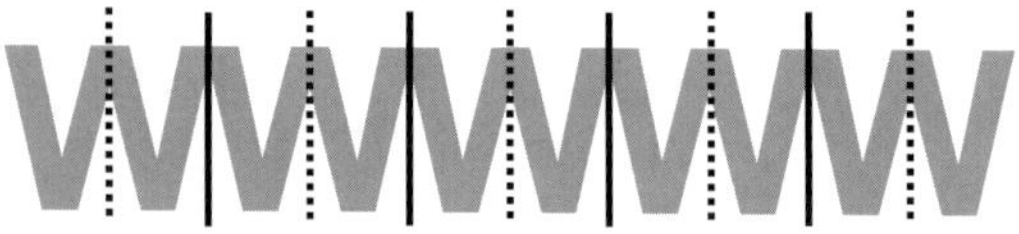

Abb. 79: W-Ornament

Das W-Ornament weist zusätzliche Achsensymmetrien zu Loten auf die Mittellinie des Streifens auf (Querspiegelungen). Zwei Typen von Achsensymmetrien können unterschieden werden: solche, bei denen die Spiegelgerade innerhalb der Elementarfigur liegt und solche, bei denen sie zwischen zwei Elementarfiguren liegt.

Abb. 80: S-Ornament

Das S-Bandornament weist zwei Typen von Punktsymmetrien zu Punkten auf der Mittellinie auf, die in der Abbildung verschiedenfarbig dargestellt sind.

Bei den in den Abbildungen 78 – 80 dargestellten Bandornamenten konnten Sie erkennen, dass Symmetrien in der Elementarfigur die Vielfalt der Symmetrien des erzeugten Bandornaments vergrößern. Das in der folgenden Abbildung dargestellte Bandornament weist zusätzlich zur Translationssymmetrie eine weitere zusätzliche Symmetrie, die wir bislang nicht thematisiert haben. Auch bei diesem Ornament wird die zusätzliche Symmetrie durch die Elementarfigur in das Ornament hineingetragen. Weil es in unserem Alphabet keinen Buchstaben gibt, der über diese neue Symmetrie verfügt, mussten wir für die Elementarfigur eine Buchstabenkombination bemühen. Die Elementarfigur ist in Abbildung 81 farblich hervorgehoben. Finden Sie vor dem Weiterlesen heraus, von welcher zusätzlichen Symmetrie hier die Rede ist.

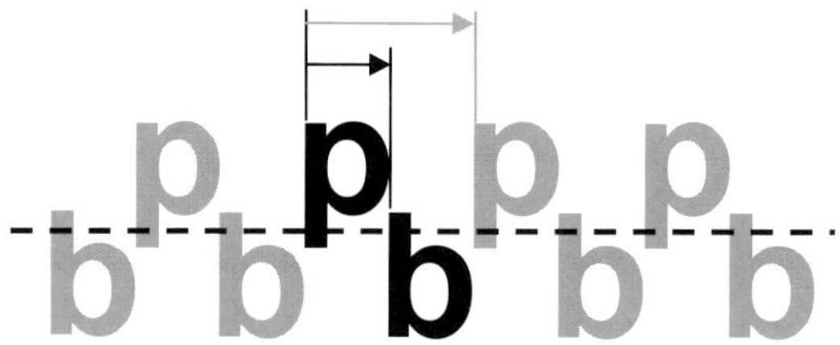


Abb. 81: pb-Ornament mit neuer zusätzlicher Symmetrie

Das Bandornament in Abbildung 81 ist zusätzlich *gleitspiegelungssymmetrisch*. Wir können den Begriff analog zu den Definitionen 12a – 12d festlegen:

**Definition 12e:** gleitspiegelungssymmetrisch

Eine Figur F der Ebene heißt *gleitspiegelungssymmetrisch*, wenn es eine Gleitspiegelung $G_{g,\overrightarrow{ST},l(a)}$ mit $S \neq T$ und $l(a) \neq 0$ cm gibt, die die Figur auf sich selbst abbildet.

$$G_{g,\overrightarrow{ST},l(a)}(F) = F.$$

In Abbildung 81 ist der Verschiebungspfeil, der Richtung und Elementardistanz der Translation festlegt, grau dargestellt. Der schwarz gestellte Verschiebungspfeil der Gleitspiegelung stimmt in der Richtung natürlich mit dem Pfeil der Translation überein, ist aber nur halb so lang wie dieser.

Grundsätzlich ist es natürlich möglich, dass die Länge der Verschiebung der Gleitspiegelung mit der Länge der Translation, über die jedes Bandornament verfügt, übereinstimmt[41]. In diesem Fall erhält das Bandornament durch die zusätzliche Gleitspiegelungssymmetrie aber nur eine weitere Achsensymmetrie an der Längsachse (Längsspiegelung) hinzu.

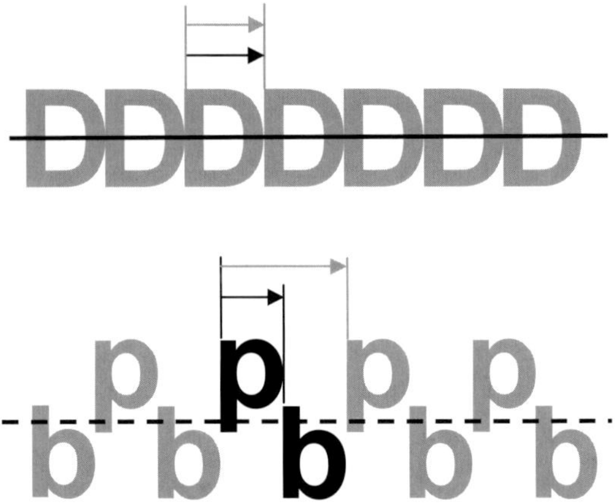


Abb. 82: Bandornamente mit unechter und echter Gleitspiegelungssymmetrie

Jedes Bandornament, das längsspiegelungssymmetrisch (achsensymmetrisch zur Mittellinie) ist, ist zwangsläufig auch gleitspiegelungssymmetrisch. Man spricht in diesem Fall, den Definition 12e durchaus zulässt, von *unechter Gleitspiegelungssymmetrie*. Ein Beispiel für *unechte* Gleitspiegelungssymmetrie in das D-Ornament in Abbildung 82.

Man spricht hingegen von *echter Gleitspiegelungssymmetrie*, wenn die Länge der Verschiebung der Gleitspiegelung halb so groß wie die Länge der Translation ist. Ein Beispiel für *echte* Gleitspiegelungssymmetrie ist das pb-Ornament in Abbildung 82.

Interessant wird die Herstellung von Bandornamenten, wenn das Ornament über verschiedene Symmetrien verfügen soll, man aber nur einen begrenzten Figurensatz zur Verfügung hat. Wir stellen im Folgenden sieben Typen von

41 Siehe D-Ornament in Abbildung 82

Bandornamenten heraus, die über einen jeweils unterschiedlichen Satz von Symmetrien verfügen. Als Grundfiguren benutzen wir die in Abbildung 83 dargestellten LTZ-Figuren, die aus jeweils vier Quadraten zusammengesetzt sind.[42]

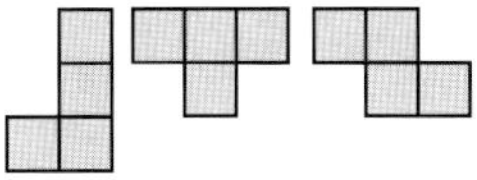

Abb.: 83: LTZ-Figuren

**Sieben Typen von Bandornamenten**

Typ 1: nur translationssymmetrisch

Die Herstellung gelingt natürlich mit der L-Figur, die über keine Symmetrie verfügt.

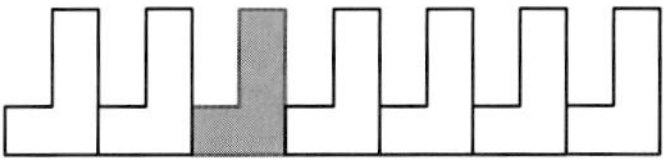

Die Herstellung gelingt aber auch mit Z-Figuren, wenn man die Punktsymmetrie einer einzelnen Z-Figur durch geeignete Anordnung einer zweiten Z-Figur zerstört.

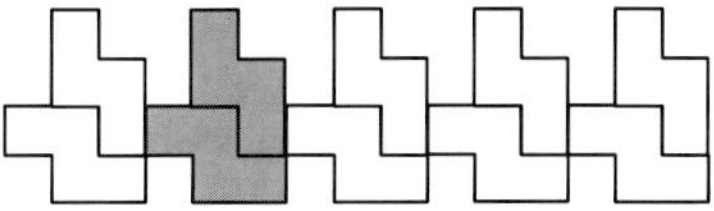

Typ 2: translations- und punktsymmetrisch

Die einzelne Z-Figur trägt ihre Punktsymmetrie ins Bandornament hinein.

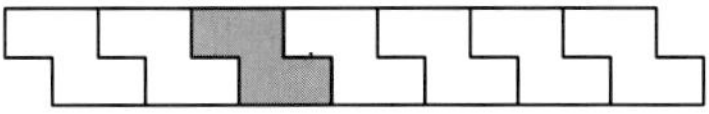

Die Herstellung gelingt aber auch mit L-Figuren, wenn man eine zweite L-Figur derart anordnet, dass eine punktsymmetrische Elementarfigur entsteht.

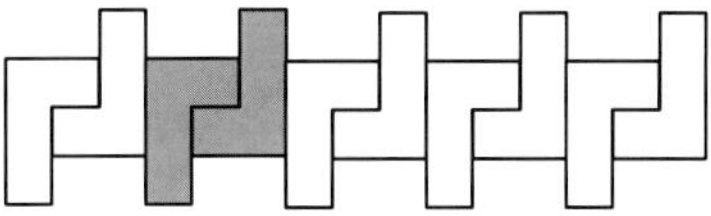

[42] Für den Mathematikunterricht in der Grundschule gibt es diese Figuren auch als farbige LTZ-Plättchen im Handel. Stellt man sie selbst in beliebiger Größe aus Moosgummi her, kann man sie bei Bedarf mit Wasser befeuchten und Bandornamente an der Tafel fixieren.

Typ 3: translations- und achsensymmetrisch (Querspiegelung[43])

Die einzelne T-Figur trägt ihre Achsensymmetrie ins Bandornament hinein.

Die Herstellung gelingt auch mit L-Figuren, wenn man eine zweite L-Figur derart anordnet, dass eine achsensymmetrische Elementarfigur entsteht.

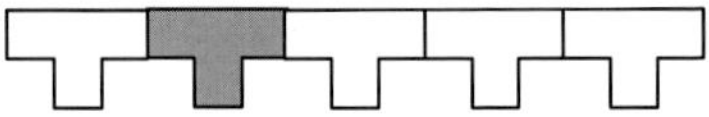

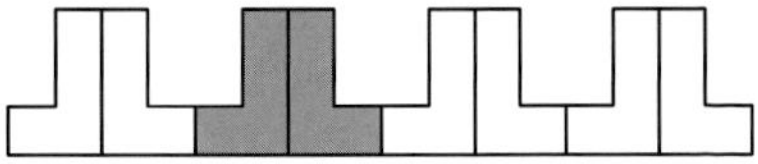

Typ 4: translations- und (echt) gleitspiegelungssymmetrisch

Keine der LTZ-Figuren weist diese Symmetrie auf, wie auch?

Aus einer L- bzw. Z-Figur wird durch Gleitspiegelung und anschließende Vereinigung von Urbild und Bild die Elementarfigur erzeugt. Gleitspiegelungsgerade ist die Mittellinie des Bandornaments, der Verschiebungspfeil der Gleitspiegelung ist in der Abbildung eingefügt.

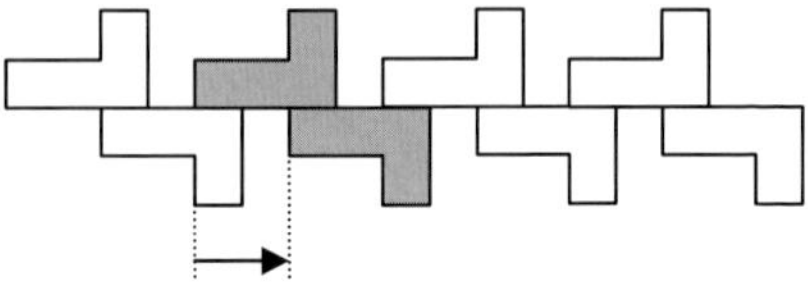

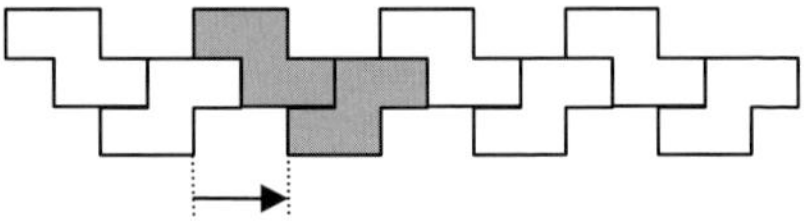

Typ 5: translations- und achsensymmetrisch (Längsspiegelung[44])

Hier können wir anlog zur Erzeugung eines Bandornaments vom Typ 3 vorgehen.

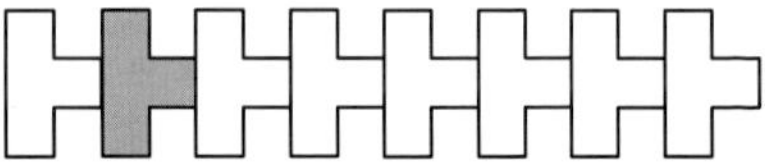

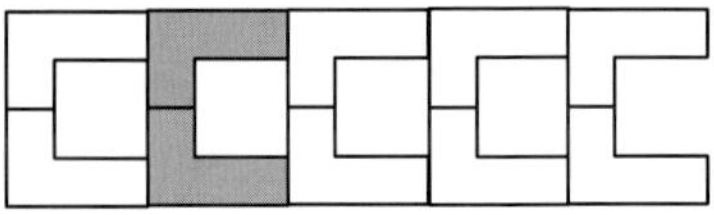

---

[43] Spiegelung an Lotgeraden zur Mittellinie des Bandornaments

[44] Spiegelung an der Mittellinie des Bandornaments

Typ 6: translations-, punkt-, echt gleitspiegelungs- und achsensymmetrisch (Querspiegelung)

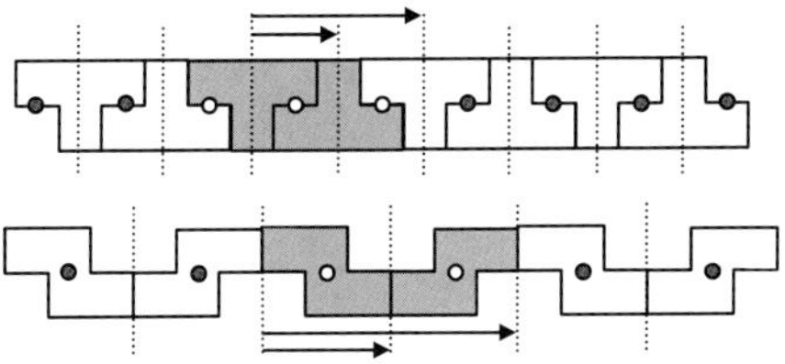

Bis auf die Spiegelgeraden der Gleitspiegelungen haben wir in beide Bandornamente die Parameter der relevanten Kongruenzabbildungen eingezeichnet.

Haben Sie's bemerkt? Im ersten Ornament ist die T-Figur achsensymmetrisch, die aus der Elementarfigur (durch ...) erzeugte Elementarfigur keineswegs. Die zwei Typen der unendlich vielen Spiegelgeraden entstehen erst bei der Erzeugung des Bandornaments durch Verschiebung.

Typ 7: translations-, punkt-, und zweifach achsensymmetrisch (Längs- und Querspiegelung)

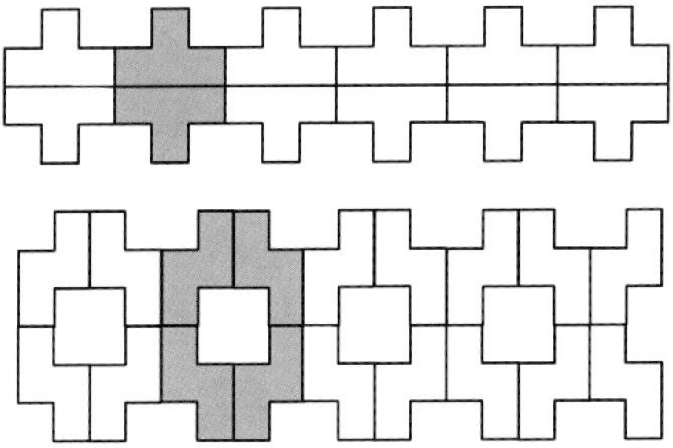

In die Überlegungen zur Herstellung dieser beiden Bandornamente gehen die Überlegungen zur Erzeugung der Ornamente von Typ 2, 3 und 5 ein.

Beide Ornamente verfügen über genau eine Längsspiegelungsgerade, zwei Typen unendlich vieler Querspiegelungsgeraden und zwei Typen unendlich vieler Punktspiegelungen.

Parkettierungen sind regelmäßige Flächenaufteilungen der Ebene. Auch bei Parkettierungen treten Symmetrien auf.

Unter einer Parkettierung versteht man eine vollständige, überlappungsfreie, lückenlose Überdeckung der Ebene mit deckungsgleichen Figuren (Grundfiguren). Parkettierungen sind translationssymmetrisch mit mehr als einer Verschiebungsrichtung.

Wir betrachten zunächst Parkettierungen mit regulären n-Ecken.

$n = 3$

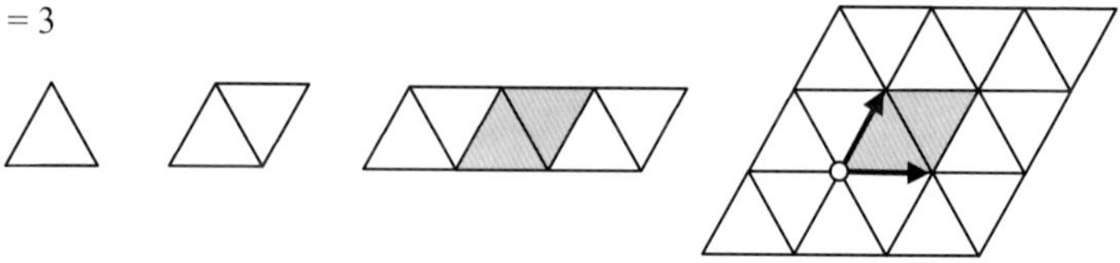

Abb.: 84: Parkettierung mit regulären Dreiecken

Man spiegele das gleichseitige Dreieck an einem Seitenmittelpunkt. Die entstandene punktsymmetrische Figur ist ein Parallelogramm[45].

Aus diesem Parallelogramm stelle man mit Hilfe der dargestellten Verschiebung ein Bandornament (einen Streifen) her.

Aus diesem Bandornament (Streifen) erzeuge man mit Hilfe der zweiten dargestellten Verschiebung eine neue translationssymmetrische Figur, das Parkett.

$n = 4$

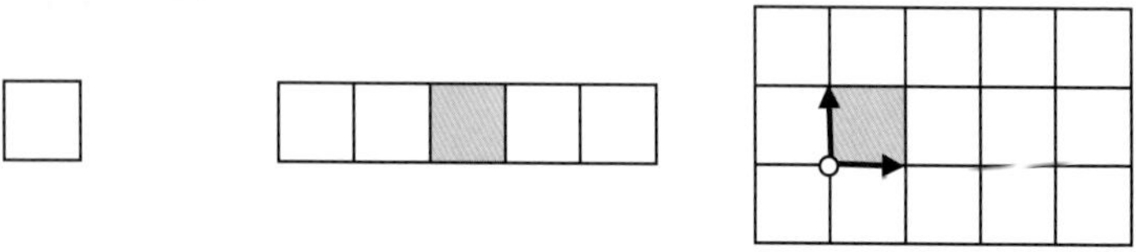

Abb.: 85: Parkettierung mit regulären Vierecken

Beim Quadrat entfällt das Herstellen der punktsymmetrischen Figur, ansonsten kann man analog vorgehen.

[45] bzw. sogar eine Raute

n = 6

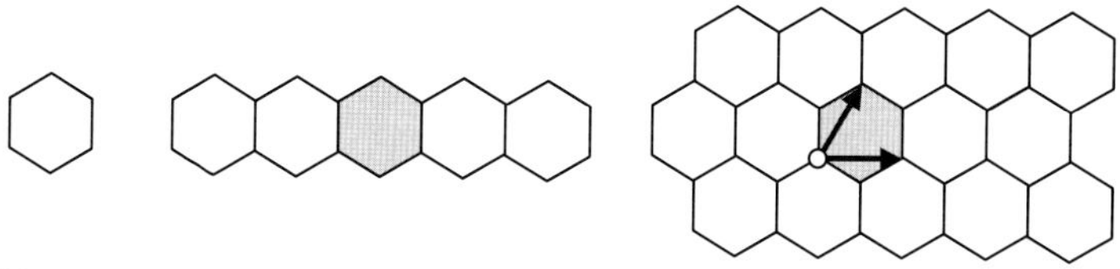

Abb.: 86: Parkettierung mit regulären Sechsecken

Das gleiche Verfahren führt zur Parkettierung der Ebene mit regulären Sechsecken. Eine Betrachtung der Winkelgrößen macht im Übrigen deutlich, dass die einzelnen Streifen wirklich exakt ineinander greifen: Der Innenwinkel im regulären Sechseck beträgt 120°. In jedem Gitterpunkt des Sechseckgitters kommen 3 Sechsecke zusammen, die Winkel ergänzen sich exakt zum Vollwinkel.

n = 5

Das bei regulären Drei-, Vier- und Sechsecken so erfolgreich praktizierte Verfahren zum Parkettieren der Ebene scheitert bei regulären Fünfecken. Im regelmäßigen Fünfeck beträgt das Winkelmaß der Innenwinkel 108° und 108° ist kein Teiler von 360°:

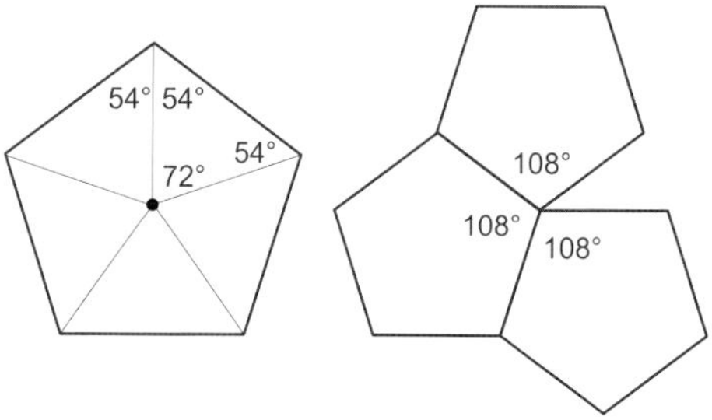


Abb. 87: reguläres Fünfeck

Die Ebene kann mit regulären Fünfecken nicht parkettiert werden.

Analoge Überlegungen schließen die regulären n-Ecke mit n = 7, 8, 9, ... als geeignete Parkettierungsfiguren aus. Unter den regelmäßigen Vielecken eignen sich ausschließlich gleichseitige Dreiecke, Quadrate und regelmäßige Sechsecke zum Parkettieren der Ebene.

Auch wenn eine Parkettierung mit regulären Fünfecken, die immerhin neun Achsen- und Drehsymmetrien aufweisen, nicht möglich ist, gelingt es doch die Ebene mit Fünfecken zu parkettieren, die deutlich weniger Symmetrien aufweisen. Wir zeigen im Folgenden zwei Möglichkeiten auf:

In Abbildung 88 ist die Parkettierung „Cairo Tiling“ dargestellt. Der Name geht auf eine Straßenpflasterung zurück, die es in Cairo geben soll[46]. Die kleinste Figur, die in diesem Parkett auftaucht, ist ein achsensymmetrisches Fünfeck (nennen wir es Cairo-Fünfeck) mit den Innenwinkelgrößen 120°, 120°, 90°, 120° und 90°.

Finden Sie die Grundfigur und die Verschiebungen, die das Parkett auf sich selbst abbilden.

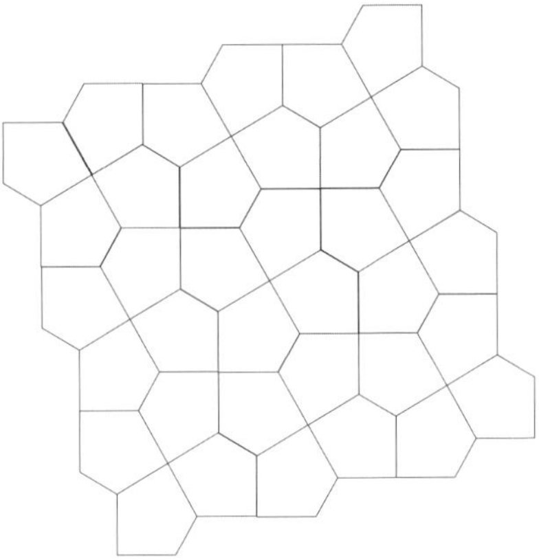

Abb. 88: Parkettierung „Cairo Tiling“

Über welche weiteren Symmetrien verfügt diese charmante Parkettierung? Benennen Sie sie und tragen Sie die Parameter in die Abbildung ein.

Ein anderes Fünfeck, das sich zum Parkettieren eignet, ist das in Abbildung 89 abgebildete „Hausfünfeck“, bei dem die Längen der Seiten a, b und c übereinstimmen.

Die Parkettierung der Ebene gelingt in den gleichen drei Schritten, die wir beim Parkettieren mit gleichseitigen Dreiecken verfolgt haben:

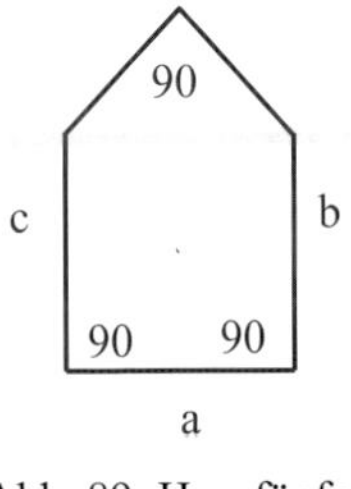


Abb. 89: Hausfünfeck

[46] H. Donnelly hat diese Pflasterung nach mehr als 20-jähriger Suche 2010 tatsächlich in Cairo ausfindig gemacht und durch ein Foto dokumentiert. (http://www.tess-elation.co.uk/cairo-pentagon---truly-named-)

Durch Punktspiegelung am Mittelpunkt der Seite a erzeugen wir die punktsymmetrische Grundfigur. Wir erhalten ein punktsymmetrisches Sechseck (Schritt 1).

Mit Hilfe einer der beiden in Abbildung 90 dargestellten Verschiebungen stellen wir aus der Grundfigur zunächst ein Bandornament her (Schritt 2).

Schließlich erzeugen wir aus diesem Bandornament eine vollständige Überdeckung der Ebene, die translationssymmetrische hinsichtlich der zweiten angegebenen Verschiebung ist (Schritt 3).

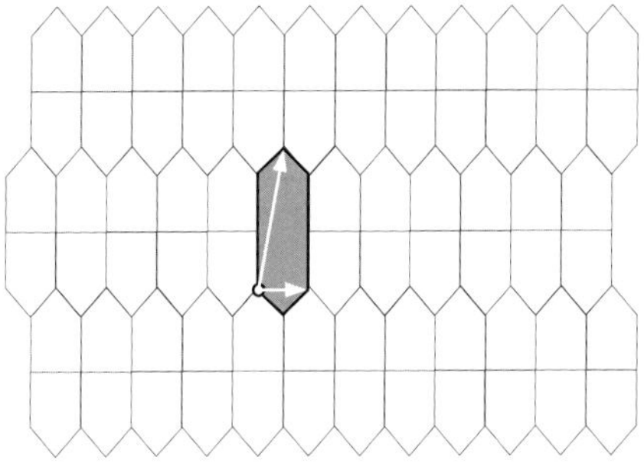

Abb. 90: Parkettierung mit Hausfünfecken

Eine Betrachtung der Winkelgrößen macht schließlich deutlich, dass die bei der Herstellung des Parketts aneinandergesetzten Streifen tatsächlich exakt ineinandergreifen und wir auch wirklich eine lückenlose und überlappungsfreie Überdeckung der Ebene erreicht haben.

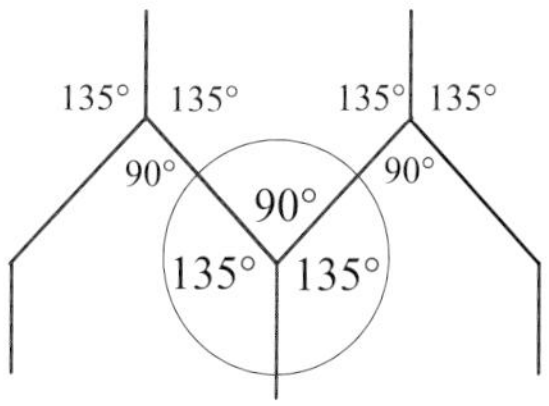


Abb. 91: Winkelbetrachtung

Die Ebene lässt sich also mit „Cairo-Fünfecken" und „Hausfünfecken" parkettieren. Darüber hinaus gibt es eine Vielzahl weiterer Klassen von Fünfecken, die sich zum Parkettieren eignen[47], auf die wir aber hier nicht eingehen wollen.

Wir haben konstruktiv gezeigt, dass sich die Ebene mit regulären Vierecken (Quadraten) parkettieren lässt.

---

47 Der vermeidlich makellose Schönling „reguläres Fünfeck" ist nicht dabei.

Jetzt behaupten wir:

Die Ebene lässt sich auch mit beliebigen Rechtecken parkettieren
und wir bitten Sie, dies jetzt konstruktiv zu zeigen. Bitte geben Sie zwei qualitativ unterschiedliche Parkettierungen an.[48]

Jetzt behaupten wir:

Die Ebene lässt sich auch mit beliebigen Rauten parkettieren
und wir bitten Sie, dies jetzt konstruktiv zu zeigen. Bitte geben Sie zwei qualitativ unterschiedliche Parkettierungen an.

Jetzt behaupten wir:

Die Ebene lässt sich auch mit beliebigen Parallelogrammen parkettieren
und wir bitten Sie, dies jetzt konstruktiv zu zeigen. Bitte geben Sie zwei qualitativ unterschiedliche Parkettierungen an.

Jetzt behaupten wir:

Die Ebene lässt sich auch mit beliebigen Trapezen parkettieren[49]
und wir bitten Sie, dies jetzt konstruktiv zu zeigen. Bitte geben Sie zwei qualitativ unterschiedliche Parkettierungen an.

Und jetzt behaupten wir:

Die Ebene lässt sich mit jedem beliebigen Viereck parkettieren
und wir bitten Sie, sich jetzt einmal zu entspannen[50], weil wir Ihnen dies zeigen werden.

Wir betrachten also ein beliebiges Viereck ABCD. Durch Punktspiegelung am Mittelpunkt der Seite b erzeugen wir das punktsymmetrische Sechseck

[48] Wir hoffen, Sie stimmen mit uns darin überein: Die Grundfigur „beliebiges Rechteck" einmal in Längsrichtung und einmal „hochkant" darzustellen, führt nicht wirklich zu qualitativ unterschiedlichen Parkettierungen. Der qualitative Unterschied ist an anderer Stelle zu suchen. Wenn Sie nun aber ganz und gar nicht fündig werden, dann besuchen Sie nach Ihrer ersten Teillösung eine gute Freundin und schauen sich das (endliche) Holzfussbodenparkett in ihrem Wohnzimmer an. Vielleicht dürfen Sie ja sogar einen Blick ins Schlafzimmer werfen.

[49] Was man so alles behaupten kann – nicht wahr, nicht? Wenn Sie aber der Ansicht sind, dass das nun wirklich zu weit geht, dann finden Sie ein besonderes Trapez, mit dem das Parkettieren definitiv scheitert und begründen Sie das.

[50] Das Entspannungsangebot gilt nur, wenn Sie die vorangegangenen vier Aufträge für konstruktive Begründungen tatsächlich ausgeführt haben.

ABD'A'CD in Abbildung 92. Dieses Sechseck wird die Grundfigur für unsere Parkettierung.

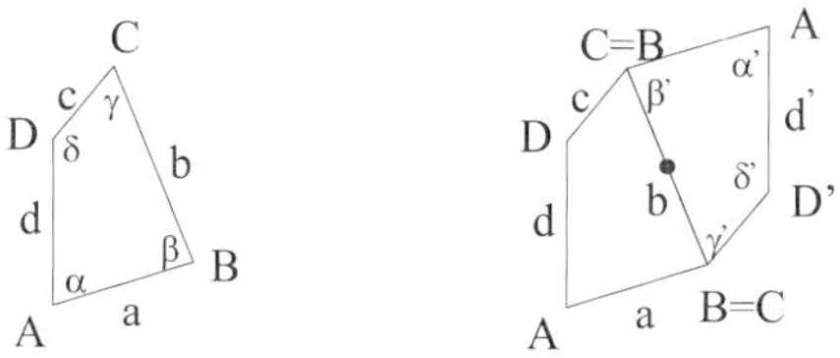


Abb. 92: Viereck und punktsymmetrisches Sechseck

Weil die Punktspiegelung strecken-, längen- und winkelmaßtreu ist, stimmen in Urbild und Bild die Längen einander entsprechenden Strecken ebenso überein, wie die Größen einander entsprechender Winkel. Außerdem gilt AD||A'D'.

Aus dieser Grundfigur erzeugen wir nun einen Streifen, der translationssymmetrisch zur Verschiebung $V_{\overrightarrow{AD'}}$ ist.

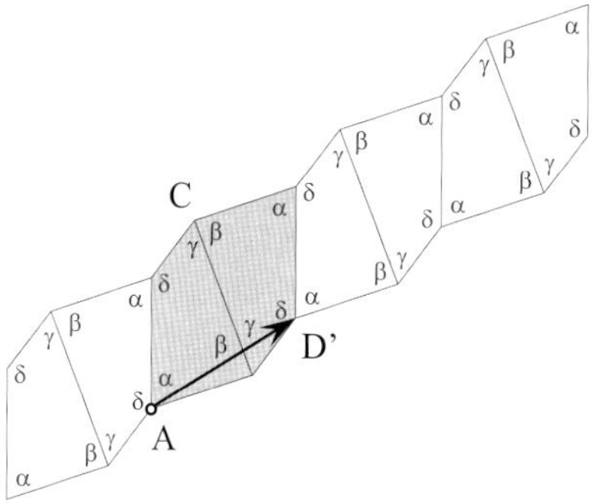


Abb. 93: Bandornament (Streifen) aus Vierecken

Weil die Verschiebung[51] längen-, strecken- und winkelmaßtreu ist und weil das Bild einer Geraden g bei der Verschiebung eine zu g parallele Gerade ist, entstehen zur Grundfigur kongruente Figuren, die jeweils genau eine Seite gemeinsam haben.

[51] Siehe Kapitel 4.2.1

Aus diesem translationssymmetrischen Streifen können wir schließlich ein Parkett erzeugen, dass zusätzlich zur Verschiebung $V_{\overrightarrow{AC}}$ translationssymmetrisch ist.

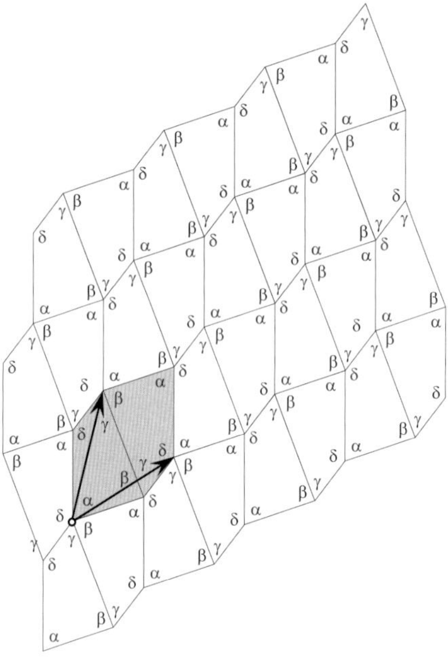

Abb. 94: Parkettierung aus Vierecken

Eine Betrachtung der in der Parkettierung auftretenden Winkel macht deutlich: In jeder Ecke kommen vier Winkel mit denjenigen Winkelgrößen zusammen, die sich im Viereck zu 360° ergänzt haben. Die erreichte Überdeckung der Ebene ist also lückenlos und überlappungsfrei.[52]

Die Ebene lässt sich also mit beliebigen Vierecken parkettieren. Eigentlich haben wir aber sogar noch mehr gezeigt – oder?

---

[52] Wir weisen ausdrücklich darauf hin, dass die in den Abbildungen 93 und 94 mit α bezeichneten Winkel korrekt mit α, α', α'',α''', ... benannt werden müssten, denn sie sind allesamt Bilder des Winkels α. Die saloppe Darstellung ist allein der besseren Übersichtlichkeit geschuldet. Analoges gilt für die mit β, γ und δ markierten Winkel.

Die Grundfigur, die wir zum Parkettieren herangezogen haben, war ein punktsymmetrisches Sechseck (Abbildung 92). In der Argumentation haben wir dann begründet, dass sich damit ein Parkett herstellen lässt.

Damit haben wir also gezeigt: Auch punktsymmetrische Sechsecke eignen sich zum Parkettieren.

Parkettierungen mit regulären Sechsecken sind Sonderfälle des Sonderfalls der Parkettierung mit punktsymmetrischen Sechsecken, im Allgemeinen eignen sich beliebige Sechsecke nicht zum Parkettieren.

Wir wollen zum Ende dieses Kapitels Parkettierungen thematisieren, die auf bescheidenem Niveau bereits in der Grundschule auftauchen und auf hohem künstlerischen Niveau eine Rolle bei vielen Arbeiten des Künstlers M. C. Escher[53] spielen.

Wir erstellen aus einem (beliebigen) Viereck – wir wählen hier ein Quadrat – eine Parkettierung. Dieses Parkett ist eine regelmäßige Flächenaufteilung der Ebene. Dabei wird die Regelmäßigkeit durch die beiden Translationen, die das Parkett auf sich selbst abbilden, sichergestellt. Die Eigenschaft, Aufteilung zu sein, ist dadurch gewährleistet, dass ausschließlich zueinander kongruente Figuren (mit gleichem Flächeninhalt) verwendet werden und dadurch, dass die Figuren lückenlos und überlappungsfrei aneinandergrenzen.

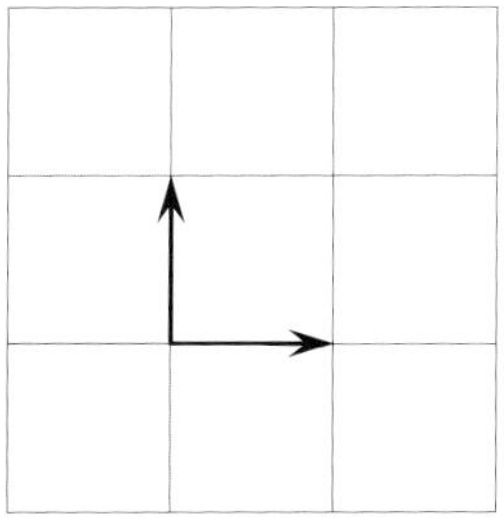

Abb. 95: Ausgangsparkettierung

Wir verändern nun das zum Parkettieren verwendete Quadrat ABCD mit Hilfe einer Kongruenzabbildung derart, dass der Flächeninhalt konstant bleibt.

Wir zeigen zwei Möglichkeiten:

Der erste Weg führt über eine Verschiebung. Dazu zeichnen wir ein Dreieck aus, dessen eine Seite mit $\overline{CD}$ zusammenfällt und dessen dritte Ecke $Z_1$ ein

53 Maurits Cornelis Escher lebte von 1898 bis 1972 in den Niederlanden. Er schuf insbesondere zahlreiche Holzschnitte und Lithografien. Besonders bekannt sind seine „unmöglichen Welten“ und seine „Flächenfüllungen“. Bei den „Flächenfüllungen“ geht es dem Künstler darum, die Zeichenfläche (nicht die Ebene) mit zueinander kongruenten Figuren lückenlos und überlappungsfrei zu füllen.

beliebiger Punkt im Inneren des Quadrats ABCD ist. In Abbildung 96 haben wir das Dreieck $\triangle CDZ_1$ gewählt.

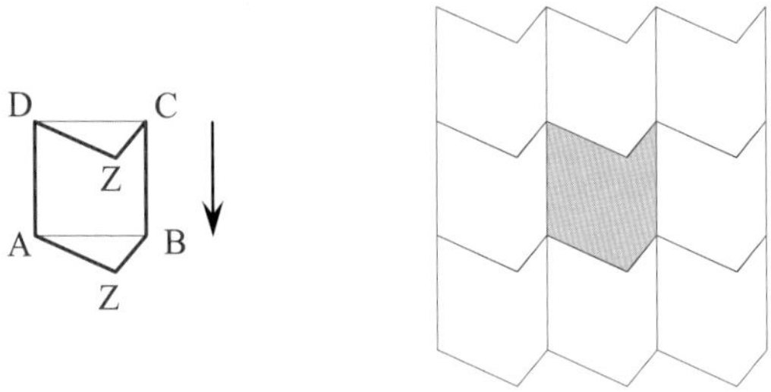


Abb. 96: Parkettierung mit neuem Sechseck

$V_{\overrightarrow{CB}}$ lagert $\triangle CDZ_1$ an der Seite $\overline{BA}$ an, die $\overline{CD}$ gegenüberliegt:

$V_{\overrightarrow{CB}}(\triangle CDZ_1) = \triangle BAZ_2$ . Die Vereinigung des Fünfecks $ABCZ_1D$ und des Dreiecks $AZ_2B$ führt zum Sechseck $AZ_2BCZ_1D$. Die Eigenschaften der Verschiebung garantieren uns, dass wir die Ebene mit dem neu entstandenen Sechseck $AZ_2BCZ_1D$ parkettieren können. Da die Wahl des Eckpunkts $Z_1$ beliebig war, haben wir gezeigt:

Es gibt unendlich viele Sechsecke, die sich zum Parkettieren eignen.

In der Literatur ist die oben vorgestellte Technik des Parkettierens als „Knabbertechnik“ bekannt: An einer Seite des Quadrats wird Etwas abgeknabbert, anschließend wird das Abgeknabberte an der gegenüberliegenden Seite wieder angesetzt[54].

Abknabbern und Ansetzen kann man aber auch anders und damit kommen wir auf die zweite Möglichkeit des Modifizierens der Ausgangsfigur, die wir oben versprochen haben. Auch bei diesem Weg zeichnen wir wieder ein Dreieck aus. Eine Dreiecksseite stimmt mit der Seite $\overline{CD}$ des Quadrats überein, die dritte Ecke des Dreiecks ist ein beliebiger Punkt im Innern des Vierecks (siehe Abbildung 97). Die Drehung des Dreiecks $CDZ_1$ um C um 90° führt zum Bilddreieck $CBZ_2$. Die Vereinigung des Fünfecks $ABCZ_1D$ und

[54] Einen schönen Aufsatz zur Knabbertechnik, der nicht nur für Grundschullehrer interessant ist, finden Sie etwa bei Lorenz 1991.

des Dreiecks $CBZ_2$ führt zum Sechseck $ABZ_2CZ_1D$. Dreht man dieses Sechseck nun nacheinander um 90°, 180°, 270° um C und vereinigt das Urbild und alle Bilder, dann erhält man das in Abbildung 97 dargestellte Quadrat. Mit diesem Quadrat (als Grundfigur) lässt sich wieder problemlos ein Parkett herstellen.

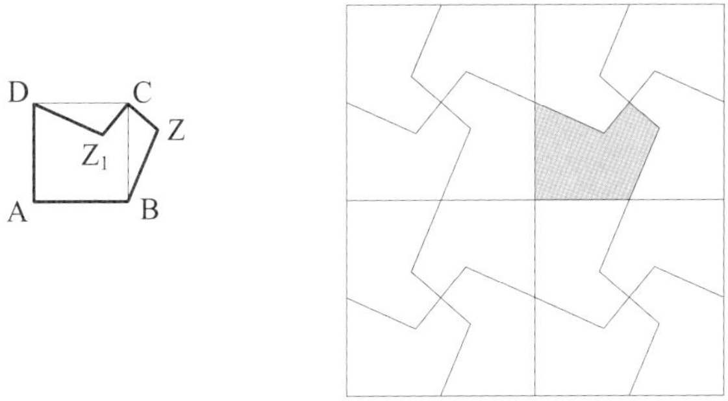


Abb. 97: Parkettierung mit neuem Sechseck (zweiter Weg)

Wir kommen auf das in Abbildung 96 dargestellte Vorgehen zurück und verändern das Quadrat der Ausgangsparkettierung weiter: Dazu zeichnen wir diesmal ein Viereck aus, dessen eine Seite mit $\overline{CD}$ übereinstimmt und dessen weitere Ecken (und Seiten) im Innern des Quadrats liegen.

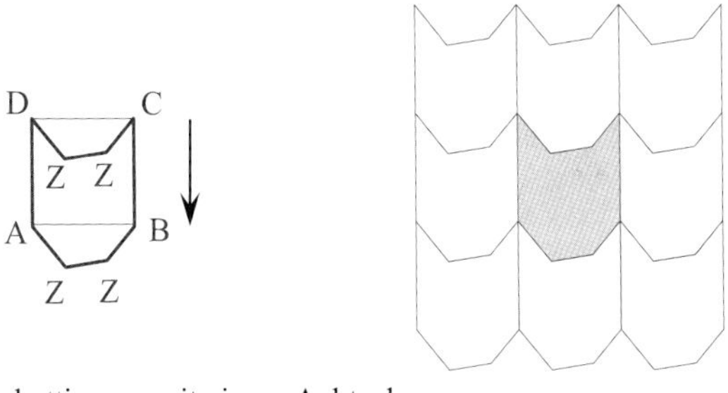


Abb. 98: Parkettierung mit einem Achteck

Vollkommen analog zur Argumentation weiter oben erhalten wir diesmal ein Achteck, das sich zum Parkettieren der Ebene eignet. Weil auch hier die Wahl der Ecken $Z_1$ und $Z_2$ im Innern des Quadrats ABCD beliebig war, folgt:

Es gibt unendlich viele Achtecke, die sich zum Parkettieren eignen.

Sie ahnen, wie's weitergeht?

Wir zeichnen im Ausgangsquadrat ein Fünfeck aus, dessen eine Seite mit $\overline{CD}$ übereinstimmt, verschieben es gemäß der eingezeichneten Verschiebung, erhalten als neue Figur ein Zehneck, mit dem sich wieder problemlos parkettieren lässt.

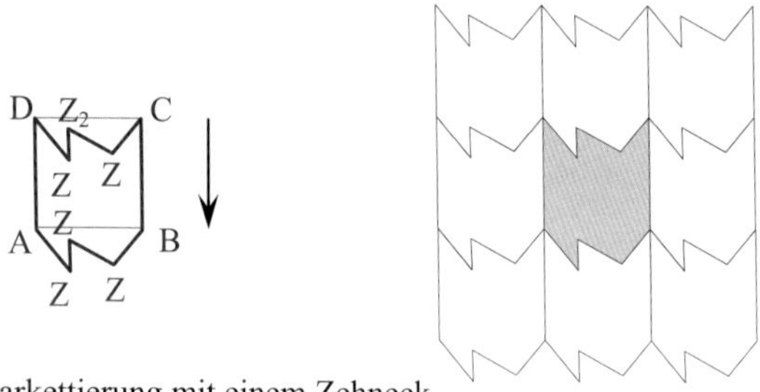


Abb. 98: Parkettierung mit einem Zehneck

Bitte machen Sie sich mit einer Winkelbetrachtung klar, dass die doch recht unregelmäßigen „Zacken" dieses Zehnecks beim Parkettieren tatsächlich exakt ineinandergreifen und dass der Flächeninhalt dieses Zehnecks immer noch genauso groß ist wie der des Ausgangsquadrats, das im linken Teil der Abbildung 98 immer noch durchschimmert.

Damit haben wir gezeigt:

Es gibt unendlich viele Zehnecke, die sich zum Parkettieren eignen.

Die oben „eingefädelte" Strategie lässt sich offensichtlich fortgesetzt konkretisieren[55]. Vergrößern wir die Eckenzahl des n-Ecks im Quadrat ABCD um k, dann vergrößert sich die Eckenzahl des n-Ecks, dass wir für die Erzeugung des ersten Streifens (Bandornament) benötigen, um 2k, denn: Der „abgeknabberte" Teil des Quadrats ABCD wird ja in jedem Fall gemäß der Verschiebung $V_{\overrightarrow{CB}}$ verschoben und mit dem „Rest" des Quadrats ABCD vereinigt.

Mit der obigen Argumentation folgt:

Es gibt unendlich viele n-Ecke (mit geradem $n \in \mathbb{N}$ und $n \geq 4$), die sich zum Parkettieren eignen.

---

[55] Dabei ist es keinesfalls notwendig, stets die Seite $\overline{CD}$ durch ein neues n-Eck (mit größerem n) zu manipulieren. Genauso gut kann in jedem beliebigen Schritt die Seite $\overline{AD}$ manipuliert werden, die neue Figur ist dann jedoch in Richtung $\overrightarrow{AB}$ um die Länge $l(\overline{AB})$ zu verschieben.

Nun mag es beruhigend sein zu wissen, dass es unendlich viele Vierecke, Sechsecke, Achtecke, Zehnecke, ..., 2n-Ecke ($n \in \mathbb{N} \wedge n \geq 4$) gibt, mit denen man die Ebene parkettieren kann. Aber wie sieht's mit den 3-, 5-, 7-, ... , n-Ecken aus, bei denen n ungerade ist? Wir vermuten an dieser Stelle erst einmal, dass es auch von diesen n-Ecken unendlich viele gibt, die sich zum Parkettieren eignen und versuchen eine weitgehend analoge Strategie zu entwickeln, die das belegt.

Wir wissen bereits: Mit regulären Dreiecken lässt sich die Ebene parkettieren. Wir betrachten eine solche Parkettierung mit regulären Dreiecken (Abbildung 99).

Analog zum Vorgehen bei der Parkettierung der Ebene mit Sechsecken formen wir hier das Ausgangsdreieck mit Hilfe einer Kongruenzabbildung in ein flächeninhaltsgleiches Fünfeck um.

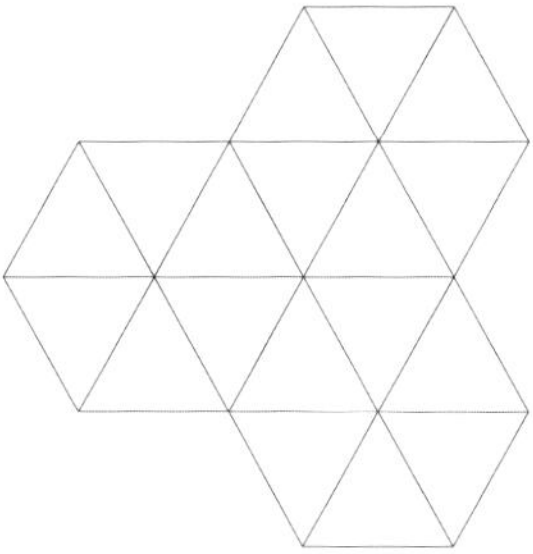

Abb. 99: Parkettierung mit regulären Dreiecken

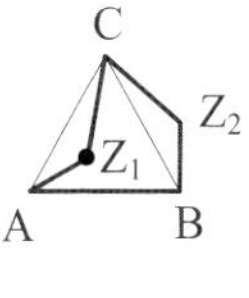


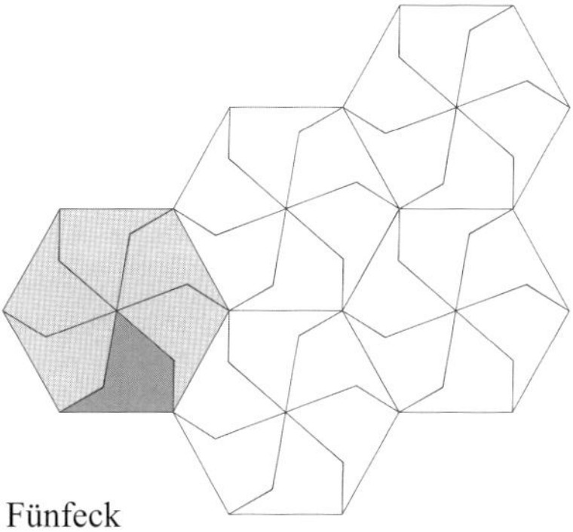

Abb. 100: Parkettierung mit einem Fünfeck

Wir zeichnen ein Dreieck aus, dessen eine Seite mit der Seite $\overline{AC}$ des Dreiecks ABC übereinstimmt und dessen dritte Ecke $Z_1$ ein beliebiger Punkt im

Innern des Dreiecks ABC ist. $D_{C,60°}$ bildet $\triangle AZ_1C$ auf $\triangle BZ_2C$ ab und die Vereinigung von Viereck $ABCZ_1$ und $\triangle$ $BZ_2C$ liefert das in Abbildung 100 markierte Fünfeck $ABZ_2CZ_1$. Bei diesem Fünfeck ist die Größe des Innenwinkels bei C nach wie vor 60°, die Größe der beiden Winkel bei $Z_1$ und die Größe der beiden Winkel bei $Z_2$ stimmen überein, so dass sich durch wiederholte Drehung um C um 60°, 120°, 180°, 270° und anschließende Vereinigung des Urbild und aller Bilder ein reguläres Sechseck herstellen lässt. Mit diesem regulären Sechseck lässt sich die Ebene parkettieren.

Da die Wahl der Dreiecksecke $Z_1$ beliebig war, haben wir gezeigt:

Es gibt unendlich viele Fünfecke, die sich zum Parkettieren eignen.

Im Dreieck ABC lässt sich natürlich auch ein Viereck auszeichnen, dessen eine Seite mit der Dreiecksseite $\overline{AC}$ übereinstimmt.

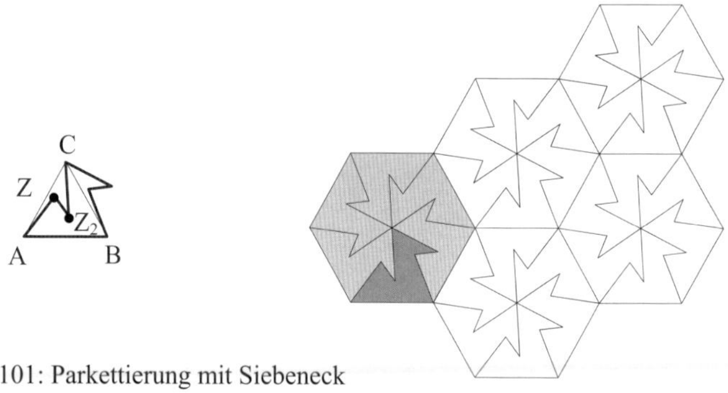


Abb. 101: Parkettierung mit Siebeneck

Vollkommen analog zum oben beschriebenen Verfahren wird $\triangle ABC$ diesmal in ein flächeninhaltsgleiches Siebeneck transformiert. Auch die Überdeckung der Ebene mit diesen Siebenecken gelingt analog zur vorangegangenen Parkettierung mit Fünfecken über die Grundfigur eines regulären Sechsecks.

Da auch hier die Wahl der beiden Vierecksecken $Z_1$ und $Z_2$ im Innern des Dreiecks ABC beliebig ist, folgt:

Es gibt unendlich viele Siebenecke, die sich zum Parkettieren eignen.

Abbildung 102 zeigt schließlich einen möglichen Weg, wie sich das Dreieck ABC in ein flächeninhaltsgleiches Neuneck überführen lässt, mit dem dann eine Parkettierung gelingt. Auch hier gelten die oben angeführten Überlegungen analog.

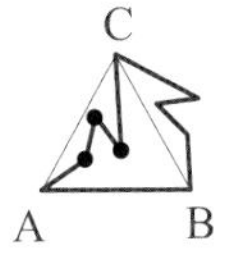

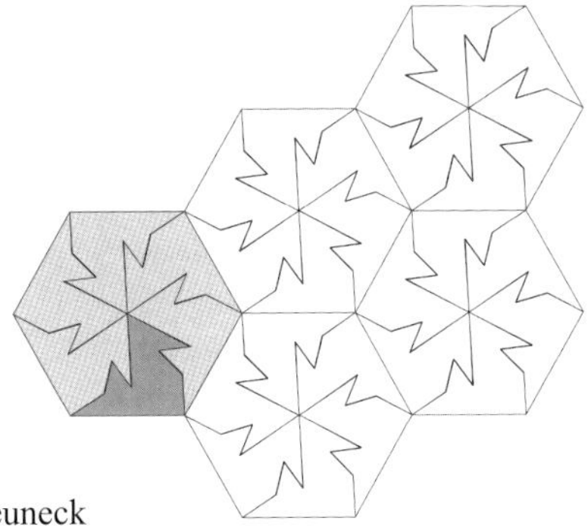

Abb. 102: Parkettierung mit Neuneck

Da wieder die Wahl der drei Zusatzpunkte im Innern von $\triangle ABC$ beliebig war, gilt:

Es gibt unendlich viele Neunecke, die sich zum Parkettieren eignen.

Spätestens an dieser Stelle wird die Strategie deutlich: Vergrößern wir die Eckenzahl des n-Ecks im Dreieck ABC um k, dann vergrößert sich die Eckenzahl des n-Ecks, dass wir für die Erzeugung des ersten regulären Sechsecks benötigen, um 2k, denn: Der „abgeknabberte" Teil des Dreiecks ABC wird ja jedes Mal um C um 60° gedreht und mit dem „Rest" des Dreiecks ABC vereinigt.

Die Strategie lässt sich offensichtlich beliebig lange fortsetzen, da das Dreieck ABC unendlich viele Punkte für neue Ecken bereithält.

Mit der obigen Argumentation folgt:

Es gibt unendlich viele n-Ecke (mit ungeradem $n \in \mathbb{N}$ und $n \geq 3$), die sich zum Parkettieren eignen.

Damit haben wir insgesamt gezeigt:

Es gibt unendlich viele n-Ecke (mit $n \in \mathbb{N}$ und $n \geq 3$), die sich zum Parkettieren eignen.

Wir beenden dieses Kapitel mit einem Zitat M. C. Eschers, dem modernen Meister der Parkettierungen, und wünschen Ihnen, dass Sie die Schönheit von Parkettierungen nachvollziehen können. Anregende Umgebungen dafür finden Sie nicht nur in den grafischen Werken Eschers, sondern auch im Erbe der Mauren, dass Sie in hochkonzentrierter Form etwa in der Alhambra oder im Real Alcazar (in Sevilla) erleben können. Bei aller Begeisterung für die an den genannten Orten zu betrachtende Schönheit angewandter Mathematik wünschen wir Ihnen aber auch, dass Sie nicht besessen davon werden, was gewiss bei zahllosen namenlosen maurischen „Künstlern," aber auch bei M. C. Escher der Fall war:

„Lange bevor ich in der Alhambra bei den maurischen Künstlern eine Verwandtschaft mit der regelmäßigen Flächenaufteilung entdeckte, hatte ich sie bei mir selbst entdeckt. Am Anfang hatte ich keine Vorstellung, wie ich meine Figuren systematisch aufbauen könne. Ich kannte keine einzige Spielregel und versuchte – beinahe ohne zu wissen was ich tat – kongruente Flächen, denen ich Tierformen zu geben versuchte, aneinander zu passen ... später gelang das Entwerfen von neuen Motiven allmählich mit weniger Mühe als am Anfang und doch blieb es stets eine spannende Beschäftigung, eine wahre ‚Manie', von welcher ich besessen war und von der ich mich nur mit großer Mühe frei machen konnte." (M. C. Escher 1958)[56]

[56] Zitiert nach B. Ernst, 1994, S. 41.

Übung:

1) Aus einer beliebigen Ausgangsfigur lassen sich achsensymmetrische Figuren durch Geradenspiegelung und das anschließende Vereinigen von Urbild und Bild herstellen.

   Zeigen Sie dies für die Ausgangsfigur eines Dreiecks mit den Seitenlängen 3,5 cm, 4 cm und 5 cm und vier *qualitativ unterschiedliche* Lagen der Spiegelgeraden g.

2) Drehsymmetrische Figuren erhält man durch fortgesetztes Drehen einer Figur F um denselben Drehpunkt mit einem Drehmaß, das 360° teilt und anschließender Vereinigung des Urbilds und aller Bilder.

   Erzeugen Sie aus dem Dreieck aus Aufgabe 1 je eine Figur mit 3-, 4-, 5- und 8-zähliger Drehsymmetrie.

3) Geben Sie zwei weitere Definitionen für „punktsymmetrisch", die in diesem Kapitel nahegelegt, aber nicht explizit genannt werden.

4) Begründen Sie das in Abbildung 73 dargestellte Verfahren zur Herstellung achsensymmetrischer Figuren mit den in Kapitel 4.2.1 thematisierten Eigenschaften der Geradenspiegelung.

5) Äußern Sie sich zur folgenden Definition einer Schülerin[57]:

   „Ich erhalte eine punktsymmetrische Figur, indem ich mir ein erzeugendes Urbild und einen beliebigen Punkt P aussuche und dann das Urbild an P punktspiegele."

6) Wir haben in diesem Kapitel sieben Typen von Bandornamenten unter Benutzung von LTZ-Figuren herausgestellt. Zeigen Sie, dass das auch mit den Ihnen bekannten Viereckstypen möglich ist.

7) Welche Symmetrien entdecken Sie?

---

[57] Ohje! Wenn die folgende Aussage wahr ist, liegen wir im Trend; denn: In nahezu allen aktuellen Schulbüchern sind die Lösungen weiblicher Schüler stets besonders gut, elegant oder effizient. Wenn die folgende Aussage falsch ist, dann sehen wir allen Protesten, die uns einer Diffamierung des weiblichen Geschlechts bezichtigen, außerordentlich gelassen entgegen.

Zeichnen Sie alle Symmetrieachsen und -punkte, Verschiebungspfeile usw. ein.

a) Mäander, Griechenland (ca. 900-700 v. Chr.), benannt nach dem heute türkischen Fluss Maiandros, der seinerzeit als Inbegriff für „Krümmung“ galt

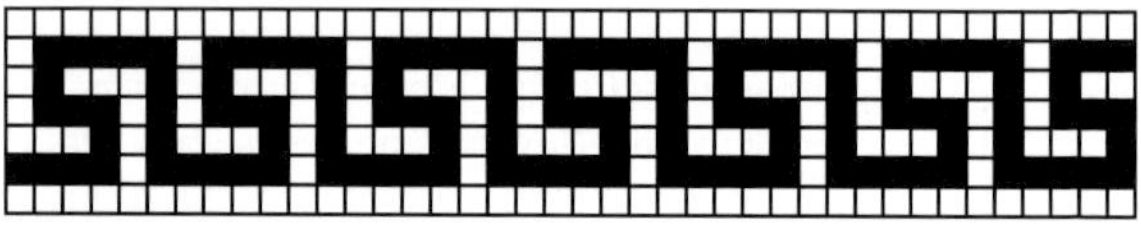

b) Ornament in der Alhambra, Granada 13. Jh.

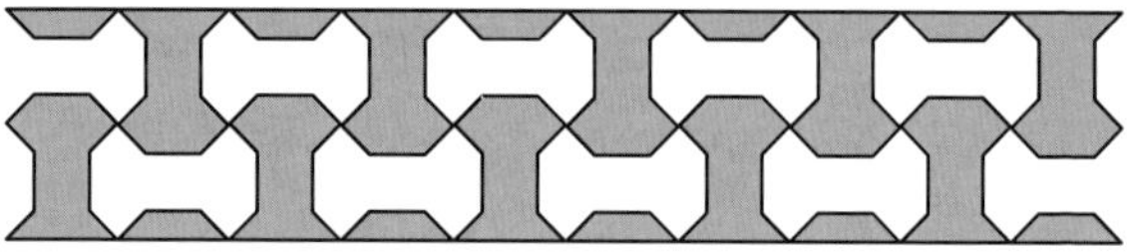

c) Ohne Namen, also nennen wir es „Up and down” (2011)

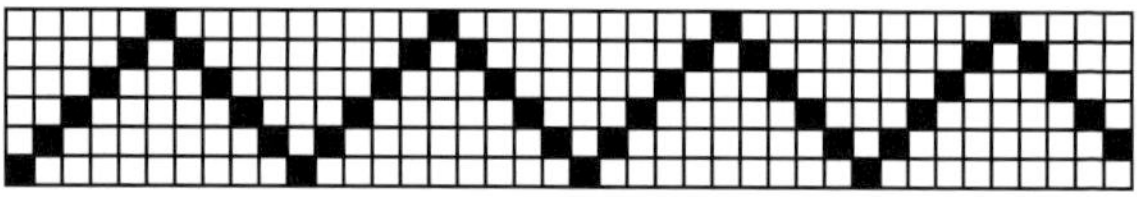

8) Zeichnen Sie ein Bandornament aus T-Figuren, das keine weitere Symmetrie aufweist.

9) Die folgende Abbildung zeigt: Die besonderen achsensymmetrischen Fünfecke des „Cairo Tiling“ (Cairo-Fünfecke) aus Abbildung 88 können auch anders als im „Cairo Tiling“ angeordnet werden. Auch in diesem Fall entsteht ein ansprechendes Parkett, das aus Cairo-Fünfecken und regulären Sechsecken besteht.

a) Aus welcher Grundfigur lässt sich das Parkett allein durch Verschiebungen erzeugen?

b) Geben Sie die Verschiebungspfeile der Translationssymmetrien an.

c) Beschreiben Sie mathematisch exakt, wie die Grundfigur hergestellt wird.

d) Über welche weiteren Symmetrien verfügt das Parkett? Zeichnen Sie die Parameter dieser Symmetrien in das Parkett ein.

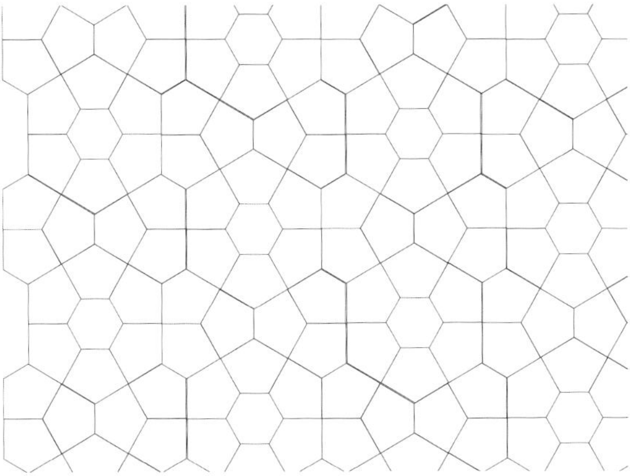

10) Wir haben in diesem Kapitel gezeigt, dass sich die Ebene mit Vierecken parkettieren lässt. Die Erläuterungsfiguren in den Abbildungen 92, 93, 94 enthalten nur konvexe Vierecke.
Zeigen oder widerlegen Sie, dass die Behauptung auch für nicht konvexe Vierecke gilt.

11) Zeigen Sie durch „Knabbern" und Drehen, dass es unendlich viele Achtecke gibt, die sich zum Parkettieren eignen.

12) Besorgen Sie sich im Bastelladen zwei Bögen Pappkarton (mindestens 180 g/m$^2$). Einer der Bögen sollte DIN-A3- oder besser noch DIN-A2-Format aufweisen, der zweite kann kleiner sein.
Mit Cairo-Fünfecken lässt sich die Ebene trefflich parkettieren. Konstruieren (!) Sie auf dem kleineren Bogen ein Cairo-Fünfeck. Die Maße dieses Cairo-Fünfecks überlassen wir Ihnen. Verändern Sie dieses Cairo-Fünfeck durch Anwenden der „Knabbertechnik" konstruktiv in eine attraktive neue Figur. Lassen Sie sich dabei gern von Escher, dem modernen Meister des Parkettierens, inspirieren, indem Sie die neue Fi-

gur anmalen, verzieren, ausgestalten usw. Schneiden Sie die neue Figur aus und erzeugen Sie mit dieser Figur auf dem großen Bastelbogen ein attraktives (leider nur endliches) Parkett.

13) Die folgende Abbildung zeigt die „Regelmäßige Flächenaufteilung für Engel und Teufel“ (Bleistift, Tusche, Kreide und Gouache) von M. C. Escher 1941.[58]
Tragen Sie – sofern vorhanden – alle Drehzentren von Drehsymmetrien, alle Achsen von Achsensymmetrien, alle Achsen und Verschiebungspfeile von Gleitspiegelungssymmetrien, alle Verschiebungspfeile von Translationssymmetrien ein.

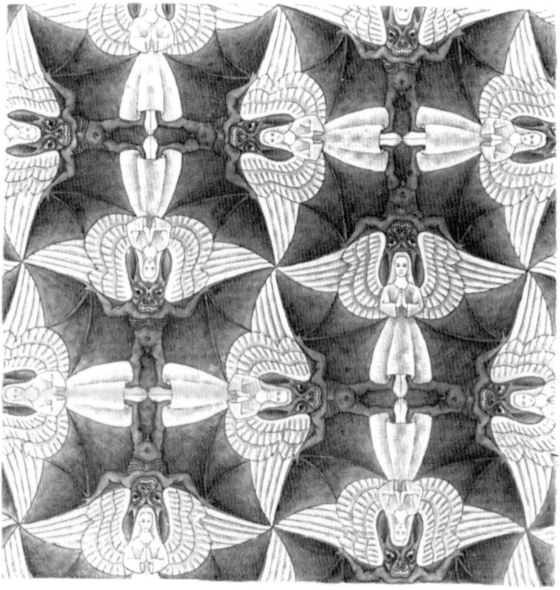

[58] Die Abbildung ist entnommen aus B. Ernst, 2002, S. 40.

### 4.2.7 Deckabbildungsgruppen

Wir knüpfen an das vorangegangene Kapitel an und legen fest:

Kongruenzabbildungen, die eine ebene Figur auf sich selbst abbilden, nennt man *Deckabbildungen.*
Wir schauen uns einige einfache Figuren an und prüfen, ob es zu ihnen Deckabbildungen gibt.

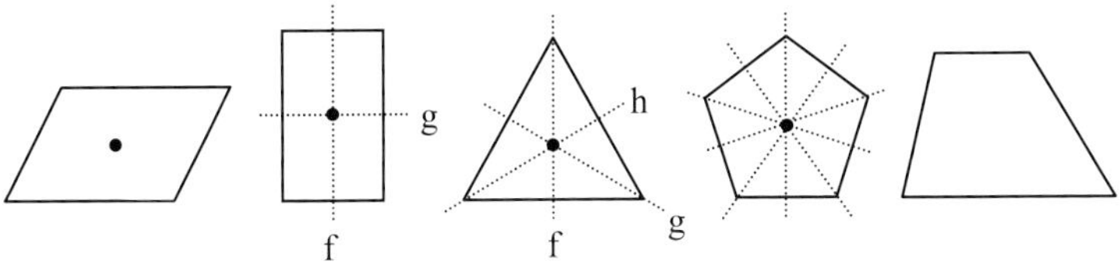


Abb. 103

Das Parallelogramm wird durch eine Drehung um den eingezeichneten Drehpunkt auf sich selbst abgebildet, wenn man um 180° dreht. Es ist *punktsymmetrisch.*

Das Rechteck ist ebenfalls punktsymmetrisch, zusätzlich ist es aber auch *achsensymmetrisch* bezüglich seiner Mittelsenkrechten. Sowohl $S_f$ als auch $S_g$ bilden das Rechteck auf sich selbst ab. Da $f \perp g$ folgt die Punktsymmetrie zwangsläufig aus dieser doppelten Achsensymmetrie (vgl. Satz 4).

Das gleichseitige Dreieck besitzt sogar drei Symmetrieachsen f, g und h, und die Drehungen um den Schnittpunkt der Mittelsenkrechten um 120° und 240° sind ebenfalls Deckabbildungen. Das Dreieck ist also auch *drehsymmetrisch.*

Zum regelmäßigen Fünfeck gehören fünf Geradenspiegelungen, und es lässt sich um 72°, 144°, 216° und 288° drehen.

Das Trapez aus Abbildung 72 ist nicht symmetrisch. Dennoch besitzt es wie jede noch so unregelmäßige Figur eine Deckabbildung. Dies ist die Identität id (denken Sie an eine Drehung um 0°). Diese Deckabbildung soll stets dazugehören, also auch bei den übrigen Figuren aus Abbildung 103.

So uninteressant Ihnen die identische Abbildung auch erscheinen mag, sie spielt eine ganz wichtige Rolle. Verknüpfen Sie eine beliebige Deckabbildung $\varphi$ einer ebenen Figur mit id, so erhalten Sie als Ersatzabbildung dieser Verkettung stets wieder $\varphi$. Die identische Abbildung id ist für die Verkettung von Deckabbildungen also das, was die „1“ für die Multiplikation von rationalen Zahlen ist: das neutrale Element.

„Logisch“, werden Sie sagen: „Das muss ja so sein. Schließlich ist id in der Menge $\mathbb{K}$ das neutrale Element bezüglich der Verkettung „∘“ und die Menge der Deckabbildungen einer ebenen Figur ist nur eine Teilmenge von $\mathbb{K}$. Folglich ist id natürlich auch in dieser Teilmenge das neutrale Element.“, und Sie haben Recht.

Wir untersuchen jetzt die Menge G der Deckabbildungen einer ebenen Figur mit der Verknüpfung „∘“. Als erste Figur betrachten wir das gleichseitige Dreieck. Die Menge G umfasst 6 Elemente:

$G = \{id, D_{M,120°}, D_{M,240°}, S_f, S_g, S_h\}$.

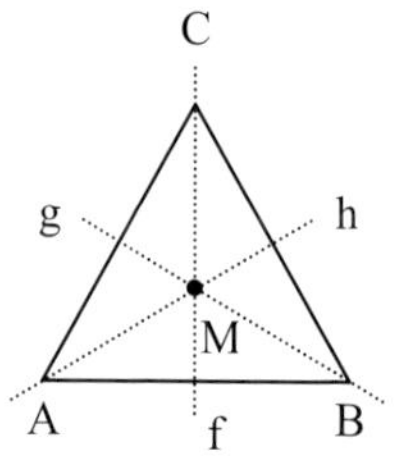


Wir stellen im Folgenden für (G,∘) schrittweise die Verknüpfungstafel (Abbildung 73) auf, ermitteln also, welche Abbildung jeweils durch die Nacheinanderausführung zweier Elemente aus G dargestellt wird. Von den 36 möglichen Verkettungen sind einige Verkettungsprodukte besonders einfach zu bestimmen:

Da $id \circ \varphi = \varphi \circ id = \varphi$ für alle Abbildungen φ aus G gilt[59], stehen die erste Zeile und die erste Spalte der Tafel sofort fest. Die Verknüpfung zweier Drehungen um denselben Drehpunkt ist nach Satz 15a wieder eine Drehung um die Summe der Drehwinkelmaße. Also gilt:

$D_{M,120°} \circ D_{M,120°} = D_{M,240°}$ ,

$D_{M,120°} \circ D_{M,240°} = D_{M,360°} = D_{M,0°} = id$ und

$D_{M,240°} \circ D_{M,240°} = D_{M,480°} = D_{M,120°}$ .

Da die Geradenspiegelung eine involutorische Abbildung ist, gilt
$S_f \circ S_f = S_g \circ S_g = S_h \circ S_h = id$ .

Für die übrigen Felder der Tafel in Abbildung 104 müssen wir etwas mehr überlegen:

Am besten zeichnet man die Ausgangsfigur (hier also das gleichseitige Dreieck) incl. der Spiegelachse und Eckenbezeichnungen, überträgt das Dreieck (ohne die Spiegelachse) auf eine Folie und führt die Abbildungen mit dieser

[59] vgl. „Ihre“ Argumentation oben

Folie *konkret handelnd* aus. An der endgültigen Lage der Eckpunkte auf der Folie auf der Ausgangsfigur kann man die gesuchte Abbildung ablesen. Alternativ kann man auch die Figur nach jeder ausgeführten Abbildung skizzieren und Endzustand mit Ausgangszustand vergleichen[60].

Beispiel: Gesucht ist $D_{M,120^\circ} \circ S_f$.

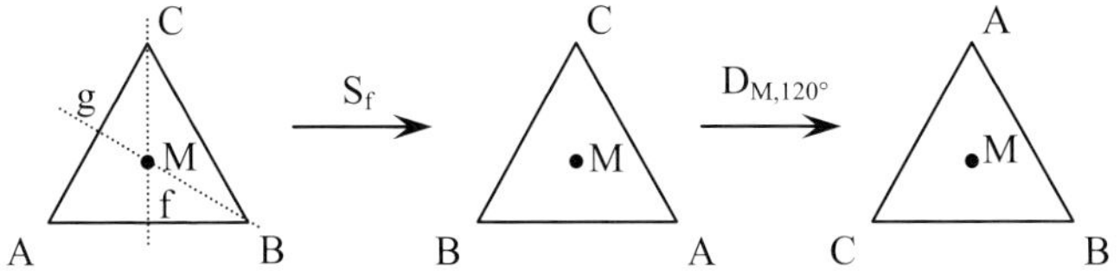


Insgesamt ist B auf B abgebildet worden, A und C haben die Plätze getauscht. Dies hätten wir ersatzweise sofort durch $S_g$ erreicht.
Also gilt $D_{M,120^\circ} \circ S_f = S_g$.

Die Ersatzabbildungen für die Hintereinanderausführung der Geradenspiegelungen können Sie prinzipiell genauso ermitteln, etwa durch wiederholtes Umwenden der Folie. Andererseits können Sie diese Verkettungsprodukte auch besonders effizient auf der Ebene der sprachlich-begrifflichen Erkenntnistätigkeit durch Anwenden des Satzes 4 bestimmen: $S_f \circ S_h$ muss $D_{M,120^\circ}$ sein, da sich h und f in M schneiden und der Winkel von h nach f 60° beträgt.

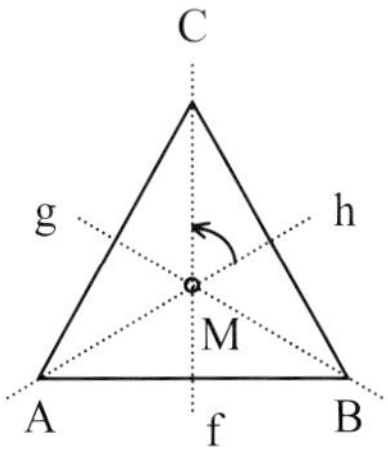


So oder so füllen Sie die noch fehlenden Zellen der Verknüpfungstafel in Abbildung 104.

Wir vereinbaren, dass wir beim Aufstellen von Verknüpfungstafeln immer zuerst die Drehungen aufführen und dass ferner die in der Kopfzeile der Tafel notierten Abbildungen diejenigen sind, die zuerst ausgeführt werden.

60 Konkrete Handlungen mit Dingen im drei- oder zweidimensionalen Raum sind die Basis jeder Raumvorstellung. Ikonisierungen dieser Handlungen unterstützen das Verinnerlichen dieser Handlungen. Damit fördern beide oben vorgeschlagenen Vorgehensweisen das räumliche Vorstellungsvermögen (bzw. das räumliche Operieren) und sind in keiner Weise „minderwertige“ Strategien der Erkenntnistätigkeit.

| $\circ$ | id | $D_{M,120°}$ | $D_{M,240°}$ | $S_f$ | $S_g$ | $S_h$ |
|---|---|---|---|---|---|---|
| id | id | $D_{M,120°}$ | $D_{M,240°}$ | $S_f$ | $S_g$ | $S_h$ |
| $D_{M,120°}$ | $D_{M,120°}$ | $D_{M,240°}$ | id | $S_g$ | $S_h$ | $S_f$ |
| $D_{M,240°}$ | $D_{M,240°}$ | id | $D_{M,120°}$ | $S_h$ | $S_f$ | $S_g$ |
| $S_f$ | $S_f$ | $S_h$ | $S_g$ | id | $D_{M,240°}$ | $D_{M,120°}$ |
| $S_g$ | $S_g$ | $S_f$ | $S_h$ | $D_{M,120°}$ | id | $D_{M,240°}$ |
| $S_h$ | $S_h$ | $S_g$ | $S_f$ | $D_{M,240°}$ | $D_{M,120°}$ | id |

Abb. 104

In Abbildung 104 sind alle Verkettungen der Deckabbildungen des gleichseitigen Dreiecks unter Berücksichtigung der o.g. Konventionen zusammengestellt. Wir fragen:

---

Ist die Menge der Deckabbildungen des gleichseitigen Dreiecks mit der Verkettung „$\circ$“ eine Gruppe?

---

Wir prüfen die Gruppeneigenschaften mit Hilfe der Verknüpfungstafel:

a) Zunächst erkennen wir, dass in der Tafel nur Elemente aus G auftreten. Die Nacheinanderausführung der Deckabbildungen ist also *abgeschlossen.*

b) Weiter bemerken wir, dass sich die Tabelleneingänge in der ersten Zeile bzw. der ersten Spalte wiederholen. Die identische Abbildung id ist also das *neutrale* Element.

c) Mit zunehmender Begeisterung stellen wir fest, dass id in jeder Zeile und in jeder Spalte einmal auftritt. Zu jeder Deckabbildung gibt es also ein *inverses* Element: Die Geradenspiegelungen und id sind zu sich selbst invers, $D_{M,120°}$ und $D_{M,240°}$ sind zueinander invers.

d) Die Gültigkeit des Assoziativgesetzes kann der Verknüpfungstafel nicht augenscheinlich entnommen werden. Sie könnte jetzt einzeln für jede mögliche Kombination gezeigt werden. Dieses Vorgehen sei dem fleißigen Leser zur Übung überlassen. Wenn Sie sich dieser Lesergruppe nicht zurechnen, was wir insgeheim hoffen, können Sie argumentieren: „Die

Verkettung von Kongruenzabbildung ist assoziativ (Satz 16b). Die Menge der Deckabbildungen des gleichseitigen Dreiecks ist eine Teilmenge aller Kongruenzabbildungen, für die die *Assoziativität* dann natürlich auch gilt.“

Aus (a) bis (d) folgt:
Die Menge der Deckabbildungen des gleichseitigen Dreiecks mit der Verkettung „∘“ ist eine Gruppe.

Mit Hilfe der Verknüpfungstafel erkennen wir schließlich, dass die Deckabbildungsgruppe des gleichseitigen Dreiecks *nicht kommutativ* ist. So gilt z.B. $D_{M,240°} \circ S_h = S_g \neq S_f = S_h \circ D_{M,240°}$. Wäre diese Deckabbildungsgruppe kommutativ, müsste die Verknüpfungstafel offensichtlich symmetrisch zur Hauptdiagonalen sein.

Wir bleiben beim gleichseitigen Dreieck, in das wir die Symmetrieachsen einzeichnen. Das Dreieck wird dadurch in sechs kleine Dreiecke zerlegt, von denen wir einige schwarz färben (Abbildung 105a – 105c). Auf diese Weise sollen absichtlich einige der ursprünglich vorhandenen Symmetrien zerstört werden. Wir untersuchen die neu entstandenen Figuren auf Deckabbildungen und stellen für die modifizierten Figuren die Verknüpfungstafeln auf.

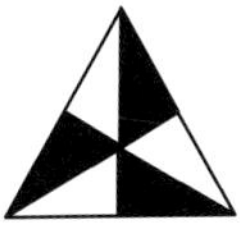

| $\circ$ | id | $D_{M,120°}$ | $D_{M,240°}$ |
|---|---|---|---|
| id | id | $D_{M,120°}$ | $D_{M,240°}$ |
| $D_{M,120°}$ | $D_{M,120°}$ | $D_{M,240°}$ | id |
| $D_{M,240°}$ | $D_{M,240°}$ | id | $D_{M,120°}$ |

Abb. 105a

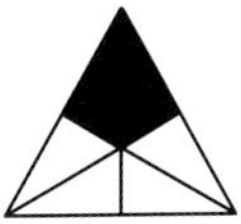

| $\circ$ | id | $S_f$ |
|---|---|---|
| id | id | $S_f$ |
| $S_f$ | $S_f$ | id |

Abb. 105b

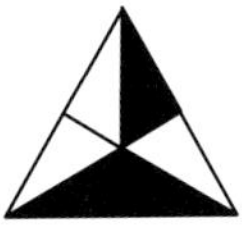

| $\circ$ | id |
|---|---|
| id | id |

Abb. 105c

Beim ersten Dreieck sind weiterhin die Drehungen Deckabbildungen der Figur, die Achsenspiegelungen sind durch die Färbung verschwunden. Die Deckabbildungen dieses Dreiecks sind eine Teilmenge der Deckabbildungen des gleichseitigen Dreiecks, und ein Blick auf die Verknüpfungstafel zeigt, dass auch sie eine Gruppe bilden. Sie bilden eine *Untergruppe* der Deckabbildungsgruppe des gleichseitigen Dreiecks. Abbildung 105a zeigt darüber hinaus, dass die Untergruppe der Drehungen kommutativ ist.

Auch die Deckabbildungen der beiden übrigen Dreiecke bilden zusammen mit der Verkettung „∘“ Gruppen. Beim dritten Dreieck in Abbildung 105c ist dies die *triviale* Untergruppe, die nur aus dem neutralen Element besteht. Es gibt noch eine weitere *triviale* Untergruppe, das ist die Gruppe selbst. Beim Dreieck in Abbildung 105b hätte man auch so färben können, dass wir nicht zu $(\{id, S_f\},\circ)$, sondern zu den Untergruppen $(\{id, S_g\},\circ)$ oder $(\{id, S_h\},\circ)$ gekommen wären.

Damit haben wir alle Untergruppen der Deckabbildungsgruppe des gleichseitigen Dreiecks gefunden: die trivialen Untergruppen $(G,\circ)$ und $(\{id\},\circ)$, die Untergruppe der Drehungen $(\{id, D_{M,120°}, D_{M,240°}\},\circ)$ sowie die Untergruppen $(\{id, S_f\},\circ)$, $(\{id, S_g\},\circ)$ und $(\{id, S_h\},\circ)$.
Weitere Untergruppen kann es nicht geben. Betrachtet man zum Beispiel $(\{id, D_{M,120°}\},\circ)$, so liegt das Verkettungsprodukt $D_{M,120°} \circ D_{M,120°} = D_{M,240°}$ nicht mehr in $\{id, D_{M,120°}\}$. Betrachtet man id mit zwei Geradenspiegelungen hinsichtlich „∘“, also zum Beispiel $(\{id, S_f, S_g\},\circ)$, so entstehen Drehungen als Verkettungsprodukte, die in der betrachteten Teilmenge von G nicht enthalten sind. Da all diese Gebilde also bereits nicht abgeschlossen sind, erübrigt sich die Überprüfung der weiteren Gruppeneigenschaften.

Hilfreich bei der Suche nach Untergruppen ist der folgende Satz, auf dessen Beweis wir an dieser Stelle verzichten:

**Satz 26:** Die Untergruppenordnung ist stets ein Teiler der Gruppenordnung. Unter der Ordnung versteht man dabei die Anzahl der Elemente.

Wir verlassen das gleichseitige Dreieck und wenden uns den Deckabbildungen des Quadrats zu. Ausgehend von der Deckabbildungsgruppe des Quadrats werden wir eine Systematik in die uns bekannten Viereckstypen Quadrat, Rechteck, Raute, Drachen, Parallelogramm und Trapez bringen.
Die Menge der Deckabbildungen des Quadrates umfasst acht Elemente[61]:

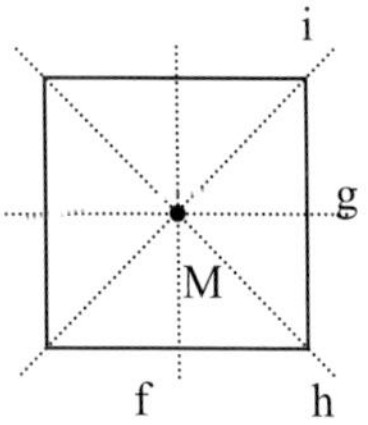


[61] Allgemein umfasst die Deckabbildungsgruppe eines regelmäßigen n-Ecks stets 2n Elemente, n Drehungen und n Geradenspiegelungen. Man nennt diesen Typ von Gruppen *Dieder-Gruppen.* Die Diedergruppe $D_6$ haben Sie oben beim gleichseitigen Dreieck kennen gelernt.

- die vier Drehungen $D_{M,0°}$ , $D_{M,90°}$ , $D_{M,180°}$ , $D_{M,270°}$ um den Schnittpunkt der Mittelsenkrechten und
- die vier Geradenspiegelungen $S_f$ , $S_g$ , $S_h$ , $S_i$ an den beiden Mittelsenkrechten bzw. den beiden Diagonalen.

Stellen Sie zur Übung die Verknüpfungstafel auf und zeigen Sie ähnlich wie beim gleichseitigen Dreieck, dass die Menge der Deckabbildungen des Quadrats mit der Verkettung „∘" eine Gruppe ist.

Die größten echten Untergruppen, die in Frage kommen, haben nach Satz 26 vier Elemente.

$(\{id, D_{M,90°}, D_{M,180°}, D_{M,270°}\},\circ)$ ist eine vierelementige Untergruppe[62] der Deckabbildungsgruppe des Quadrates. Unter den genannten Vierecken ist allerdings keines, das diese Untergruppe als Deckabbildungsgruppe hat. Ein Viereck, das zu dieser Untergruppe passt, sollen Sie in Übung 2 herstellen.

Weitere vierelementige Untergruppen finden wir mit $(\{id, D_{M,180°}, S_f, S_g\},\circ)$ bzw. $(\{id, D_{M,180°}, S_h, S_i\},\circ)$[63]. Ein punktsymmetrisches Viereck, das seine beiden Mittelsenkrechten als Symmetrieachsen hat, ist ein Rechteck. Ein punktsymmetrisches Viereck, das bezüglich seiner beiden Diagonalen achsensymmetrisch ist, ist eine Raute.

In Abbildung 106 ordnen wir das Rechteck und die Raute gleichberechtigt nebeneinander unterhalb des Quadrates an. Überzeugen Sie sich anhand der Verknüpfungstafel des Quadrates, dass es keine weiteren vierelementigen Untergruppen geben kann.

Wir betrachten nun die zweielementigen Untergruppen. Diese sind: $(\{id, D_{M,180°}\},\circ)$, $(\{id, S_f\},\circ)$, $(\{id, S_g\},\circ)$, $(\{id, S_h\},\circ)$ und $(\{id, S_i\},\circ)$.

Ein punkt-, aber nicht achsensymmetrisches Viereck ist ein Parallelogramm. Dieses hat also $(\{id, D_{M,180°}\},\circ)$ als Deckabbildungsgruppe.

Ein bezüglich einer Mittelsenkrechten symmetrisches Viereck ist ein gleichschenkliges Trapez. Dabei ist eine Unterscheidung zwischen einem Trapez, das $(\{id, S_f\},\circ)$ als Deckabbildungsgruppe hat und einem Trapez mit der Deckabbildungsgruppe $(\{id, S_g\},\circ)$ auf der Ebene der Viereckstypen nicht sinnvoll.

$(\{id, S_h\},\circ)$ und $(\{id, S_i\},\circ)$ sind die Deckabbildungsgruppen von Vierecken, die eine ihrer Diagonalen als Symmetrieachsen besitzen. Solche Vierecke

---

[62] Es handelt sich um eine *zyklische Gruppe* der Ordnung 4 ($Z_4$).

[63] Diese Untergruppen sind vom Typ der *Kleinsche Vierergruppe* ($V_4$).

sind Drachen. Auch hier lohnt eine Unterscheidung zwischen der einen und der anderen Diagonale nicht. Da Parallelogramm, gleichschenkliges Trapez und Drachen jeweils Deckabbildungsgruppen der Ordnung 2 haben, ordnen wir sie in Abbildung 106 gleichberechtigt nebeneinander an.

Damit haben wir, ausgehend von der Deckabbildungsgruppe des Quadrats, die folgende Systematik von Vierecken gewonnen:

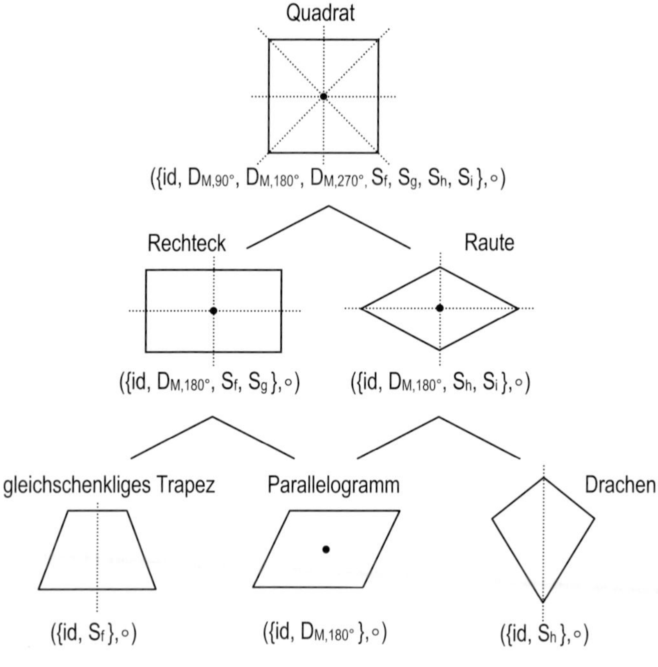


Abb. 106

Alle übrigen Vierecke haben die triviale Untergruppe $(\{id\},\circ)$ als Deckabbildungsgruppe und sind insofern gleichberechtigt.

Trotzdem ist diese Situation etwas unbefriedigend, da das allgemeine Trapez nicht untergebracht wurde. Zwar ist es nicht symmetrisch, aber immerhin sind zwei Seiten zueinander parallel.

Wenn wir statt der Deckabbildungen Eigenschaften von Seiten, Winkeln und Diagonalen der Vierecke betrachten, dann können wir eine Systematik in die Vierecke bringen, in der auch das allgemeine Trapez angemessen untergebracht ist. Die folgenden Überlegungen dieser Systematisierung werden in Abbildung 107 anschaulich zusammengefasst:

Bei einem *Quadrat* sind die sich gegenüberliegenden Seiten gleich lang und parallel, die Diagonalen sind gleich lang, sie halbieren sich und stehen senkrecht aufeinander.

Verzichtet man auf die Orthogonalität der Diagonalen, so gelangt man zum *Rechteck*. Verzichtet man darauf, dass die Diagonalen gleich lang sind, behält aber ihre Orthogonalität bei, so gelangt man zur *Raute*.

Vom Rechteck gelangt man zum *gleichschenkligen Trapez*, indem man die Parallelität gegenüberliegender Seiten nur noch für ein Seitenpaar verlangt, die gleiche Länge der Diagonalen aber beibehält.

Verzichtet man auf die gleiche Länge der Diagonalen und behält die Parallelität gegenüberliegender Seiten bei, so gelangt man vom Rechteck zum *Parallelogramm*. Dorthin kommt man auch von der Raute, indem man die Parallelität je zweier gegenüberliegender Seiten beibehält, aber nicht mehr fordert, dass die Diagonalen orthogonal sind.

Wir begeben uns zur Raute. Wenn man die Orthogonalität der Diagonalen beibehält und die Tatsache, dass sich die Diagonalen halbieren, zumindest für eine Diagonale fordert, so kommt man von der Raute zum *Drachen*.

Beibehalten der Parallelität eines Paares gegenüberliegender Seiten führt vom gleichschenkligen Trapez und auch vom Parallelogramm zum allgemeinen *Trapez*.

Verzichtet man beim Drachen auf die Orthogonalität der Diagonalen und verlangt nur noch, dass die eine Diagonale von der anderen halbiert wird, so erhält man ein Viereck, das als *schräger Drachen* bezeichnet wird. Zu diesem Viereck kommt man auch, wenn man beim Parallelogramm auf alle Eigenschaften verzichtet bis auf die, dass eine Diagonale von der anderen halbiert wird.

Verzichtet man beim schrägen Drachen und beim Trapez auf die letzten bescheidenen Besonderheiten dieser Vierecke, dann erhält man in der untersten Ebene das allgemeine Viereck.

Diese Systematik der Vierecke wird auch als das „Haus der Vierecke" bezeichnet.

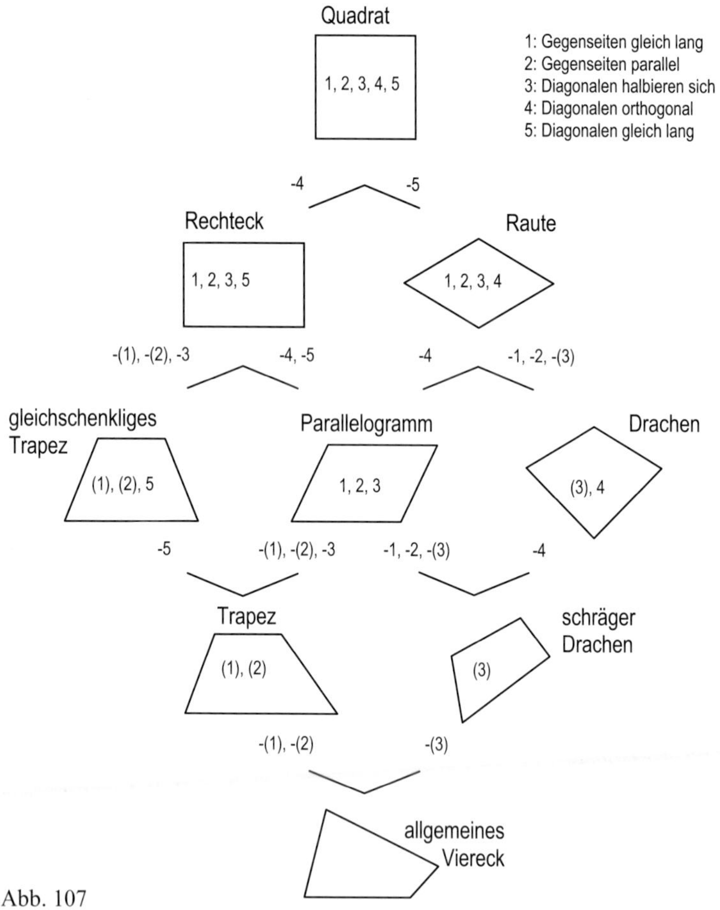


Abb. 107

Man kann auch mit anderen Kriterien eine Systematik in die Menge der Vierecke bringen, z.B. mit der Mindestanzahl der zur Konstruktion notwendigen Stücke. Ein Quadrat ist durch die Angabe einer Seitenlänge schon eindeutig bestimmt. Beim Rechteck benötigt man zwei Angaben (z.B. zwei benachbarte Seiten oder auch eine Diagonalenlänge und der Winkel zwischen der Diagonalen und einer Seite), ebenso bei der Raute (z.B. die Länge der beiden Diagonalen). Für die mittlere Etage unseres Hauses brauchen wir drei Angaben (bei allen gelingt die Konstruktion mit zwei Seiten und dem eingeschlossenen Winkel). Das allgemeine Trapez und der schräge Drachen sind nur konstruierbar, wenn man vier brauchbare Angaben hat (z.B. zwei Seiten und zwei Winkel), für ein allgemeines Viereck sind fünf Bestimmungsstücke erforderlich. Dieses Vorgehen führt uns aber auf neue Viereckstypen (z.B. auf ein Viereck mit zwei gleichen Winkeln), die auch durch Angabe von vier Stücken eindeutig bestimmt sind, also auf der Ebene von Trapez und schrägem Drachen einzuordnen wären, die man üblicherweise aber nicht gesondert betrachtet. So interessant die Suche nach neuen Viereckstypen auch wäre, wir verfolgen das nicht weiter.

Der Versuch, andere besondere Vierecke wie das in Kapitel 5 auftauchende Sehnenviereck in unser Haus zu integrieren, verursacht Störungen und erfordern Umbauten. Wir wollen auch das hier nicht weiterverfolgen und verweisen auf Neubrand (1981). Hier sollte nur angedeutet werden, dass eine bestehende Ordnung nicht, wie oft suggeriert wird, naturgegeben ist, und dass auch mathematische Definitionen bzw. Systematisierungsbemühungen Gegenstand von Abwägungen sind. Auch hat sich gezeigt, dass der Versuch, Ordnung in Bekanntes zu bringen, neue Begriffe hervorbringen kann, z.B. den des schrägen Drachens.

Übung:

1) Stellen Sie die Verknüpfungstafel für die Deckabbildungsgruppe des Quadrates auf.

2) Zeichnen Sie ein Quadrat mit allen Symmetrieachsen. Färben Sie die entstandenen Dreiecke so ein, dass die sich ergebende Figur die folgende Deckabbildungsgruppe besitzt. Stellen Sie jeweils die Verknüpfungstafel auf.

a) $(\{id, D_{M,90°}, D_{M,180°}, D_{M,270°}\},\circ)$
b) $(\{id, D_{M,180°}, S_f, S_g\},\circ)$
c) $(\{id, D_{M,180°}, S_h, S_i\},\circ)$
d) $(\{id, D_{M,180°}\},\circ)$
e) $(\{id, S_f\},\circ)$
f) $(\{id, S_h\},\circ)$
g) $(\{id\},\circ)$

3) Ordnen Sie ähnlich wie beim Haus der Vierecke die verschiedenen Dreieckstypen in einem Diagramm. Benutzen Sie dabei die Typen „gleichseitig“, „allgemein“, „rechtwinklig“, „gleichschenklig“ und Kombinationen aus diesen.

## 4.3 Ähnlichkeitsabbildungen

Die Milchtüten in Abbildung 108 sind sicher nicht durch eine Kongruenzabbildung entstanden. Vielmehr denken wir bei der Betrachtung der Abbildung eher an einen Vergrößerungs- oder Verkleinerungsprozess. Vielleicht erinnert sich der eine oder andere auch an einen gemütlichen Diaabend und interpretiert die dargestellten Tüten als verschiedene Bilder eines Dias auf Projektionsleinwänden mit verschiedenen Abständen zum Projektor.

Sicher sind die in der Abbildung rechts dargestellten Milchtüten nicht deckungsgleich, aber sie sind einander *ähnlich*.

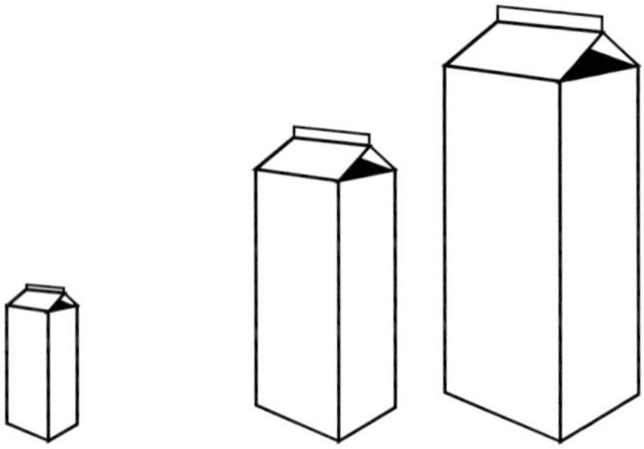

Abb. 108

Unter *Ähnlichkeit* verstehen die Mathematiker, dass die Figuren in entsprechenden Winkeln übereinstimmen und das Verhältnis entsprechender Seitenlängen konstant ist.

Auf der Suche nach einer dieser Ähnlichkeit zugrunde liegenden Abbildung zeichnen wir einige Ecken unserer Milchtüten aus und verbinden einander entsprechende Ecken durch Geraden (Abbildung 109).

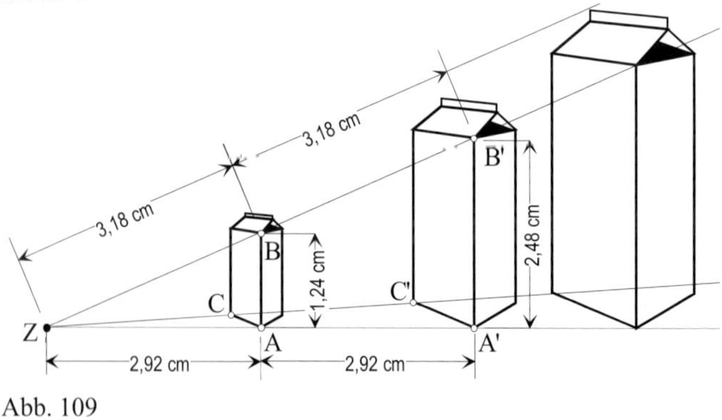


Abb. 109

Wir stellen fest, dass sich diese Geraden in einem Punkt Z schneiden und die Längenverhältnisse $l(\overline{A'Z}) : l(\overline{AZ}) = l(\overline{B'Z}) : l(\overline{BZ}) = l(\overline{C'Z}) : l(\overline{CZ})$ konstant sind[64]. Eine Abbildung, die dies leistet, nennt man *zentrische Streckung.* Wir werden sie ebenso wie die Kongruenzabbildungen durch Angabe der Konstruktionsvorschrift definieren.

**Definition 12:** Zentrische Streckung $Z_{Z,k}$

Gegeben sei ein Punkt Z, das *Streckzentrum,* und eine reelle Zahl k, $k \neq 0$, der *Streckfaktor*.

Die *zentrische Streckung* $Z_{Z,k}$ ist diejenige Abbildung der Ebene auf sich, die jedem Punkt P seinen Bildpunkt P' nach folgender Vorschrift zuordnet:

a) Wenn $P = Z$, dann gilt $P = P'$ (Z ist Fixpunkt.).

b) Wenn $P \neq Z$, dann gilt:

Wenn $k > 0$: P' so wählen, dass $P' \in \overrightarrow{ZP}$ und $l(\overline{ZP'}) = k \cdot l(\overline{ZP})$.

Wenn $k < 0$: P' so wählen, dass $P' \in ZP$ und $P' \notin \overrightarrow{ZP}$ und $l(\overline{ZP'}) = |k| \cdot l(\overline{ZP})$. [65]

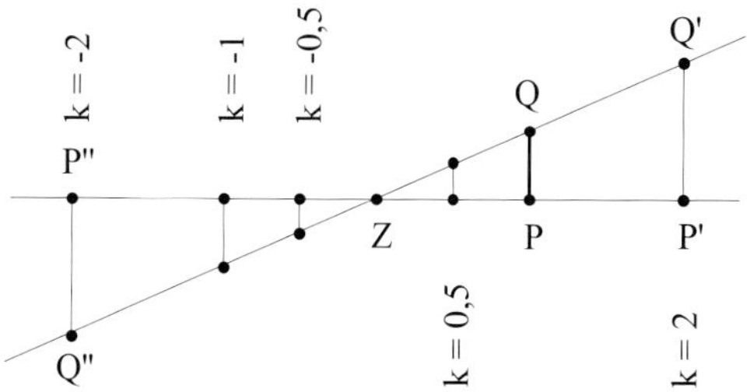


Abb. 110

[64] Dies gilt natürlich auch, wenn man einander entsprechende Punkte in von Milchtüten verschiedenen Figuren betrachtet.

[65] M.a.W.: P' liegt auf der zu $\overrightarrow{ZP}$ komplementären Halbgeraden.

Abbildung 110 zeigt ausgewählte zentrische Streckungen der Strecke $\overline{PQ}$ am Streckzentrum Z mit besonders „interessanten" Streckfaktoren k.
In Abbildung 111 sind die Bilder des Dreiecks $\Delta ABC$ bei den zentrischen Streckungen $Z_{Z,\,1{,}4}$ und $Z_{Z,\,-2}$ dargestellt.

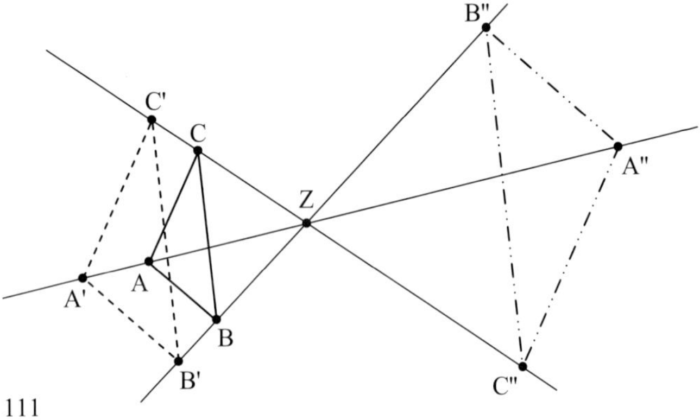


Abb. 111

Im Folgenden begnügen wir uns damit, wesentliche Eigenschaften der zentrischen Streckung herauszustellen. Vertiefende Darstellungen hierzu finden sich etwa bei Mitschka, Strehl, Hollmann (1998, S. 222 ff).

**Eigenschaften der zentrischen Streckung $Z_{Z,k}$**

- Die zentrische Streckung ist *winkeltreu.*
- Die zentrische Streckung ist *längenverhältnistreu.* Für jede Bildstrecke $\overline{A'B'}$ einer Strecke $\overline{AB}$ gilt: $l(\overline{A'B'}) = |k| \cdot l(\overline{AB})$ .
- Das Zentrum Z ist der einzige *Fixpunkt.*
- Alle Geraden durch Z sind *Fixgeraden.*
- Bei der zentrischen Streckung werden Geraden wieder auf Geraden abgebildet. $Z_{Z,k}$ ist also *geradentreu.*
- Es gilt sogar, dass das Bild g' einer Geraden g zu g parallel ist:

  Für g durch Z gilt g = g'.

  Für Geraden, die nicht durch Z verlaufen, folgt

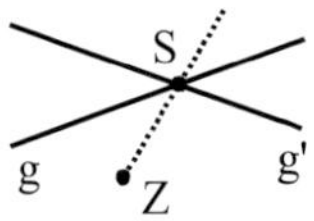

dies aus der Tatsache, dass Z der einzige Fixpunkt ist. Würden sich nämlich g und g' in S schneiden, so wäre S ein weiterer Fixpunkt.

Die zentrische Streckung ist folglich auch *parallelentreu*: Aus g'||g, g||h und h||h' folgt g'||h'.

- Weiter stellen wir fest, dass sich der *Umlaufsinn* einer Figur bei der zentrischen Streckung nicht ändert.
- Im Fall k = 1 ergibt sich die *identische Abbildung* ($Z_{Z,1} = \text{id}$).
- Im Fall k = −1 ist die zentrische Streckung eine *Punktspiegelung* mit Z als Spiegelungszentrum ($Z_{Z,-1} = S_Z$).
- Die *Umkehrabbildung* einer zentrischen Streckung mit Streckzentrum Z und Streckfaktor k ist eine zentrische Streckung mit demselben Zentrum Z und dem Streckfaktor $\frac{1}{k}$.

Mit Hilfe der zentrischen Streckung und ihrer Eigenschaften können wir nun die Strahlensätze beweisen.

**Satz 27:** 1. Strahlensatz

Werden zwei Geraden, die sich im Punkt Z schneiden, von Parallelen in A und B bzw. A' und B' geschnitten, dann gilt: $l(\overline{A'Z}) : l(\overline{AZ}) = l(\overline{B'Z}) : l(\overline{BZ})$

**Beweis:**

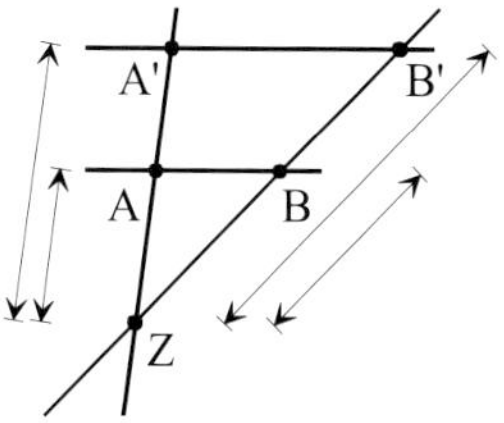


- Durch Z, A und A' ist die zentrische Streckung $Z_{Z,k}$ mit $|k| = l(\overline{A'Z}) : l(\overline{AZ})$ festgelegt.
- Das Bild der Geraden AB bei $Z_{Z,k}$ verläuft durch A' und ist nach unseren obigen Überlegungen parallel zu AB.
- Nach Voraussetzung verläuft auch A'B' durch A' und ist parallel zu AB.
- Nach dem Parallelenaxiom ist die Parallele zu AB durch A' eindeutig bestimmt. Also ist A'B' das Bild von AB bei der zentrischen Streckung und damit B' das Bild von B.

  Nach Definition 12 gilt dann $l(\overline{B'Z}) : l(\overline{BZ}) = |k|$.

  Mit der Transitivität und Symmetrie der „="-Relation folgt:

  $l(\overline{A'Z}) : l(\overline{AZ}) = l(\overline{B'Z}) : l(\overline{BZ})$.

**Satz 28:** 2. Strahlensatz

Werden zwei Geraden, die sich im Punkt Z schneiden, von Parallelen in A und B bzw. in A' und B' geschnitten, dann gilt: $l(\overline{A'B'}) : l(\overline{AB}) = l(\overline{A'Z}) : l(\overline{AZ})$

**Beweis:**

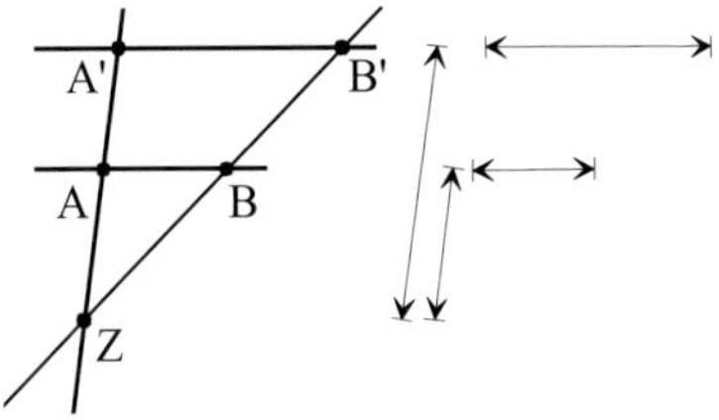


- Wieder ist durch Z, A und A' die zentrische Streckung $Z_{Z,k}$ mit $|k| = l(\overline{A'Z}) : l(\overline{AZ})$ festgelegt. (1)
- Nach den Überlegungen im Beweis des ersten Strahlensatzes ist $\overline{A'B'}$ das Bild von $\overline{AB}$ bei $Z_{Z,k}$.
- Wegen der Längenverhältnistreue gilt $l(\overline{A'B'}) = |k| \cdot l(\overline{AB})$, was gleichbedeutend ist zu $l(\overline{A'B'}) : l(\overline{AB}) = |k|$. (2)
- Aus (1) und (2) folgt mit der Transitivität der Gleichheitsrelation $l(\overline{A'B'}) : l(\overline{AB}) = l(\overline{A'Z}) : l(\overline{AZ})$, was zu zeigen war.

Der erste Strahlensatz gilt auch in seiner Umkehrung:

**Satz 29:** Umkehrung des 1. Strahlensatzes

Werden zwei Geraden, die sich in einem Punkt Z schneiden, von zwei anderen Geraden in A und B bzw. A' und B' geschnitten und gilt $l(\overline{A'Z}) : l(\overline{AZ}) = l(\overline{B'Z}) : l(\overline{BZ})$, dann sind AB und A'B' parallel.

**Beweis:**

- Aus der Voraussetzung $l(\overline{A'Z}) : l(\overline{AZ}) = l(\overline{B'Z}) : l(\overline{BZ})$ schließen wir, dass A' das Bild von A und B' das Bild von B bei der zentrischen Streckung[66] $Z_{Z,k}$ mit $|k| = l(\overline{A'Z}) : l(\overline{AZ})$ ist.
- Dann ist A'B' das Bild von AB bei $Z_{Z,k}$, denn jede Gerade ist durch zwei Punkte eindeutig bestimmt.

---

66 „Geteiltes Leid ist halbes Leid.“ Im vagen Vertrauen auf diesen Satz des Volksmundes versichern wir Ihnen: Wir teilen Ihr Leid beim Anblick der „Stre-ckung“. Freuen wir uns vielmehr, dass wir nicht schon „Str-eckung“ in diesem Buch finden (müssen). It could have come worse.

- Weil nach den Eigenschaften der zentrischen Streckung $Z_{Z,k}$ die Bildgerade parallel zur Urbildgeraden ist, folgt AB || A'B', die Behauptung.

Der zweite Strahlensatz ist nicht umkehrbar, wie Abbildung 112 zeigt:

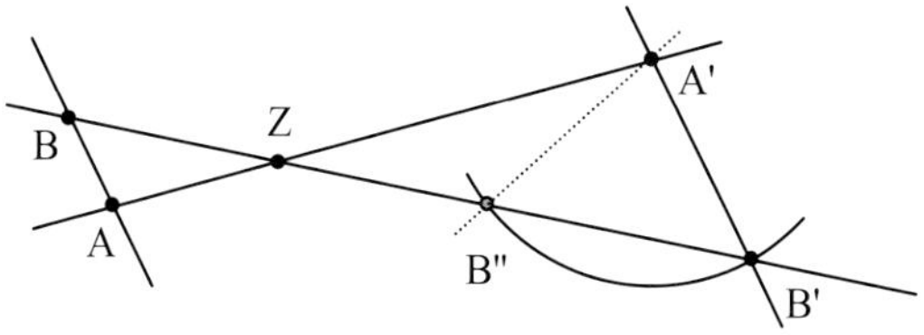


Abb. 112

Schlägt man um A' einen Kreis mit Radius $l(\overline{A'B'})$, so findet man einen Punkt B'', für den ebenfalls $l(\overline{A'B''}) : l(\overline{AB}) = l(\overline{A'Z}) : l(\overline{AZ})$ gilt, aber A'B'' ist nicht parallel zu AB.

Wir verlassen die Strahlensätze, wenden uns wieder der zentrischen Streckung zu und fragen:

---

Durch welche Abbildung können wir die Nacheinanderausführung zweier zentrischer Streckungen $Z_{Z_2,k_2} \circ Z_{Z_1,k_1}$ ersetzen?

---

Auf der Suche nach einer Antwort unterscheiden wir zwei Fälle:
1. Fall: Die Streckzentren fallen zusammen. $Z_1 = Z_2 = Z$
2. Fall: Die Streckzentren sind verschieden. $Z_1 \neq Z_2$

zu Fall 1: Wir betrachten $Z_{Z,k_1}$, $Z_{Z,k_2}$ und einen beliebigen Punkt P.

Nach Definition 12 gilt dann:

$$l(\overline{P'Z}) = |k_1| \cdot l(\overline{PZ}) \wedge l(\overline{P''Z}) = |k_2| \cdot l(\overline{P'Z})$$

$$\Rightarrow \quad l(\overline{P''Z}) = |k_2| \cdot |k_1| \cdot l(\overline{PZ}) \qquad / \text{ 1. in 2. Gleichung eingesetzt}$$

$$\Rightarrow \quad l(\overline{P''Z}) = |k_1 \cdot k_2| \cdot l(\overline{PZ}) \qquad / \ |b| \cdot |a| = |a| \cdot |b| = |a \cdot b|;\ a, b \in \mathbb{R}$$

- $Z_{Z,k_2} \circ Z_{Z,k_1}$ ist also wieder eine zentrische Streckung am Zentrum Z mit dem Streckfaktor $k = k_1 \cdot k_2$.

- Sind beide Streckfaktoren positiv oder negativ, so ist auch $k_1 \cdot k_2$ positiv, ist genau einer der beiden positiv, so ist $k_1 \cdot k_2$ negativ.
- Wenn $k_1 \cdot k_2 = 1$, so gilt $Z_{Z,k_2} \circ Z_{Z,k_1} = Z_{Z,1} = \text{id}$. Dieser Fall tritt offensichtlich immer dann ein, wenn $k_2 = \frac{1}{k_1}$, wenn also eine zentrische Streckung mit ihrer Umkehrabbildung verkettet wird[67].

zu Fall 2: Wir betrachten $Z_{Z_1,k_1}$, $Z_{Z_2,k_2}$ mit $Z_1 \neq Z_2$ und eine beliebige Strecke $\overline{AB}$.

Da bei der zentrischen Streckung Geraden auf parallele Geraden abgebildet werden, gilt:

$AB \parallel A'B' \wedge A'B' \parallel A''B''$

$\Rightarrow AB \parallel A''B''$ / Trans. der „||"- Relation

Wegen der Längenverhältnistreue gilt:

$l(\overline{A'B'}) = |k_1| \cdot l(\overline{AB}) \wedge l(\overline{A''B''}) = |k_2| \cdot l(\overline{A'B'})$

$\Rightarrow l(\overline{A''B''}) = |k_2| \cdot |k_1| \cdot l(\overline{AB})$ / 1. in 2. Gleichung eingesetzt

$\Rightarrow l(\overline{A''B''}) = |k_1 \cdot k_2| \cdot l(\overline{AB})$ / $|b| \cdot |a| = |a| \cdot |b| = |a \cdot b|$; $a,b \in \mathbb{R}$

- Wenn $l(\overline{AB}) \neq l(\overline{A''B''})$ gilt, dann schneiden sich die Geraden AA" und BB" in einem Punkt Z (Abbildung 113).

  $\overline{A''B''}$ ist dann das Bild der zentrischen Streckung an Z mit dem Streckfaktor $k = k_1 \cdot k_2$. Das Zentrum Z dieser Streckung liegt dann auf der Geraden durch $Z_1$ und $Z_2$, denn diese Gerade ist Fixgerade bei beiden Streckungen, also auch bei der Nacheinanderausführung von beiden. Folglich muss diese Gerade auch durch Z gehen.

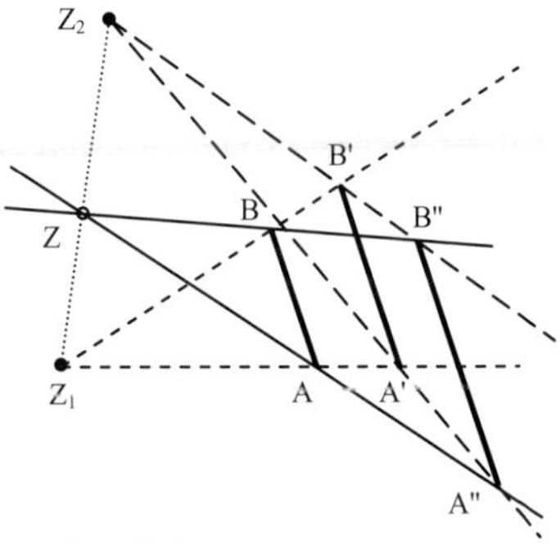

Abb. 113

67 Wir verweisen auf die Eigenschaften der zentrischen Streckung.

- Der Fall $l(\overline{AB}) = l(\overline{A''B''})$ tritt einerseits auf, wenn $k_1 \cdot k_2 = 1$ gilt und wird durch Abbildung 114 veranschaulicht. In diesem Fall ist $Z_{Z_2,k_2} \circ Z_{Z_1,k_1}$ die Verschiebung $V_{\overrightarrow{AA''},\ l(\overline{AA''})}$. Dabei gilt $AA'' \parallel Z_1Z_2$.

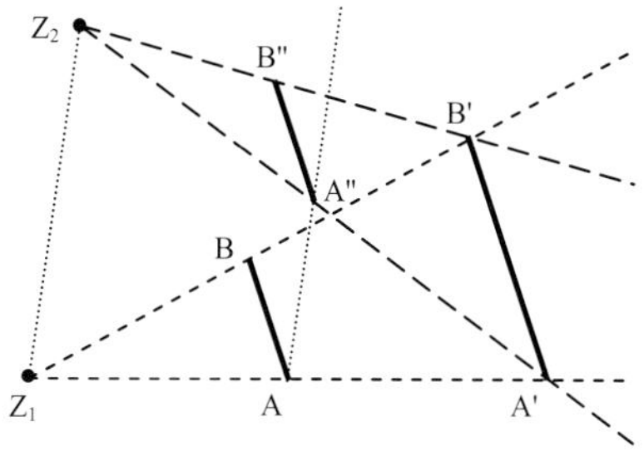

Abb. 114

Der Fall $l(\overline{AB}) = l(\overline{A''B''})$ tritt andererseits auch auf, wenn $k_1 \cdot k_2 = -1$ gilt (Abbildung 115).
In diesem Fall ist $Z_{Z_2,k_2} \circ Z_{Z_1,k_1}$ eine Punktspiegelung an einem Punkt P mit $P \in Z_1Z_2$.

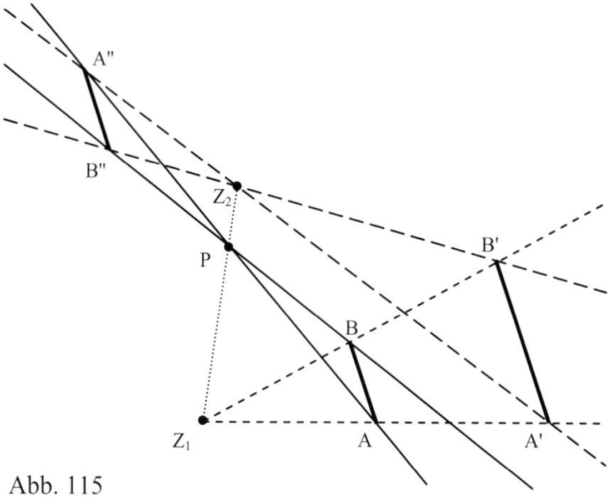

Abb. 115

Die zentrische Streckung ist geraden-, winkel- und längenverhältnistreu. Jede Abbildung der Ebene, die diese Eigenschaften besitzt, nennt man *Ähnlichkeitsabbildung.* Auch die Kongruenzabbildungen sind demnach Ähnlichkeitsabbildungen, denn die Längentreue ($k = 1$) ist ein Spezialfall der Längenverhältnistreue ($k \in \mathbb{R} \setminus \{0\}$). Auch alle Verkettungen von Kongruenzabbildungen und zentrischen Streckungen sind Ähnlichkeitsabbildungen. Es gilt umgekehrt, dass jede Ähnlichkeitsabbildung als Verkettung einer zentrischen Streckung und einer Kongruenzabbildung dargestellt werden kann. Es lässt sich zeigen, dass die Menge aller Ähnlichkeitsabbildungen zusammen mit der Nacheinanderausführung „∘“ eine Gruppe bildet, die die Kongruenzabbildungen als Untergruppe hat.

Figuren, die durch eine Ähnlichkeitsabbildung ineinander überführt werden können, heißen *ähnlich* (Zeichen: ~). So sind z.B. alle Strecken, alle Kreise, alle Quadrate, alle gleichseitigen Dreiecke usw. einander ähnlich. Wie bei den Kongruenzsätzen kann man für beliebige Dreiecke Kriterien angeben, wann sie einander ähnlich sind. Dies ist z.B. dann der Fall, wenn sie in zwei Winkeln übereinstimmen (womit der dritte Winkel automatisch auch übereinstimmt).

Zur zentrischen Streckung, den Strahlensätzen und der Ähnlichkeit gibt es eine Fülle von Anwendungsaufgaben, von denen hier nur einige wenige exemplarisch vorgestellt werden[68].
Die zentrische Streckung stellt im Fall $k \neq \pm 1$ eine maßstabsgerechte Vergrößerung oder eine Verkleinerung dar. Denken Sie an Kopiergeräte, Diaprojektoren, Karten mit unterschiedlichen Maßstäben etc.

Ein Hilfsmittel zum Vergrößern oder Verkleinern von Zeichnungen ist der *Storchschnabel* (Pantograph), den man in einer einfachen Papp- oder Holzversion selbst herstellen kann. Vier Stäbe sind in den Punkten A, A', B und C gelenkig miteinander verbunden. Dabei bilden die Punkte A, B, C, A' ein Parallelogramm. Der Mechanismus wird in Z drehbar fixiert.

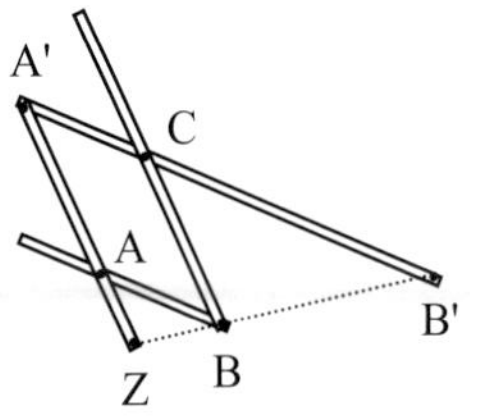

Abb. 116

Bewegt man nun einen Führungsstift in B an einer Figur entlang, dann zeichnet ein in B' befestigter Schreibstift ein vergrößertes Bild der Figur. Der Vergrößerungsfaktor ist dabei $l(\overline{A'Z}) : l(\overline{AZ})$. Man kann ihn variieren, indem man $l(\overline{AB})$ und $l(\overline{BC})$ verändert. Eine Verkleinerung erreicht man, indem man den Führungsstift bei B' anbringt und den Schreibstift bei B.

[68] Wir empfehlen Ihnen einen Blick in verschiedene Schulbücher.

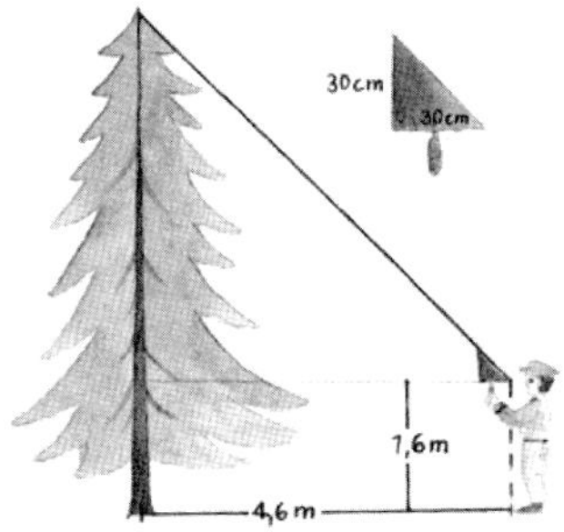


Abb. 117

Abbildung 117 ist aus Schlagbauer u.a. (1994, Band 9, S. 97) entnommen und illustriert eine weitere Anwendung, das *Försterdreieck*. Beim Försterdreieck handelt es sich um ein rechtwinklig gleichschenkliges Dreieck, bei dem an einer Kathete ein Griff befestigt ist.

Aus dem zweiten Strahlensatz folgt sofort, dass die Höhe des Baumes gleich der Entfernung des Försters vom Baum plus der Augenhöhe des Försters ist, in Abbildung 117 also 6,2 m.

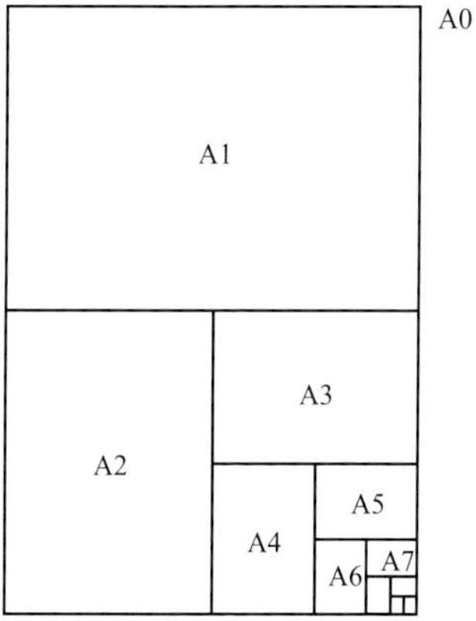


Abb. 118

Als letzte Anwendung betrachten wir die DIN-Formate unseres Papiers. Zwei regelmäßige n-Ecke sind einander stets ähnlich. Zwei Rechtecke sind einander nur dann ähnlich, wenn ihr Seitenverhältnis übereinstimmt. Sie wissen vermutlich, dass unsere DIN-Formate A0 bis A10 durch fortgesetztes Halbieren entstehen (s. Abbildung 118) und dass ein Blatt A0 den Flächeninhalt von 1 $m^2$ hat. Legt man Blätter verschiedener Größen wie in Abbildung 119 aufeinander, so stellt man fest, dass diese Formate durch eine zentrische Streckung auseinander hervorgehen.

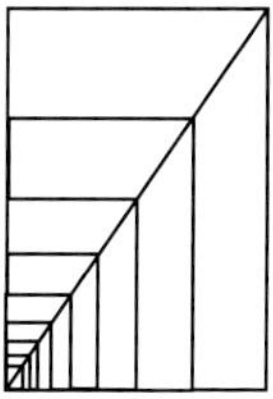

Abb. 119

Den Streckfaktor ermitteln wir wie folgt: Das Seitenverhältnis des Formates DIN An sei a:b, das des Formates DIN An+1 ist dann b: $\frac{a}{2}$.

Da diese übereinstimmen folgern wir:

$$a:b = b:\frac{a}{2} \;\Leftrightarrow\; a:b = 2b:a \;\Leftrightarrow\; a^2 = 2b^2 \;\Rightarrow\; a = \sqrt{2}\,b\,.$$

Der Streckfaktor ist also $\sqrt{2}$, das Verhältnis der Seitenlängen unserer DIN-A-Papierformate ist $\sqrt{2}$.

Übung:

1) Ein Kreis habe einen Radius der Länge 5 cm. Konstruieren Sie in diesen Kreis ein Rechteck, dessen Eckpunkte auf dem Kreis liegen und dessen Seitenlängen sich im Verhältnis wie 5:4 verhalten.

2) Verbindet man in einem beliebigen Dreieck $\Delta ABC$ jeweils die Ecken mit den Mittelpunkten der gegenüberliegenden Seiten (Seitenhalbierende), so erhält man als Schnittpunkt den Schwerpunkt S.

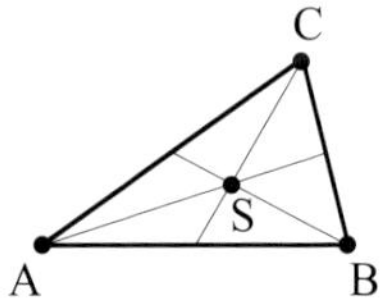


   a) Zeigen Sie, dass das Viereck, das aus den Mittelpunkten von $\overline{AS}$, $\overline{BS}$, $\overline{BC}$ und $\overline{AC}$ gebildet wird, ein Parallelogramm ist.

   b) Begründen Sie: Unter welchen Bedingungen ist dieses Viereck ein Rechteck?

   c) Begründen Sie:
   Unter welchen Bedingungen ist das Rechteck aus (b) ein Quadrat?

3) Bei Adriano kostet die Pizza Diabolo (Durchmesser 36 cm) 10 Euro. Welchen Preis erwartet ein betriebsblinder Mathematiker für die Diabolo Bambini (Durchmesser 18 cm)?

4) Ein Würfel wird mit dem Faktor k zentrisch gestreckt. Wie verändern sich Volumen und Oberflächeninhalt?

## 4.4 Affine Abbildungen

Von den *affinen Abbildungen*, das sind alle geradentreuen Abbildungen der Ebene auf sich, wollen wir hier nur die besonders häufig vorkommende *Scherung* und die *Schrägspiegelung* behandeln.

**Definition 13:** Scherung $\mathrm{Sche}_{g,w(\alpha)}$

Gegeben sei eine Gerade g, die *Scherungsachse*, und ein Winkel α, der *Scherungswinkel*, mit $0° \leq w(\alpha) < 90° \vee 270° < w(\alpha) < 360°$.

Die *Scherung* $\mathrm{Sche}_{g,w(\alpha)}$ ist diejenige Abbildung der Ebene auf sich, die jedem Punkt P seinen Bildpunkt P' nach folgender Vorschrift zuordnet:

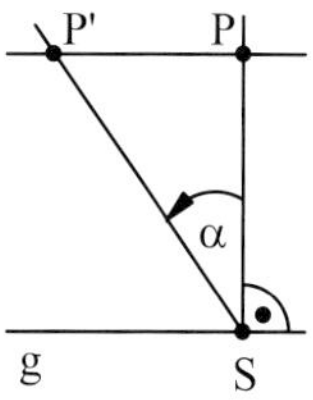


a) Wenn $P \in g$, dann $P = P'$. (Alle $P \in g$ sind Fixpunkte.)

b) Wenn $P \notin g$, dann gilt: $PP' \parallel g \wedge w(\overrightarrow{SP}, \overrightarrow{SP'}) = w(\alpha)$, wobei $S \in g$ und $SP \perp g$.

Gilt für den Scherungswinkel $w(\alpha) = 0°$, so haben wir die identische Abbildung vorliegen ($\mathrm{Sche}_{g,0°} = \mathrm{id}$). Für Scherungswinkel α mit $w(\alpha) \neq 0°$ sind alle Punkte auf der Scherungsachse g Fixpunkte, alle Parallelen zur Scherungsachse sind Fixgeraden. Die Umkehrabbildung der Scherung $\mathrm{Sche}_{g,w(\alpha)}$ ist die Scherung $\mathrm{Sche}_{g,360°-w(\alpha)}$.

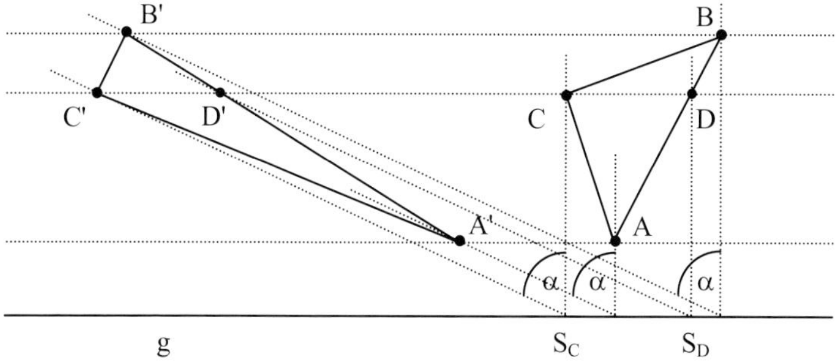


Abb. 120

Abbildung 120 zeigt, wie das Dreieck $\Delta ABC$ durch die Scherung $Sche_{g,65°}$ auf Dreieck $\Delta A'B'C'$ abgebildet wird. Alle Winkelmaße und Streckenlängen haben sich verändert, ebenso das Verhältnis der Seitenlängen. Die Scherung ist im Allgemeinen also weder winkel-, noch längen- noch längenverhältnistreu. Sie ist allerdings *flächeninhaltstreu.*

Um zu zeigen, dass der Flächeninhalt von $\Delta ABC$ gleich dem von $\Delta A'B'C'$ ist, betrachten wir den Hilfspunkt D, der auf der Parallelen zu g durch C liegt, und seinen Bildpunkt D':

- Nach Konstruktion gilt CD = C'D' und C'D' $\parallel$ g. Ebenso folgt aus der Abbildungsvorschrift in Definition 13, dass $\overline{S_D D'} \parallel \overline{S_C C'}$. Demnach ist das Viereck $S_C S_D D'C'$ ein Parallelogramm.

  Also gilt $l(\overline{C'D'}) = l(\overline{S_C S_D}) = l(\overline{CD})$.
- Nun zerlegt die Strecke $\overline{CD}$ das Dreieck $\Delta ABC$ in zwei Teildreiecke $\Delta CDB$ und $\Delta ADC$. Die Strecke $\overline{C'D'}$ zerlegt das Bilddreieck $\Delta A'B'C'$ ebenfalls in zwei Teildreiecke $\Delta C'D'B'$ und $\Delta A'D'C'$. Die Dreiecke $\Delta CDB$ und $\Delta C'D'B'$ haben gleichlange Grundseiten und stimmen in den Längen ihren Höhen überein, da B und B' nach Definition der Scherung auf einer Parallelen zur Grundseite liegen. Also sind $\Delta CDB$ und $\Delta C'D'B'$ flächeninhaltsgleich.
- Dasselbe gilt für $\Delta ADC$ und $\Delta A'D'C'$.
- Also haben auch $\Delta ABC$ und $\Delta A'C'B'$ den gleichen Flächeninhalt.
- Da man jedes beliebige Vieleck in Dreiecke zerlegen kann, bleibt der Flächeninhalt eines solchen Vielecks durch eine Scherung ebenfalls unberührt. Die Aussage gilt auch für beliebige Figuren, die man durch Polynome annähern kann.

Blättern Sie noch einmal zurück zur Abbildung 56b aus dem Einstiegsabschnitt dieses Kapitels. Alle dort abgebildeten Dreiecke sind durch Scherungen entstanden. Die Scherungsachse war jeweils die Grundseite des Dreiecks. Wir haben es also in Abbildung 56b mit einer besonders „günstigen" Lage der Dreiecke zu tun, bei der man die Flächeninhaltsgleichheit sofort erkennen kann.

Da die Scherung eine flächeninhaltstreue Abbildung ist, lassen sich Fragestellungen, bei denen es um den Vergleich von Flächeninhalten geht, oft besonders elegant mit Hilfe von Scherungen lösen. Dazu gehören Beweise und/oder Verwandlungsaufgaben, bei denen Figuren in andere Figuren gleichen Flächeninhalts mit bestimmten anderen Eigenschaften transformiert werden, z.B. ein Fünfeck in ein Viereck, ein Quadrat in eine Raute mit bestimmter Seitenlänge o.ä.. Wir gehen hierauf an dieser Stelle nicht weiter ein, weisen jedoch darauf hin, dass wir auf entsprechende Fragestellungen bei der Behandlung des Umfangswinkelsatzes bzw. des Satzes von Pythagoras in Kapitel 5 zurückkommen werden.

Wir wenden uns jetzt der Schrägspiegelung zu. Beim Haus der Vierecke sind wir dem schrägen Drachen begegnet. Bei diesem Viereck wird die Diagonale $\overline{BD}$ durch die Diagonale $\overline{AC}$ halbiert (Abbildung 121). $\overline{AC}$ zerteilt aber auch den gesamten schrägen Drachen in zwei inhaltsgleiche „Hälften". Die Dreiecke $\Delta DMC$ und $\Delta MBC$ haben nämlich eine gleichlange Grundseite ($l(\overline{DM}) = l(\overline{MB})$) und stimmen in der Länge ihrer Höhe $h_1$ überein. Analoges gilt für $\Delta DMA$ und $\Delta MBA$. Also sind auch $\Delta ACD$ und $\Delta ACB$ gleich groß.

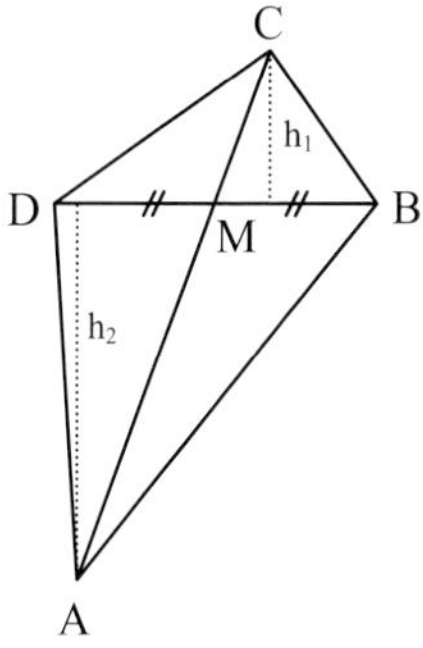


Abb. 121

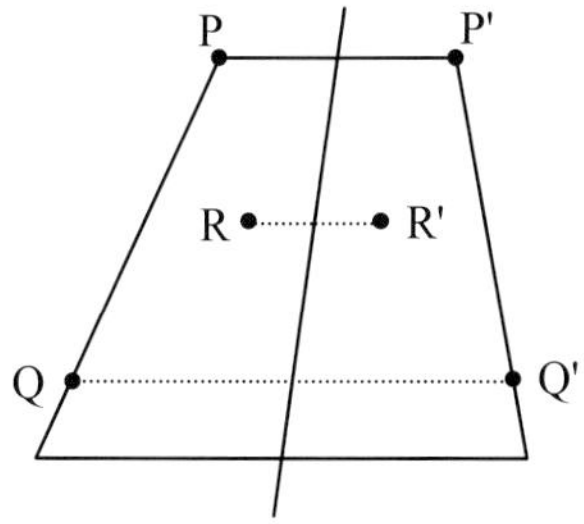


Abb. 122

Auch beim allgemeinen Trapez zerlegt die Mittellinie durch die beiden parallelen Trapezseiten die Figur in zwei flächeninhaltsgleiche Teilfiguren (Abbildung 122). Jedem Punkt P des Trapezes (bzw. des schrägen Drachens) lässt sich ein Punkt P' so zuordnen, dass die Mittellinie (bzw. die Diagonale des schrägen Drachens) die Strecke $\overline{PP'}$ halbiert und die Strecken $\overline{PP'}$, $\overline{QQ'}$, $\overline{RR'}$, ... zueinander parallel sind. Man sagt dann, dass diese Figuren *schrägspiegelungssymmetrisch* sind.

Ausgehend von diesen hinführenden Beispielen definieren wir die Schrägspiegelung jetzt allgemein:

**Definition 14:** Schrägspiegelung $Schr_{g,h}$

Gegeben sei eine Gerade g, die *Schrägspiegelungsachse*, und eine Gerade h mit $g \cap h \neq \emptyset$.

Die *Schrägspiegelung* $Schr_{g,h}$ ist diejenige Abbildung der Ebene auf sich, die jedem Punkt P seinen Bildpunkt P' nach folgender Vorschrift zuordnet:

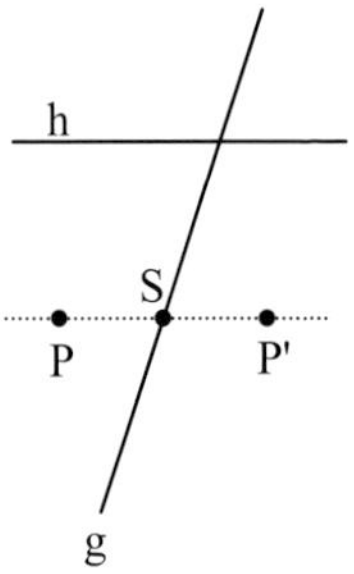


a) Wenn $P \in g$, dann $P = P'$.
   (Alle $P \in g$ sind Fixpunkte.)

b) Wenn $P \notin g$, dann gilt: $PP' \parallel h \wedge l(\overline{PS}) = l(\overline{P'S})$,
   wobei $PP' \cap g = \{S\}$.

Obwohl auf der Geraden h keine Orientierung ausgezeichnet ist, sagt man, h gebe die *Schrägspiegelungsrichtung* an.
Bei der Schrägspiegelung sind alle Punkte der Schrägspiegelungsachse Fixpunkte. Alle Parallelen zu h sind Fixgeraden. Die Schrägspiegelung ist involutorisch, ist also Umkehrabbildung zu sich selbst. Alle Strecken, die parallel zur Geraden h verlaufen[69], werden auf Strecken gleicher Länge abgebildet. Im allgemeinen Fall $g \not\perp h$ ist die Schrägspiegelung nicht längentreu und auch nicht winkeltreu (vgl. Abbildung 123). Im Fall $g \perp h$ ist die Schrägspiegelung eine Geradenspiegelung. Vergleichen Sie hierzu auch die Definitionen der Schräg- und der Geradenspiegelung miteinander.

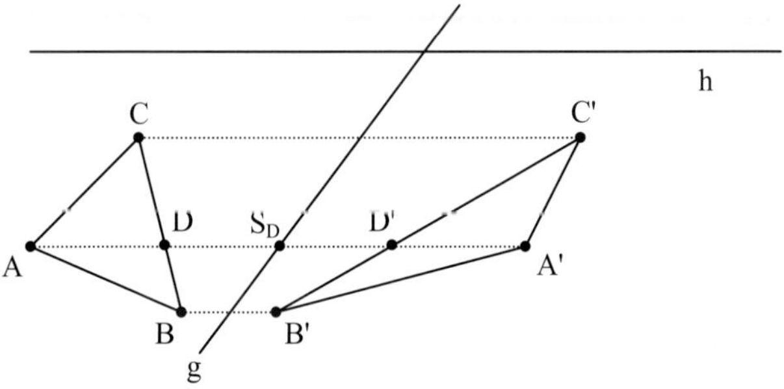


Abb. 123

[69] Eigentlich: „ ... deren Trägergeraden parallel zur Geraden h sind."

In Abbildung 123 wurde das Dreieck $\Delta$ABC durch eine Schrägspiegelung auf das Dreieck $\Delta$A'B'C' abgebildet. Dreieck und Bilddreieck haben denselben Flächeninhalt. Beweisen Sie das zur Übung selbst. Verwenden Sie dabei, dass Strecken, die parallel zur Geraden h sind, auf Strecken gleicher Länge abgebildet werden. Die Schrägspiegelung ist eine flächeninhaltstreue Abbildung.

Übung:

1) Im kartesischen Koordinatensystem ist ein Rechteck durch die Punkte A(3;0), B(6;2), C(3;6,5) und D(0;4,5) gegeben.

   Scheren Sie dieses Rechteck an der x-Achse mit einem Winkel der Größe 300°.

   Zeigen Sie dann, dass das Rechteck und die Bildfigur denselben Flächeninhalt haben, indem Sie die Figuren so zerlegen, dass zwei Parallelogramme mit gleichlangen Grundseite und gleichlangen Höhen entstehen.

2) Ein Parallelogramm ist schrägspiegelungssymmetrisch. Finden Sie alle Schrägspiegelungsachsen und geben Sie die dazugehörigen Geraden h (die die Schrägspiegelungsrichtung festlegen) an.

3) Führen Sie mit dem Rechteck aus Aufgabe 1 eine Schrägspiegelung durch. Die Schrägspiegelungsrichtung sei durch die x-Achse gegeben, die Gleichung der Schrägspiegelungsgeraden g lautet $y = -x + 8$.

4) Begründen Sie das Verfahren zur Flächeninhaltsbestimmung am Parallelogramm

   a) mit Hilfe einer geeigneten Kongruenzabbildung,

   b) mit Hilfe einer affinen Abbildung.

   Stellen Sie jeweils auch eine geeignete Skizze her.[70]

[70] Hinweise zu dieser und den beiden folgenden unmittelbar unterrichtsrelevanten Übungsaufgaben finden Sie in geeigneten Schulbüchern, bei Holland 2007, insbesondere jedoch in der hervorragenden Veröffentlichung von Palzkill und Schwirtz 1971.

5) „Der Flächeninhalt eines Dreiecks ist halb so groß wie der des entsprechenden Parallelogramms ($A_{Dreieck} = \frac{g \cdot h}{2}$)." [71]

a) Erklären Sie diese schöne Verbalisierung zum Verständnis der Formel durch eine Skizze und die Heranziehung einer geeigneten Kongruenzabbildung.

b) Klären Sie auch, was mit einem „entsprechenden Parallelogramm" gemeint ist.

c) Beweisen Sie die Gültigkeit der o. g. Behauptung mit Hilfe der Abbildungsgeometrie. Die Gültigkeit der Formel $A_{Parallelogramm} = g \cdot h$ dürfen Sie voraussetzen.

6) *Formal* bestimmt man den Flächeninhalt eines Trapezes nach der Formel

$$A_{Trapez} = \frac{(a + c) \cdot h}{2}.$$

Die Abbildung rechts *ikonisiert* das Verfahren zur Flächeninhaltsbestimmung am Trapez. [72]

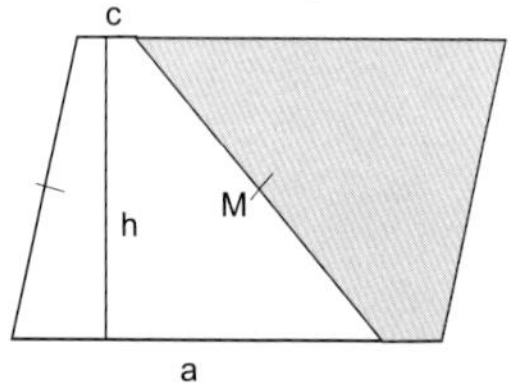


a) Finden Sie eine *Verbalisierung*, die den Zusammenhang zwischen der Ikonisierung und Formalisierung des Verfahrens mit Begriffen der Abbildungsgeometrie herstellt. M.a.W.: Erklären Sie die Formel verbal mit Begriffen der Abbildungsgeometrie.

b) Wie könnte die Verbalisierung eines leistungsschwachen Achtklässlers aussehen, die Sie fachlich gerade noch akzeptieren würden?

c) Zeigen Sie eine Möglichkeit auf, das Verfahren ausgehend von einer Handlung (*Enaktivierung*) zu finden.

---

[71] ebenda

[72] ebenda

# 5 Geometrische Konstruktionen

## 5.1 Einstieg

Beim Konstruieren geht es darum, auf der Basis vorgegebener Größen Figuren zeichnerisch exakt darzustellen. Zum Einstieg greifen wir sechs Situationen mit Aufforderungscharakter heraus:

Situation 1

In Weitweg, dem größten Land des Sterns Irgendwo, ist 1 w die kleinste nicht mehr unterteilte Längeneinheit[1]. Da 1 w für viele Messungen unpraktisch groß ist, und weil in Weitweg im Siebenersystem[2] gerechnet wird, soll die Einheit 1 w konstruktiv in sieben exakt gleich große Teile unterteilt werden, es soll also gelten: 1 w = 7 sw.

Situation 2

In einem Schlossgarten stehen drei alte Rosenbüsche $R_1$, $R_2$ und $R_3$, die nicht mehr verpflanzt werden können. Es werden zahlreiche ähnlich große Rosenbüsche zugekauft und so eingepflanzt, dass alle Büsche zusammen einen großen Kreis bilden.

Situation 3

Das Zimmer eines Musikliebhabers ist 4 m breit und 3,50 m lang. Die beiden Lautsprecher (Grundriss 20 cm × 40 cm, Lautsprecherchassis an der schmalen Seite) stehen an einer der längeren Zimmerseiten und haben von der Rückwand und der entsprechenden Seitenwand je 80 cm Abstand.
Audiophiler Genuss kann (höchstens) dann entstehen, wenn der Musikhörer im so genannten Sweetpoint sitzt. Der Sweetpoint ist derjenige Punkt, der mit den Lautsprecherchassis – insbesondere den Hochtönern – ein gleichseitiges Dreieck bildet. Stellen Sie einen Regiesessel im Sweetpoint auf.

---

[1] 1 w entspricht so ungefähr 80 cm, ganz genau wissen wir das auch nicht mehr – wie oft kommt man in seinem Leben schon nach Weitweg?

[2] Vielleicht haben die Bewohner Weitwegs sieben Finger an einer Hand oder sie haben drei Finger an der linken und vier an der rechten Hand.

Situation 4

Wegen des Baus einer neuen Autobahn bietet das Land dem Besitzer eines rechteckigen Grundstücks (18 m × 65 m) ein quadratisches Stück Land mit gleichem Flächeninhalt an.

Situation 5

Konstruieren Sie ein Trapez ABCD mit:
DC||AB ; l(a) = 9cm; l(b) = 4,5 cm; l(c) = 4cm; l(d) = 7,5cm

Situation 6

Rudi zu Wilhelm nach dem n-ten Glas ($n \in \mathbb{N}$) im Ackerbürger (einer gemütlichen Burgsteinfurter Kneipe): „Wetten, dass ich den Rolinck (gemeint ist der Bierdeckel in Abbildung 124) mit Ulrikes spitzem Bleistift (Ulrike ist Rudis Nachbarin und sitzt heute neben Wilhelm.) in Waage halten kann?"

Abb. 124

Rudi gelingt das Behauptete nach längerem, mehr oder weniger systematischem Probieren. Eine konstruktive Lösung sollte in etwa sechs Schritten möglich sein.

Solche oder ähnliche Situationen sind Ihnen sicher im Alltag oder im Geometrieunterricht der Sekundarstufe I bereits begegnet. Gemeinsam ist all diesen Fragestellungen, dass sie sich rein konstruktiv, d. h. ohne jede Berechnung, lösen lassen. Dabei ist es durchaus möglich, dass es sich bei Ihren konstruktiven Lösungen um Routinekonstruktionen oder um Konstruktionsprobleme handelt.

Bevor Sie mit dem Lesen fortfahren empfehlen wir Ihnen, die vorgestellten Anwendungssituationen konstruktiv zu lösen. Heben Sie Ihre Lösungen auf und ziehen Sie sie als konkretes Anschauungsmaterial für die in den folgenden Kapiteln knapp vorgestellten Konstruktionen heran.

Rein konstruktives Lösen einer Fragestellung geht auf Euklid zurück und bedeutet, dass für eine Konstruktion ausschließlich die so genannten *euklidischen Werkzeuge*, nämlich Zirkel und Lineal, benutzt werden dürfen. Auch wenn wir heute das Konstruieren als eine fundamentale mathematische Idee[3] hoch schätzen, sind keineswegs alle geometrischen Figuren allein unter Zuhilfenahme der euklidischen Werkzeuge konstruktiv herstellbar. Wir denken in diesem Zusammenhang heute vielleicht am ehesten an Schnitte des Kegels, die nicht parallel zur Grundfläche verlaufen oder an viele regelmäßige n-Ecke. Aus der antiken Mathematik der Griechen sind uns drei klassische Fragestellungen überliefert, die durch Konstruieren mit euklidischen Werkzeugen nicht lösbar erschienen:

1. Die Würfelverdopplung

Im 5. Jahrhundert vor Chr. verlangte das Orakel von Delphi von der Bevölkerung der Insel Delos als Gegenleistung für einen erteilten Ratschlag die Volumenverdopplung eines würfelförmigen Altars. Mathematisch läuft diese Forderung darauf hinaus, die Kantenlänge des neuen Altars $\sqrt[3]{2}$ konstruktiv zu erzeugen, m. a. W. ist die Gleichung $x^3 = 2$ zu lösen.

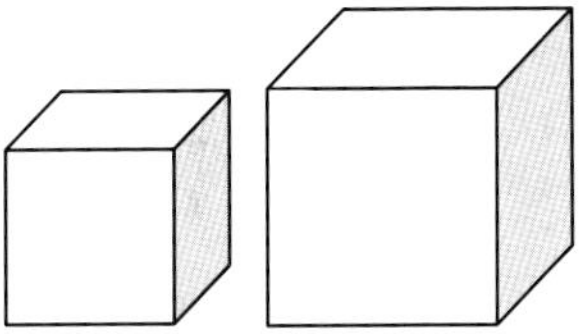

Abb. 125

2. Die Quadratur des Kreises

Bei diesem Problem geht es darum, einen Kreis konstruktiv in ein flächeninhaltsgleiches Quadrat umzuformen.
Weil für den Flächeninhalt A und den Umfang U eines Kreises

$A = \pi \cdot r^2$ und $U = 2 \cdot \pi \cdot r$ gilt, folgt

$$A = \frac{U \cdot r^2}{2 \cdot r} = \frac{1}{2} \cdot U \cdot r$$

Der Flächeninhalt eines Kreises ist also so groß wie der Flächeninhalt eines Drei-

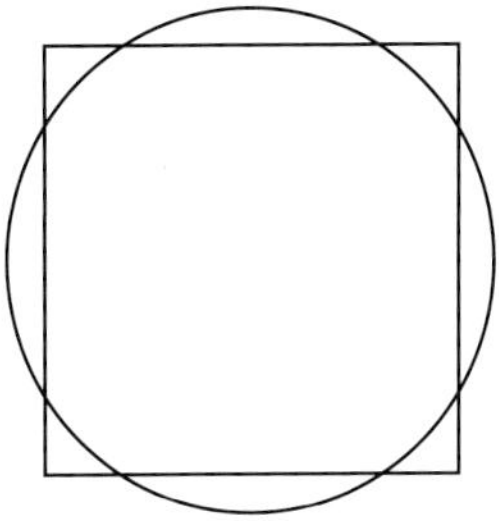

Abb. 126

3 H. Winter (1976, S. 15) bezeichnet solche Ideen als fundamental, „die starke Bezüge der Wirklichkeit haben, verschiedene Aspekte und Zugänge aufweisen, sich durch hohen inneren Beziehungsreichtum auszeichnen und in den folgenden Schuljahren immer weiter ausgebaut werden.“

ecks mit der Grundseite U und der Höhe r. Weil sich Dreiecke leicht in flächeninhaltsgleiche Quadrate umformen lassen, läuft das Problem letztlich auf die Aufgabe der Konstruktion von U und damit auf die Konstruktion von $\pi$ hinaus.

3. Die Dreiteilung eines beliebigen Winkels $\alpha$

Mit der Dreiteilung eines Winkels $\alpha$ ist die Konstruktion von zwei Halbgeraden aufgerufen, die den Winkel $\alpha$ in drei Winkel $\alpha_1$, $\alpha_2$ und $\alpha_3$ mit gleichem Winkelmaß zerlegen. Dies ist bei besonderen Winkeln durchaus möglich, führt jedoch im allgemeinen Fall zu einer Gleichung dritten Grades.

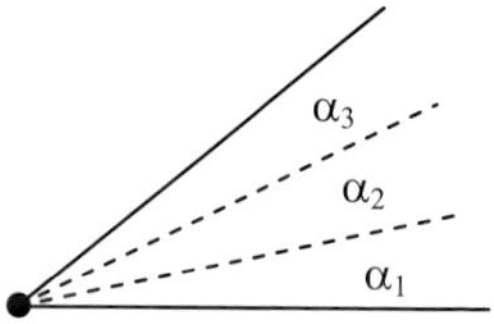


Abb. 127

Das Finden konstruktiver Lösungen – ausschließlich mit Zirkel und Lineal – beschäftigte (nicht nur) die Mathematiker über viele Jahrhunderte. Erst im 19. Jahrhundert konnte gezeigt werden, dass die genannten Problemstellungen mit euklidischen Werkzeugen nicht konstruktiv lösbar sind[4]. Die Würfelverdopplung und die Dreiteilung eines beliebigen Winkels führen auf das Lösen von Gleichungen dritten Grades; die transzendente Zahl $\pi$ kann nicht Lösung einer algebraischen Gleichung sein. Mit Zirkel und Lineal lassen sich nur solche Größen konstruieren, die sich durch endlich viele Additionen, Subtraktionen, Multiplikationen, Divisionen und Quadratwurzelbildungen aus vorgegebenen Größen ausdrücken lassen, die also Lösungen von quadratischen oder linearen Gleichungen sind. Den Konstruktionen von genau solchen Größen wenden wir uns im Folgenden zu.

[4] Mit den entsprechenden Beweisen bzw. mit zentralen Vorarbeiten zu diesen Beweisen sind Namen wie Evariste Galois, Carl Friedrich Gauß, Charles Hermite, Ferdinand von Lindemann und Pierre Wantzel verbunden.

## 5.2 Grundlegendes

Bei reinen Zirkel-Lineal-Konstruktionen sind die folgenden Tätigkeiten erlaubt:

- das Zeichnen oder Markieren beliebiger Punkte der Ebene,
- das Zeichnen oder Markieren beliebiger Punkte auf existierenden Strecken, Geraden, Kreisen,
- durch zwei existierende Punkte eine Gerade zeichnen,
- existierende Punkte durch Strecken verbinden,
- Schnittpunkte von Strecken, Geraden oder Kreisen markieren,
- Kreise um einen existierenden Mittelpunkt durch einen anderen Punkt zeichnen,
- Kreise um einen existierenden Mittelpunkt mit einem bestimmten Radius zeichnen, wenn der Radius von zwei bereits existierenden Punkten abgenommen werden kann.

Weil ein Lineal, jedenfalls ein „euklidisches“ Lineal, keinen Maßstab enthält[5], kann man mit einem Lineal zwar Geraden problemlos in einem Schritt zeichnen, nicht aber Strecken mit vorgegebenen Längen. Wie lässt sich dann – ausschließlich mit euklidischen Werkzeugen – eine Strecke $\overline{AB}$ der Länge 3 cm zeichnen?

Im Wesentlichen können zwei Wege unterschieden werden:

Weg 1:

Ein beliebiger Repräsentant für 3 cm ist gegeben.

- Mit dem Lineal eine Gerade g zeichnen.
- Auf g den Anfangspunkt A der Strecke markieren.[6]
- Die Länge des Repräsentanten mit dem Zirkel abgreifen.

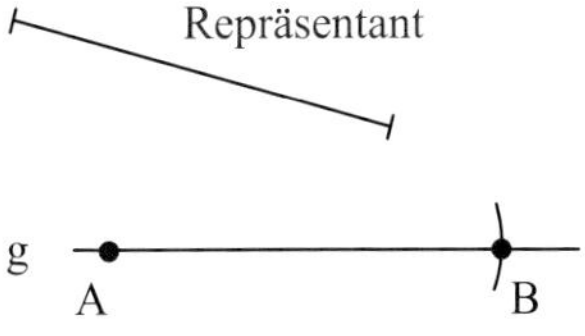

Abb. 128

[5] Nahezu allen heute in Großserienproduktion hergestellten Linealen wird additiv ein Maßstab aufgedruckt. Beim Kauf eines solchen Produktes erwerben Sie ein Lineal mit Maßstab, machen also ein Schnäppchen.

[6] Alternativ kann auch zunächst ein Punkt A markiert und im zweiten Schritt eine Gerade g durch A gezeichnet werden.

- Die abgegriffene Länge auf g in Punkt A in die gewünschte Richtung abtragen.
- Den Endpunkt B nennen.

Weg 2:

Eine Einheit ist gegeben, in diesem Fall etwa 1 cm.

- Mit dem Lineal eine Gerade g zeichnen.
- Auf g den Anfangspunkt A der Strecke markieren.
- Die Länge der Einheitsstrecke mit dem Zirkel abgreifen.
- Die abgegriffene Länge auf g von Punkt A aus wiederholt in die gewünschte Richtung abtragen.
- Den Endpunkt B nennen.

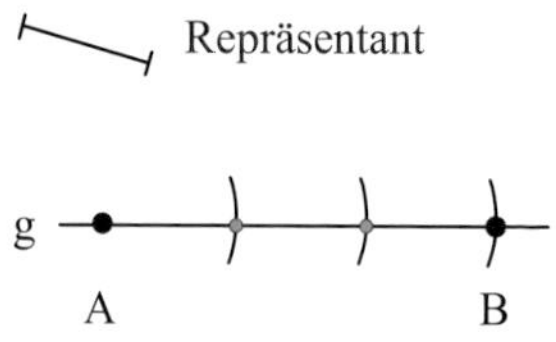

Abb. 129

Typische Konstruktionsaufgaben in der Sekundarstufe I sind etwa von der Form:

Konstruiere ein Dreieck $\Delta ABC$.
Gegeben sei $l(c) = 3$ cm, $w(\alpha) = 60°$, $w(\beta) = 45°$.

Mit der Redeweise „Gegeben sei …" ist dabei gemeint, dass ein Repräsentant für die Länge 3 cm und Repräsentanten für die Winkelmaße 60° bzw. 45° vorgegeben sind. Den Konstruierenden müssen also die für die Konstruktionsaufgabe notwendigen Repräsentanten zur Verfügung gestellt werden (Abbildung 130) oder es muss sicher gestellt sein, dass der Konstruierende über geeignete Repräsentanten verfügt.

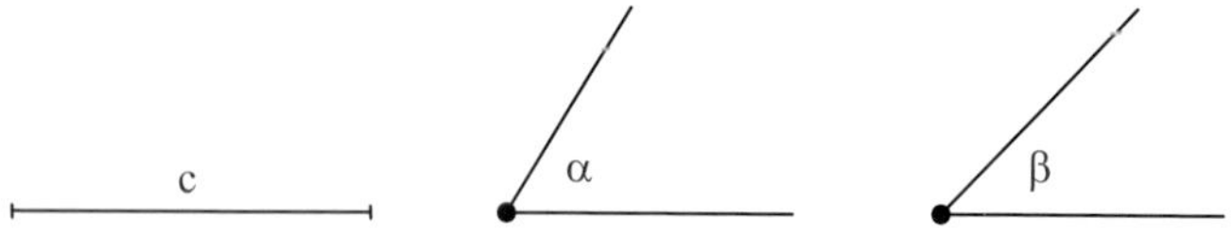

Abb. 130

Die Aufgabe des Konstruierenden besteht nun darin, die in Abbildung 99 vorgegeben Objekte mit Zirkel und Lineal so *abzutragen*, dass das gesuchte Dreieck $\Delta ABC$ entsteht.

Werden in einer Konstruktionsaufgabe keine Repräsentanten von Längen vorgegeben, dann benutzen wir ein Lineal mit Maßstab oder auch das Geodreieck als Speicher für unendlich viele Repräsentanten von Längen, die analog zum oben erläuterten Vorgehen mit Lineal (ohne Maßstab) und Zirkel in der Konstruktion abgetragen werden können.
Fehlen in einer Konstruktionsaufgabe die Repräsentanten für Winkelmaße, benutzen wir den Winkelmesser oder das Geodreieck mit der Winkelmaßskala als Speicher für unendlich viele Repräsentanten von Winkelmaßen.

Wir kommen noch einmal auf die in den Abbildungen 128 und 129 vorgestellten Möglichkeiten zur Herstellung einer Strecke der Länge 3 cm zurück. In beiden Wegen wird die Idee der *Ortslinien*, die eng mit geometrischem Konstruieren verbunden ist, deutlich. Ortslinien oder auch Ortskurven sind Punktmengen geometrischer Örter, die den in der Konstruktionsaufgabe formulierten Bedingungen genügen. Mit anderen Worten könnten wir eine Ortslinie auch als Zusammenfassung von Bedingungsträgern beschreiben. In den beiden oben vorgestellten Wegen zum Konstruieren einer Strecke $\overline{AB}$ der Länge 3 cm entsteht der Punkt B als Schnittpunkt zweier Ortslinien:

- der Geraden g (Bedingungsträger dafür, dass die Strecke Teilmenge einer Geraden ist) und
- eines Kreisbogens (Bedingungsträger für die in der Konstruktionsaufgabe geforderte Länge der Strecke).

Weitere Beispiele für Ortslinien:

Die Ortslinie aller Punkte, die von zwei gegebenen Punkten A und B gleichen Abstand haben, ist die Mittelsenkrechte der Strecke $\overline{AB}$.[7]

Die Ortslinie aller Punkte, die von den beiden Schenkeln eines Winkels den gleichen Abstand haben, ist die Winkelhalbierende w des Winkels[8] (Abbildung 130).

---

[7] vgl. Kapitel 4.2.1, Satz 2
[8] vgl. Kapitel 6.2, Satz 9

Die Ortslinie aller Punkte, die von einem Punkt M den Abstand l(r) haben, ist der Kreis um Punkt M mit dem Radius l(r).

Die Ortslinie aller Punkte, die von zwei parallelen Geraden g und h gleichen Abstand haben, ist die Mittelparallele m zu g und h. (Abb. 132)

Die Ortslinie aller Punkte, die von einer Geraden den Abstand l(d) haben, sind die beiden Parallelen $p_1$ und $p_2$ zu g im Abstand l(d). (Abb. 133)

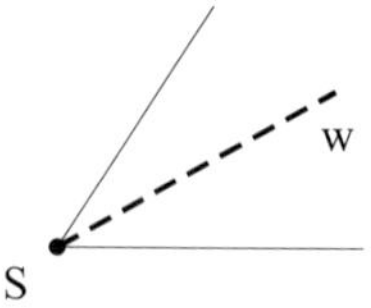


Abb. 131

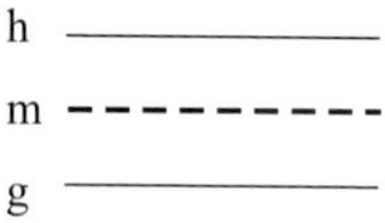


Abb. 132

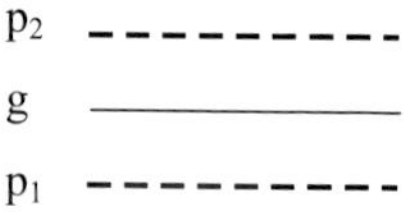


Abb. 133

Die Ortslinie aller Punkte, von denen zwei Punkte A und B unter einem Winkel w(δ) gesehen werden, sind die beiden Fasskreise über der Sehne $\overline{AB}$ mit dem Mittelpunktswinkel 2·w(δ).[9]

In Abbildung 103 sind A und B von allen Punkten, die auf den beiden Faßkreisen liegen, unter einem Winkel von 45° zu sehen.

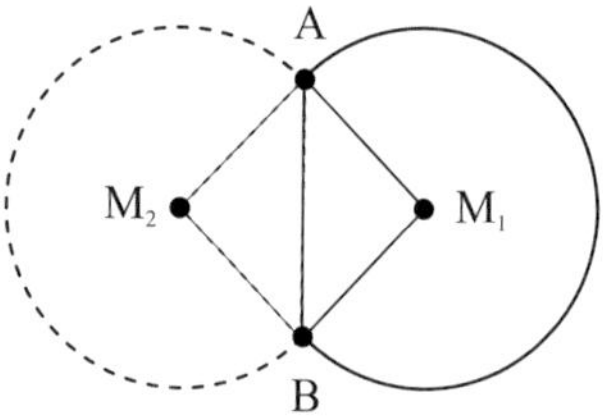


Abb. 134

In Kapitel 4 haben wir bei Strecken und Winkeln stets sauber zwischen den Objekten und ihren Eigenschaften wie der Länge einer Strecke und der Größe eines Winkels unterschieden und dies durch Notationsformen wie a bzw. l(a) und α bzw. w(α) zum Ausdruck gebracht. Weil wir in diesem Kapitel nahezu ausschließlich die Länge von Strecken und die Größe von Winkeln betrachten, werden wir – wenn keine Missverständnisse zu befürchten sind – die saloppere Schreibweise a bzw. α auch für Streckenlängen bzw. Winkelgrößen verwenden.

9 vgl. Kapitel 6.3, Satz 14 (Umfangswinkelsatz)

## 5.3 Ausgewählte Hilfsmittel zum Konstruieren

Zum Konstruieren steht eine Vielzahl von Zeichenhilfsmitteln zur Verfügung. Abbildung 135 zeigt eine Auswahl.

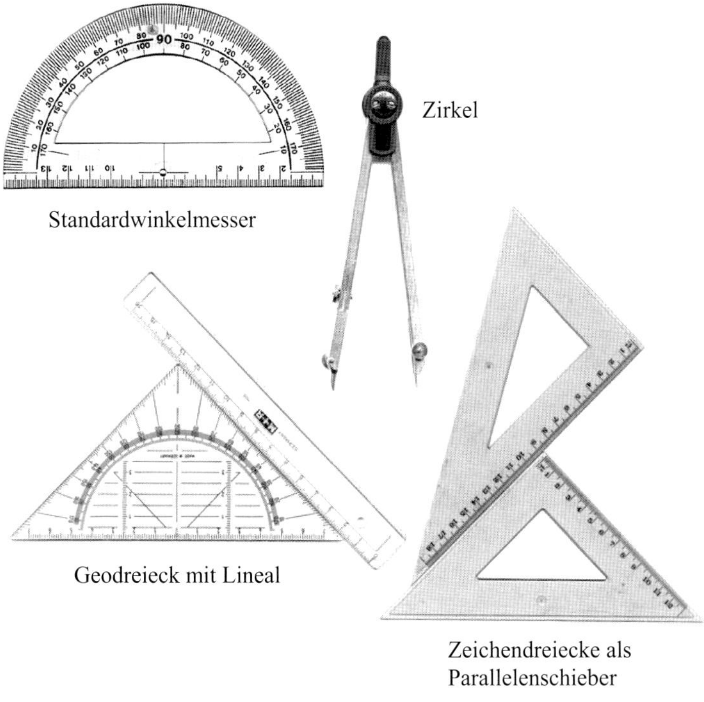


Abb. 135

Nicht alle der abgebildeten Werkzeuge werden auch heute noch mit dem Konstruieren im Mathematikunterricht in Zusammenhang gebracht. Hilfsmittel wie Standardwinkelmesser oder Parallelenschieber gelten als weitgehend überholt, weil sich ihre Funktionen ganz oder in wesentlichen Teilen im Geodreieck bzw. im Geodreieck mit Lineal wieder finden. Wir wenden uns im Folgenden den verbleibenden Werkzeugen zu.

## Der Zirkel

Mit dem Zirkel lassen sich Kreise mit vorgegebenem Mittelpunkt und Radius zeichnen. Der Radius ist innerhalb der konstruktiv vorgegebenen Spannweite des Geräts frei wählbar. Wir verabreden für einen Kreis um den Mittelpunkt M mit dem Radius r die Notationsform k(M,r).

## Das Geodreieck – ohne oder mit zusätzlichem Lineal

Seit geraumer Zeit hat das Geodreieck den Standardwinkelmesser, das Zeichendreieck und das Lineal (mit und ohne Maßstab) in ihren Bedeutungen für schulisches Konstruieren abgelöst. Die Ursache hierfür liegt im multifunktionalen Angebot des Geräts.[10] Das Geodreieck: eine eierlegende Wollmilchsau?

a) Jede der drei Seiten dieses Hilfsmittels realisiert die Funktionalität eines euklidischen Lineals.

b) Die auf der langen Seite des Geodreiecks aufgebrachte cm-Skala dient als Speicher für Repräsentanten des Größenbereichs der Längen.

c) Die auf einem Halbkreis aufgebrachte Grad-Skala dient als Speicher für Repräsentanten von Winkeln mit einem Winkelmaß $\leq 180°$.

d) Das Erstellen von Senkrechten wird – abgesehen von der Grad-Skala – zusätzlich durch eine senkrecht auf der langen Seite stehende Linie unterstützt (Repräsentant für einen rechten Winkel).

e) Mit Hilfe der auf dem Geodreieck aufgebrachten Parallelen können zueinander parallele Geraden gezeichnet werden, sagt man. Oder?

   Nun ja, mit dieser Funktionalität ist keine besondere Zeichengenauigkeit gewährleistet. Die für die Genauigkeit entscheidende Anlagelänge, die bei einem Abstand der Parallelen von 1 cm noch vertretbare 8 cm beträgt, nimmt mit größer werdendem Abstand der Parallelen deutlich ab: Bei einem Parallelenabstand von 4 cm beträgt die Anlagelänge

---

[10] Voll Spannung erwarten wir weniger die nächsten Vertreter dieser Gattung, die zusätzlich zu den implementierten Funktionen die erfolgreiche Überprüfung eines rechten Winkels mit einem Klingelton quittieren, als vielmehr die folgende Generation von Multimediadreiecken, die den gleichen Arbeitsschritt mit dem Abspielen eines im Setup einstellbaren MP3-Songs bestätigen.

knappe 3 cm.[11] Parallelen mit einem Abstand > 4 cm sind mit dieser Funktionalität überhaupt nicht mehr zu zeichnen.
Sowohl die Ungenauigkeit wie auch die Unmöglichkeit des Herstellens zueinander paralleler Geraden mit einem Abstand von mehr als 4 cm lassen sich überwinden, wenn man das Geodreieck in Verbindung mit einem Lineal oder auch einem zweiten Geodreieck als Parallelenschieber verwendet (siehe Abbildung 135). Dennoch sollte man sich im Klaren darüber sein, dass man bei beiden vorgestellten Einsatzvarianten des Geodreiecks den Rahmen des Konstruierens mit euklidischen Werkzeugen verlässt.[12]

Wir kommen noch einmal auf die oben unter (c) dargestellte Funktionalität des Geodreiecks zurück: Die dem Zeichengerät aufgedruckte Grad-Skala dient zusammen mit der langen Seite des Geodreiecks als Speicher für Repräsentanten von Winkeln mit einem Winkelmaß ≤ 180°.

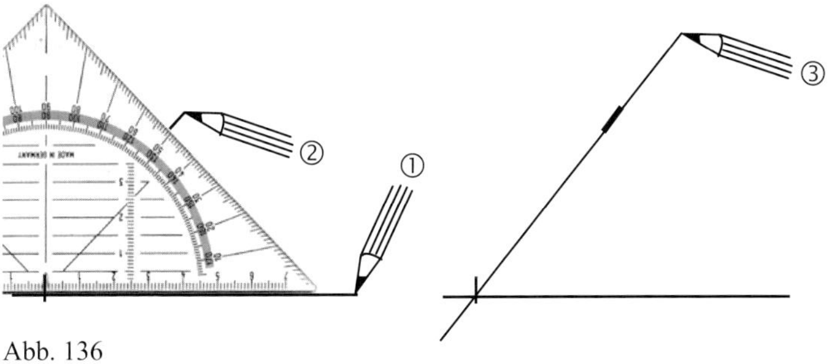


Abb. 136

Abbildung 136 zeigt, wie ein Winkel der Größe 51° mit dem Geodreieck hergestellt wird. Der Weg ist übrigens strukturgleich mit dem Vorgehen bei der Benutzung eines Standardwinkelmessers. Nicht nur genau genommen verlassen wir auch bei diesem Vorgehen in Schritt ② das Konstruieren mit euklidischen Werkzeugen. Ein Winkel, der sich nicht durch gegebenenfalls

11 Wir empfehlen an dieser Stelle: Gegrillten Hasenrücken an Thymiansauce mit Folienkartoffeln und grünen Bohnen als Beilage. Übungsaufgabe 6 bringt Sie dieser Köstlichkeit vielleicht (k)ein Stück näher.

12 Es gibt genau zwei euklidische Werkzeuge.

wiederholte Halbierung[13] aus einem gegebenen Winkel herstellen lässt, ist mit euklidischen Werkzeugen nicht konstruierbar[14].
Der Sacherhalt ist grundsätzlich anderer Natur, wenn ein konkreter Winkel der fraglichen Größe (hier 51°) vorgeben ist. Dann kann der Winkel mit euklidischen Werkzeugen exakt abgetragen werden. Der dabei abzuarbeitende Algorithmus „Abtragen eines Winkels“ ist in Kapitel 5.4.1 dargestellt. Ist ein solcher Winkel jedoch nicht konkret vorgegeben, sind wir bei Verwendung des Geodreiecks auf den in Abbildung 136 vorgestellten Weg angewiesen, der im Übrigen im Gegensatz zum Abtragen eines Winkels mit Zirkel und Lineal[15] in seiner Genauigkeit deutlich durch den Radius der Grad-Skala des verwendeten Geodreiecks limitiert ist, angewiesen.

## 5.4 Grundkonstruktionen

In den folgenden Kapiteln stellen wir Algorithmen für grundlegende Konstruktionen knapp zusammen.

### 5.4.1 Abtragen

Wir unterscheiden im Folgenden das Abtragen einer Strecke, eines Winkels und das Abtragen von Dreiecken.

**Strecken der Länge s abtragen**

Gegeben ist eine Strecke $\overline{AB}$ der Länge s als konkreter Repräsentant (zum Beispiel auch auf dem Geodreieck). An einem Punkt A' soll eine Strecke $\overline{A'B'}$ mit gleicher Länge s angetragen werden.

---

13 … und / oder Dreiteilung bei einigen Winkelgrößen aus dem Vollwinkel oder einem gegebenen Winkel

14 vgl. hierzu Kapitel 5.1

15 Beim Abtragen eines Winkels mit Zirkel und Lineal kann der am Zirkel eingestellte Radius jeder gewünschten Genauigkeit angepasst werden. Gewährleistet ein industriell gefertigter Zirkel aufgrund seiner begrenzten Spannweite den Genauigkeitsanspruch nicht mehr, sei die Verwendung eines Zirkels empfohlen, bei dem ein an einer Schnur befestigter Bleistift um einen gespitzten Lagerpunkt bewegt werden kann. Bei einem derartigen Zirkel kann über die Länge der Schnur (fast) jede gewünschte Genauigkeit realisiert werden.

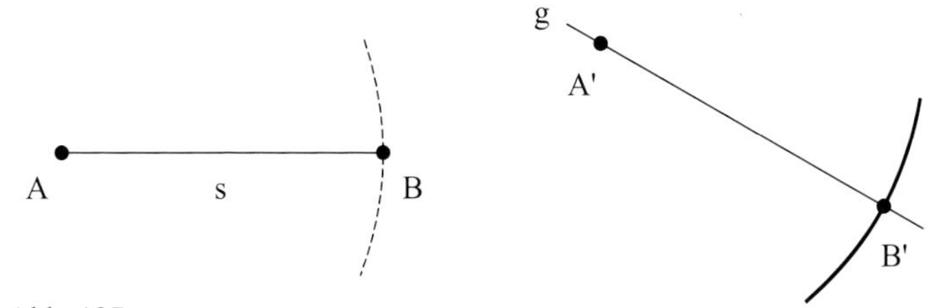


Abb. 137

| Konstruktionsschritt | Erläuterung |
|---|---|
| 1. $k_1(A; r_1 = s)$ | Länge s des Repräsentanten in den Zirkel nehmen |
| 2. g mit $A' \in g$ | Gerade g durch A' zeichnen |
| 3. $k_2(A'; r_2 = r_1)$ | Kreis um A' mit Radius $r_1 = s$ zeichnen |
| 4. $k_2 \cap g = \{B'\}$ | Der Schnittpunkt dieses Kreises mit g liefert B'. [16] |

**Winkel abtragen**

Gegeben ist ein Winkel $\alpha$ mit Scheitelpunkt S und den Schenkeln $s_1$ und $s_2$ als konkreter Repräsentant. Dieser Winkel soll an einem Punkt S' angetragen werden.

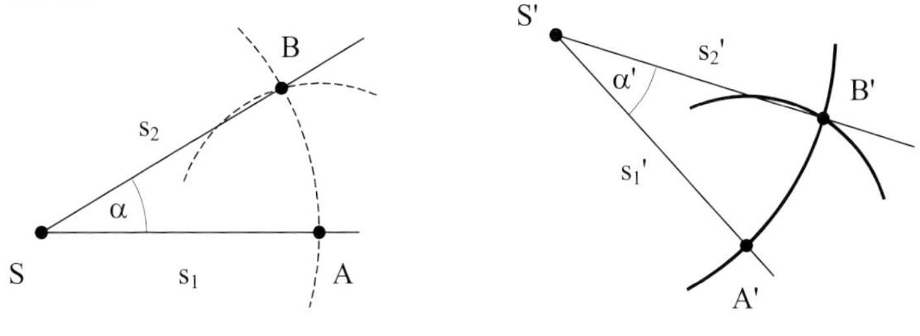


Abb. 138

[16] Der Kreis $k_2$ liefert natürlich einen weiteren Schnittpunkt mit g. Hier ist situationsadäquat zu entscheiden, ob der eine, der andere oder beide Schnittpunkte lösungsrelevant sind.

| Konstruktionsschritt | Erläuterung |
|---|---|
| 1. $k_1(S; r_1 \text{ beliebig})$ | Kreis $k_1$ um S mit beliebigem Radius zeichnen. |
| 2. $k_1 \cap s_1 = \{A\}$<br>$k_1 \cap s_2 = \{B\}$ | Die Schnittpunkte dieses Kreises mit den beiden Schenkeln heißen A und B. |
| 3. $s_1'$ mit Anfangspunkt S' | Halbgerade $s_1'$ mit Anfangspunkt S' zeichnen. |
| 4. $k_2(S'; r_2 = r_1)$<br>$k_2 \cap s_1' = \{A'\}$ | Kreis $k_2$ um S' mit Radius $r_1$ zeichnen. Sein Schnittpunkt mit $s_1'$ liefert A'. |
| 5. $k_3(A; r_3 = l(\overline{AB}))$ | Kreis $k_3$ um A mit Radius $l(\overline{AB})$ zeichnen. |
| 6. $k_4(A'; r_4 = r_3)$<br>$k_2 \cap k_4 = \{B'\}$ | Kreis $k_4$ um A' mit Radius $l(\overline{AB})$ zeichnen. Einer der beiden Schnittpunkte der Kreise $k_2$ und $k_4$ liefert B'. |
| 7. $\overrightarrow{S'B'} = s_2$ | Die Halbgerade $\overrightarrow{S'B'}$ zeichnen. |

In der Erläuterung zum sechsten Konstruktionsschritt heißt es:
Einer der beiden Schnittpunkte der Kreise $k_2$ und $k_4$ liefert B'.
Wenn der gegebene Winkel $\alpha < 180°$ ist, dann ist der Schnittpunkt als B' zu wählen, für den das Punktetripel (A', B', S') ein Linkstripel ist. Wenn der gegebene Winkel $\alpha > 180°$ ist, dann wähle man den Schnittpunkt der Kreise $k_2$ und $k_4$ als B', für den (A', B', S') ein Rechtstripel ist.

Liegt kein konkreter Repräsentant für den herzustellenden Winkel vor, so liefert das Antragen des Winkels mit Hilfe des Geodreiecks den schnellsten und wohl auch genauesten Weg. Dabei verlässt man allerdings das Konstruieren mit euklidischen Werkzeugen.

**Dreiecke abtragen**

Gegeben ist ein Dreieck $\Delta ABC$.
$\Delta ABC$ soll an einem Punkt A' angetragen werden.

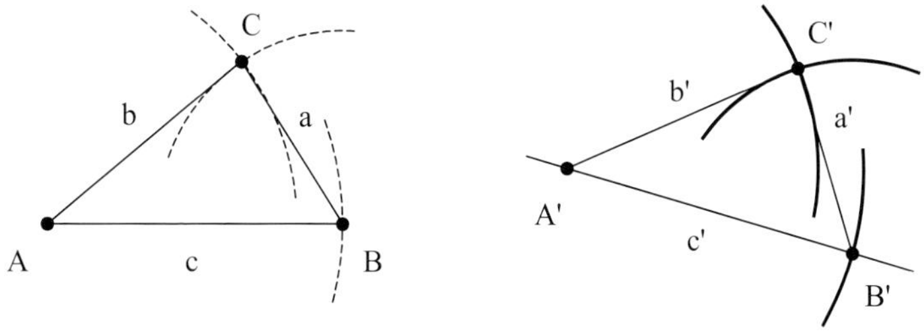


Abb. 139

| Konstruktionsschritt | Erläuterung |
|---|---|
| 1. $k_1(A; r_1 = c)$ | |
| 2. c' mit $A' \in c'$ | |
| 3. $k_2(A'; r_2 = r_1)$<br>$k_2 \cap c' = \{B'\}$ | Bis hierher wird das Modul "Abtragen einer Strecke" abgearbeitet. |
| 4. $k_3(A, r_3 = b)$<br>$k_4(A'; r_4 = r_3)$ | $k_4$ ist Ortslinie für alle Punkte, die von A' den Abstand $r_3$ haben. |
| 5. $k_5(B; r_5 = a)$<br>$k_6(B'; r_6 = r_5)$ | $k_6$ ist Ortslinie für alle Punkte, die von B' den Abstand $r_5$ haben. |
| 6. $k_4 \cap k_6 = \{C'\}$ | |
| 7. $\overline{A'C'} = b'$ und $\overline{B'C'} = a'$ | Die Strecken $\overline{A'C'}$, $\overline{B'C'}$ zeichnen. |

Nachdem die Strecke $\overline{AB}$ in Schritt 3 abgetragen ist, könnten ab Schritt 4 ebenso auch die Winkel $\alpha$ und $\beta$ abgetragen werden. C entsteht dann als Schnittpunkt der beiden freien Schenkel dieser Winkel. Die Formulierung der entsprechenden Konstruktionsschritte sei Ihnen als Übung überlassen.

## 5.4.2 Halbieren

Wir unterscheiden im Folgenden das Halbieren einer Strecke und das Halbieren eines Winkels. Dabei meinen wir mit der saloppen Rede vom „Halbieren einer Strecke" das Zerlegen einer Strecke in zwei Teilstrecken gleicher Länge und entsprechend mit dem „Halbieren eines Winkels" das Zerlegen eines Winkels in zwei Winkel mit gleichem Winkelmaß.

**Strecken halbieren**

Gegeben ist eine Strecke $\overline{AB}$ mit der Länge $s = l(\overline{AB})$.
Die Strecke soll in zwei Teilstrecken gleicher Länge zerlegt werden.

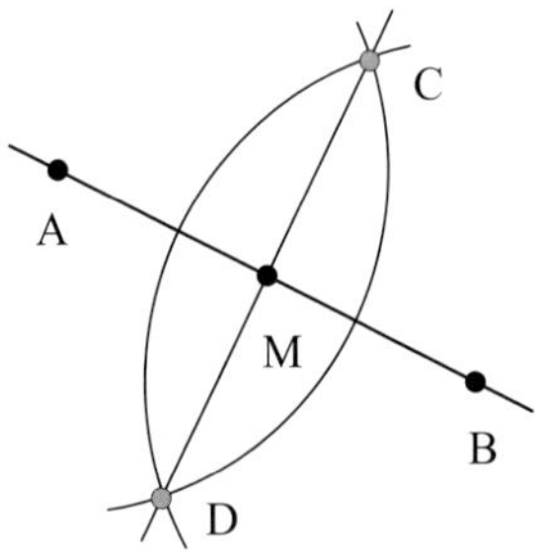


Abb. 140

Alle Punkte P, die von zwei Punkten A und B gleichen Abstand haben, liegen auf der Mittelsenkrechten $m_{\overline{AB}}$ der Strecke $\overline{AB}$.

Beim Halbieren der Strecke $\overline{AB}$ interessiert uns genau derjenige Punkt P = M der Ortslinie „Mittelsenkrechte", der auf $\overline{AB}$ liegt.

| Konstruktionsschritt | Erläuterung |
|---|---|
| 1. $k_1(A; r_1 > \frac{s}{2})$ | |
| 2. $k_2(B; r_2 = r_1)$ | |
| 3. $k_1 \cap k_2 = \{C, D\}$ | Die Schnittmenge beider Kreise liefert die Punkte C und D. |
| 4. $CD \cap \overline{AB} = \{M\}$ | Die Schnittmenge der Geraden CD und der Strecke $\overline{AB}$ ist der Mittelpunkt M der Strecke $\overline{AB}$. |

**Winkel halbieren**

Gegeben ist ein Winkel $\alpha$ mit Scheitelpunkt A und den Schenkeln $a_1$ und $a_2$. Der Winkel soll in zwei Winkel mit gleichem Winkelmaß zerlegt werden.

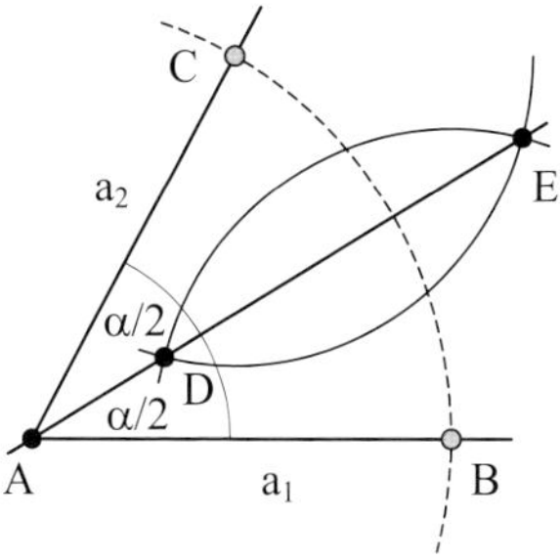


Abb. 141

| Konstruktionsschritt | Erläuterung |
|---|---|
| 1. $k_1(A; r_1 \text{ bel.})$ | |
| 2. $k_1 \cap a_1 = \{B\},\ k_1 \cap a_2 = \{C\}$ | |
| 3. $k_2(B; r_2 > \frac{l(\overline{BC})}{2})$ | |
| 4. $k_3(C; r_3 = r_2)$ | |
| 5. $\overrightarrow{AE}$ | Die Halbgerade durch die Punkte A und E (bzw. D) ist die gesuchte Winkelhalbierende. |

Das haben Sie sicher schon tausend Mal probiert und tausend Mal ist nichts passiert. Aber jetzt fragen zwei nach: Ab dem dritten Konstruktionsschritt wird doch eigentlich keine eigenständige Konstruktion für eine Winkelhalbierende $w_\alpha$ vorgestellt, sondern vielmehr der bekannte Algorithmus für die Mittelsenkrechte $m_{\overline{BC}}$ der Strecke $\overline{BC}$ abgearbeitet.

Oder? Oder auch nicht – doch? Kann, darf, soll, muss das so sein?

Lesen Sie erst dann weiter, wenn aus dieser Unklarheit eine Klarheit geworden ist. [17]

[17] Kap. 4, Satz 2 und Kap. 6, Satz 9 könnten aufklärend wirken.

### 5.4.3 Lote (Senkrechte)

Wir betrachten im Folgenden das Fällen und das Errichten von Loten.
Im ersten Fall geht darum, das Lot zu einer Geraden g durch einen Punkt P zu konstruieren, der nicht auf g liegt.
Im zweiten Fall ist das Lot zu einer Geraden g durch einen Punkt P auf g zu konstruieren.

**Lote fällen**

Gegeben ist eine Gerade g und ein Punkt A mit $A \notin g$.
Gesucht ist die Lotgerade[18] zu g durch P.

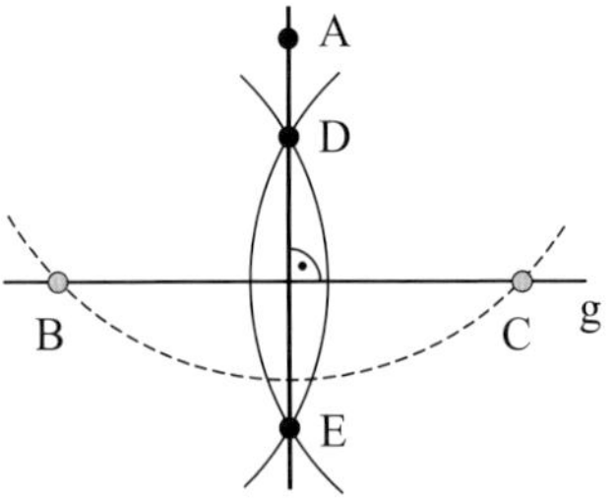


Abb. 142

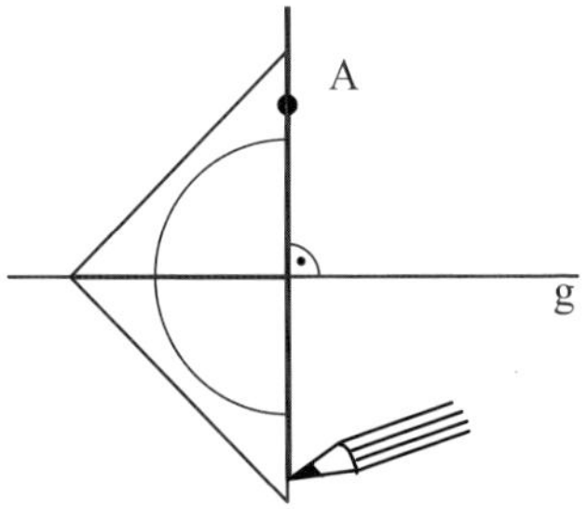


Abb. 143

| Konstruktionsschritt | Anmerkung |
|---|---|
| 1. $k_1(A; r_1)$ | $r_1$ muss größer als der Abstand von A zu g sein. |
| 2. $k_1 \cap g = \{B, C\}$ | |
| 3. $k_2(B; r_2 > \frac{l(\overline{BC})}{2})$ | Durch geeignetes Anlegen des Geodreiecks (siehe Abbildung 143) lässt sich das Lot schnell fällen. |
| 4. $k_3(C; r_3 = r_2)$ | |
| 5. $k_2 \cap k_3 = \{D, E\}$ | |
| 6. AE = DE = AD ist das Lot durch A auf g. | |

[18] Die Begriffe „Lotgerade zu g“, „Lot auf g“, „senkrechte Gerade zu g“ oder „Senkrechte zu g“ werden synonym verwendet.

Neben dieser exakten Konstruktion mit Zirkel und Lineal war es früher auch üblich, Lote „schnell" mit Zeichendreieck und Lineal bzw. mit zwei Zeichendreiecken zu fällen. Mit Aufkommen des Geodreiecks setzte sich die in Abbildung 143 dargestellte Technik als Alternative durch.

Auch wenn die Genauigkeit dieser Vorgehensweisen der in Abbildung 142 abgebildeten Zirkelkonstruktion kaum nachstehen dürfte, möchten wir doch darauf hinweisen, dass hierbei das Konstruieren mit euklidischen Werkzeugen im engeren Sinn verlassen wird.

**Lote errichten**

Gegeben ist eine Gerade g und ein Punkt A mit $A \in g$.
Gesucht ist die Senkrechte zu g in A.

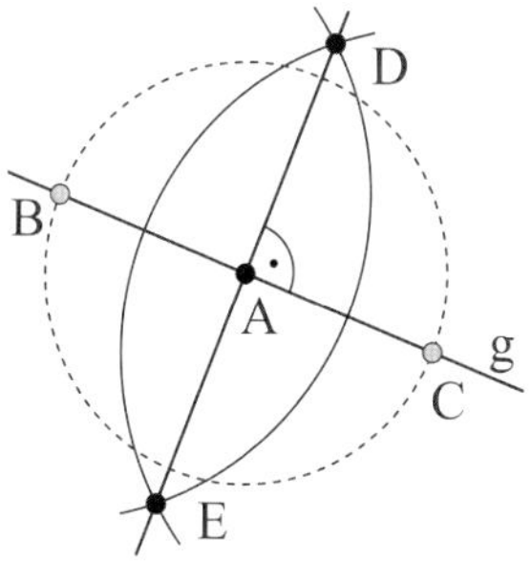


Abb. 144

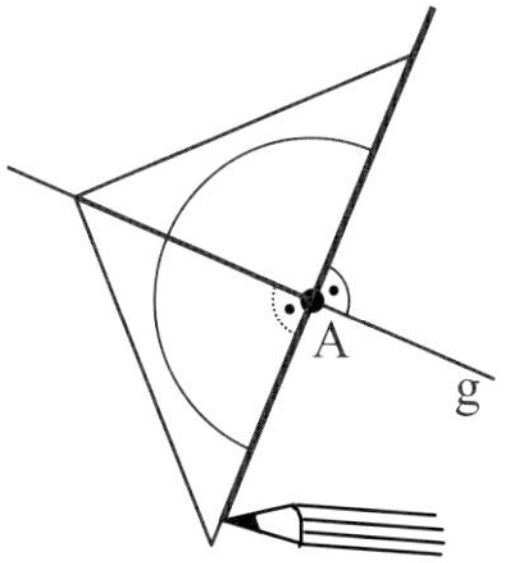


Abb. 145

| Konstruktionsschritt | Anmerkung |
|---|---|
| 1. $k_1(A; r_1 \text{ bel.})$<br>2. $k_1 \cap g = \{B, C\}$<br>3. $k_2(B; r_2 > r_1)$<br>4. $k_3(C; r_3 = r_2)$<br>5. $k_2 \cap k_3 = \{D, E\}$<br>6. DE ist das Lot zu g in A. | Durch geeignetes Anlegen des Geodreiecks (siehe Abbildung 145) lässt sich das Lot schnell errichten. |

**Mittelsenkrechte**

Gegeben ist eine Strecke $\overline{AB}$. Gesucht ist die Senkrechte durch den Mittelpunkt von $\overline{AB}$.

Die Mittelsenkrechte einer Strecke $\overline{AB}$ ist diejenige Gerade, die senkrecht durch den Mittelpunkt von $\overline{AB}$ geht[19]. Alle Punkte P, die von A und B gleichen Abstand haben, liegen auf der Mittelsenkrechten von $\overline{AB}$[20].

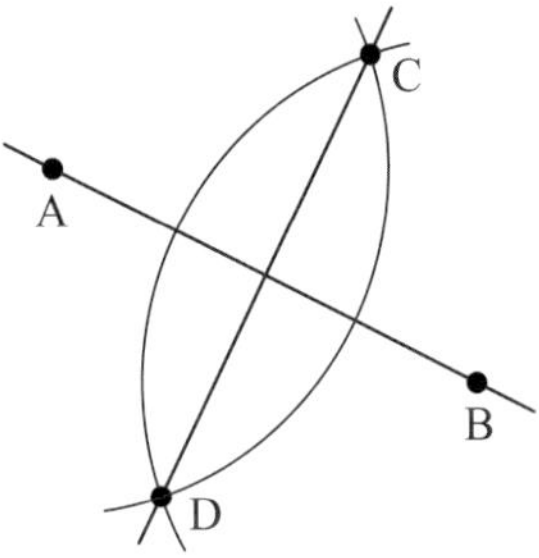

Abb. 146

Die Ortslinie für alle Punkte, die von A denselben Abstand r haben, ist der Kreis um A mit dem Radius r. Die Ortslinie für alle Punkte, die von B denselben Abstand r haben, ist der Kreis um B mit dem Radius r.
Die Schnittmenge beider Ortslinien liefert zwei Punkte der Geraden „Mittelsenkrechte“, die damit eindeutig darstellbar ist[21].
Die Konstruktion der Mittelsenkrechten zur Strecke $\overline{AB}$ verläuft analog zur Halbierung einer Strecke $\overline{AB}$.

| Konstruktionsschritt | Erläuterung |
|---|---|
| 1. $k_1(A; r_1 > \frac{l(\overline{AB})}{2})$ | Ohne die an $r_1$ geknüpfte Bedingung entstehen in Schritt 3 keine Schnittpunkte. |
| 2. $k_2(B; r_2 = r_1)$ | |
| 3. $k_1 \cap k_2 = \{C, D\}$ | |
| 4. $CD = m_{\overline{AB}}$ | CD ist Mittelsenkrechte von $\overline{AB}$. |

---

19 Könnten wir eigentlich in Anlehnung an die Definition der Geradenspiegelung in Kap. 4.2.1 auch festlegen: Die Mittelsenkrechte einer Strecke $\overline{AB}$ ist die Symmetrieachse der Punkte A und B? Und was halten Sie von: Die Mittelsenkrechte einer Strecke $\overline{AB}$ ist *eine* Symmetrieachse der Punkte A und B?

20 vgl. hierzu auch Kap. 4.2.1

21 Finden Sie eine Begründung für die Behauptung im Relativsatz.

## 5.4.4 Parallele durch einen Punkt

Gegeben ist eine Gerade g und ein Punkt P mit $P \notin g$.
Gesucht ist die Parallele zu g durch P.[22]

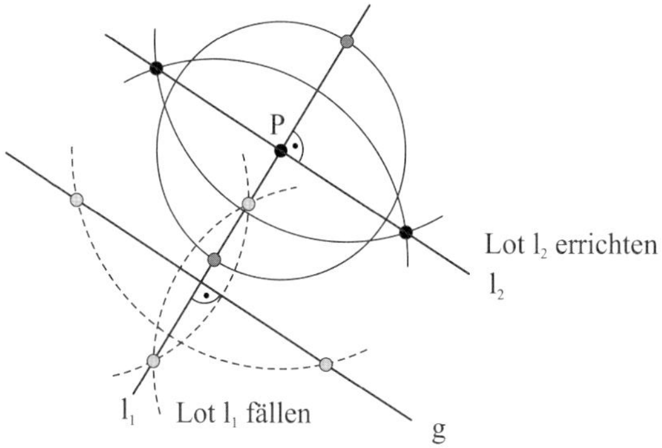


Abb. 147

Täuschen wir uns nicht: Der folgende Konstruktionsalgorithmus gerät nur darum so kompakt, weil wir in der Beschreibung der Konstruktionsschritte auf zuvor festgelegte Module zurückgreifen können.

| Konstruktionsschritt | Erläuterung |
|---|---|
| 1. Lot $l_1$ durch P auf g fällen. | Abarbeiten des Moduls „das Lot fällen“ (Kap. 5.4.3, Abbildung 142 f) |
| 2. In P das Lot $l_2$ auf $l_1$ errichten. | Abarbeiten des Moduls „das Lot errichten“ (Kap. 5.4.3, Abbildung 144 f) |

22 Wie stehen Sie eigentlich zur Formulierung „Gesucht ist *eine* Parallele zu g durch P.“ oder der ähnlich charmanten Redeweise „Gesucht sind *einige* Parallelen zu g durch P.“? Eine abschließende Stellungnahme sollten Sie durch ein Axiom, eine Definition oder einen Satz stützen.

Beim Abarbeiten dieser Konstruktion mit euklidischen Werkzeugen sind insgesamt sechs Bögen bzw. Kreise herzustellen. Es bieten sich also sechs Stellen an, Ungenauigkeiten in die Konstruktion einfließen zu lassen. Fehler an „frühen“ Stellen eines Konstruktionsweges haben in der Regel zur Folge, dass sie sich bei der weiteren Abarbeitung des Algorithmus fortschreiben oder sogar vervielfachen: die berühmten Geheimnisse von Addition und Multiplikation. Der Leser möge einmal überprüfen, wie sich ein und dieselbe Ungenauigkeit an zwei verschiedenen Stellen des Konstruktionsalgorithmus auf die Genauigkeit des Endprodukts auswirkt.

Wir betrachten im Folgenden Konstruktionswege, in denen nicht ausschließlich mit Zirkel und Lineal gearbeitet wird:
Abbildung 148 zeigt, wie die Konstruktion einer Parallelen zu einer gegebenen Geraden durch einen Punkt mit Hilfe des Geodreiecks durchgeführt wird.

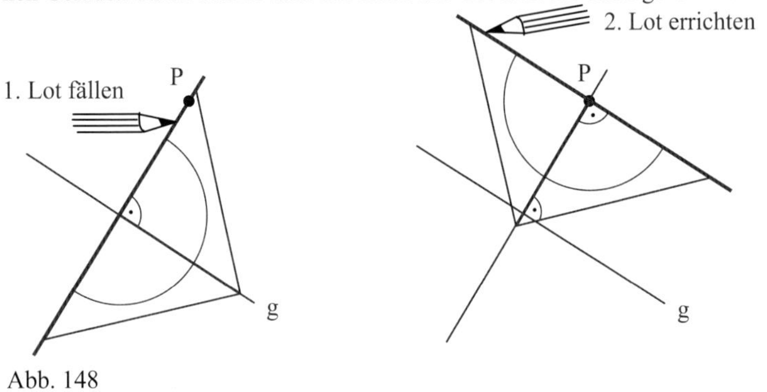


Abb. 148

In Abbildung 149 wird die gleiche Konstruktion mit Hilfe von zwei Geodreiecken durchgeführt, wobei das als Anschlag benutzte Dreieck ② auch durch ein Lineal ersetzt werden kann.

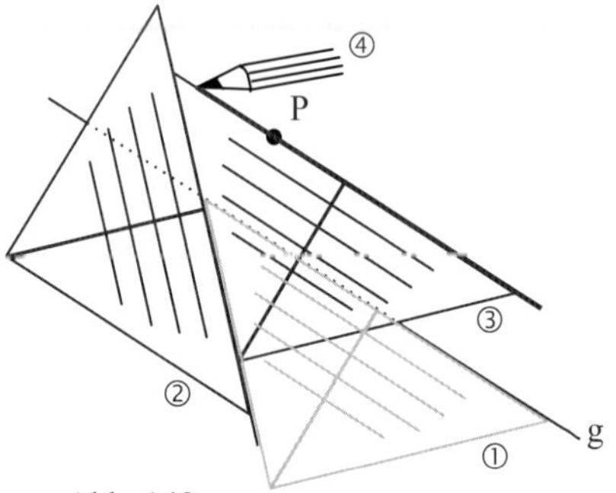


Abb. 149

Der zu-, nicht ab-, allenfalls leicht geneigte Leser möge auch bei den in den Abbildungen 148 und 149 dargestellten Vorgehen eine Genauigkeitsbetrachtung anstellen und mit der Genauigkeit der Zirkelkonstruktion in Abbildung 147 vergleichen.

Unzureichend ist das in Abbildung 150 abgebildete Vorgehen, das bereits beim Erkunden der Funktionalität des Geodreiecks in der Grundschule problematisiert werden kann.

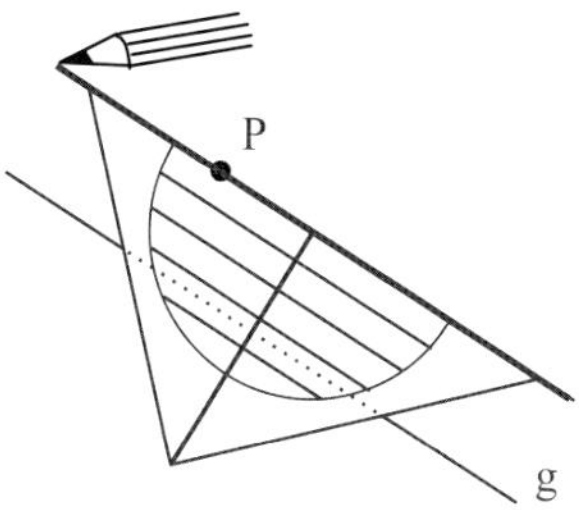


Abb. 150

## 5.4.5 Mittelparallele

Gegeben sind zwei Geraden g und h mit g || h. Gesucht ist die Parallele m zu g und h, die von g und h gleichen Abstand hat.

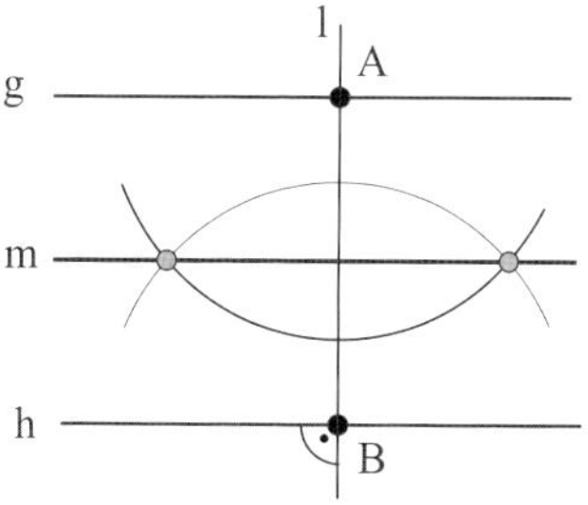


Abb. 151

| Konstruktionsschritt | Erläuterung |
|---|---|
| 1. bel. l mit $l \perp h$ | Ein beliebiges Lot l auf h errichten. (Kap. 5.4.3) |
| 2. $l \cap g = \{A\}$ und $l \cap h = \{B\}$ | |
| 3. $m_{\overline{AB}}$ | Die Mittelsenkrechte zur Strecke $\overline{AB}$ konstruieren. (Kap. 5.4.3) |

### 5.4.6 Linien im Dreieck

#### Höhen

Sind Höhen eigentlich Geraden oder Strecken?

Nun, als Lote von einer Ecke des Dreiecks auf die Trägergerade der gegenüberliegenden Dreiecksseite sind Höhen Geraden.
Trotz dieser klaren Aussage wäre eine konsequente Unterscheidung zwischen den Begriffen *Höhengerade* und *Höhe* durchaus wünschenswert, denn insbesondere in schulischen Konstruktionsaufgaben findet man häufig Aussagen wie „$l(h_c) = 3{,}5$ cm" oder „$h_c = 3{,}5$ cm".
Die Höhengerade $h_c$ kann hier ganz offensichtlich nicht gemeint sein. In diesem Fall versteht man unter $h_c$ nur eine Teilmenge der Höhengeraden: die *Strecke* zwischen dem Dreieckspunkt C und dem Schnittpunkt der Höhengeraden mit der gegenüberliegenden Seite c (bzw. deren Verlängerung).
Solange aufgrund des Kontextes keine Verständnisschwierigkeiten zu befürchten sind, schließen wir uns dieser sonst eher in den Gesellschaftswissenschaften üblichen „offenen" Begriffsverwendung an.

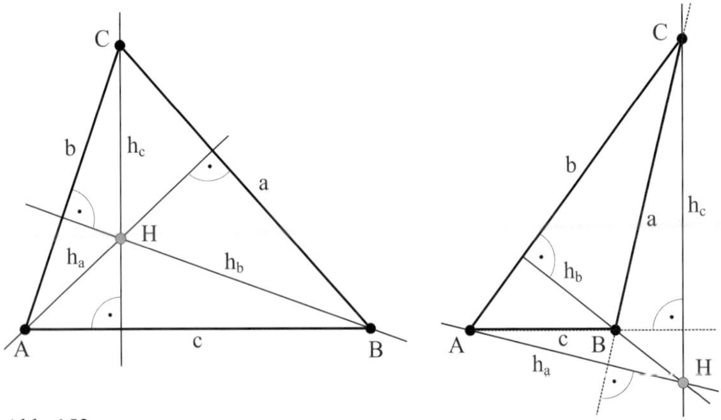


Abb. 152

Die Konstruktion der Höhen erfolgt durch wiederholtes Abarbeiten des Moduls „das Lot fällen"[23].

[23] vgl. Kap. 5.4.3

Die drei Höhen eines Dreiecks schneiden sich in einem Punkt H.[24]

**Seitenhalbierende**

Seitenhalbierende sind diejenigen *Strecken*, die die Dreiecksecken mit den Mittelpunkten der gegenüberliegenden Seite verbinden. Mit dieser Begriffsklärung wird klar, dass zur Konstruktion der Seitenhalbierenden eines Dreiecks wiederholt das Modul „eine Strecke halbieren" (Kapitel 5.4.2) abzuarbeiten ist. In Übungsaufgabe 3 am Ende dieses Kapitels können Sie entdecken, warum Seitenhalbierende auch *Schwerelinien* heißen.

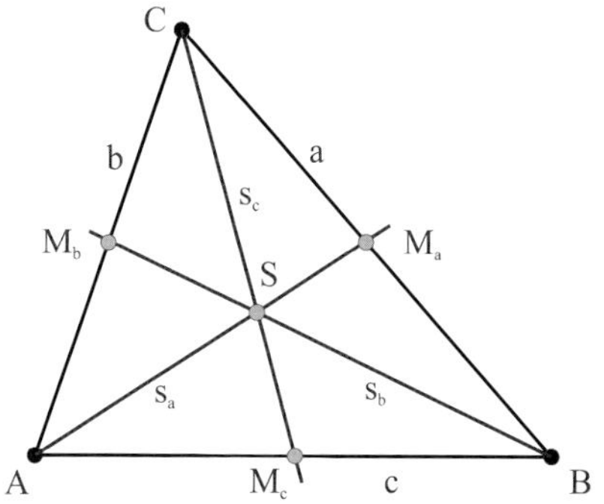


Abb. 153

Die drei Seitenhalbierenden eines Dreiecks schneiden sich in einem Punkt S, dem Schwerpunkt.
In der klassischen Physik wird der Schwerpunkt S eines Körpers als derjenige Punkt betrachtet, in dem seine Masse vereint zu sein scheint. Das heißt: Die Masse eines Körpers hat auf andere Körper die gleiche Wirkung als wäre sie im Schwerpunkt konzentriert.
Ebenso kann man die Kraft, die von außen auf alle Massepunkte des Körper wirkt, als diejenige Kraft auffassen, die auf den Schwerpunkt S wirkt.
Durch den Schwerpunkt wird jede Seitenhalbierende im Verhältnis 2:1 geteilt.[25] Auch diese Information unterstreicht die Streckeneigenschaft der Seitenhalbierenden.

**Mittelsenkrechte**

Eine exakte Begriffsfestlegung finden Sie in Definition 3 des Kapitels 4.2.1. Unabhängig davon weist allein der Name „Mittelsenkrechte" recht deutlich darauf hin, mit welcher Art von Objekten wir es hier zu tun haben:

[24] Wir verweisen hierzu auch auf Kapitel 6.2, Satz 7.
[25] Wir verweisen in diesem Zusammenhang auf Kapitel 6.2, Satz 8.

mit Senkrechten, d. h. Loten, d. h. Geraden

durch den Mittelpunkt von Strecken (hier den Dreiecksseiten).

Dennoch ist es – ähnlich wie bei den Höhen – gerade im Zusammenhang mit Konstruktionskontexten üblich, von der Länge einer Mittelsenkrechten zu reden. „Wie das?“, mag sich der an dieser Stelle zu Recht erschrockene Leser fragen. Analog zur „Länge einer Höhe“ fasst man bei der Rede von der „Länge einer Mittelsenkrechten“ diejenige Teilmenge (Strecke) der Mittelsenkrechten ins Auge, die im Inneren des Dreiecks liegt. Auch hier schließen wir uns dieser „offenen Begriffsverwendung“, die im übrigem bei weitem nicht so „geöffnet“ ist wie die Verwendung des Begriffs „offener Unterricht“ oder gar „Freiarbeit“, an, solange Missverständnisse weitgehend ausgeschlossen sind.

Zur Konstruktion einer Mittelsenkrechten ist

a) der Mittelpunkt einer Dreiecksseite zu bestimmen und
b) in diesem Punkt das Lot zur Dreiecksseite[26] zu errichten.

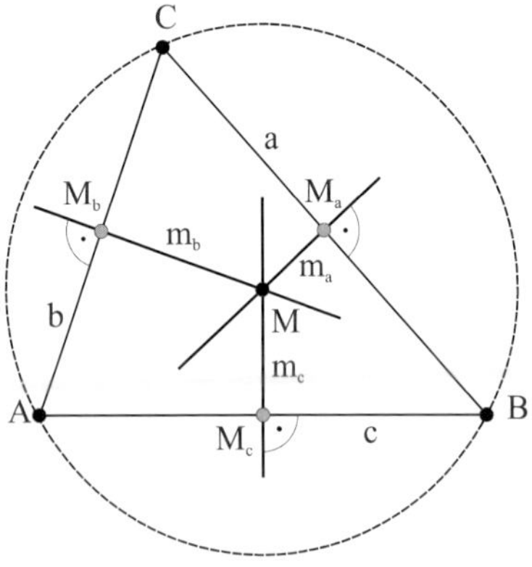


Abb. 154

Alle Punkte P auf der Mittelsenkrechten $m_c$ haben von den Dreiecksecken A und B den gleichen Abstand, das wissen Sie aus Kapitel 4, Satz 2. Entsprechendes gilt für die Punkte auf den Mittelsenkrechten $m_b$ und $m_a$.

Überlegen Sie selbst, warum sich um den Schnittpunkt M der drei Mittelsenkrechten $m_a$, $m_b$ und $m_c$ immer ein Kreis mit dem Radius $r = l(\overline{AM})$ zeichnen lässt, der alle drei Ecken des Dreiecks berührt, der so genannte Umkreis des Dreiecks. Wann eigentlich liegt der Mittelpunkt des Umkreises innerhalb / ausserhalb des Dreiecks? Gibt es seltsame Dreiecke, deren Umkreismittelpunkt auf einer Dreiecksseite liegt?

[26] Genau muss es eigentlich heißen: „... das Lot zur Trägergeraden der Dreiecksseite ...“

**Winkelhalbierende**

Weil Winkel $\sphericalangle(a,b)$ durch zwei Halbgeraden (dem Erst- und Zweitschenkel) mit gemeinsamem Anfangspunkt S (dem Scheitelpunkt) festgelegt werden[27], macht es Sinn, auch die Winkelhalbierende des Winkel $\sphericalangle(a,b)$ als Halbgerade aufzufassen.

Die Winkelhalbierenden $w_\alpha$, $w_\beta$ und $w_\gamma$ der Innenwinkel $\alpha$, $\beta$ und $\gamma$ eines Dreiecks erhält man, indem man wiederholt den Algorithmus „einen Winkel halbieren“ (vgl. Kapitel 5.4.2) abarbeitet.

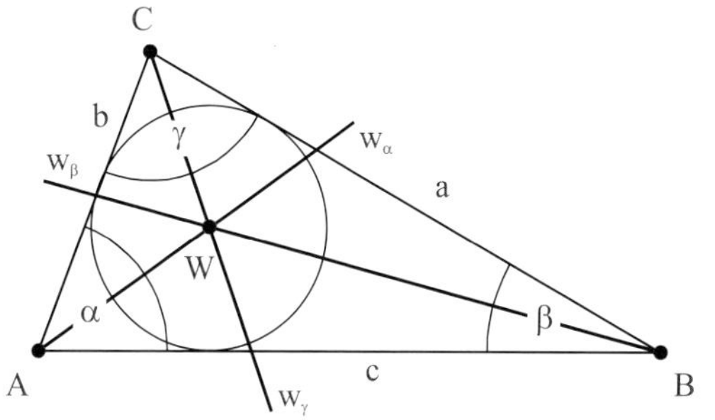


Abb. 155

Die drei Winkelhalbierenden eines Dreiecks schneiden sich in einem Punkt W, dem Mittelpunkt des so genannten *Inkreises*, des Kreises also, der alle Dreiecksseiten (in genau einem Punkt) *berührt*.[28]

Analog zu den Überlegungen nach möglichen Lagen des Umkreismittelpunktes können Sie auch hier fragen: Wann eigentlich liegt der Mittelpunkt des Inkreises innerhalb / außerhalb des Dreiecks? Gibt es seltsame Dreiecke, deren Inkreismittelpunkt auf einer Dreiecksseite liegt?

---

[27] Wir erinnern uns in diesem Zusammenhang gern an Kapitel 3.5.

[28] Mehr zu diesem besonderen Kreis und seinen „Verwandten“ – den *Ankreisen* - erfahren Sie in den Sätzen 10 und 11 des Kapitels 6.2.

## 5.4.7 Konstruktionen am Kreis

### Mittelpunkt eines Kreises bestimmen

Sicher erinnern Sie sich an Rudis Geschicklichkeitsübung im Ackerbürger aus Situation 5 des Einstiegskapitels zum Konstruieren: Rudi fand den Mittelpunkt des Rolinckbierdeckels durch „mehr oder weniger systematisches Probieren" und wir stellten am angegebenen Ort in Aussicht, dass eine konstruktive Lösung in etwa sechs Schritten möglich sein sollte.

Nun ja, Rudi hatte im Ackerbürger wieder mal seine euklidischen Werkzeuge nicht dabei, dafür müssen Sie die Lösung der Aufgabe ohne eine Steinfurter Köstlichkeit nachvollziehen – annähernd vergleichbare Mankos!

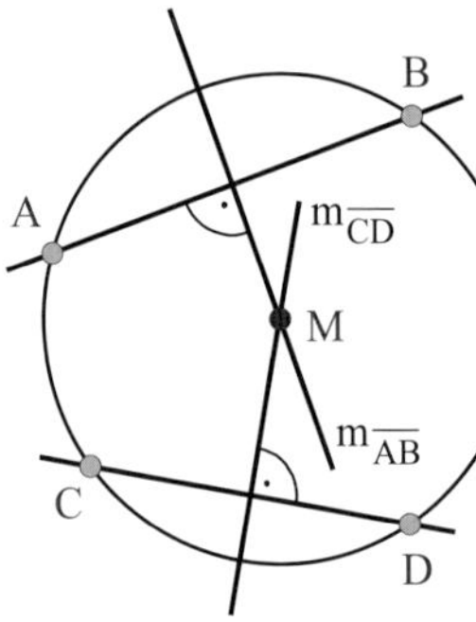


Abb. 156

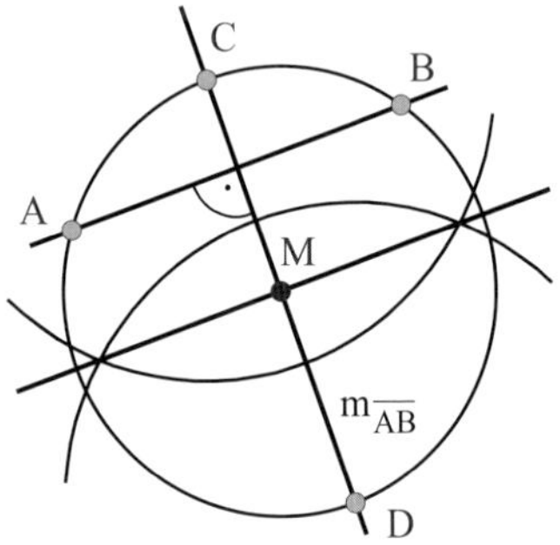


Abb. 157

Zur Bestimmung des Mittelpunktes eines Kreises wird zunächst eine beliebige Sehne $\overline{AB}$ eingezeichnet und deren Mittelsenkrechte $m_{\overline{AB}}$ bestimmt[29]. Danach führen die beiden in Abbildung 156 und 157 dargestellten Vorgehensweisen zum Kreismittelpunkt M:

a) Es wird eine beliebige zweite Sehne $\overline{CD}$ eingezeichnet und ebenfalls deren Mittelsenkrechte $m_{\overline{CD}}$ bestimmt. Der Schnittpunkt beider Mittelsenkrechten ist der Kreismittelpunkt (Abbildung 156).

[29] Hier ist das Modul „die Mittelsenkrechte konstruieren" (Kapitel 5.4.3) abzuarbeiten.

b) Der Mittelpunkt der Kreissehne, die durch die Mittelsenkrechte $m_{\overline{AB}}$ entsteht, wird bestimmt (Abbildung 157).

**Tangente an einen Kreis**

Gegeben ist ein Kreis $k_1(M; r_1)$ und ein Punkt P außerhalb des Kreises. Gesucht ist diejenige Gerade / sind diejenigen Geraden durch P, die den Kreis in genau einem Punkt berührt / berühren.

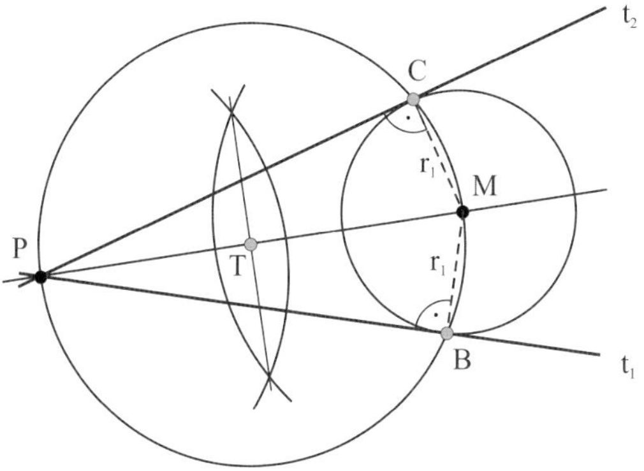


Abb. 158

| Konstruktionsschritt | Erläuterung |
|---|---|
| 1. $M_{\overline{PM}} = \{T\}$ | Den Mittelpunkt der Strecke $\overline{PM}$ bestimmen und T nennen. Vgl. Kapitel 5.4.2 (eine Strecke halbieren) |
| 2. $k_2(T; r_2 = l(\overline{TM}))$ | Den Thaleskreis über der Strecke $\overline{PM}$ zeichnen. |
| 3. $k_2(T; r_2) \cap k_1(M; r_1) = \{B, C\}$ | Die Schnittpunkte des Thaleskreises mit dem Kreis $k_1(M; r_1)$ als B und C benennen. |
| 4. $PB = t_1$, $PC = t_2$ | Die Geraden PB und PC sind die gesuchten Tangenten $t_1$ und $t_2$. |

Die Gerade, die den Kreis in genau einem Punkt berührt, muss senkrecht auf den (Berühr-) Radius $r_1$ stehen, also mit $r_1$ einen rechten Winkel bilden.

Die Ortslinie für alle rechten Winkel über einer Strecke $\overline{PM}$ ist der Thaleskreis[30] über der Strecke $\overline{PM}$ und der schneidet den Kreis $k_1(M; r_1)$ gleich zweimal. Die Fragestellung führt also zu zwei Lösungen, der Geraden PB und der Geraden PC.

**Tangente durch einen Punkt P auf einem Kreis**

Gegeben ist ein Kreis $k_1(M; r_1)$ und ein Punkt P mit $P \in k_1(M; r_1)$.
Gesucht ist diejenige Gerade, die den Kreis in P berührt.

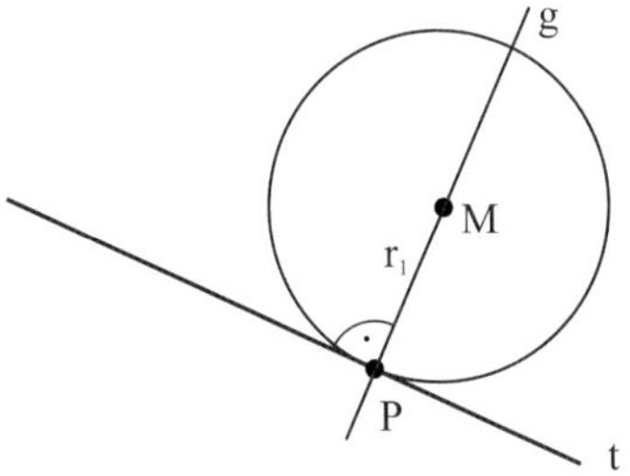


Abb. 159

| Konstruktionsschritt | Erläuterung |
|---|---|
| 1. g = PM | Die Gerade g durch P und M zeichnen. |
| 2. $t \perp g \wedge P \in t$ | In P das Lot t auf g errichten (vgl. Kapitel 5.4.3). t ist die gesuchte Tangente. |

[30] Zum Thaleskreis verweisen wir auf Kapitel 6.3. Der Satz des Thales von Milet (Kap. 6.3, Satz 15) ist ein Sonderfall des Umfangs- oder Peripheriewinkelsatzes (Kap. 6.3, Satz 14).

## 5.4.8 Teilung in n gleiche Teile

**Strecken in n gleich lange Teilstrecken teilen**

Bei Fragestellungen dieser Art geht es um das Unterteilen einer gegebenen Strecke $\overline{AB}$ in n gleich lange Teilstrecken:
Bekannt sind die Länge der Ausgangsstrecke und die Anzahl n der Teilstrecken.
Gesucht ist die Länge jeder der Teilstrecken.

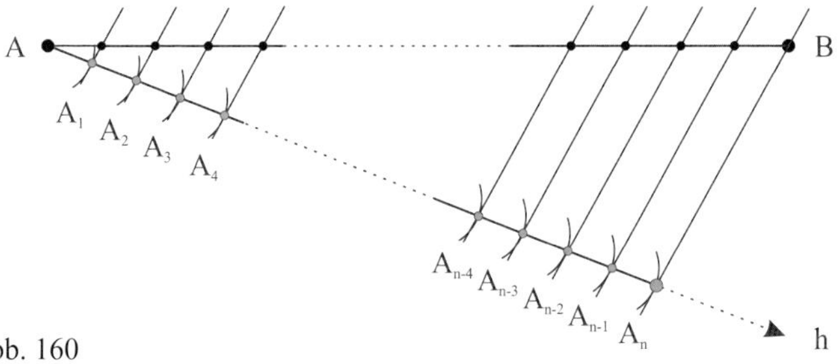


Abb. 160

| Konstruktionsschritt | Erläuterung |
|---|---|
| 1. Vom Endpunkt A der Strecke $\overline{AB}$ eine beliebige Halbgerade h zeichnen, für die gilt: $w(h, \overrightarrow{AB}) < 90°$. | Halbgerade h bildet mit der Halbgeraden $\overrightarrow{AB}$ einen spitzen Winkel. |
| 2. Auf h von A aus wiederholt eine Strecke beliebiger Länge abtragen. Die Endpunkte $A_i$ dieser Strecken seien $A_1, A_2, \ldots A_n$. | Aus pragmatischer Sicht wählt man für die wiederholt abgetragene Strecke eine Länge, die etwa der ungefähren Soll-Länge entspricht. |
| 3. Zur Geraden $BA_n$ die Parallelen durch alle $A_i$ zeichnen. | |
| 4. Die Schnittpunkte der Parallelen mit $\overline{AB}$ kennzeichnen die Teilpunkte der Strecke $\overline{AB}$. | |

Mit einem Beispiel zum Teilen einer Strecke in n gleich lange Strecken haben wir Sie zu Beginn des Kapitels 5.1 konfrontiert. Gemeint ist die Situation, in der es darum ging, die im Land Weitweg eingeführte unpraktische Längeneinheit 1 w in 7 gleich große Teile zu unterteilen. Wir möchten an dieser Stelle anmerken, dass die Fragestellung strukturgleich zur Aufgabe

> „Schneewittchen möchte eine Lakritzstange „gerecht“ an ihre geliebten Zwerge verteilen.“

ist und eine stilreine Beispielsituation für die im Zusammenhang mit der Einführung der Division bedeutsame Grundvorstellung des Verteilens darstellt.

### Winkel in n Winkel mit gleichem Winkelmaß teilen

Auf die Konstruktion zum Halbieren eines Winkels sind wir in Kapitel 5.4.2 eingegangen. Durch wiederholte Anwendung dieses Algorithmus ist es möglich, einen gegebenen Winkel in $2^2$, $2^3$, $2^4$, … $2^n$ Teile zu teilen.

Abgesehen vom Halbieren, Vierteln, Sechzehnteln, … eines Winkels lässt sich kein allgemeingültiges Verfahren für die n-Teilung eines Winkels mit beliebigem Winkelmaß angeben. Wir stoßen an dieser Stelle unmittelbar an die Grenzen des Konstruierens mit euklidischen Werkzeugen und damit auf eines der klassischen Probleme der antiken Mathematik, das wir in Kapitel 5.1 angesprochen haben.[31]

Und die Folge? Im allgemeinen Fall lässt sich das Winkelmaß des n-ten Teils eines Winkels $\alpha$ allein durch die Division $\frac{w(\alpha)}{n}$ ermitteln.

### Strecken im Verhältnis p:q vergrößern bzw. verkleinern

Eine Strecke wird im Verhältnis p:q vergrößert bzw. verkleinert, indem man

a) die Strecke zunächst um das p-fache vergrößert, also die Strecke p-mal abträgt (siehe Kapitel 5.4.1) und

---

[31] Vielleicht müssen wir an dieser Stelle doch noch eine kleine Einschränkung einfügen? Dem nach Erkenntnis strebenden Leser sei Übungsaufgabe 5 nahe gelegt.

b) anschließend in q gleich lange Teilstrecken teilt und eine davon auszeichnet (vergleiche Kapitel 5.4.8).

In Abbildung 161 wird die Strecke $\overline{AB}$ im Verhältnis 3:4 zur Strecke $\overline{AB'}$ verkleinert.

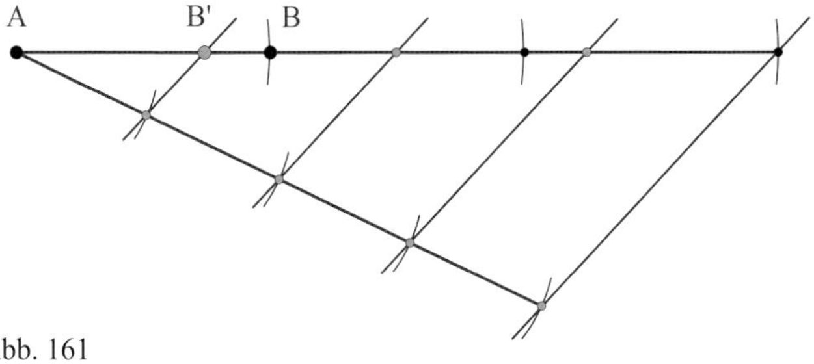


Abb. 161

Ein weiteres Verfahren benutzt die in Abbildung 162 dargestellte Strahlensatzfigur[32]. Mit den in der Abbildung benutzten Bezeichnungen gilt:

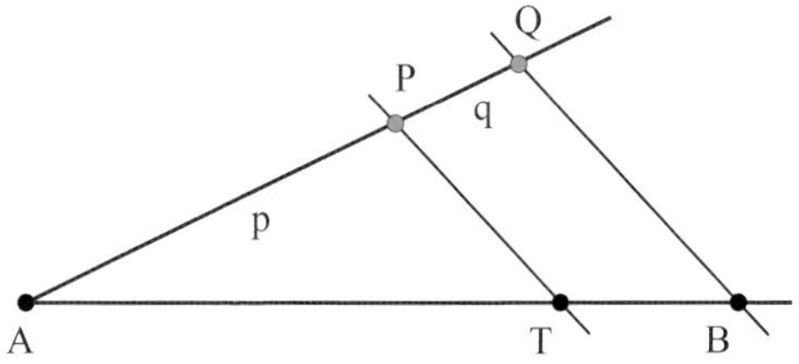


$$\frac{p}{q} = \frac{l(\overline{AT})}{l(\overline{TB})} \quad \text{bzw.}$$

$$\frac{p}{p+q} = \frac{l(\overline{AT})}{l(\overline{AB})}$$

Abb. 162

Auf die Konstruktion regelmäßiger n-Ecke gehen wir in Kapitel 6.5 ein.

[32] Zu den Strahlensätzen sei auf Kapitel 4.3 hingewiesen.

Übungen

1) Finden Sie zwei (nicht gekünstelte) Alltagssituationen, in denen das Abtragen eines Winkels (ohne Geodreieck) erforderlich ist und formulieren Sie zu jeder Situation eine attraktive Aufgabe für den Geometrieunterricht im Sekundarbereich I.

2) Was wird hier eigentlich konstruiert? Wird hier überhaupt konstruiert oder eher kreativ herumgezirkelt?

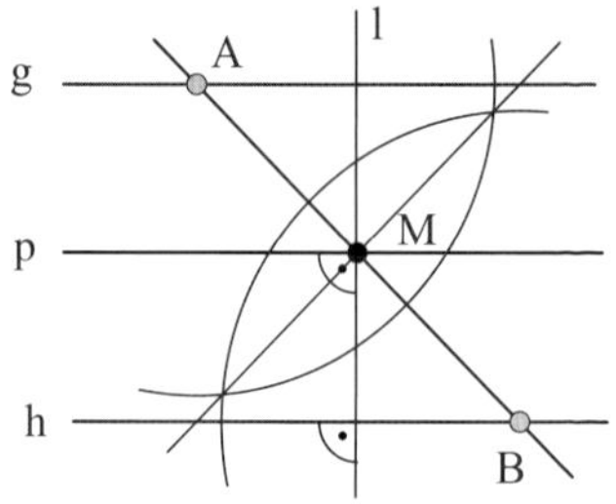


Gegeben sind zwei Geraden g und h mit g || h.

| Konstruktionsschritt | Erläuterung |
|---|---|
| 1. $A \in g$, $B \in h$, beliebig | |
| 2. Strecke $\overline{AB}$ | |
| 3. Mittelpunkt M von $\overline{AB}$ | Kap. 5.4.2 |
| 4. Parallele p zu h durch M | Kap. 5.4.4 |

3) Konstruieren Sie ein Dreieck mit a = 13 cm, $\beta = 30°$, c = 16 cm auf Karton. Konstruieren Sie die Seitenhalbierenden in dieses Dreieck. Die Seitenhalbierenden heißen auch Schwerelinien.

Schneiden Sie nun Ihr Dreieck exakt aus. Experimentieren, entdecken, beschreiben, begründen Sie.

Hinweis: Benutzen Sie zum Experimentieren auch Ihren Zirkel und ein Lineal.

4) Die Einstiegssituation 1 zu Beginn des Kapitels 5.1 ist eine typische Situation zum *Verteilen*.

a) Insbesondere Studierende mit dem Ziel Lehramt Primarstufe sollten sich an dieser Stelle eine strukturgleiche Situation zum Kontext

„Es gibt sehr viele Äpfel. Es gibt Beutel, in die man einige Äpfel hineinpacken kann. Es gibt auch Personen, die gern Äpfel hätten.“

generieren und sich die strukturellen Merkmale von Situationen zum Aufteilen und Verteilen klar machen.

b) Ist Messen (mit den bei uns standardisierten Maßeinheiten) ein Prozess des Aufteilens oder Verteilens? Begründen Sie Ihre Antwort.

c) Ändern Sie die Einstiegssituation 1 dahin gehend ab, dass sie ein Beispiel zum *Aufteilen* wird. 1 w soll in Ihrer Aufgabe auch vorkommen.

5) Nanu – haben wir da doch eine Möglichkeit zur Dreiteilung eines Winkels gefunden und der Leibnizpreis steht in Aussicht?

Gegeben sei ein Winkel α mit Scheitelpunkt S (Abbildung 163).

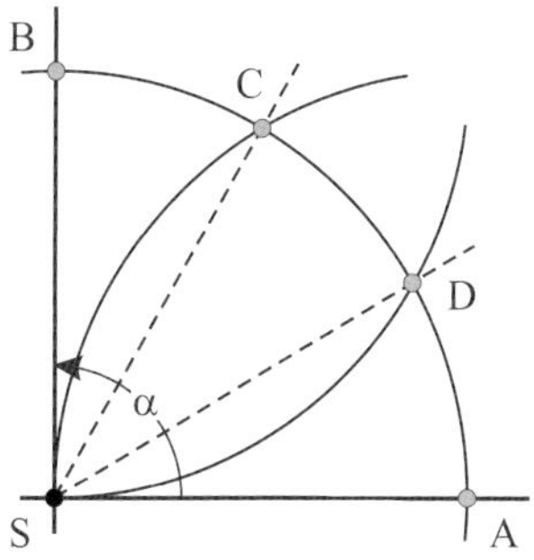


Abb. 163

Konstruktion:

- Zeichnen Sie $k_1(S; r_1)$ wobei $r_1$ beliebig ist.
- Bezeichnen Sie die Schnittpunkte von $k_1$ mit dem Erstschenkel von α als A, mit dem Zweitschenkel von α als B.

- Zeichnen Sie die Kreise $k_2(A; r_2 = r_1)$ und $k_3(B; r_3 = r_1)$.
- Benennen Sie $k_1 \cap k_2 = \{C\}$ und $k_1 \cap k_3 = \{D\}$.
- Die Halbgeraden $\overrightarrow{SD}$ und $\overrightarrow{SC}$ dritteln den Winkel $\alpha$ (den Winkel $\sphericalangle(\overrightarrow{SA}, \overrightarrow{SB})$).

a) Äußern Sie sich kritisch – aber dennoch möglichst wohlwollend – zur vorgelegten Konstruktionsbeschreibung zur Dreiteilung des Winkels $\alpha$.

b) Wenn die Konstruktion korrekt ist, dann begründen Sie, warum diese sonderbare Kreiskonstruktion $\alpha$ wirklich drittelt. Wenn die Konstruktion einen mehr oder weniger gut verdeckten Fehler enthält, dann legen Sie ihn charmant offen.

c) Ist die vorgelegte Konstruktion zur Dreiteilung eines Winkels immer falsch / immer richtig oder gibt es Fälle, in denen sie richtig / falsch ist?

6) Bei einem Jagdgewehr sind Kimme und Korn 50 cm voneinander entfernt. Stellen Sie sich vor: Sie zielen auf einen in nur 100 m entfernt sitzenden ausgewachsenen Hasen – soviel Glück hat Weidmann selten. Beim Anvisieren machen Sie einen Fehler von 1 mm.

a) Ob Sie Meister Lampe wohl noch treffen?
Hilfestellung: All diejenigen Leser, deren Lösungsverhalten etwa durch Skrupel beeinträchtigt ist, stellen sich bitte eine lebensgroße Hasennachbildung aus nicht mehr zum Verzehr geeigneter Schokolade vor. Dann wird kein Tier getötet und auch kein Lebensmittel missbraucht.
Trotzdem: Es geht um Hasenrücken an Thymiansauce!

b) Wie sind Ihre Trefferaussichten, wenn Kimme und Korn nur 5 cm von einander entfernt sind? Gibt es solche Schusswaffen überhaupt?

# 6 Fragestellungen der euklidischen Geometrie

## 6.1 Einstiegsproblem

Abb. 164: Bienenwaben[1]

Bis vor nicht allzu langer Zeit waren wir im Glauben, dass die Waben der Honigbiene aus Sechsecksprismen bestehen. Man sieht die Parkettierung mit regelmäßigen Sechsecken und macht sich wenig Gedanken über die Beschaffenheit der Rückwand der einzelnen Wabenzelle. Wir haben uns diese wohl platt vorgestellt. An der ebenen Rückwand sitzt wiederum eine Schicht von Zellen, die von der anderen Seite zugänglich ist.

Vor ein paar Jahren lasen wir dann bei Bender und Schreiber (1985, S. 71), dass die Bienenwaben keine sechseckigen Prismen sind, sondern halbe Rhombendodekaeder[2], die jeweils ein Stück in die andere Wabenschicht hineinragen. Auf der folgenden Seite beschreiben Bender und Schreiber, wie man aus einem Prisma über einem regelmäßigen Sechseck ein Rhombendodekaeder erzeugt. Lassen Sie sich nicht von einigen der unteren Wabenzellen

---

1 aus: http://de.wikipedia.org/wiki/Weiselzelle am 26.07.2008

2 Zum Rhombendodekaeder sei auf Kapitel 2 verwiesen.

in Abbildung 164 irritieren: Hierbei handelt es sich um Waben, die bereits teilweise oder ganz mit einem Nektar- / Pollengemisch angefüllt sind.

Von den sechs Ecken des Prismenbodens wählt man drei so aus, dass sie ein gleichseitiges Dreieck bilden. Durch jede dieser Seiten schneidet man eine Prismenecke so ab, dass drei kongruente Dreieckspyramiden entstehen. Diese dreht man entlang der Schnittkanten am Prismenboden um 180°, so dass sie auf dem Rest des Prismenbodens zu stehen kommen.

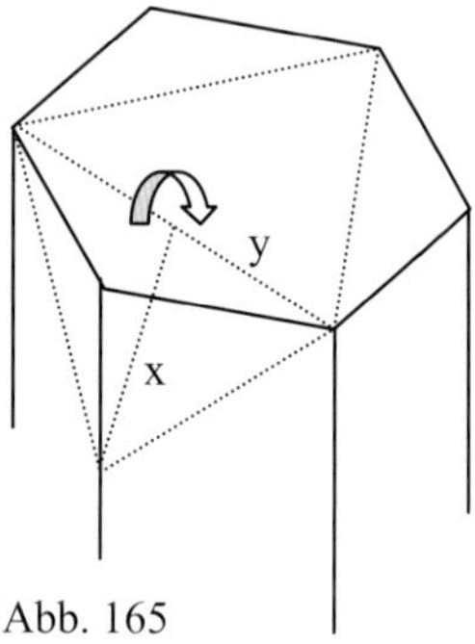

Abb. 165

Aus dem ehemaligen Prismenboden ist nun die Ecke eines Körpers geworden, in dem drei Rauten zusammenstoßen. Noch ist man frei in der Wahl des Neigungswinkels des Schnittes. Der neue Körper hat immer dasselbe Volumen, nämlich das des Prismas. Man kann aber zeigen, dass seine Oberfläche dann am kleinsten ist, wenn x und y aus der obigen Abbildung in folgendem Verhältnis zueinander stehen: $2x\sqrt{2} = y$. Die Diagonalen der Rauten stehen also im Verhältnis $\sqrt{2}$ zueinander, wir haben ein halbes Rhombendodekaeder erhalten, in das lückenlos eine zweite Schicht aus halben Rhombendodekaedern auf der Rückseite passt. Unter dem Aspekt des Materialverbrauchs ist diese Wabenkonstruktion fast ideal. Allerdings ist die Arbeit der Biene so ungenau, dass sie von der Ökonomie der Wabenform nicht wirklich profitieren kann. Auch sind die echten Waben tiefer als ein halbes Rhombendodekaeder.

Die Form der Bienenwaben ist wohl mehr durch die Art ihres Herstellungsprozesses bedingt. Während des Bauens kreisen die Bienen in den Waben, wodurch diese einen kreisförmigen Querschnitt erhalten und etwa gleich groß werden. Wie ein Blick auf Abbildung 166 zeigt, ist die dichteste Lagerung von Kreisen die rechts abgebildete, bei der die Mittelpunkte der Kreise die Ecken von gleichseitigen Dreiecken bilden.

Während des Bauens ist das Wachs, aus denen die Waben bestehen, noch halbflüssig, und die kreisförmigen Wände werden so in Richtung der Dreiecksmitten gedrückt, bis schließlich jeweils zwei Wabenwände zusammenfallen, wodurch der Materialverbrauch minimiert wird. Es entstehen regelmäßige Sechsecke.

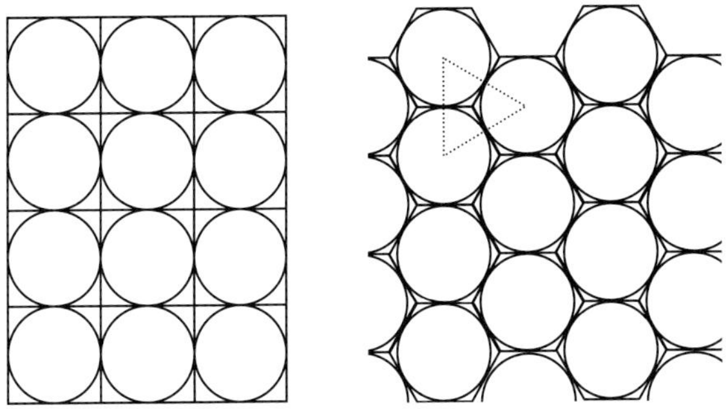

Abb. 166

Nun sind die Bienenwaben aber keine ebenen Gebilde, sondern räumlich. Wir stellen sie uns als Halbkugeln vor, von denen drei so angeordnet sind, dass ihre Mittelpunkte ein gleichseitiges Dreieck bilden. Betrachtet man die Rückseite dieser drei sich berührenden Halbkugeln, so sieht man eine Lücke, in die eine weitere Halbkugel mit der Öffnung in die andere Richtung passt. Die Mittelpunkte dieser vier Halbkugeln bilden ein Tetraeder. Wie bei unseren Überlegungen mit den Kreisen in der Ebene bilden sich nun aus den Wänden der Halbkugeln flächige Gebilde. Es entstehen halbe Rhombendodekaeder, die jeweils ein Stück in die andere Wabenschicht hineinragen, und deren Öffnungen regelmäßige Sechsecke sind. Abbildung 167 zeigt die Skizze des Netzes eines halben Rhombendodekaeders.

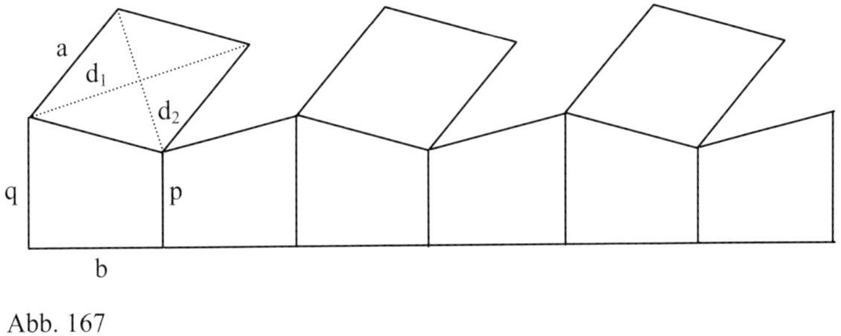


Abb. 167

Will man zu einer gegebenen Kantenlänge a des Rhombendodekaeders das obige Netz konstruieren, so sind die Werte $d_1$, $d_2$, p, q und b zu berechnen.

1. Berechnung der Rautendiagonalen

In Kapitel 2.1 haben wir schon mit dem Satz des Pythagoras[3] berechnet, dass für die kürzere Rautendiagonale $d_2 = \frac{2}{\sqrt{3}} a$ gilt und folglich

$d_1 = \frac{2 \cdot \sqrt{2}}{\sqrt{3}} a$, da $d_1 = \sqrt{2} \cdot d_2$ ist.

2. Berechnung von p und q

Da unser Rhombendodekaeder halbiert wird, verlaufen die Schnitte so durch die Seitenflächen, dass sie im rechten Winkel durch die Rautenseiten und durch die Rautenmittelpunkte verlaufen.

Wir wissen:

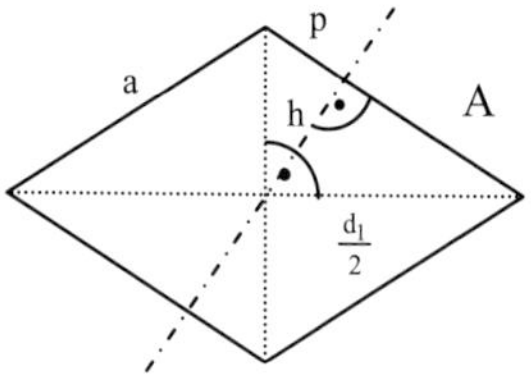


1. Pythagoras: $d_1 = \frac{2 \cdot \sqrt{2}}{\sqrt{3}} a$ (s.o.)

2. $p + q = a \Leftrightarrow p = a - q$

3. Höhensatz: $h^2 = p \cdot q$

4. Pythagoras: $h^2 + q^2 = \left(\frac{d_1}{2}\right)^2$

Wir setzen 1. in 4. ein und erhalten

$$h^2 + q^2 = \left(\frac{d_1}{2}\right)^2 = \left(\frac{2 \cdot \sqrt{2}}{\sqrt{3}} \cdot \frac{a}{2}\right)^2 = \frac{2}{3} a^2$$

In dieser Gleichung ersetzen wir nach 3. $h^2$ durch pq und erhalten

$pq + q^2 = \frac{2}{3} a^2$ und daraus wegen 2.

$$(a - q)q + q^2 = \frac{2}{3} a^2 \Rightarrow aq - q^2 + q^2 = \frac{2}{3} a^2 \Rightarrow aq = \frac{2}{3} a^2$$

Also gilt $q = \frac{2}{3} a$ und $p = \frac{1}{3} a$.

[3] Pythagoras von Samos, um 570 – 496 v. Chr., griech. Naturphilosoph

3. Berechnung von b

Wir wissen jetzt, dass q doppelt so lang ist wie p, und dass $p = \frac{1}{3}a$ ist.

Wir können wieder den Satz des Pythagoras anwenden und erhalten:

$$p^2 + b^2 = a^2 \quad \Rightarrow \quad \left(\frac{1}{3}a\right)^2 + b^2 = a^2$$

$$\Rightarrow \quad \frac{1}{9}a^2 + b^2 = a^2 \Rightarrow b^2 = \frac{8}{9}a^2$$

$$\Rightarrow \quad b = \frac{2\sqrt{2}}{3}a$$

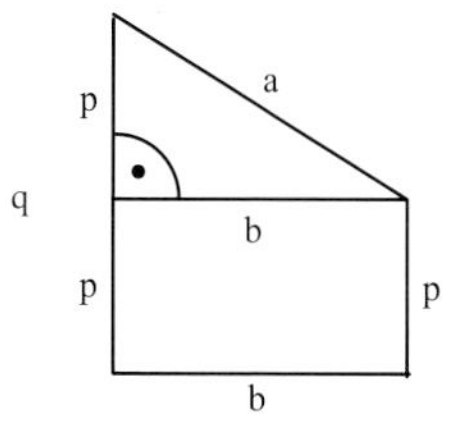


Damit haben wir alle Maße, die wir zur Konstruktion des Netzes eines halben Rhombendodekaeders benötigen, in Abhängigkeit von der Kantenlänge a der Rauten ausgedrückt. Soll diese z.B. 6 cm betragen, dann ist $b \approx 5{,}66$ cm, $q = 4$ cm, $p = 2$ cm, $d_1 \approx 9{,}80$ cm und $d_2 \approx 6{,}93$ cm.

Wir haben das Problem der Geometrie der Bienenwaben nicht nur deshalb ausgewählt, weil es zentrale Ideen und Objekte aus Kapitel 2 aufgreift, weil es fächerübergreifend ist, ein hohes Maß an Ästhetik beinhaltet und der Schulung der Raumvorstellung dient, sondern auch, weil man zur Konstruktion eine Reihe von Berechnungen anzustellen hat, die auf Ihnen aus der Schule bekannten Sätzen basieren und die Inhalt dieses Kapitels sind.

In diesem Kapitel sollen also Kenntnisse aus der Schulgeometrie aufgefrischt und auf einen gemeinsamen Stand gebracht werden. Darüber hinaus werden Sie auch einige neue Sätze kennen lernen und beweisen.

Übung: Konstruieren Sie das Netz einer „idealen“ Bienenwabenzelle mit der Kantenlänge 6 cm und basteln Sie vier solcher Zellen aus Zeichenkarton (technische Hinweise s. Übungsaufgabe 1 nach Kapitel 2.1). Heften Sie drei der fertigen Zellen mit Büroklammern aneinander und demonstrieren Sie, dass die vierte Zelle perfekt in die Rückwand der bereits aufgebauten Wabenschicht passt.

## 6.2 Besondere Punkte und Linien im Dreieck

Verbindet man drei Punkte der Ebene, die nicht auf einer Geraden liegen, paarweise durch Strecken, so erhält man ein Dreieck. Die Ecken bezeichnen wir wie üblich mit A, B, C, und zwar fortlaufend gegen den Uhrzeigersinn. Die Seiten werden mit a, b, c bezeichnet, wobei die Seite a der Ecke A, b dem Punkt B und c dem Eckpunkt C gegenüber liegt. Die Innenwinkel nennen wir $\alpha$, $\beta$ und $\gamma$. $\alpha$ ist der Winkel an A, $\beta$ der an B und $\gamma$ der an C (vgl. Abbildung 168).

Im Kapitel 4 haben wir bei Strecken und Winkeln stets sauber zwischen den Objekten und ihren Eigenschaften wie der Länge einer Strecke und der Größe eines Winkels unterschieden und dies durch Notationsformen wie a bzw. l(a) und $\alpha$ bzw. w($\alpha$) zum Ausdruck gebracht. Weil wir in diesem Kapitel nahezu ausschließlich die Länge von Strecken und die Größe von Winkeln betrachten, werden wir – wenn keine Missverständnisse zu befürchten sind – die saloppere Schreibweise a bzw. $\alpha$ auch für Streckenlängen bzw. Winkelgrößen verwenden.

**Satz 1:** Im Dreieck beträgt die Summe der Innenwinkelmaße 180°.

**Beweis:**

Durch den Punkt C zeichnen wir die nach dem Parallelenaxiom (Kap. 3) eindeutig bestimmte Parallele zur Dreiecksseite c. Neben $\gamma$ entstehen dadurch zwei Winkel, die als Wechselwinkel ebenso groß sind wie $\alpha$ und $\beta$ (Kap. 4, Satz 21). $\alpha$, $\gamma$ und $\beta$ ergänzen sich zu einem gestreckten Winkel, also gilt:

$\alpha + \beta + \gamma = 180°$ (Kap. 3, Satz 9)

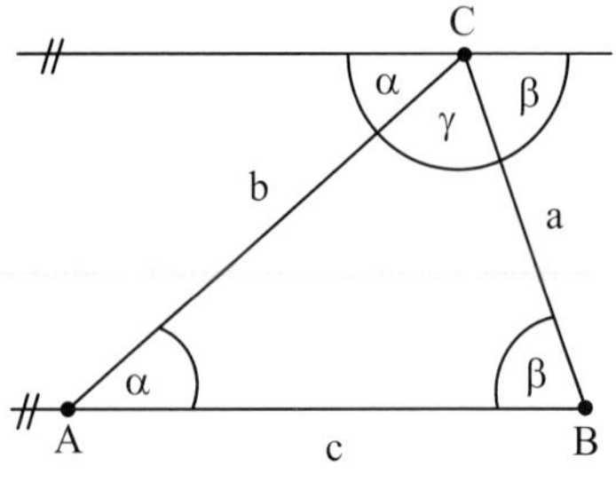


Abb. 168

Außer den Innenwinkeln interessieren im Folgenden noch die *Außenwinkel* des Dreiecks (vgl. Abbildung 169). Verlängert man die Dreiecksseiten über die Eckpunkte hinaus, so entstehen jeweils drei neue Winkel. Einer davon ist der Scheitelwinkel zu dem entsprechenden Innenwinkel, folglich ebenso groß wie dieser. Die beiden anderen sind Nebenwinkel zu dem entsprechenden Innenwinkel. Da sie zueinander Scheitelwinkel sind, haben auch sie gleiches Winkelmaß. Bei diesen Folgerungen beziehen wir uns auf Kap. 3, Satz 9.

Diese außen liegenden Winkel, in Abbildung 169 mit $\alpha'$, $\beta'$ und $\gamma'$ bezeichnet, nennt man Außenwinkel. Über diese können wir nun Sätze formulieren.

**Satz 2:** Jeder Außenwinkel eines Dreiecks ist gleich der Summe der beiden nicht anliegenden Innenwinkel.

Mit den Bezeichnungen von Abbildung 169 behauptet Satz 2 formal: $\alpha' = \beta + \gamma$ und $\beta' = \alpha + \gamma$ und $\gamma' = \alpha + \beta$.

**Beweis:**

Wir führen den Beweis nur für $\alpha' = \beta + \gamma$. Die beiden anderen Gleichungen zeigt man vollkommen analog.

Wir wissen:

(1) $\alpha + \beta + \gamma = 180°$ / Satz 1

$\Rightarrow$ $\alpha = 180° - \beta - \gamma$

(2) $\alpha + \alpha' = 180°$ / Kap.3, Satz 9

$\Rightarrow$ $\alpha' = 180° - \alpha$

Dann gilt:

$\alpha' = 180° - \alpha$ / s. (2)

$\Rightarrow$ $\alpha' = 180° - (180° - \beta - \gamma)$ / s. (1)

$\Rightarrow$ $\alpha' = 180° - 180° + \beta + \gamma$

$\Rightarrow$ $\alpha' = \beta + \gamma$

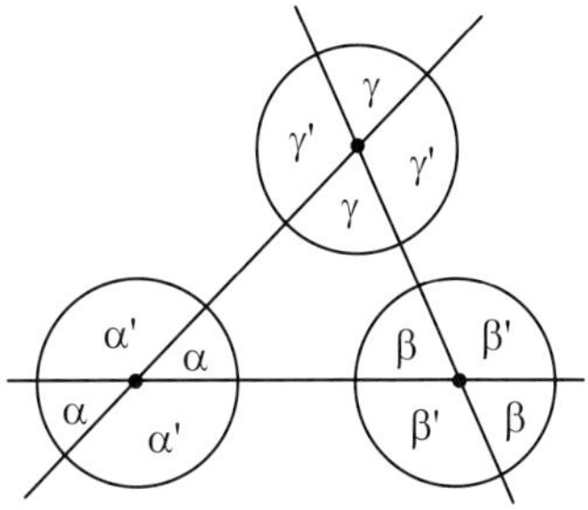


Abb. 169

Eine unmittelbare Folgerung aus diesem Satz ist Satz 3:

**Satz 3:** Jeder Innenwinkel ist kleiner als die nicht anliegenden Außenwinkel.

**Beweis:**

Wir zeigen lediglich $\alpha < \beta'$ und $\alpha < \gamma'$. Der Beweis für die anderen Innenwinkel verläuft analog.

Es gilt:

$\beta' = \alpha + \gamma \wedge \gamma' = \alpha + \beta$ / Satz 2

$\Rightarrow$ $\beta' > \alpha \wedge \gamma' > \alpha$ / da $\gamma > 0° \wedge \beta > 0°$

Eine weitere Aussage über die Außenwinkel enthält Satz 4:

**Satz 4:** Im Dreieck beträgt die Summe der Außenwinkelmaße 360°.

**Beweis:**
Wir wissen:

(1) $\alpha + \beta + \gamma = 180°$ / Satz 1

(2) $\alpha' = \beta + \gamma \;\wedge\; \beta' = \alpha + \gamma \;\wedge\; \gamma' = \alpha + \beta$ / Satz 2

Dann gilt:

$$\begin{aligned} \alpha' + \beta' + \gamma' &= (\beta + \gamma) + (\alpha + \gamma) + (\alpha + \beta) && \text{/ wegen (2)} \\ &= 2\alpha + 2\beta + 2\gamma && \text{/ AG und KG der Add. in } \mathbb{R} \\ &= 2\,(\alpha + \beta + \gamma) && \text{/ DG } \cdot, + \text{ in } \mathbb{R} \\ &= 2 \cdot 180° && \text{/ wegen (1)} \\ &= 360° \end{aligned}$$

Dreiecke mit zwei gleichlangen Seiten heißen *gleichschenklig*. Die dritte Dreiecksseite nennt man *Basis*, die an ihr anliegenden Winkel *Basiswinkel*.

**Satz 5:** Im gleichschenkligen Dreieck sind die Basiswinkel gleich groß.

**Beweis:**

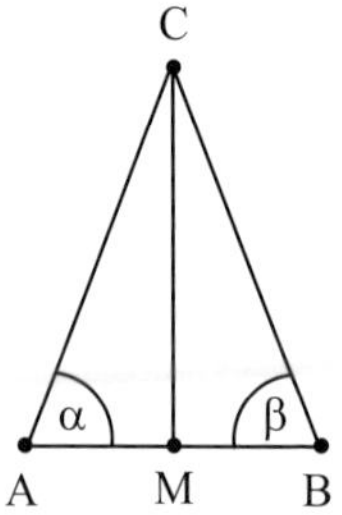


Sei M der Mittelpunkt von $\overline{AB}$. Durch $\overline{MC}$ wird Dreieck $\Delta ABC$ in die Teildreiecke $\Delta AMC$ und $\Delta MBC$ zerlegt. Für die Seiten dieser Teildreiecke gilt:

- $\overline{AM}$ und $\overline{MB}$ sind gleich lang. / M Mittelpkt.
- $\overline{AC}$ und $\overline{BC}$ sind gleich lang. / Vorauss.
- $\overline{MC}$ ist gemeinsame Seite.

Nach Kongruenzsatz SSS (Kap. 4, Satz 22) sind die Teildreiecke $\Delta AMC$ und $\Delta MBC$ kongruent, also gilt auch $\alpha = \beta$.

Im Folgenden formulieren und beweisen wir Sätze über besondere Linien im Dreieck, die Ihnen zum größten Teil aus der Schule bekannt sein dürften. Solche besonderen Linien sind die *Mittelsenkrechten* auf die Dreiecksseiten, die *Winkelhalbierenden* der Innen- und Außenwinkel, die *Höhen* sowie die *Seitenhalbierenden.*

*Höhen* sind Lote von einer Dreiecksecke auf die Trägergerade der gegenüberliegenden Dreiecksseite. Besser, aber unüblich, wäre eine Differenzierung zwischen Höhen und Höhengeraden, denn gelegentlich versteht man unter der Höhe auch den Abstand des Eckpunkts von der Trägergeraden der gegenüberliegenden Dreiecksseite (Bsp.: $h_c = 5$ cm).

*Seitenhalbierende* sind die Strecken von den Seitenmittelpunkten zu den gegenüberliegenden Ecken. Gelegentlich werden in der Literatur auch die Trägergeraden dieser Strecken als Seitenhalbierende bezeichnet, die sich dann allerdings schwerlich im Verhältnis 1:2 teilen können (Satz 8).

**Satz 6:** Die Mittelsenkrechten eines Dreiecks schneiden sich in einem Punkt M. Dieser Punkt ist der Mittelpunkt des *Umkreises* des Dreiecks.

**Beweis:**

Wir wissen:

Alle Punkte auf der Mittelsenkrechten $m_{\overline{XY}}$ der Strecke $\overline{XY}$ haben von X und Y denselben Abstand (Kap. 4, Satz 2).

Wir betrachten zunächst nur die beiden Mittelsenkrechten $m_{\overline{AB}}$ und $m_{\overline{BC}}$ und ihren Schnittpunkt M.

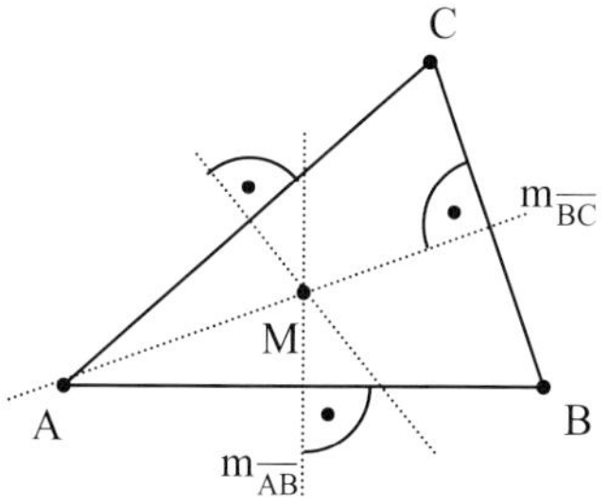


Dann gilt:

$M \in m_{\overline{AB}} \Rightarrow$ M hat denselben Abstand von A wie von B; also

$$l(\overline{MA}) = l(\overline{MB}) \quad (1)$$

$\wedge \quad M \in m_{\overline{BC}} \Rightarrow$ M hat denselben Abstand von B wie von C; also

$$l(\overline{MB}) = l(\overline{MC}) \quad (2)$$

Aus (1) und (2) folgt mit der Transitivität der „="-Relation:

- M hat dieselbe Entfernung von A wie von C; also $l(\overline{MA}) = l(\overline{MC})$. Demnach liegt M also auch auf der Mittelsenkrechten $m_{\overline{AC}}$ .
- Alle Mittelsenkrechten schneiden sich damit in Punkt M.
- Da M von allen Eckpunkten des Dreiecks denselben Abstand hat, liegen die Eckpunkte auf einem Kreisbogen. M ist der Mittelpunkt dieses *Umkreises*.

Sind in einem Dreieck alle Innenwinkel spitz (spitzwinkliges Dreieck), dann liegt M innerhalb des Dreiecks. Bei einem Dreieck mit einem stumpfen In-

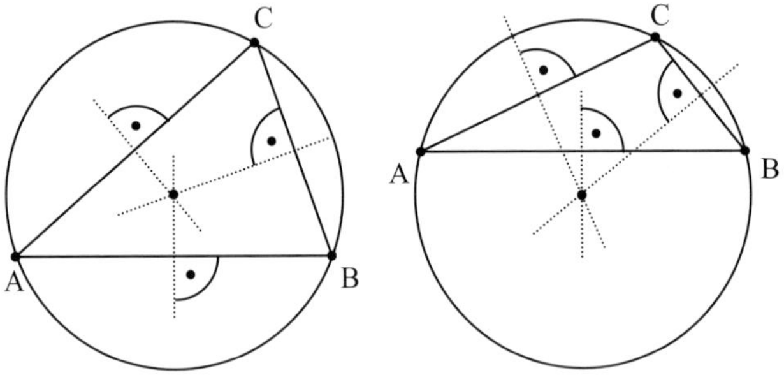


Abb. 170

nenwinkel (stumpfwinkliges Dreieck) liegt M außerhalb des Dreiecks (Abbildung 170). Überlegen Sie selbst, wo M im Falle eines rechtwinkligen Dreiecks liegt. Auf diesen berühmten Satz werden wir später noch eingehen.

**Satz 7:** Die Höhen eines Dreiecks schneiden sich in einem Punkt H.

**Beweis:**
Verbindet man die Mittelpunkte der Dreiecksseiten miteinander, so entsteht ein neues Dreieck, das so genannte *Mittendreieck*.

Die Seiten des Mittendreiecks sind parallel zu den Seiten des Ausgangsdreiecks (Abbildung 171).

Wir beweisen dies mit der Umkehrung des ersten Strahlensatzes (Kap. 4, Satz 29).

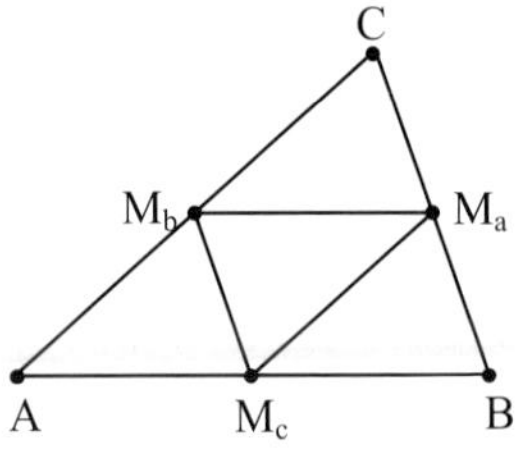


Abb. 171

Sei C unser Zentrum.

Da $M_a$ der Mittelpunkt von a und $M_b$ der Mittelpunkt von b ist, gilt

$$l(\overline{CM_a}) : l(\overline{CB}) = l(\overline{CM_b}) : l(\overline{CA}) = 1:2,$$

woraus folgt, dass $M_aM_b || AB$ und damit auch $\overline{M_aM_b} \parallel \overline{AB}$.

Mit Hilfe des zweiten Strahlensatzes (Kap. 4, Satz 28) lässt sich darüber hinaus folgern:

$$l(\overline{CM_b}) : l(\overline{CA}) = l(\overline{M_bM_a}) : l(\overline{AB}) = 1 : 2, \text{ d.h. } l(\overline{AB}) = 2 \cdot l(\overline{M_bM_a}).$$

Auf diesen Zusammenhang werden wir in Satz 8 zurückkommen.

Entsprechend zeigt man, dass die beiden übrigen Seiten des Mittendreiecks parallel zu den Dreiecksseiten und jeweils halb so lang wie diese sind.

Jedes Dreieck $\Delta ABC$ ist nun seinerseits das Mittendreieck eines eindeutig bestimmten anderen Dreiecks $\Delta XYZ$ (Abbildung 172).

Die Höhen von $\Delta ABC$ sind die Mittelsenkrechten von $\Delta XYZ$, und diese schneiden sich in einem Punkt (Satz 6). Genau dies wollten wir zeigen.

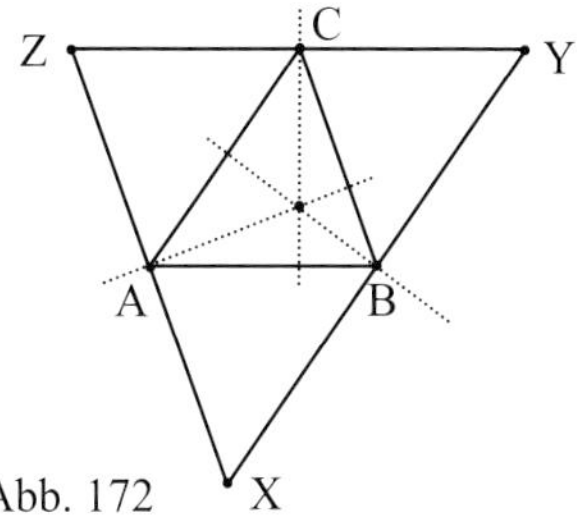

Abb. 172

Überlegen Sie, wo sich der Höhenschnittpunkt befindet im Fall eines spitzwinkligen, eines stumpfwinkligen und eines rechtwinkligen Dreiecks.

**Satz 8:** Die Seitenhalbierenden eines Dreiecks schneiden sich in einem Punkt S und teilen sich im Verhältnis 1:2. Der Punkt S heißt *Schwerpunkt* des Dreiecks.

**Beweis:**

Wir wissen aus dem Beweis von Satz 7, dass $M_aM_b \parallel AB$ und
$l(\overline{M_aM_b}) = \frac{1}{2}\, l(\overline{AB})$.

Wir zeichnen die Seitenhalbierenden $s_a$ und $s_b$ und ihren Schnittpunkt S und erhalten eine Strahlensatzfigur mit Zentrum S (Abbildung 173).

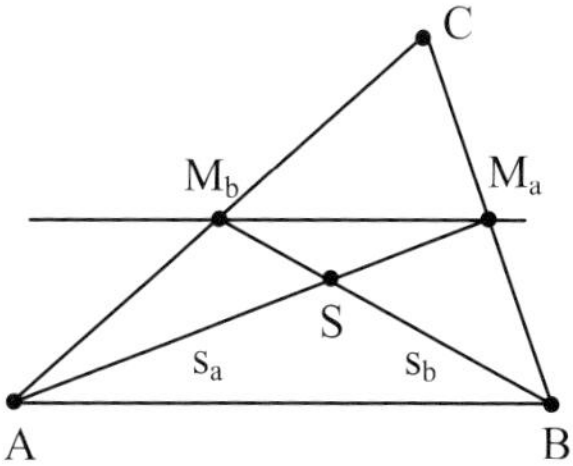

Abb. 173

Dann gilt:

$$
\begin{array}{llll}
 & l(\overline{SM_a}) : l(\overline{SA}) & = l(\overline{SM_b}) : l(\overline{SB}) & /\ 1.\ \text{Strahlensatz} \\
\wedge & l(\overline{SM_b}) : l(\overline{SB}) & = l(\overline{M_aM_b}) : l(\overline{AB}) & /\ 2.\ \text{Strahlensatz} \\
\wedge & l(\overline{M_aM_b}) : l(\overline{AB}) & = 1 : 2 & /\ \text{Teilbeweis von Satz 7}
\end{array}
$$

$\Rightarrow$ S teilt also die Seitenhalbierenden $s_a$, $s_b$ im Verhältnis 1 : 2.[4] (1)

---

4 Dabei ist die Strecke zwischen Schnitt- und Eckpunkt doppelt so lang wie die zwischen Schnittpunkt und Seitenmittelpunkt.

Wir betrachten nun $s_a$, $s_c$ und ihren Schnittpunkt S' (Abbildung 174).

Da wir aus dem Beweis von Satz 7 wissen, dass $M_aM_c \parallel AC$ und

$l(\overline{M_aM_c}) = \frac{1}{2} l(\overline{AC})$,

können wir analog zu oben folgern.

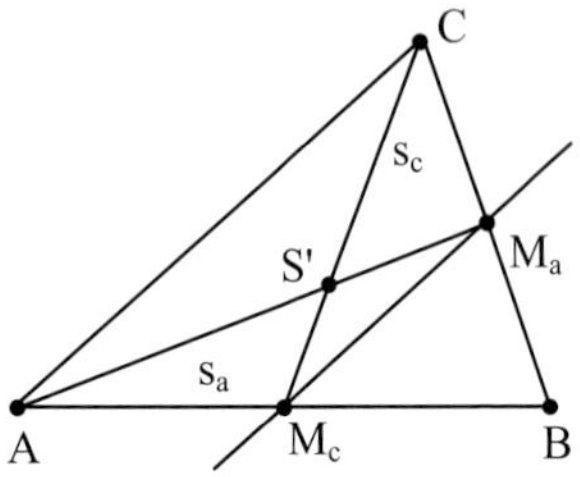


Abb. 174

Es gilt:

$$\begin{array}{llll} & l(\overline{S'M_c}) : l(\overline{S'C}) & = l(\overline{S'M_a}) : l(\overline{S'A}) & \text{/ 1. Strahlensatz} \\ \wedge & l(\overline{S'M_a}) : l(\overline{S'A}) & = l(\overline{M_aM_c}) : l(\overline{AC}) & \text{/ 2. Strahlensatz} \\ \wedge & l(\overline{M_aM_c}) : l(\overline{AC}) & = 1 : 2 & \text{/ Teilbeweis von Satz 7} \end{array}$$

$\Rightarrow$ S' teilt also die Seitenhalbierenden $s_a$, $s_c$ im Verhältnis 1 : 2. [5] (2)

Aus (1) und (2) folgt: Die Seitenhalbierende $s_a$ wird also von S und S' im Verhältnis 1 : 2 geteilt. Es muss also S = S' gelten.

Der Schwerpunkt S eines Dreiecks liegt immer innerhalb des Dreiecks. Er ist gleichzeitig der Schwerpunkt des Mittendreiecks. Bildet man das Mittendreieck des Mittendreiecks, so ist S auch hiervon der Schwerpunkt. Durch die Bildung von Mittendreiecken kann man den Punkt S einschachteln. Auch so könnte man Satz 8 herleiten.

Mit Hilfe des folgenden Satzes werden wir in Satz 10 zeigen, dass sich auch die Innenwinkelhalbierenden eines Dreiecks in einem Punkt schneiden.

**Satz 9:** Ein Punkt P liegt genau dann auf der Winkelhalbierenden $w_\alpha$ eines Winkels $\alpha$ wenn P von beiden Schenkeln denselben Abstand hat.

**Beweis: „⇒“**

- Wir betrachten $\Delta SQP$ und $\Delta SPQ'$. Seite $\overline{SP}$ ist gemeinsame Seite beider Dreiecke. (1)
- Q und Q' sind Lotfußpunkte, also sind $\sphericalangle PQS$ und $\sphericalangle SQ'P$ recht. $\alpha_1$ und $\alpha_2$ sind gleich groß,

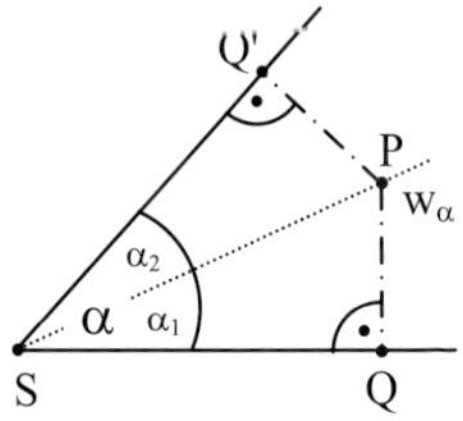


[5] Auch hier ist die Strecke zwischen Schnitt- und Eckpunkt doppelt so lang wie die zwischen Schnittpunkt und Seitenmittelpunkt.

da $w_\alpha$ die Winkelhalbierende von $\alpha$ ist. Damit stimmen in beiden Dreiecken die Größen der Innenwinkel bei P überein. (2)

- Mit (1) und (2) liegen die Voraussetzungen für die Anwendung des Kongruenzsatzes WSW (Kap. 4, Satz 24) vor. Die betrachteten Dreiecke sind kongruent, stimmen also auch in den Längen von $\overline{PQ}$ und $\overline{PQ'}$ überein.

„$\Leftarrow$“

- Wieder betrachten wir $\Delta SQP$ und $\Delta SPQ'$. $\sphericalangle PQS$ und $\sphericalangle SQ'P$ sind rechte Winkel weil Q und Q' Lotfußpunkte sind. (3)
- Nach Voraussetzung gilt $\overline{PQ} = \overline{PQ'}$. (4)
- Schließlich ist $\overline{SP}$ gemeinsame Seite beider Dreiecke. (5)
- Wegen (3)-(5) sind die Dreiecke $\Delta SQP$ und $\Delta SPQ'$ nach Kongruenzsatz „SSW“ (Kap. 4, Satz 25) kongruent und stimmen insbesondere in den Winkelgrößen von $\alpha_1$ und $\alpha_2$ überein. Damit ist $\overrightarrow{SP} = w_\alpha$ die Winkelhalbierende von $\alpha$ und es gilt: P liegt auf der Winkelhalbierenden $w_\alpha$.

**Satz 10:** Die Innenwinkelhalbierenden eines Dreiecks schneiden sich in einem Punkt W. Dieser Punkt ist der Mittelpunkt des *Inkreises* des Dreiecks.

**Beweis:**

Wir wissen:

Jeder Punkt auf einer Winkelhalbierenden hat von jedem der beiden Schenkel des Winkels denselben Abstand.

Wir betrachten nun die Winkelhalbierenden $w_\alpha$ und $w_\beta$ und ihren Schnittpunkt W.

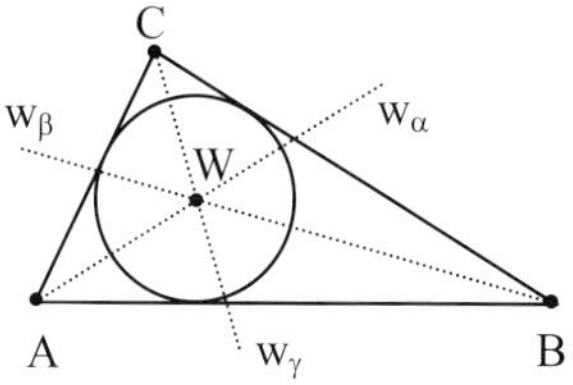


Abb. 175

Dann gilt:

$$W \in w_\alpha \Rightarrow \text{W hat denselben Abstand von AC wie von AB.} \quad \text{/Satz 9 „}\Rightarrow\text{“}$$
$$\wedge \quad W \in w_\beta \Rightarrow \text{W hat denselben Abstand von AB wie von BC.} \quad \text{/Satz 9 „}\Rightarrow\text{“}$$

$$\Rightarrow \text{W hat denselben Abstand von AC wie von BC.} \quad \text{/Transitivität}$$

$$\Rightarrow \text{W liegt also auch auf der Winkelhalbierenden } w_\gamma. \quad \text{/Satz 9 „}\Leftarrow\text{“}$$

Da W von allen Dreiecksseiten denselben Abstand hat, ist er Mittelpunkt des Kreises, der diesen Abstand als Radius hat und der daher alle drei Seiten des Dreiecks berührt. Dieser Kreis heißt *Inkreis* des Dreiecks.

Nachdem wir nun Umkreis und Inkreis eines Dreiecks konstruieren können, wollen wir uns jetzt den *Ankreisen* widmen, also den Kreisen, die eine Dreiecksseite und die Verlängerung der beiden anderen Dreiecksseiten berühren.

**Satz 11:** Die Außenwinkelhalbierenden durch je zwei Ecken eines Dreiecks und die Innenwinkelhalbierende durch die dritte Ecke schneiden sich in einem Punkt. Dieser Punkt ist der Mittelpunkt des *Ankreises* des Dreiecks.

**Beweis:**

Wir betrachten die Außenwinkelhalbierenden $w_{\alpha'}$ und $w_{\gamma'}$ von $\alpha'$ und $\gamma'$ und ihren Schnittpunkt P (Abbildung 176) und wenden mehrfach Satz 9 an.
Dann gilt:

$P \in w_{\alpha'} \Rightarrow$ P hat denselben Abstand von AB wie von AC. (1)

$\wedge$ $P \in w_{\gamma'} \Rightarrow$ P hat denselben Abstand von AC wie von BC. (2)

Aus (1) und (2) folgt:

- P hat denselben Abstand von AB wie von BC.
- P liegt also auch auf $w_\beta$. /Satz 9 „$\Leftarrow$"
- Da P denselben Abstand von AB, AC und BC hat, berührt der Kreis um P mit diesem Abstand als Radius die genannten Geraden. Dieser Kreis heißt *Ankreis*.

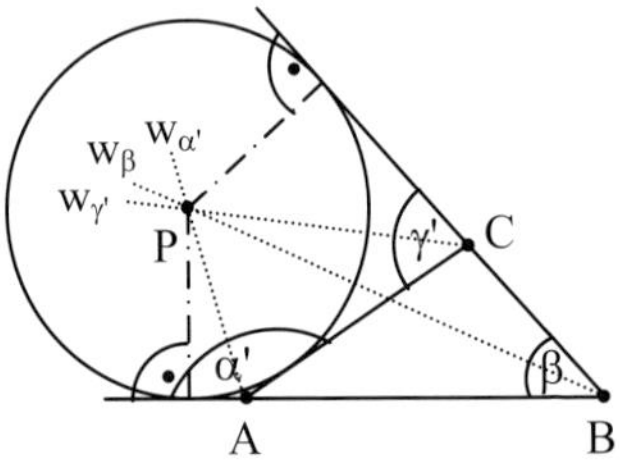

Abb. 176

Entsprechend zeigt man die Behauptung für die übrigen Außen- und Innenwinkel.

In Abbildung 177 sind der Inkreis und die drei Ankreise eines Dreiecks konstruiert worden. Dabei kann man benutzen, dass die Außenwinkelhalbierende und die Innenwinkelhalbierende in einer Dreiecksecke zueinander senkrecht sind.

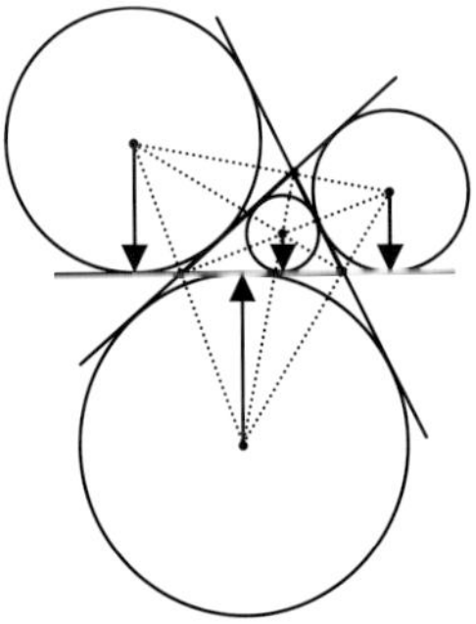
Abb. 177

**Satz 12:** Der Schwerpunkt S eines Dreiecks, sein Umkreismittelpunkt M und sein Höhenschnittpunkt H liegen auf einer Geraden, der *Eulerschen Geraden*. Dabei liegt S zwischen M und H und es gilt: $l(\overline{HS}) = 2 \cdot l(\overline{SM})$.

**Beweis:**

Im Falle eines gleichseitigen Dreiecks gilt H = S = M. Diesen uninteressanten Fall wollen wir ausschließen. Wir gehen also von $S \neq M$ aus. Durch diese beiden Punkte ist eine Gerade festgelegt, die wie e nennen.

Auf e, genauer auf der Halbgeraden $\overrightarrow{MS}$, suchen wir den Punkt P, für den gilt $l(\overline{PS}) = 2 \cdot l(\overline{SM})$. Wir müssen nun zeigen, dass P der Höhenschnittpunkt H ist.

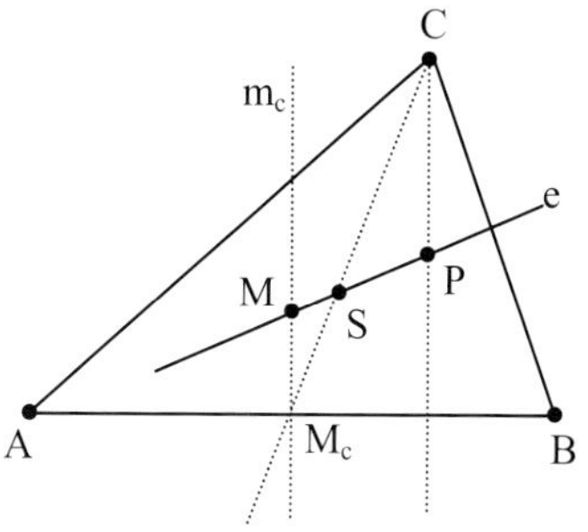


Abb.178

Wir wissen:

$$l(\overline{PS}) = 2 \cdot l(\overline{SM}) \quad \Leftrightarrow \quad l(\overline{PS}) : l(\overline{SM}) = 2:1 \quad (1) \quad \text{/ Wahl von P}$$

$$\wedge \quad l(\overline{CS}) = 2 \cdot l(\overline{SM_c}) \quad \Leftrightarrow \quad l(\overline{CS}) : l(\overline{SM_c}) = 2:1 \quad (2) \quad \text{/ Satz 8}$$

Aus (1) und (2) folgt:

$$l(\overline{PS}) : l(\overline{SM}) = l(\overline{CS}) : l(\overline{SM_c})$$

$\Rightarrow \quad PC \parallel m_c$ / Umkehrung 1. Strahlensatz

$\Rightarrow \quad PC \perp c$ / $m_c \perp c$, Kap. 3, Satz 10, Teil 2

$\Rightarrow \quad P \in h_c$ / $PC \perp c$ und $P,C \in PC$

Analog zeigt man, dass P auf der Höhe $h_a$ oder $h_b$ liegt. Machen Sie dies zur Übung selbst. P muss also der Höhenschnittpunkt H sein.

Zum Schluss dieses Abschnitts über bemerkenswerte Punkte und Linien in Dreiecken machen wir Sie mit dem *Neunpunktekreis*, nach seinem Entdecker auch *Feuerbachschen*[6] *Kreis* genannt, bekannt.

[6] Karl Wilhelm Feuerbach, 1800 – 1834, deutscher Mathematiker

**Satz 13:** Die Seitenmittelpunkte $M_a$, $M_b$, $M_c$, die Höhenfußpunkte $H_a$, $H_b$, $H_c$ und die Mittelpunkte $P_a$, $P_b$, $P_c$ der Strecken $\overline{HA}$, $\overline{HB}$, $\overline{HC}$, wobei H der Höhenschnittpunkt ist, liegen auf einem Kreis, dem *Feuerbachschen Kreis* (Abbildung 147). Der Mittelpunkt $M_f$ des Feuerbachschen Kreises liegt ebenfalls auf der Eulerschen Geraden und zwar in der Mitte von $\overline{HM}$. Er ist der Umkreis des Mittendreiecks, und sein Radius ist halb so groß wie der des Umkreises.

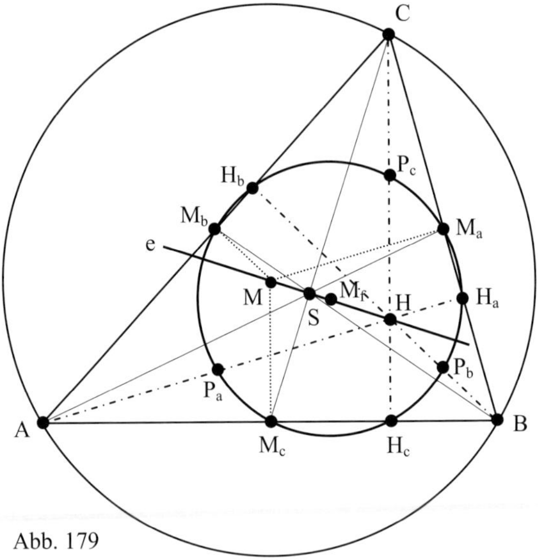


Abb. 179

**Beweis:**
Wir zeigen die umfangreiche Aussage von Satz 13 in mehreren Teilbeweisen.

1. Wir zeigen, dass die Mittelpunkte der Dreiecksseiten und die Mittelpunkte $P_a$, $P_b$, $P_c$ der Strecken $\overline{HA}$, $\overline{HB}$, $\overline{HC}$ auf einem Kreis liegen.
2. Wir zeigen, dass auch die Höhenfußpunkte Elemente dieses Kreises sind.
3. Wir beweisen, dass der Mittelpunkt $M_f$ dieses Kreises auf der Eulerschen Gerade liegt.
4. Anschließend zeigen wir, dass $M_f$ der Mittelpunkt der Strecke $\overline{HM}$ ist.
5. Zum Schluss beweisen wir, dass der Radius des Feuerbachschen Kreises halb so groß ist wie der des Umkreises von Dreieck $\Delta ABC$.

Zu 1.:
Wir betrachten die Vierecke $P_aP_bM_aM_b$ und $P_bP_cM_bM_c$. Wenn wir zeigen können, dass diese Vierecke Rechtecke sind, dann wissen wir, dass sie Umkreise besitzen, die die Ecken enthalten. Da die beiden Vierecke eine gemeinsame Diagonale $\overline{P_bM_b}$ haben, müssen die beiden Umkreise identisch sein, und dieser Umkreis enthält dann $M_a$, $M_b$, $M_c$, $P_a$, $P_b$ und $P_c$.

Es gilt:

| | | | |
|---|---|---|---|
| | $l(\overline{HA}) : l(\overline{HP_a}) = 2:1$ | / $P_a$ Mittelpunkt von $\overline{HA}$ | |
| $\wedge$ | $l(\overline{HB}) : l(\overline{HP_b}) = 2:1$ | / $P_b$ Mittelpunkt von $\overline{HB}$ | |
| $\Rightarrow$ | $\overline{P_aP_b} \parallel \overline{AB}$ | / Umkehrung 1. Strahlensatz | (1) |

Weiter gilt:

| | | | |
|---|---|---|---|
| | $\overline{M_aM_b} \parallel \overline{AB}$ | / Teilbeweis von Satz 7 | (2) |

Aus (1) und (2) folgt $\overline{P_aP_b} \parallel \overline{M_aM_b}$. (3)

Außerdem gilt:

| | | | |
|---|---|---|---|
| | $l(\overline{AC}) : l(\overline{AM_b}) = 2:1$ | / $M_b$ Mittelpunkt von $\overline{AC}$ | |
| $\wedge$ | $l(\overline{AH}) : l(\overline{AP_a}) = 2:1$ | / $P_a$ Mittelpunkt von $\overline{AH}$ | |
| $\Rightarrow$ | $\overline{P_aM_b} \parallel \overline{HC}$ | / Umkehrung 1. Strahlensatz | (4) |
| | $l(\overline{BC}) : l(\overline{BM_a}) = 2:1$ | / $M_a$ Mittelpunkt von $\overline{BC}$ | |
| $\wedge$ | $l(\overline{BH}) : l(\overline{BP_b}) = 2:1$ | / $P_b$ Mittelpunkt von $\overline{BH}$ | |
| $\Rightarrow$ | $\overline{P_bM_a} \parallel \overline{HC}$ | / Umkehrung 1. Strahlensatz | (5) |

Aus (4) und (5) folgt $\overline{P_aM_b} \parallel \overline{P_bM_a}$. (6)

(3) und (6) besagen, dass das Viereck $P_aP_bM_aM_b$ zwei Paar parallele Seiten besitzt. Zwei dieser Seiten sind nach (4) und (5) parallel zur Strecke $\overline{HC}$, die als Teil der Höhe senkrecht ist zur Strecke $\overline{AB}$, zu der die beiden anderen Vierecksseiten nach (1) und (2) parallel sind. Also stehen die Vierecksseiten senkrecht zueinander, das Viereck $P_aP_bM_aM_b$ ist ein Rechteck.

In analoger Weise zeigt man, dass auch das Viereck $P_bP_cM_bM_c$ ein Rechteck ist. Wir empfehlen Ihnen diesen Beweisteil als Übung. Da diese beiden Rechtecke wegen Ihrer gemeinsamen Diagonale $\overline{P_bM_b}$ einen gemeinsamen Umkreis haben, liegen also $M_a$, $M_b$, $M_c$ und $P_a$, $P_b$, $P_c$ auf einem Kreis. Den

Mittelpunkt dieses Kreises nennen wir $M_f$. Er ist Mittelpunkt der Rechteckdiagonalen $\overline{P_aM_a}$, $\overline{P_bM_b}$ und $\overline{P_cM_c}$, was wir im folgenden Teil benötigen.

Zu 2.:
Es gilt:

$$
\begin{array}{lll}
 & P_a \in h_a \ \wedge \ h_a \perp \overline{BC} & \\
\Rightarrow & w(\sphericalangle P_aH_aM_a) = 90° & \\
\Rightarrow & H_a \in k(M_f, r = \frac{1}{2} l(\overline{P_aM_a})) & \text{/ Satz des Thales, „}\Leftarrow\text{“}^{7} \\
\Rightarrow & H_a \text{ liegt auf dem Feuerbachschen Kreis.} & \\
 & P_b \in h_b \ \wedge \ h_b \perp \overline{AC} & \\
\Rightarrow & w(\sphericalangle P_bH_bM_b) = 90° & \\
\Rightarrow & H_b \in k(M_f, r = \frac{1}{2} l(\overline{P_bM_b})) & \text{/ Satz des Thales, „}\Leftarrow\text{“} \\
\Rightarrow & H_b \text{ liegt auf dem Feuerbachschen Kreis.} & \\
 & P_c \in h_c \ \wedge \ h_c \perp \overline{AB} & \\
\Rightarrow & w(\sphericalangle P_cH_cM_c) = 90° & \\
\Rightarrow & H_c \in k(M_f, r = \frac{1}{2} l(\overline{P_cM_c})) & \text{/ Satz des Thales, „}\Leftarrow\text{“} \\
\Rightarrow & H_c \text{ liegt auf dem Feuerbachschen Kreis.} &
\end{array}
$$

Damit liegen also alle drei Höhenfußpunkte auf dem Feuerbachschen Kreis, der damit seinen zweiten Namen Neunpunktekreis verdient hat.

Zu 3.:
Zunächst stellen wir fest, dass der Feuerbachsche Kreis der Umkreis des Mittendreiecks $\Delta M_aM_bM_c$ ist, denn er enthält die Punkte $M_a$, $M_b$ und $M_c$. Die Eulersche Gerade des Dreiecks $\Delta ABC$ bezeichnen wir mit e, die Eulersche Gerade des Mittendreiecks nennen wir $e_m$. Mit $M_m$ bezeichnen wir den Umkreismittelpunkt des Mittendreiecks, mit $S_m$ seinen Schwerpunkt und mit $H_m$ seinen Höhenschnittpunkt. Dann gilt:

$$
\begin{array}{llll}
 & M, S, H \in e & \text{/ Satz 12} & \\
\wedge & M_m, S_m, H_m \in e_m & \text{/ Satz 12} & \\
\wedge & M_m = M_f & \text{/ } M_f \text{ Umkreismittelpunkt Mittendreieck} & (1) \\
\wedge & H_m = M & \text{/ Teilbeweis von Satz 7} & (2) \\
\wedge & S_m = S & \text{/ Bemerkung nach Satz 8} & (3)
\end{array}
$$

[7] Wir erlauben uns hier einen kleinen Vorgriff auf den nächsten Abschnitt.

Nach (2) und (3) haben die Eulerschen Geraden e und $e_m$ zwei gemeinsame Punkte, sie stimmen also überein. Nach (1) liegt der Mittelpunkt des Feuerbachschen Kreises auf dieser Geraden e.

Zu 4.:
Es gilt:

$$l(\overline{MM_f}) = l(\overline{SM}) + l(\overline{SM_f}) \qquad (1)$$

$$\wedge \quad l(\overline{HS}) = 2 \cdot l(\overline{SM}) \qquad \text{/ Satz 12 für } \Delta ABC$$

$$\Rightarrow \quad l(\overline{SM}) = \frac{1}{2} \cdot l(\overline{HS}) \qquad (2)$$

$$\wedge \quad l(\overline{H_m S_m}) = 2 \cdot l(\overline{S_m M_m}) \qquad \text{/ Satz 12 für } \Delta\, M_a M_b M_c$$

$$\Rightarrow \quad l(\overline{SM}) = 2 \cdot l(\overline{SM_f}) \qquad \text{/ } H_m = M,\ S_m = S,\ M_m = M_f \text{, s.o.}$$

$$\Rightarrow \quad l(\overline{SM_f}) = \frac{1}{2} \cdot l(\overline{SM}) \qquad (3)$$

Wir setzen (2) und (3) in Gleichung (1) ein:

$$l(\overline{MM_f}) = l(\overline{SM}) + l(\overline{SM_f})$$

$$\Rightarrow \quad l(\overline{MM_f}) = \frac{1}{2} \cdot l(\overline{HS}) + \frac{1}{2} \cdot l(\overline{SM})$$

$$\Rightarrow \quad 2 \cdot l(\overline{MM_f}) = l(\overline{HS}) + l(\overline{SM}) = l(\overline{HM})$$

$\Rightarrow$ $M_f$ ist Mittelpunkt von $\overline{HM}$.

Zu 5.:
Nach Gleichung (3) in Beweisteil 4 wissen wir: $l(\overline{SM}) : l(\overline{SM_f}) = 2 : 1$. Nach Satz 8 gilt: $l(\overline{AS}) : l(\overline{SM_a}) = 2 : 1$. Wir haben also eine Strahlensatzfigur mit Zentrum S vorliegen und können mit der Umkehrung des 1. Strahlensatzes folgern, dass $\overline{AM} \parallel \overline{M_f M_a}$. Somit sind die Voraussetzungen für die Anwendung des 2. Strahlensatzes gegeben:

$$l(\overline{AM}) : l(\overline{M_f M_a}) = l(\overline{AS}) : l(\overline{SM_a}) = 2 : 1 \;\Rightarrow\; l(\overline{M_f M_a}) = \frac{1}{2} l(\overline{AM}).$$

Der Radius des Feuerbachschen Kreises ist also halb so groß wie der Radius des Umkreises von $\Delta ABC$.

Übung:

1) Konstruieren Sie zu dem Dreieck mit
$l(a) = 11$ cm, $l(b) = 7$ cm und $l(c) = 14$ cm
die Eulersche Gerade und den Feuerbachschen Kreis.

2) Beweisen Sie: Ein Dreieck mit zwei gleich langen Seitenhalbierenden ist gleichschenklig.

3) Konstruieren Sie ein Dreieck aus den folgenden Angaben.

| | | | |
|---|---|---|---|
| a) | $l(a) = 6$ cm, | $w(\alpha) = 70°$, | $w(\beta) = 50°$ |
| b) | $l(a) = 6$ cm, | $w(\beta) = 50°$, | $l(h_a) = 5$ cm |
| c) | $l(a) = 5$ cm, | $l(b) = 6$ cm, | $l(s_b) = 5{,}3$ cm |
| d) | $l(a) = 5$ cm, | $l(s_a) = 6$ cm, | $l(s_c) = 4{,}2$ cm |
| e) | $w(\alpha) = 70°$, | $w(\beta) = 80°$, | $l(w_\alpha) = 5$ cm |

4) Informieren Sie sich in der Literatur über Funktionsweise und Einsatzgebiete des unten abgebildeten Mechanismus.

## 6.3 Sätze am Kreis

Stellen Sie sich vor, Sie sind im Urlaub, nicht irgendwo, sondern im schönen Ostfriesland, der Gegend mit der enormen Weite, in der sich Himmel, Meer und Land am Horizont zu berühren scheinen und in der die Kühe schöner seien sollen als die ... . Wind, Wellen, Wasser und die beeindruckende Weite des Landes schaffen ein einmaliges Ambiente zum Erholen und – zum Betreiben von Urlaubsgeometrie.

Bekleidet mit dem für Touristen signifikanten Ostfriesennerz sehen Sie auf Ihren Spaziergängen immer wieder drei markante Punkte: den Leuchtturm von A-Dorf, den Sendemast in B-Dorf und den Kirchturm von C-Stadt. Während Ihrer Wanderungen stellen Sie fest, dass sich die Winkelbeziehungen zu diesen markanten Punkten stetig ändern. Wenn Sie nun im glücklichen Besitz einer Karte dieser Gegend und eines Theodoliten[8] sind, dann können Sie aus der Kenntnis der Winkel, unter denen Sie die drei markanten Punkte sehen, Ihren genauen Standort auf der Karte zeichnerisch bestimmen.
Wieso gelingt das und wie geht das?

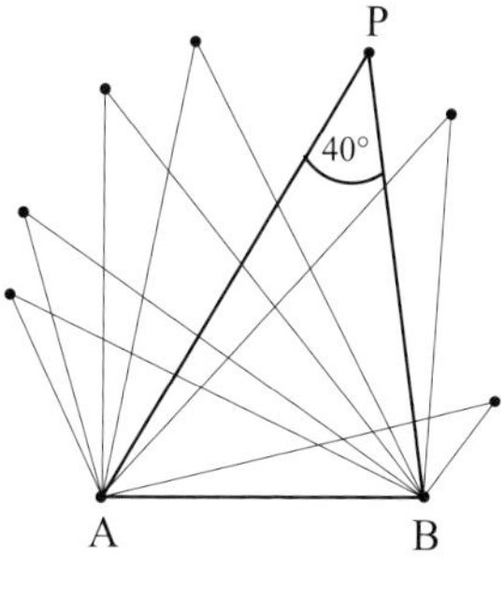


Abb. 181

Betrachten wir zunächst nur zwei der Punkte, den Leuchtturm A und den Sendemasten B. Von unserem Standpunkt P sehen wir diese unter einem Winkel von sagen wir 40°. Damit liegt unser Standort P noch nicht fest. Es gibt viele Punkte mit $w(\sphericalangle APB) = 40°$, also Dreiecke $\Delta ABP$ mit $\overline{AB}$ als Seite und einem Winkel von 40° bei P. Wir konstruieren mal einige. Dabei können wir verschieden vorgehen. Eine Möglichkeit besteht darin, von der Winkelsumme von 180° auszugehen, 40° abzuziehen, und $w(\alpha)$ und $w(\beta)$ so zu wählen, dass ihre Summe 140° beträgt. In Abbildung 181 sind so einige mögliche Standorte P konstruiert worden.

Bei der Konstruktion der Dreiecke in Abbildung 181 haben wir uns auf Punkte der oberen Halbebene beschränkt. Unterhalb von $\overline{AB}$ finden wir natürlich weitere mögliche Standorte. Diese Beschränkung auf eine der Halbebenen entspricht der Annahme einer Zusatzinformation, z.B. dass in einer

---

[8] Präzisionsinstrument zum Messen von Winkeln zwischen Richtungen

der Halbebenen das Meer Spaziergänge ausschließt oder dass wir von unserem Standort aus den Leuchtturm rechts vom Sendemasten sehen.

Beim Betrachten der Abbildung 181 drängt sich der Verdacht auf, dass die möglichen Standpunkte auf einem Kreisbogen liegen. Wir gehen diesem Verdacht nach und nehmen drei der vermutlich auf einem Kreisbogen liegenden Punkte und konstruieren zu diesem Dreieck den Umkreis, dessen Mittelpunkt wir nach Satz 6 dieses Kapitels als Schnittpunkt der Mittelsenkrechten erhalten. Der Kreis verläuft tatsächlich durch alle unsere möglichen Standorte und durch A und B (Abbildung 182). Das ist natürlich kein Zufall, sondern die Konsequenz des folgenden Satzes.

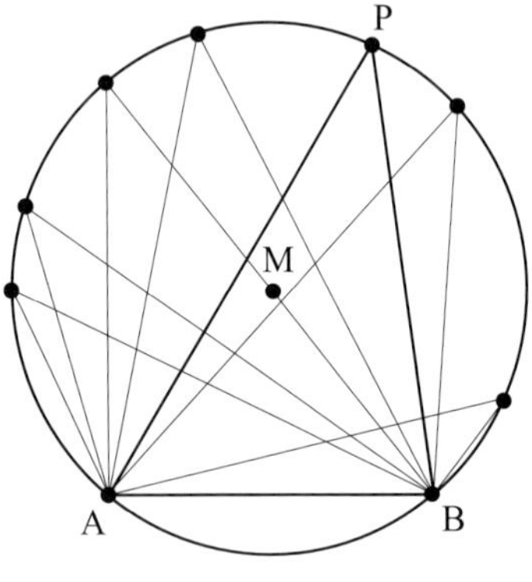


Abb. 182

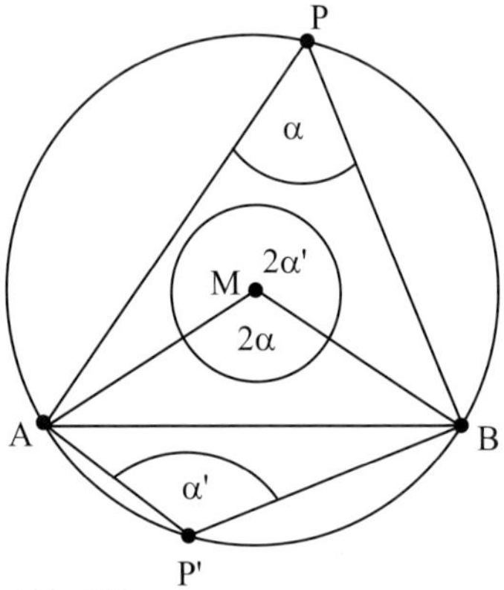


Abb. 183

**Satz 14:** Umfangswinkelsatz

Seien A und B zwei verschiedene Punkte der Ebene. Durch jeden Punkt P außerhalb von AB kann der Umkreis des Dreiecks $\Delta$ABP konstruiert werden. Sei M der Mittelpunkt dieses Kreises.

Dann ist der *Umfangswinkel* $\sphericalangle$APB halb so groß wie der *Mittelpunktswinkel* $\sphericalangle$AMB, den die Radien $\overline{AM}$ und $\overline{BM}$ auf dem P abgewandten Teils des Kreises einschließen (Abbildung 183).

Satz 14 besagt damit auch, dass alle Umfangswinkel über einer festen Sehne $\overline{AB}$, die in derselben durch AB gebildeten Halbebene liegen, untereinander gleich groß sind, da sie alle halb so groß sind wie der zu ihnen gehörende

Mittelpunktswinkel. Außerdem kann man folgern, dass sich zwei Umfangswinkel $\alpha$ und $\alpha'$ in verschiedenen Halbebenen derselben Sehne $\overline{AB}$ zu 180° ergänzen, denn die zugehörigen Mittelpunktswinkel $2\alpha$ und $2\alpha'$ ergänzen sich zu 360° (s. Abbildung 183).

**Beweis:**

Hinsichtlich der Lage von M unterscheiden wir drei Fälle: M liegt auf $\overline{AB}$, innerhalb von $\Delta ABP$ bzw. außerhalb von $\Delta ABP$.

1. Fall: M liegt auf $\overline{AB}$.

- Dann sind $\Delta AMP$ und $\Delta BMP$ gleichschenklig, denn $l(\overline{AM}) = l(\overline{BM}) = l(\overline{PM})$ (Radius desselben Kreises).
- Weil in gleichschenkligen Dreiecken die Basiswinkel gleich groß (Satz 5) sind, können wir die Winkelgrößen wie rechts bezeichnen.

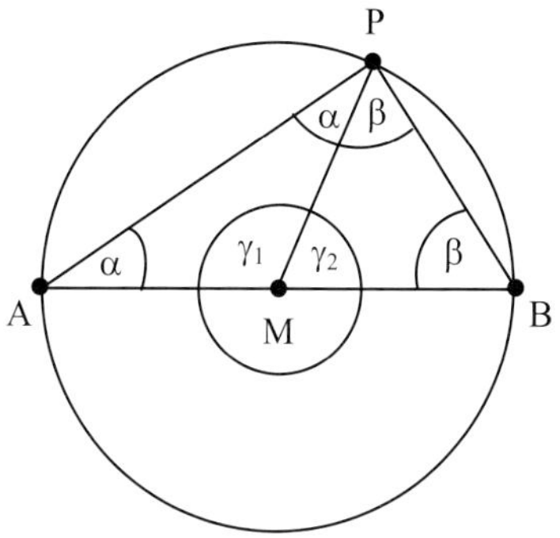


Dann gilt:

| | | |
|---|---|---|
| $2\alpha + \gamma_1 = 180°$ | | / Winkelsumme in $\Delta AMP$ |
| $\wedge\ 2\beta + \gamma_2 = 180°$ | | / Winkelsumme in $\Delta BMP$ |
| $\Rightarrow 2\alpha + \gamma_1 + 2\beta + \gamma_2 = 360°$ | | / Gleichungen addiert |
| $\Rightarrow 2(\alpha + \beta) + \gamma_1 + \gamma_2 = 360°$ | (1) | / AG+, KG+, DG·,+ in $\mathbb{R}$ |

Weil M auf $\overline{AB}$ liegt, gilt ferner:

| | | |
|---|---|---|
| $\gamma_1 + \gamma_2 = 180°$ | (2) | / $\gamma_1$, $\gamma_2$ gestreckter Winkel |
| $\Rightarrow 2(\alpha + \beta) + 180° = 360°$ | | / (2) in (1) eingesetzt |
| $\Rightarrow 2(\alpha + \beta) = 180°$ | | / $-180°$ |
| $\Rightarrow \alpha + \beta = 90°$ | | / :2 |

Der Umfangswinkel ist also halb so groß wie der gestreckte Mittelpunktswinkel.

2. Fall: M liegt innerhalb von $\Delta ABP$.

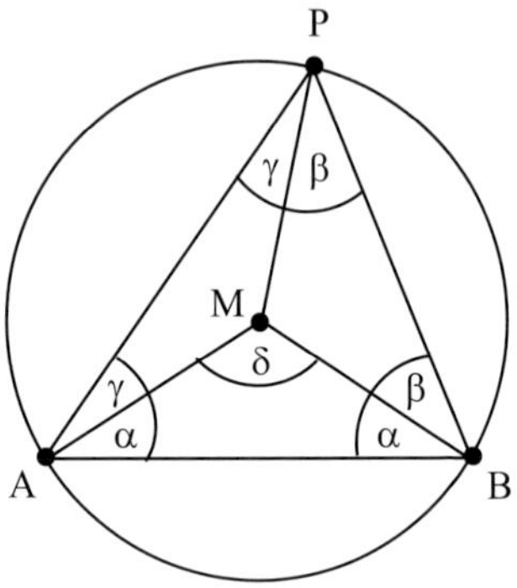


Dann sind $\Delta ABM$, $\Delta BPM$ und $\Delta PAM$ gleichschenklig und es gelten die in der Abbildung dargestellten Winkelgrößen.

Dann gilt für die Winkelsummen in den Dreiecken $\Delta ABP$ bzw. $\Delta ABM$:

$2\alpha + 2\beta + 2\gamma = 180°$ (1) / $\Delta ABP$

$2\alpha + \delta = 180°$ / $\Delta ABM$

$\Rightarrow 2\alpha = 180° - \delta$ (2)

Einsetzen von (2) in (1) liefert:

$180° - \delta + 2\beta + 2\gamma = 180°$

$\Rightarrow 2\beta + 2\gamma = \delta$ / $-180° + \delta$

$\Rightarrow 2(\beta + \gamma) = \delta$ / DG·,+ in $\mathbb{R}$

Der Mittelpunktswinkel ist also doppelt so groß wie der Umfangswinkel.

3. Fall: M liegt außerhalb von $\Delta ABP$.

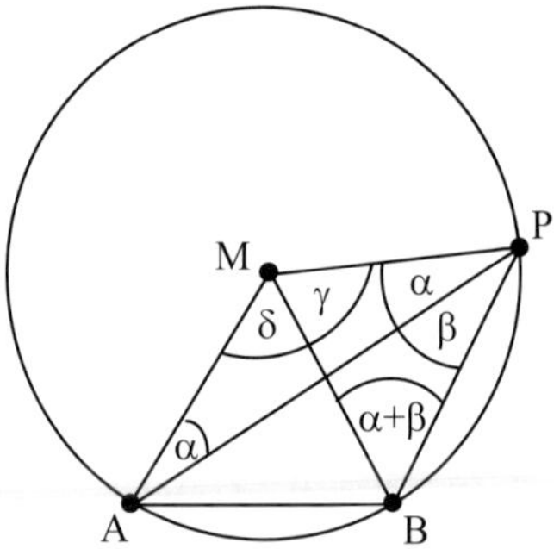


Dann sind die Dreiecke $\Delta APM$ und $\Delta BPM$ gleichschenklig und wir können die Winkelgrößen wie in der Abbildung dargestellt angeben.

Dann gilt für die Winkelsumme in $\Delta BMP$:

$(\alpha + \beta) + (\beta + \alpha) + \gamma = 180°$

$\Rightarrow 2\alpha + 2\beta + \gamma = 180°$ / KG+, AG+ in $\mathbb{R}$

$\Rightarrow \gamma = 180° - 2\alpha - 2\beta$ (1) / $-(2\alpha + 2\beta)$

In $\Delta APM$ gilt:

$2\alpha + \delta + \gamma = 180°$ / Winkelsumme in $\Delta APM$

$\Rightarrow 2\alpha + \delta + 180° - 2\alpha - 2\beta = 180°$ / wegen (1)

$\Rightarrow \delta + 180° - 2\beta = 180°$ / zusammengefasst

$\Rightarrow \delta = 2\beta$ / $-180° + 2\beta$

Auch hier ist der Umfangswinkel halb so groß wie der Mittelpunktswinkel.

Einen 4. und 5. Fall, dass nämlich der Mittelpunkt M auf einer der Dreiecksseiten $\overline{AP}$ oder $\overline{BP}$ liegt, brauchen wir nicht zu untersuchen, da dieser durch den 2. Fall mit abgedeckt ist ($\gamma = 0$ bzw. $\beta = 0$). Wir empfehlen die Betrachtung dieses Sonderfalls dennoch als Übung.

Unabhängig von der Lage des Umkreismittelpunktes M ist der Umfangswinkel also stets halb so groß wie der Mittelpunktswinkel, was wir beweisen wollten.

Kommen wir auf unser Ausgangsproblem der Standortbestimmung zurück.

---

Wie konstruiert man zu zwei vorgegebenen Punkten A und B und bekanntem Umfangswinkel den Mittelpunkt M des Kreisbogens (*Fasskreisbogen)*, auf dem der Standort P liegen kann?

---

Da M zu A und B denselben Abstand hat, schließlich ist M Mittelpunkt eines Kreises durch A und B, liegt M auf der Mittelsenkrechten von $\overline{AB}$. Aus der Kenntnis des Umfangswinkels können wir den Mittelpunktswinkel errechnen und damit die Größe der Basiswinkel des gleichschenkligen Dreiecks $\Delta ABM$. Wir müssen dabei aufpassen, welchen der drei folgenden Fälle wir vorliegen haben:

- Ist der Umfangswinkel ein spitzer Winkel, dann liegen M und P auf derselben Seite von $\overline{AB}$.
- Ist der Umfangswinkel ein rechter Winkel, dann ist M der Mittelpunkt von $\overline{AB}$.
- Im Fall eines stumpfen Umfangswinkels liegen M und P auf verschiedenen Seiten von $\overline{AB}$.

Außerdem ist zu beachten, dass man ohne Zusatzinformationen zwei Mittelpunkte M und M' konstruieren kann.

---

Wie konstruiert man nun zu drei vorgegebenen Punkten A, B und C und zwei bekannten Umfangswinkeln den Standort P?

---

In Abbildung 184 ist die Konstruktion für das Beispiel zweier spitzer Umfangswinkel durchgeführt. Von unserem gesuchten Standort P sehen wir die Strecke $\overline{AB}$ unter einem Winkel von 39° und die Strecke $\overline{AC}$ unter einem Winkel von 48°. Wir konstruieren zunächst zu $\overline{AB}$ den Punkt M und den

Fasskreisbogen, auf dem P liegen könnte (durchgezogene Linie), sowie M' und den entsprechenden Fasskreisbogen (gestrichelt gezeichnet). Anschließend konstruieren wir zu $\overline{AC}$ die Mittelpunkte $M_1$ bzw. $M_1'$. Aus den Schnittpunkten der Fasskreise ergeben sich zwei mögliche Standorte P und P', die beide die Bedingungen erfüllen. Erst durch eine Zusatzinformation, wie man sie in der Praxis immer hat, lässt sich entscheiden, wo wir uns tatsächlich befinden. Sehen wir z.B. B links von A, dann befinden wir uns bei P.

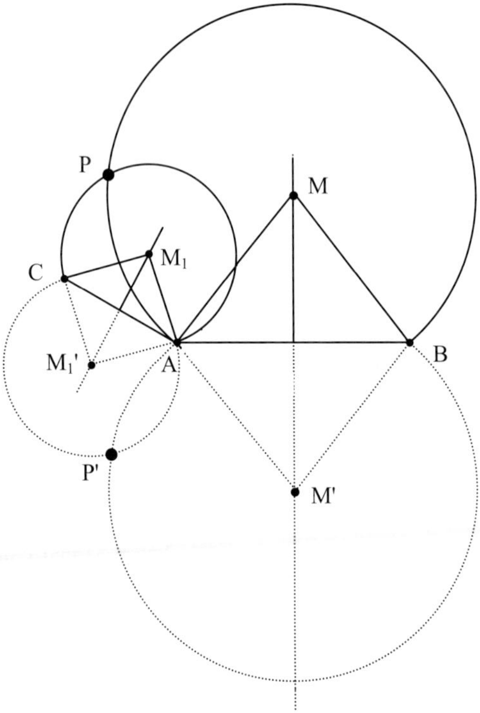


Abb. 184

Sie haben vermutlich schon gemerkt, dass der Umfangswinkelsatz einen Spezialfall enthält, der Ihnen aus der Schulgeometrie bekannt ist. Na klar, wir meinen den Fall, bei dem aus einem Mittelpunktswinkel der Umfangswinkel von 90° resultiert. Er soll hier wegen seiner Bedeutung trotzdem als eigenständiger Satz aufgeführt und eigenständig bewiesen werden: Wir tun also so, als hätten wir noch nie etwas vom Umfangswinkelsatz gehört.

**Satz 15:** Satz des Thales[9]

Durch A, B, C sei ein Dreieck gegeben. M sei der Mittelpunkt von $\overline{AB}$.

Der Winkel $\gamma$ (bei C) ist genau dann ein Rechter, wenn C auf dem Kreis um M mit Radius $l(\overline{AM})$ liegt.

**Beweis:**

Zu zeigen sind zwei Richtungen.

„$\Leftarrow$"

Zu zeigen ist: Wenn C auf dem Kreis um M mit dem Radius $l(\overline{AM})$ liegt, dann ist $\gamma$ ein rechter Winkel.

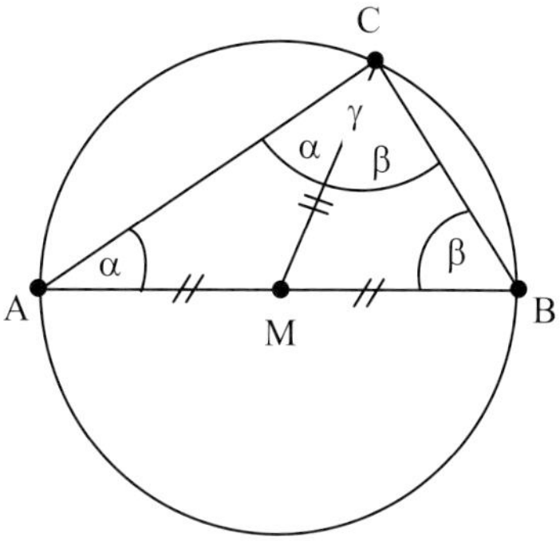


Nach Voraussetzung sind $\Delta$AMC und $\Delta$BCM gleichschenklig.

Wir können die Winkelgrößen daher wie in der Abbildung dargestellt angeben.

Dann gilt:

$\alpha + \beta + (\alpha + \beta) = 180°$ / Winkelsumme in $\Delta$ABC

$\Rightarrow$ $2\alpha + 2\beta = 180°$ / AG+, KG+ in $\mathbb{R}$

$\Rightarrow$ $2(\alpha + \beta) = 180°$ / DG·,+ in $\mathbb{R}$

Da weiterhin $\gamma = \alpha + \beta$ gilt, folgt:

$\Rightarrow$ $2\gamma = 180°$

$\Rightarrow$ $\gamma = 90°$ / : 2

(Dies war der erste Fall im Beweis des Umfangswinkelsatzes: Wenn M auf $\overline{AB}$ liegt, ist der Umfangswinkel halb so groß wie der gestreckte Mittelpunktswinkel.)

„$\Rightarrow$"

Zu zeigen ist:

Wenn $\gamma = 90°$, dann liegt C auf dem Kreis um M mit dem Radius $l(\overline{AM})$.

Wir gehen indirekt vor.

---

[9] Thales von Milet, um 650 – 560 v.Chr., griechischer Naturphilosoph

Annahme: $w(\gamma) = 90°$ und C liegt nicht auf dem Kreis um M mit dem Radius $l(\overline{AM})$.

Dann sind zwei Fälle möglich: C liegt außerhalb des Kreises oder C liegt innerhalb. Wir betrachten zunächst den ersten Fall.

- Wir verbinden C und A. $\overline{AC}$ schneidet den Kreis um M mit dem Radius $l(\overline{AM})$ in C'.[10]
- Nach Teil „⇐" dieses Beweises ist ∢AC'B ein rechter Winkel. Dann muss auch ∢BC'C ein rechter Winkel sein, denn C' liegt auf $\overline{AC}$ (und ∢AC'C ist gestreckt).
- Wenn ∢BC'C ein rechter Winkel ist und die Winkelsumme in ΔBC'C 180° beträgt, dann muss jeder der Winkel bei B und bei C (γ) kleiner als 90° sein.

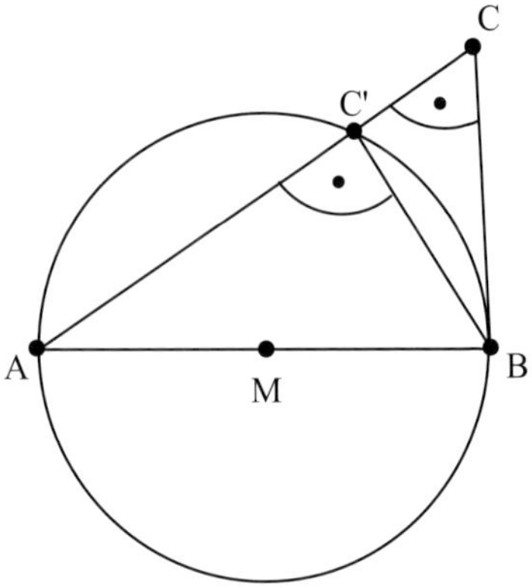


Das ist ein Widerspruch zur Annahme, dass γ eine Größe von 90° hat. Es folgt die Behauptung.

Den zweiten Fall (C innerhalb des Kreises) führt man analog zum Widerspruch. Dabei ist die Strecke $\overline{AC}$ über C hinaus zu verlängern, bis sie den Kreis in C' schneidet. Führen Sie diesen Beweisteil zur Übung selbst durch. Vielleicht sollten Sie an dieser Stelle zu den Bemerkungen nach dem Beweis von Satz 6 dieses Kapitels zurückblättern.

Eine weitere Folgerung aus dem Umfangswinkelsatz ist der folgende Satz über ein besonderes Viereck:

---

[10] Falls C so „unglücklich" liegt, dass die Strecke $\overline{AC}$ keinen Schnittpunkt mit dem Kreis zustande bringt, dann schafft es die Strecke $\overline{BC}$ allemal und die Argumentation verläuft analog.

**Satz 16:** Ein Viereck ABCD hat genau dann einen Umkreis, wenn sich die Größen der gegenüberliegenden Winkel zu 180° ergänzen. Ein solches Viereck nennt man *Sehnenviereck.*

**Beweis:**

„⇒"

Voraussetzung: Das Viereck ABCD hat einen Umkreis.

z.z.: Die Größen der gegenüberliegenden Winkel ergänzen sich zu 180°.

- Nach Voraussetzung liegen die Eckpunkte des Vierecks auf einem Kreis um M mit dem Radius $l(\overline{AM})$.
- Die Diagonale $\overline{AC}$ zerlegt das Viereck in zwei Dreiecke, die denselben Umkreis haben, nämlich den Kreis um M mit dem Radius $l(\overline{AM})$ (Abbildung 185).

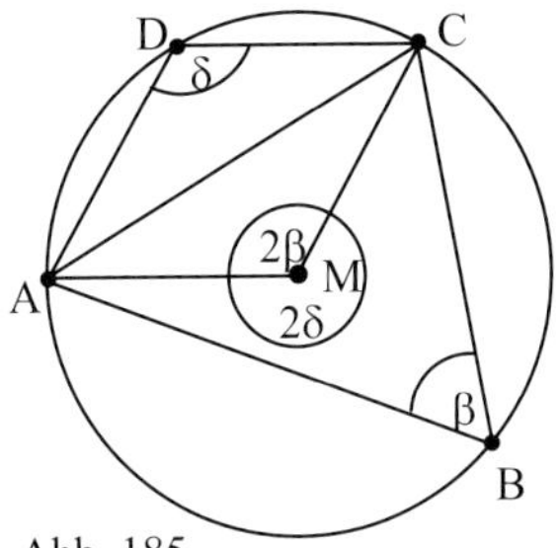

Abb. 185

- In $\Delta ABC$ ist β Umfangswinkel zur Sehne $\overline{AC}$, der entsprechende Mittelpunktswinkel hat nach dem Umfangswinkelsatz die Größe 2β.
- In $\Delta ACD$ ist δ Umfangswinkel zur Sehne $\overline{AC}$, der entsprechende Mittelpunktswinkel hat nach dem Umfangswinkelsatz die Größe 2δ.
- Da es sich um ein und denselben Umkreis handelt[11] gilt:

$$2\beta + 2\delta = 360^\circ$$

$$\Rightarrow \quad 2(\beta + \delta) = 360^\circ \qquad / \text{DG}\cdot,+ \text{ in } \mathbb{R}$$

$$\Rightarrow \quad \beta + \delta = 180^\circ \qquad / :2$$

Für die beiden anderen Winkel α und γ kann man analog verfahren, oder man nutzt aus, dass die Winkelsumme im Viereck 360° beträgt.

„⇐"

Voraussetzung: Die Größen der gegenüberliegenden Winkel ergänzen sich zu 180°.

z.z.: Das Viereck ABCD hat einen Umkreis.

- Nach Voraussetzung haben wir ein Viereck ABCD vorliegen, für das gilt: $\alpha + \gamma = 180^\circ \wedge \beta + \delta = 180^\circ$

---

[11] β und δ sind Umfangswinkel in zwei verschiedenen Halbebenen zu derselben Sehne.

- Wieder zerlegt die Diagonale $\overline{AC}$ das Viereck in zwei Dreiecke.
- Wir betrachten β und δ als Umfangswinkel über $\overline{AC}$.
- Da sie sich zu 180° ergänzen, haben beide eine Größe von 90° (Fall 1) oder einer dieser Winkel ist spitz und der andere stumpf (Fall 2).
- Also fallen die Mittelpunkte $M_1$ bzw. $M_2$ der beiden Umkreise von ΔABC bzw. ΔACD im Mittelpunkt von $\overline{AC}$ zusammen (Fall 1) oder sie liegen in derselben Halbebene von AC (Fall 2).

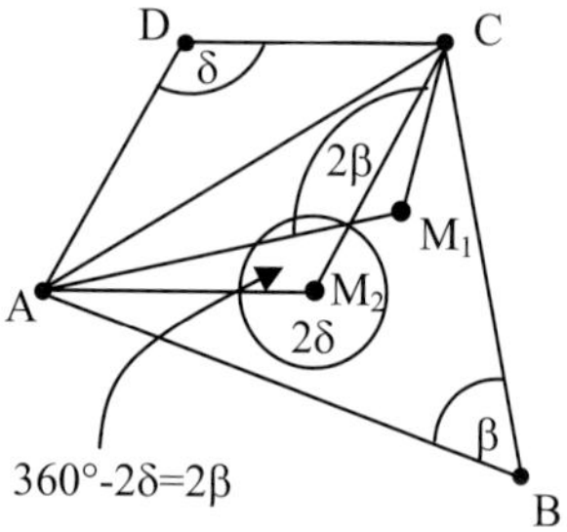


Abb. 186

- *Im ersten Fall* sind wir schon fertig, da die beiden Umkreise dann denselben Mittelpunkt M und denselben Radius l($\overline{AM}$) haben, also zusammenfallen.
- *Im zweiten Fall* gilt:

| | | |
|---|---|---|
| | $\beta + \delta = 180°$ | / nach Voraussetzung |
| ⇒ | $2(\beta + \delta) = 360°$ | / · 2 |
| ⇒ | $2\beta + 2\delta = 360°$ | / DG·,+ in ℝ |
| ⇒ | $2\beta = 360° - 2\delta$ | / – 2δ |

- Der zum Mittelpunktswinkel 2δ komplementäre Winkel bei $M_2$ hat also die Größe 2β, ist also genauso groß wie der Mittelpunktswinkel bei $M_1$.
- Also gilt: $w(\sphericalangle CM_1A) = w(\sphericalangle CM_2A)$, woraus folgt, dass auch die Basiswinkel im $\Delta AM_1C$ und $\Delta AM_2C$ gleich groß sind. Da diese Dreiecke die Seite $\overline{AC}$ gemeinsam haben, sind sie nach dem Kongruenzsatz WSW (Kap. 4, Satz 24) kongruent. Insbesondere gilt: $M_1 = M_2$.
- Damit sind die Umkreise zu ΔABC und ΔADC identisch, sie bilden also einen Umkreis des Vierecks ABCD.

Übung: 1) Gegeben sind drei Punkte A, B und C als Eckpunkte eines Dreiecks mit l(c) = 10 cm, l(a) = 8 cm und w(β) = 52°. Die Strecke $\overline{AB}$ sehen Sie unter einem Winkel von 134°, die Strecke $\overline{BC}$ unter einem Winkel von 64°. Konstruieren Sie alle möglichen Standorte. Beschreiben Sie Ihre Konstruktion.

2) Konstruieren Sie ein Dreieck aus

a) $l(c) = 6$ cm, $w(\gamma) = 50°$, $l(h_c) = 4$ cm
b) $l(c) = 6$ cm, $w(\gamma) = 60°$, $l(b) = 5$ cm
c) $l(c) = 6$ cm, $w(\gamma) = 50°$, $l(s_c) = 4$ cm
d) $l(c) = 6$ cm, $w(\gamma) = 120°$, $l(a) = 4$ cm

3) Konstruieren Sie ein Viereck ABCD mit: $l(\overline{AB}) = 6$ cm, $l(\overline{BC}) = 5$ cm, $w(\sphericalangle CBA) = 105°$, $w(\sphericalangle ADC) = 75°$. Außerdem soll es einen Punkt geben, von dem aus man alle Seiten des Vierecks unter demselben Winkel sieht.

4) Im Dreieck $\Delta ABC$ gilt $l(a) = 8$ cm, $l(b) = 9$ cm, $l(c) = 10$ cm. Konstruieren Sie denjenigen Punkt, von dem aus alle drei Seiten des Dreiecks unter demselben Winkel erscheinen.

5) Ein gleichseitiges Dreieck $\Delta ABC$ habe die Seitenlänge 5 cm. Verwandeln Sie dieses Dreieck unter Beibehaltung von $\overline{AB}$ in ein flächeninhaltsgleiches Dreieck mit $w(\gamma) = 40°$. (Hilfe: Scherung und Umfangswinkelsatz sind Mittel der Wahl.)

6) Zeigen Sie für die Situation rechts, dass der Umfangswinkel halb so groß ist wie der Mittelpunktswinkel. Besonders elegant gelingt der Beweis, wenn Sie Satz 2 dieses Kapitels verwenden.

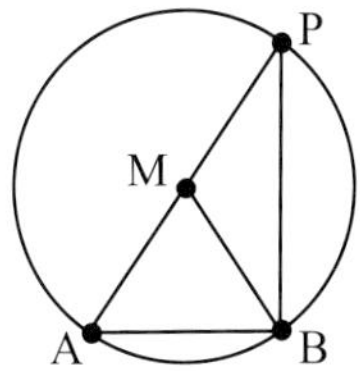


## 6.4 Die Satzgruppe des Pythagoras

In diesem Kapitel geht es um die Herleitung von drei Sätzen, die Sie aus der Schulgeometrie kennen und die in der Literatur oft als Satzgruppe des Pythagoras zusammengefasst werden. Außer dem Satz des Pythagoras gehören Höhen- und Kathetensatz in diesen Zusammenhang. In den Beweisen, in denen es wesentlich um Längenbeziehungen und Winkelgrößen geht, werden wir die Eigenschaftsnotationen $l(a)$ und $w(\alpha)$ durchgängig zugunsten einer kompakteren Darstellung a bzw. $\alpha$ aufgeben. Die durch diesen Tribut an eine bessere Lesbarkeit möglichen Verwechslungen zwischen Objekt und Objekteigenschaft werden wir durch die Argumentationstexte versuchen auszuschließen.

Die folgenden Aktivitäten sind auch mit Kindern der Sekundarstufe I möglich und werden durch die Arbeit mit konkretem Plättchenmaterial in der Grundschule gut vorbereitet (s. Wittmann 1997). Wir wollen hier einige der Aktivitäten nachvollziehen.

Ausgangspunkt für unsere erste Aktivität sind zwei Papierquadrate, die jeweils entlang einer Diagonalen gefaltet sind. Wir zerschneiden sie entlang der Faltlinien. Auf diese Weise erhalten wir vier kongruente, gleichschenklig-rechtwinklige Dreiecke. Aus diesen Dreiecken lässt sich Verschiedenes legen, u.a. ein großes Quadrat. Unsere kleinen Quadrate kann man zu einem Rechteck zusammenschieben.

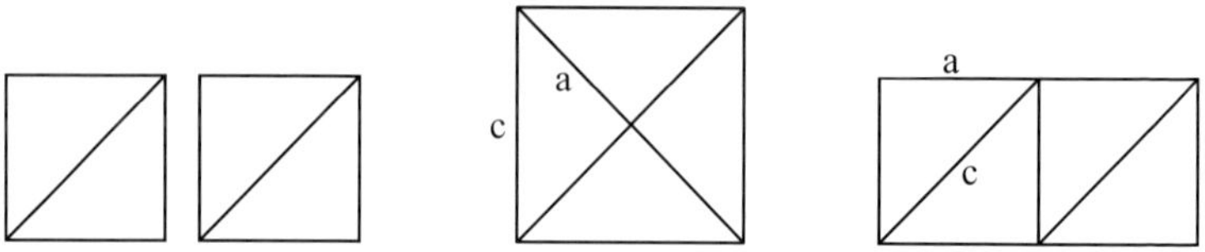


Abb. 187

Natürlich sind die Flächeninhalte des großen Quadrates und des Rechtecks in Abbildung 187 gleich, schließlich bestehen sie aus den gleichen dreieckigen Teilflächen. Bezeichnen wir die Seitenlänge des großen Quadrates mit c und die der kleinen Quadrate mit a, so gilt also die Beziehung:
$c^2 = 2 \cdot a^2$.

Damit haben wir einen Spezialfall des Satzes von Pythagoras hergeleitet. Wir wissen auch etwas über die Diagonalenlänge im Quadrat. Es gilt:
$c = \sqrt{2} \cdot a$.

Wir versuchen mit derselben Idee jetzt die Diagonalenlänge in einem beliebigen Rechteck zu bestimmen. Wir zerschneiden also zwei kongruente Rechtecke entlang einer Diagonalen (s. Abbildung 188) und versuchen, aus den vier kongruenten Dreiecken, die sich ergeben, ein Quadrat zusammenzusetzen.

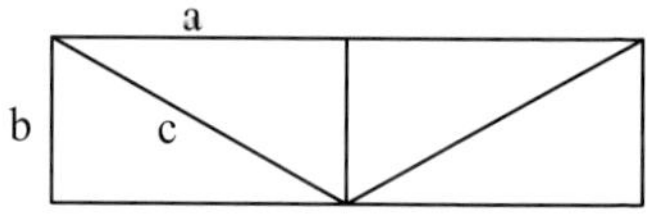


Abb. 188

Probieren Sie es jetzt selbst, und lesen sie erst dann weiter.

Nach vielen Versuchen gelangt man vielleicht zu der folgenden Figur, einem Quadrat mit Loch (Abbildung 189), oder einer Figur wie in Abbildung 190.

Bevor wir uns darüber Gedanken machen, wieso die Figur in Abbildung 189 wirklich ein Quadrat ist und auch das Loch quadratisch ist, überlegen wir, welche Erkenntnis wir gewonnen haben.

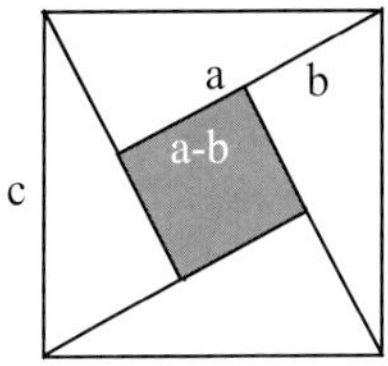

Abb. 189

Das große Quadrat hat den Flächeninhalt $c^2$. Das Loch hat den Flächeninhalt $(a - b)^2$. Das große Quadrat ohne das Loch hat denselben Flächeninhalt wie unsere beiden Rechtecke aus Abbildung 188, also 2ab. Es gilt also:

$$c^2 - (a - b)^2 = 2ab$$
$$\Leftrightarrow \quad c^2 - (a^2 - 2ab + b^2) = 2ab$$
$$\Leftrightarrow \quad c^2 - a^2 - b^2 = 0$$
$$\Leftrightarrow \quad c^2 = a^2 + b^2$$

Wenn wir jetzt noch nachweisen können, dass sowohl die große Figur als auch das Loch quadratisch sind, dann haben wir den Satz des Pythagoras bewiesen.

Zunächst überlegen wir, dass die vier Dreiecke, die durch das Zerschneiden der Rechtecke entstanden sind, zueinander kongruent sind. Das sind sie, da sie jeweils in den Seiten a und b und dem eingeschlossenen rechten Winkel übereinstimmen. Dies folgt daraus, dass beim Rechteck die gegenüberliegenden Seiten gleichlang und alle Innenwinkel Rechte sind.

Da die Dreiecke rechtwinklig sind, ergänzen sich die beiden der Seite c anliegenden Winkel zu 90°. In den Ecken der großen Figur stoßen jeweils zwei solche Winkel aufeinander, also entstehen hier rechte Winkel. Obendrein sind alle Seiten der Figur gleich lang. Es handelt sich also um ein Quadrat.

Für das Loch gilt ebenfalls, dass alle Seiten gleich lang sind, da sie jeweils die Differenz der beiden Katheten der Teildreiecke sind. Die Winkel im Loch sind die Nebenwinkel der rechten Winkel der Dreiecke, also ebenfalls rechte Winkel.

Damit haben wir einen Beweis des Satzes von Pythagoras geführt, und zwar den, der dem indischen Mathematiker Bhaskara zugeschrieben wird. Wir nennen diesen Beweis den *indischen Beweis*. Wir werden noch weitere Beweise dieses Satzes kennen lernen, allerdings nicht alle der über 200 bekannten Beweise! Doch zuvor formulieren wir den Satz.

**Satz 17:** Satz des Pythagoras

Im rechtwinkligen Dreieck ist die Summe der Flächeninhalte der Quadrate über den Katheten gleich dem Flächeninhalt des Quadrates über der Hypotenuse.

**Beweis 2:**

- Ausgangspunkt für diesen Beweis ist ein Quadrat mit der Seitenlänge a + b.
- Wie in Abbildung 190 verbinden wir die Punkte, die die Seiten in Strecken der Länge a und b unterteilen. Es entstehen vier Dreiecke und ein innen liegendes Viereck.
- Die vier Dreiecke sind kongruent, da sie in zwei Seiten und dem eingeschlossenen Winkel übereinstimmen.
  Also sind die vier Seiten des innen liegenden Vierecks gleich lang.

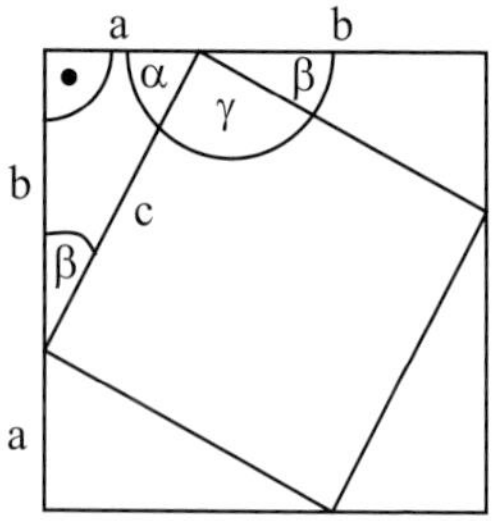


Abb. 190

- Da die Dreiecke rechtwinklig sind, folgt wegen der Winkelsumme im Dreieck für die beiden anderen Winkel $\alpha + \beta = 90°$.
- Weiter gilt $\alpha + \beta + \gamma = 180°$, da sich diese Winkel zu einem gestreckten Winkel ergänzen. (Scheitelpunkt von $\gamma$ liegt auf einer Quadratseite.)
- Also gilt $\gamma = 90°$, das innen liegende Viereck ist also ein Quadrat.
- Das große Quadrat hat den Flächeninhalt $(a + b)^2$, die Dreiecke haben jeweils den Flächeninhalt $\frac{a \cdot b}{2}$ und das kleine Quadrat hat den Flächeninhalt $c^2$. Also gilt:

$$(a + b)^2 = 4 \cdot \frac{a \cdot b}{2} + c^2$$

$$\Leftrightarrow \quad a^2 + 2ab + b^2 = 2ab + c^2$$

$$\Leftrightarrow \quad a^2 + b^2 = c^2$$

Diesen Beweis nennt man den *arithmetischen Beweis*.

**Beweis 3:**

Wir zeichnen auf dem sogenannten *Stuhl der Braut* (zwei Quadrate mit den Seitenlängen a und b, s. Abbildung 191) zwei kongruente rechtwinklige Dreiecke $\Delta SM_1L$ und $\Delta SRM_2$ aus.

Diese beiden Dreiecke sind zueinander kongruent, weil sie in zwei Seiten und dem eingeschlossenen Winkel übereinstimmen.

Die Drehung $D_{M_1,90°}$ bildet $\Delta SM_1L$ auf $\Delta S'M_1L'$ ab.

Die Drehung $D_{M_2,270°}$ bildet $\Delta SRM_2$ auf $\Delta S^*R^*M_2$ ab.

Dadurch entsteht das große Quadrat $M_1SM_2S'$ mit der Seitenlänge c (Abbildung 191), das denselben Flächeninhalt hat wie die beiden kleinen Quadrate zusammen:
$a^2 + b^2 = c^2$.

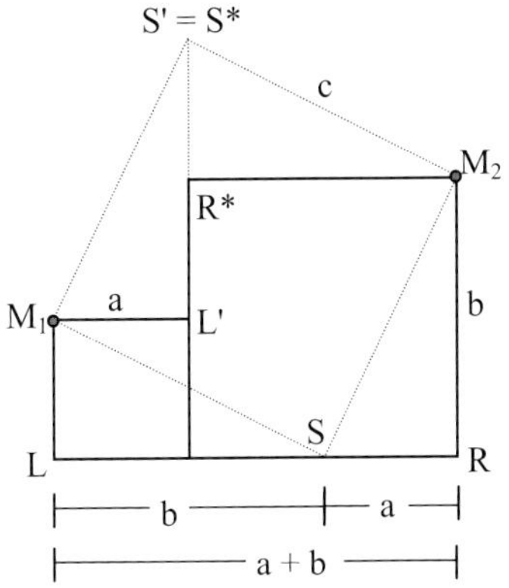


Abb. 191

**Beweisidee 4:**

Durch den Mittelpunkt des größeren Kathetenquadrates werden Schnitte senkrecht bzw. parallel zur Hypotenuse gelegt (Abbildung 192). Mit den entstehenden vier kongruenten Vierecken und dem kleineren Kathetenquadrat lässt sich das Hypotenusenquadrat auslegen. Natürlich müsste man noch den Nachweis der Kongruenz der entsprechenden Teilstücke führen, worauf wir hier verzichten. Dieser Beweis heißt *Schaufelradbeweis*.

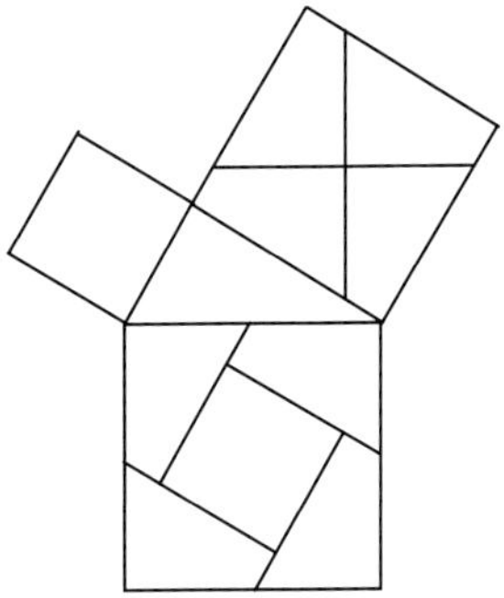

Abb. 192

Alle bisherigen Beweise basierten auf der *Zerlegungsgleichheit*: Zwei Figuren haben denselben Flächeninhalt, wenn sie sich in paarweise kongruente Teilfiguren zerlegen lassen. Wir möchten Ihnen jetzt eine Beweisidee des Satzes von Pythagoras vorstellen, der auf der *Ergänzungsgleichheit* basiert, bei dem also die Gleichheit der Flächeninhalte gezeigt wird, indem beide Flächen durch Hinzufügen kongruenter Flächen zu zwei kongruenten größeren Figuren ergänzt werden.

**Beweisidee 5:**

In Abbildung 193 wird das Hypotenusenquadrat durch vier kongruente Dreiecke zu einem großen Quadrat mit der Kantenlänge a + b ergänzt. Durch dieselben Dreiecke lassen sich auch die beiden Kathetenquadrate zu einem großen Quadrat der Seitenlänge a + b ergänzen.

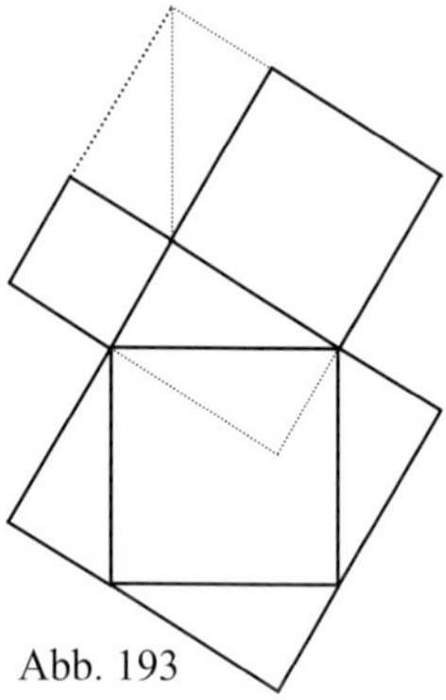

Abb. 193

Sie sind immer noch nicht von der Gültigkeit des Satzes von Pythagoras überzeugt? Nun gut – versuchen wir's mal rein abbildungsgeometrisch und mit den Mitteln des „Films".

**Beweis 6:**

Wir wissen: Die Scherung ist zwar keine Kongruenzabbildung, aber sie ist flächeninhaltstreu. Von dieser Eigenschaft machen wir in Beweis 6 wiederholt Gebrauch. In der ersten Einstellung stellen wir Ihnen die Hauptdarsteller, die beiden Kathetenquadrate vor.

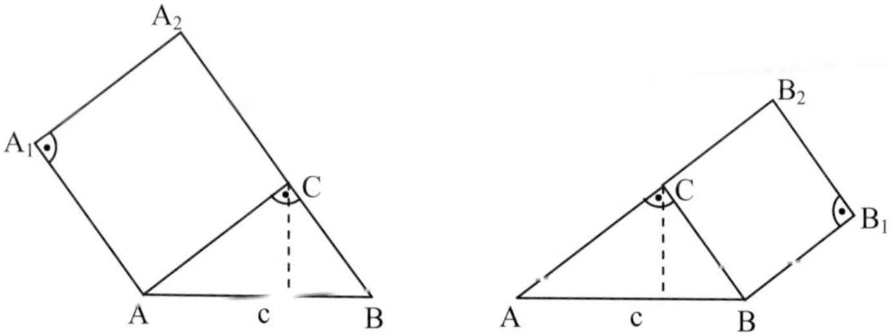


In der folgenden Szene scheren wir diese Quadrate zu Parallelogrammen. Die Scherung an $\overline{AC}$ mit Scherungswinkel $\sphericalangle A_1AA_1'$ bildet das Quadrat $A_1ACA_2$ auf das Parallelogramm $A_1'ACA_2'$ ab. Dabei ist $\sphericalangle\ A_1AA_1' = 360° - \alpha$, denn der komplementäre Winkel zu diesem ergibt zusammen mit $\delta$ einen rechten Winkel, ebenso wie $\alpha$. Analog scheren wir das Quadrat $BB_1B_2C$ an $\overline{BC}$ mit Winkel $\beta$ zum Parallelogramm $BB_1'B_2'C$.

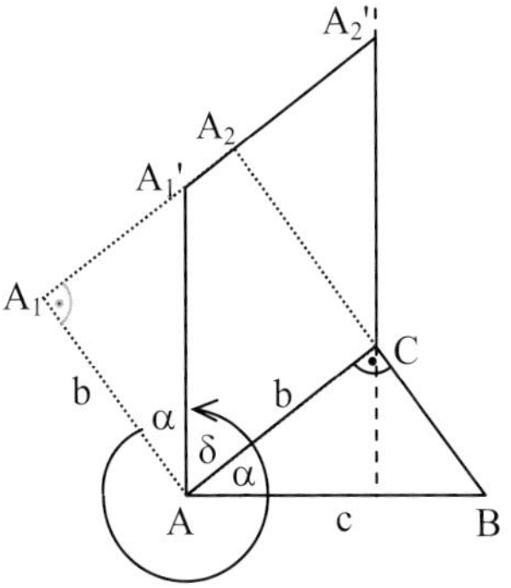


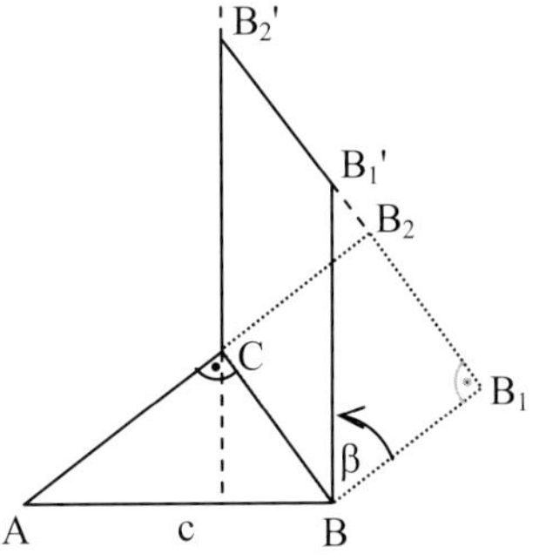


Das Parallelogramm $A_1'ACA_2'$ geht durch Scherung an $AA_1'$ mit dem Winkel $360° - \alpha$ in das Rechteck $A_1'AC'A_2''$ über. Das Parallelogramm $BB_1'B_2'C$ scheren wir an $BB_1'$ mit dem Winkel $\beta$ zum Rechteck $BB_1'B_2''C'$.

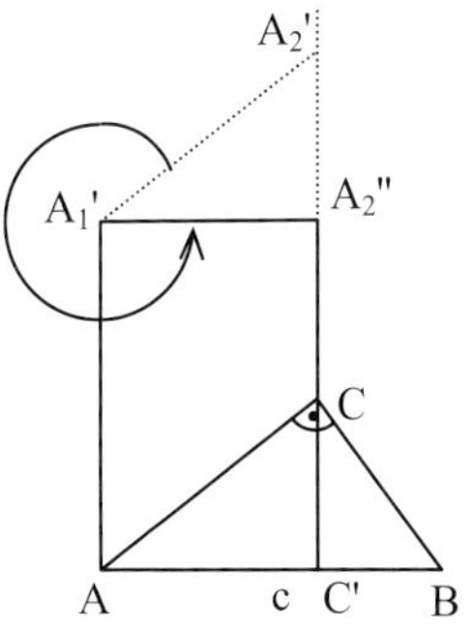


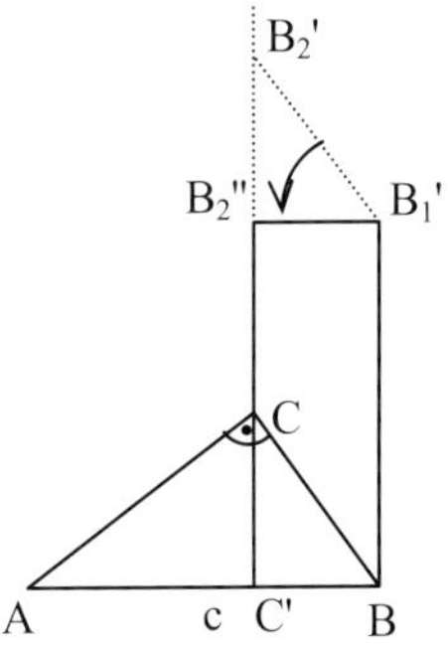


Letzte Einstellung: Die Dreiecke $A_1AA_1'$ und $ABC$ sind kongruent, denn sie stimmen in der Seite b und den beiden anliegenden Winkeln überein. Also gilt: $l(\overline{AA_1'}) = c$.

Analog folgert man $l(\overline{BB_1'}) = c$.

Insgesamt gilt also:
$a^2 + b^2 = c^2$.

*The End*

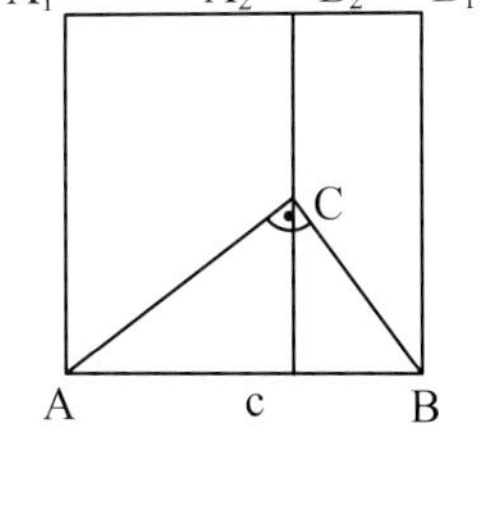

Mit dem Satz des Pythagoras eng verwandt sind die beiden folgenden Sätze.

**Satz 18:** Höhensatz

Im rechtwinkligen Dreieck ist der Flächeninhalt des Quadrates über der Höhe gleich dem Flächeninhalt des Rechtecks aus den beiden Hypotenusenabschnitten.
Mit den Bezeichnungen aus Abbildung 194 gilt: $h^2 = p \cdot q$ .

**Beweis:**
Da die Höhe senkrecht auf der Hypotenuse steht, unterteilt sie das große rechtwinklige Dreieck in zwei kleine rechtwinklige Dreiecke mit den Hypotenusen a bzw. b. Auf diese wenden wir den Satz des Pythagoras an.

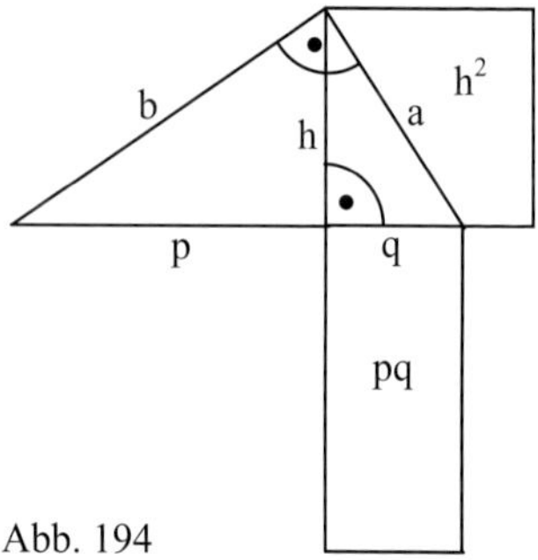

Abb. 194

Es gilt:

$h^2 + p^2 = b^2$

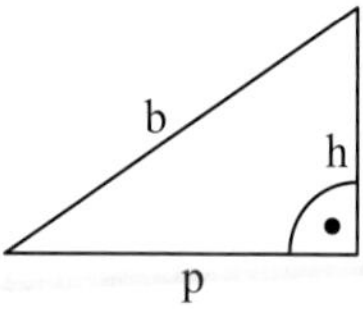


und

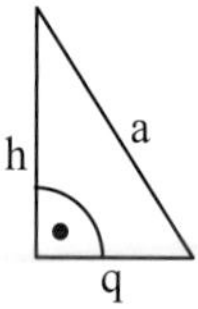


$h^2 + q^2 = a^2$

Wir addieren die Gleichungen und erhalten:

$$h^2 + q^2 + h^2 + p^2 = a^2 + b^2$$
$\Rightarrow h^2 + q^2 + h^2 + p^2 = c^2$ / Pythagoras für das große Dreieck
$\Rightarrow 2h^2 + q^2 + p^2 = (p + q)^2$ / $c = p + q$
$\Rightarrow 2h^2 + q^2 + p^2 = p^2 + 2pq + q^2$ / binomische Formel
$\Rightarrow 2h^2 = 2pq$ / $-p^2, \ -q^2$
$\Rightarrow h^2 = pq$ / :2

**Satz 19:** Kathetensatz

In einem rechtwinkligen Dreieck ist der Flächeninhalt des Quadrates über einer Kathete gleich dem Flächeninhalt des Rechtecks aus der Hypotenuse und dem der Kathete anliegenden Hypotenusenabschnitt.
Mit den Bezeichnungen aus Abbildung 195 gilt also:
$a^2 = c \cdot q$ und $b^2 = c \cdot p$

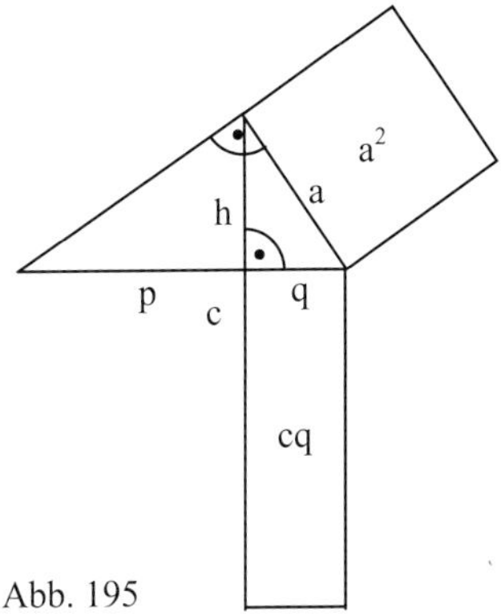


Abb. 195

**Beweis:**

$a^2 = h^2 + q^2$ / Satz des Pythagoras
$\Rightarrow a^2 = pq + q^2$ / Höhensatz
$\Rightarrow a^2 = q(p + q)$ / DG $\cdot$, + in $\mathbb{R}$
$\Rightarrow a^2 = qc$ / $c = p + q$

Die Beziehung $b^2 = cp$ zeigt man analog.

Die Sätze 17, 18 und 19 stehen in einem engen Zusammenhang. Jeder Satz kann aus jedem der anderen beiden hergeleitet werden (s. Übung 1). Man spricht deshalb bei diesen Sätzen auch von der *Satzgruppe des Pythagoras*.

Der Satz des Pythagoras wurde übrigens nicht von Pythagoras entdeckt. Bestenfalls hat er ihn zuerst bewiesen. Schon lange vorher war er den Ägyptern, Babyloniern, Indern und Chinesen bekannt:
In Ägypten wurden nach den regelmäßig auftretenden Nilüberschwemmungen die Felder mit Hilfe von Seilen, die in gleichen Abständen Knoten enthielten, neu vermessen. Ein Seil mit 13 Knoten erlaubt es, einen rechten Winkel herzustellen. Aus den 12 gleichlangen Seilabschnitten zwischen den Knoten wird ein Dreieck hergestellt, das Seitenlängen von 3, 4 und 5 Abschnitten hat. Der 13. Knoten fällt dabei auf den ersten. Das Dreieck ist rechtwinklig, denn es gilt $3^2 + 4^2 = 5^2$.

Dabei hat man allerdings nicht den Satz des Pythagoras verwendet, sondern seine ebenfalls geltende Umkehrung.

**Satz 20:** Umkehrung des Satzes von Pythagoras

Wenn für die Längen der Seiten a, b, c eines Dreiecks die Beziehung $a^2 + b^2 = c^2$ gilt, dann ist das Dreieck rechtwinklig.

**Beweis:** indirekt

Voraussetzung: Für die Längen der Seiten a, b, c eines Dreiecks gilt: $a^2 + b^2 = c^2$

Annahme: Das Dreieck ist nicht rechtwinklig.

- Dann sind zwei Fälle möglich: (1) $0° < \gamma < 90°$ und (2) $90° < \gamma < 180°$
- Für den Fall $\gamma = 90°$ wissen wir nach dem Satz von Pythagoras, dass die Beziehung $a^2 + b^2 = c_{90}^2$ gilt.
- Wir lassen die Seitenlängen von a und b konstant und beobachten das Verhalten der Länge von Seite c bei sich ändernden Winkelgrößen von $\gamma$.

1. Fall: $0° < \gamma < 90°$

$\Rightarrow c < c_{90}$

$\Rightarrow c^2 < c_{90}^2$

$\Rightarrow c^2 < a^2 + b^2$

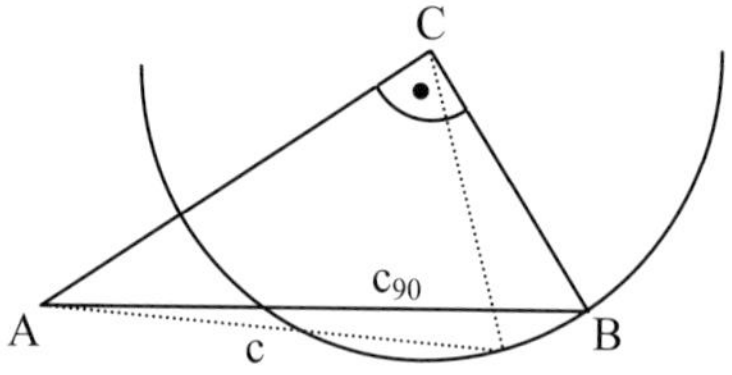


Das ist ein Widerspruch zur Voraussetzung, dass $a^2 + b^2 = c^2$ .

Die Annahme ist zu Verneinen: Das Dreieck ist rechtwinklig.

2. Fall: $90° < \gamma < 180°$

$\Rightarrow c > c_{90}$

$\Rightarrow c^2 > c_{90}^2$

$\Rightarrow c^2 > a^2 + b^2$

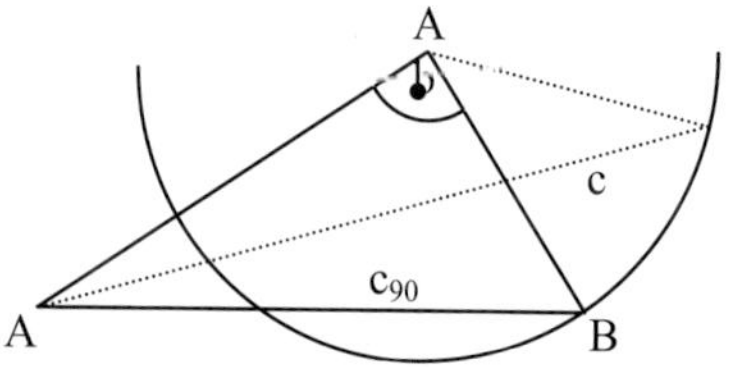


Das ist ein Widerspruch zur Voraussetzung, dass $a^2 + b^2 = c^2$ .

Die Annahme ist zu verneinen: Das Dreieck ist rechtwinklig.

Ähnlich wie wir uns beim Satz des Pythagoras unterschiedlicher Beweismethoden bedient haben, bemühen wir uns am Ende dieses Kapitels noch einmal um eine Vernetzung der Inhalte von Kapitel 4 und 6 und fragen:

---

Können wir die Aussagen der Satzgruppe des Pythagoras auch mit Hilfe der Ähnlichkeitsabbildungen beweisen?

---

Zeichnet man in ein rechtwinkliges Dreieck die Höhe auf die Hypotenuse ein, so wird das Dreieck in zwei Dreiecke zerlegt, die zueinander und zu dem Ausgangsdreieck ähnlich sind. Mit den Bezeichnungen aus Abbildung 196 gilt also:

$\Delta ABC \sim \Delta ADC \sim \Delta BCD$.

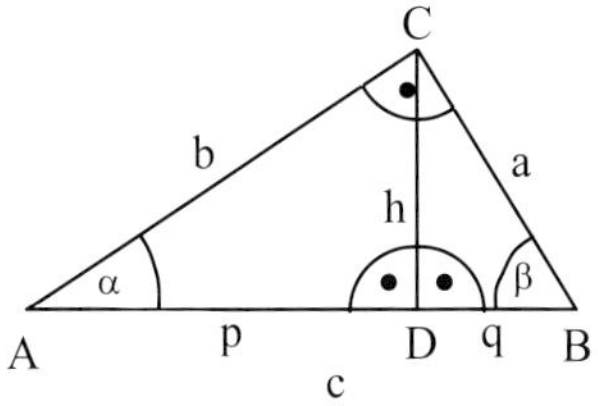


Abb. 196

Die Dreiecke $\Delta ABC$ und $\Delta ADC$ haben $\alpha$ als gemeinsamen Winkel und besitzen beide einen rechten Winkel, stimmen also in allen drei Innenwinkelmaßen überein. Sie sind folglich ähnlich zueinander.

$\Delta ABC$ und $\Delta BCD$ stimmen in $\beta$ überein und besitzen ebenfalls beide einen rechten Winkel, woraus die Ähnlichkeit von $\Delta ABC$ und $\Delta BCD$ folgt.

Damit sind auch $\Delta ADC$ und $\Delta BCD$ zueinander ähnlich.

Wegen der Ähnlichkeit sind entsprechende Seitenlängenverhältnisse gleich:

(1) $\Delta ABC \sim \Delta ADC: \quad \frac{c}{b} = \frac{b}{p} \quad \Leftrightarrow \quad b^2 = cp$ (Das ist der Kathetensatz.)

(2) $\Delta ABC \sim \Delta BCD: \quad \frac{c}{a} = \frac{a}{q} \quad \Leftrightarrow \quad a^2 = cq$ (Das ist der Kathetensatz.)

(3) $\Delta ADC \sim \Delta BCD: \quad \frac{p}{h} = \frac{h}{q} \quad \Leftrightarrow \quad h^2 = pq$ (Das ist der Höhensatz.)

Aus (1) und (2) können wir bekanntlich leicht den Satz des Pythagoras herleiten. Damit haben Sie eine erste Variante für die Satzgruppe des Pythagoras und eine weitere Beweisart für den Satz des Pythagoras kennen gelernt.

Übung:

1) Beweisen Sie den Satz von Pythagoras mit dem Kathetensatz.

2) In einem Quader sind die Längen der Kanten a, b und c gegeben. Berechnen Sie die Länge der Raumdiagonalen.

3) Berechnen Sie für ein gleichseitiges Dreieck die Länge der Höhe, den Radius des Umkreises und den Radius des Inkreises bei gegebener Kantenlänge.

4) Wie hoch ist ein Tetraeder bei bekannter Kantenlänge?

5) A-Stadt liegt genau südlich von B-Stadt. Zwischen A-Stadt und B-Stadt verläuft die 50 km lange ICE-Strecke genau geradlinig. Auf dieser Strecke verunglückt der ICE auf seinem Weg nach B-Stadt nahe C-Dorf. Glücklicherweise befinden sich 40 km westlich von A-Stadt und 30 km westlich von B-Stadt medizinische Rettungszentren. Unmittelbar nach Eingang des Notrufs starten in beiden Zentren Hubschrauber[12] in Richtung der Unfallstelle und treffe n dort gleichzeitig ein. Wie weit ist der Unfallort von A-Stadt entfernt.

6) Wie lässt sich Aufgabe 5 zeichnerisch lösen?

7) Entnehmen Sie der folgenden Figur einen Beweis des Höhensatzes (Ergänzungsgleichheit).

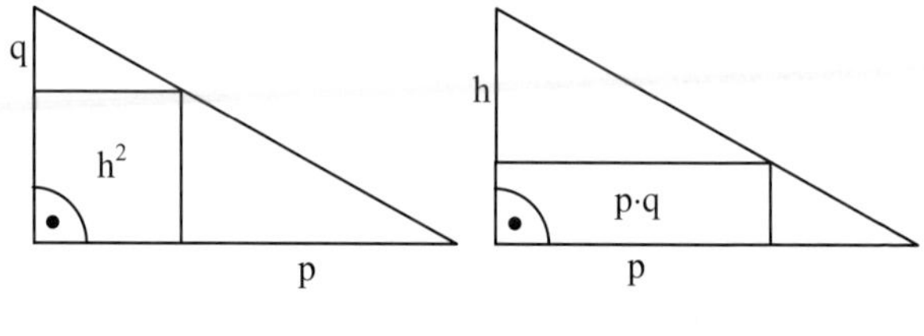


8) Beweisen Sie den Höhensatz abbildungsgeometrisch.

[12] Gehen Sie davon aus, dass sich die Hubschrauber geradlinig und mit gleicher (Durchschnitts-) Geschwindigkeit auf den Unfallort zubewegen.

## 6.5 Der goldene Schnitt

Betrachten Sie zum Einstieg in dieses Kapitel die Rechtecke in Abbildung 197 und entscheiden Sie spontan, welches Ihnen am besten gefällt.

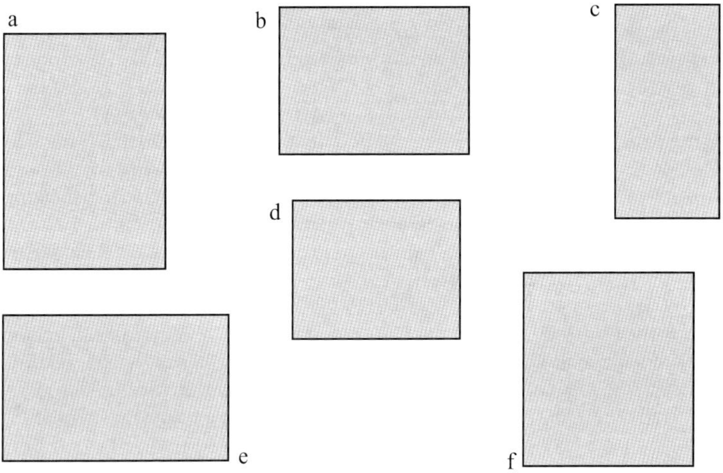


Abb. 197: Goldsuche

Wir haben diese Schönheitskonkurrenz der Rechtecke regelmäßig in unseren Vorlesungen durchgeführt, wobei wir nach Art der früheren Saalwetten in der Fernsehsendung „Wetten dass ...?" die Studierenden für ihr Lieblingsrechteck applaudieren ließen. Regelmäßig zeichneten sich im ersten Durchgang zwei klare Favoriten ab, nämlich die Rechtecke a und e. Bei der anschließenden Stichwahl setzte sich bisher immer Rechteck e als Sieger durch.

Während Rechteck f (Seitenlängenverhältnis 9:10) vielleicht keine Chance hat, da es aussieht wie ein missglücktes Quadrat, und das doppelquadratische Rechteck c evtl. etwas magersüchtig wirkt, obwohl (oder gerade weil?) unsere Geldscheine annähernd dieses Format haben, erstaunt das schlechte Abschneiden von b (3:4) und d (4:5) doch auf den ersten Blick. Was macht uns die Rechtecke a und e so vertraut und gefällig?

Rechteck a hat unser Din-A-Format, seine Seitenlängen stehen im Verhältnis $1:\sqrt{2}$, das sich bei Halbierung erhält (vgl. Kapitel 4.3). Es entstehen durch die fortgesetzte Halbierung lauter ähnliche Rechtecke. Von daher ist es nicht verwunderlich, dass uns dieses Rechteck als alter Bekannter gut gefällt.

Das Rechteck e hat eine andere, aber nicht weniger bemerkenswerte Eigenschaft. Trennt man von ihm das größtmögliche Quadrat ab, so ergibt sich ein „Restrechteck“, bei dem die Seitenlängenverhältnisse identisch zu denen im Ausgangsrechteck sind. Auch diesen Prozess des Abtrennens größtmöglicher Quadrate kann man beliebig lange fortsetzen, es entstehen als Reste lauter zueinander ähnliche Rechtecke.

Bei einem Rechteck mit dieser Eigenschaft stehen die Seitenlängen im Verhältnis des *goldenen Schnitts* zueinander, ein Verhältnis, das uns offenbar als besonders ästhetisch erscheint. Wir finden es in der Kunst, in der Architektur, am menschlichen Körper, im Bauplan von Schneckengehäusen, der Anordnung von Blütenblättern, dem Samenstand von Tannenzapfen, in Galaxien, in der Musik, im Buchdruck usw.

Wir wollen uns hier nicht in die Diskussion begeben, ob der goldene Schnitt quasi ein Bauplan der Natur ist, den wir Menschen entdeckt haben, oder ob wir den goldenen Schnitt nachträglich in viele Phänomene hinein interpretieren, weil er uns so sinnträchtig erscheint. Gehen wir die Sache nüchtern an.

Als eine Anwendung des Satzes von Pythagoras, aber auch wegen der eigenständigen Bedeutung innerhalb der Mathematik betrachten wir am Ende des Kapitels zur euklidischen Geometrie den goldenen Schnitt. Schließlich runden wir auf diese Weise das Kapitel 5 zu den geometrischen Grundkonstruktionen ab, indem die Konstruierbarkeit von weiteren Figuren und Winkeln gezeigt wird.

**Definition 1:** Goldener Schnitt

Eine Strecke $\overline{AB}$ wird durch den Teilpunkt X genau dann im *goldenen Schnitt* geteilt, wenn gilt:

$$\frac{l(\overline{AB})}{l(\overline{AX})} = \frac{l(\overline{AX})}{l(\overline{XB})}.$$

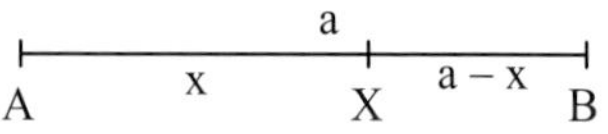


Bezeichnet man die Länge der Strecke $\overline{AB}$ mit a und die Länge der Strecke $\overline{AX}$ mit x, woraus sich dann für die Strecke $\overline{XB}$ die Länge a – x ergibt, so lässt sich die Beziehung aus Definition 1 auch so notieren: $\frac{a}{x} = \frac{x}{a-x}$ (1).

Wie aber kommt man nun an die Lage des Punktes X, der die Strecke $\overline{AB}$ im goldenen Schnitt teilt?

Wir beginnen mit Gleichung (1) und formen diese um:

$$\frac{a}{x} = \frac{x}{a-x}$$

$$\Rightarrow \quad a(a-x) = x^2$$

$$\Rightarrow \quad x^2 + ax - a^2 = 0$$

$$\Rightarrow \quad x_{1,2} = -\frac{a}{2} \pm \sqrt{\left(\frac{a}{2}\right)^2 + a^2} = -\frac{a}{2} \pm \sqrt{\frac{5a^2}{4}} = -\frac{a}{2} \pm \frac{a}{2}\sqrt{5}$$

$$\Rightarrow \quad x_1 = \left(\frac{\sqrt{5}-1}{2}\right)a \quad \text{und } x_2 = \left(\frac{-\sqrt{5}-1}{2}\right)a$$

$$\Rightarrow \quad x_1 \approx 0{,}618a \quad \text{und } x_2 \approx -1{,}618a$$

Der Wert für $x_1$ lässt sich leicht interpretieren. Er gibt uns zur vorgegebenen Streckenlänge a an, welche Länge x die Stecke haben muss, die wir von A abtragen, um zum Teilpunkt X zu gelangen. Beträgt a beispielsweise 6 cm, dann teilt X die Ausgangsstrecke in Stücke zu ca. 3,71 cm und 2,29 cm. Das längere Teilstück einer im goldenen Schnitt geteilten Strecke nennt man übrigens *major*, das kürzere Stück heißt *minor*.

Wie aber lässt sich die negative Lösung der obigen quadratischen Gleichung interpretieren? Wir ignorieren das Vorzeichen und tragen die Länge 1,681a von B aus nach links an und erhalten einen „äußeren“ Teilpunkt X', im Beispiel unserer Strecke von 6 cm liegt X' ca. 9,71 cm links von B. In diesem Fall teilt A die Strecke $\overline{X'B}$ im goldenen Schnitt, es gilt also

$$\frac{a}{x_1} = \frac{x_1}{(a-x_1)} = \frac{x_2}{a} \approx 1{,}618.$$

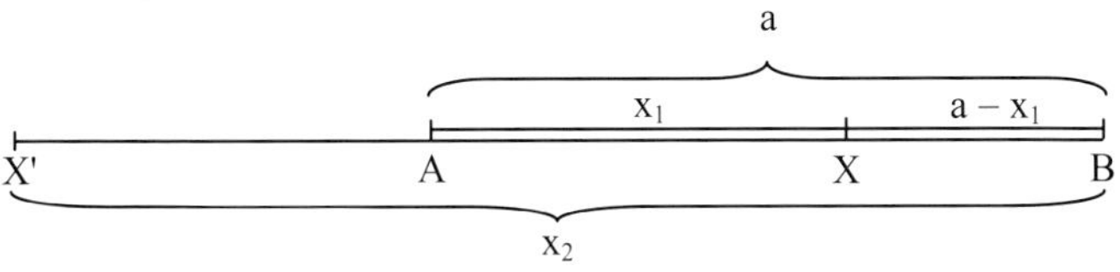


Abb. 198

Mit dem Ausdruck *goldener Schnitt* bezeichnet man den Vorgang der Teilung, den Teilpunkt X und auch das Verhältnis a:x. Um keine babylonische Sprachverwirrung zu stiften, werden wir nur den Vorgang der Teilung als solchen als goldenen Schnitt bezeichnen. Für den Punkt X werden wir Formulierungen wie „der Punkt X teilt die Strecke im goldenen Schnitt" verwenden, und die Konstante a:x werden wir, wie die meisten unserer Kolleginnen und Kollegen, $\Phi$ nennen[13]. Für die ganz großen Zahlenliebhaber unter Ihnen sei die irrationale Zahl $\Phi$ mit so vielen Nachkommastellen angegeben, wie sie der Satzspiegel verträgt.

$$\Phi = 1{,}6180339887498948482045868343656381177203091798057628621 3$$

Wie oben versprochen werden wir nun eine weitere Anwendung des Satzes von Pythagoras vorstellen und Ihr Repertoire an geometrischen Grundkonstruktionen erweitern. Unser Ziel ist die Teilung einer Strecke im goldenen Schnitt unter ausschließlicher Verwendung der euklidischen Werkzeuge.

Dazu zeichnen wir zunächst die Strecke, die im goldenen Schnitt geteilt werden soll. Ihre Länge betrage a. Wir errichten in einem Endpunkt der Strecke das Lot und tragen auf dem Lot von B aus die Länge $\frac{a}{2}$ ab. Hier memorieren Sie die Grundkonstruktionen „Strecke halbieren" (vgl. Kapitel 5.4.2), „Lot errichten" (vgl. Kapitel 5.4.3) und „Abtragen von Strecken" (vgl. Kapitel 5.4.1).

Mit Hilfe des Satzes von Pythagoras sollte es Ihnen nun leicht gelingen, die Länge der Hypotenuse des resultierenden rechtwinkligen Dreiecks zu bestimmen. Sie beträgt $c = \frac{a}{2}\sqrt{5}$.

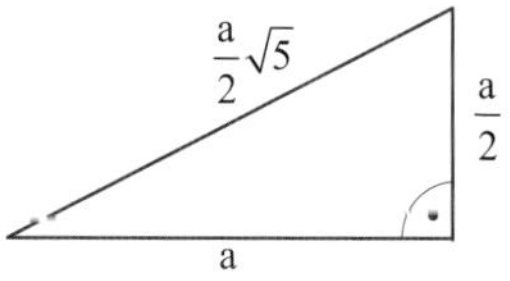


[13] Der Buchstabe $\Phi$ ehrt den griechischen Bildhauer Phidias (ca. 500 bis 432 v. Chr.), in dessen Arbeiten der goldene Schnitt häufig zu finden ist bzw. nachträglich hinein interpretiert wurde. Phidias ist der Schöpfer der Zeusstatue zu Olympia, die zu den 7 antiken Weltwundern gehört.

Tragen wir nun mit Hilfe eines Zirkels die Länge $\frac{a}{2}$ von dieser Hypotenuse ab, so ergibt sich als Länge des „Restes" der Hypotenuse die Länge $\frac{a}{2}\sqrt{5}-\frac{a}{2} = \left(\frac{\sqrt{5}-1}{2}\right)a$. Damit haben wir das längere Stück (major) der im goldenen Schnitt geteilten Ausgangsstrecke konstruiert. Tragen wir diese Länge auf die Ausgangsstrecke ab (erneuter Zirkeleinsatz!), so haben wir den Teilpunkt X erzeugt.

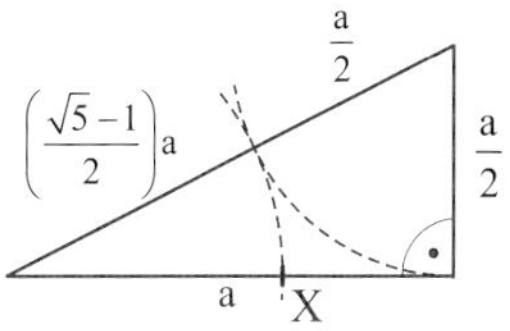


Sie sind jetzt in der Lage, eine gegebene Strecke im goldenen Schnitt zu teilen. Neben der hier vorgestellten, besonders populären Konstruktion gibt es eine Reihe anderer Konstruktionsmöglichkeiten, die Sie bei Interesse in einschlägigen Lehrwerken oder im Internet nachschlagen können. Eine weitere Grundkonstruktion wollen wir Ihnen nicht vorenthalten. Ihr Ziel ist die Verlängerung einer gegebenen Strecke, z. B. der Seite eines Quadrats, so dass bei Beibehaltung einer Quadratseite ein Rechteck entsteht, dessen Seiten im Verhältnis des goldenen Schnitts zueinander stehen.

Wir zeichnen ein Quadrat mit Seitenlänge x, dessen Eckpunkte wir nach einem berühmten Fußballer oder auch dem Onkel der Autorin GERD nennen. In einem ersten Schritt konstruieren wir den Mittelpunkt M der Quadratseite $\overline{DR}$. Es entsteht ein rechtwinkliges Dreieck REM[14] mit den Seitenlängen x und $\frac{x}{2}$ (s. Abbildung 166). Die Berechnung der Länge der Hypotenuse $\overline{EM}$ dieses Dreiecks haben Sie in der vorangegangenen Konstruktion schon geleistet. Sie beträgt $\frac{x}{2}\sqrt{5}$. Wenn wir nun die Quadratseite $\overline{DR}$ über R hinaus verlängern und von M ausgehend diese Hypotenusenlänge auf die Gerade DR übertragen, so erhalten wir einen Punkt L, der von D den Abstand $\frac{x}{2}+\frac{x}{2}\sqrt{5}$ hat, zu $\overline{DR}$ also in dem magischen Verhältnis des goldenen Schnitts steht. Errichten wir in L nun noch das Lot auf DR und verlängern die Quadratseite $\overline{GE}$ über E hinaus, so ergibt sich der Schnittpunkt O von Lot

[14] Beachten Sie auch hier die geschickte Wahl der Bezeichnungen.

und verlängerter Quadratseite. Das resultierende Rechteck GOLD[15] ist eines, in dem sich die Seitenlängen im goldenen Schnitt verhalten. Auch das Rechteck REOL ist ein Goldenes. Beweisen Sie das zur Übung.

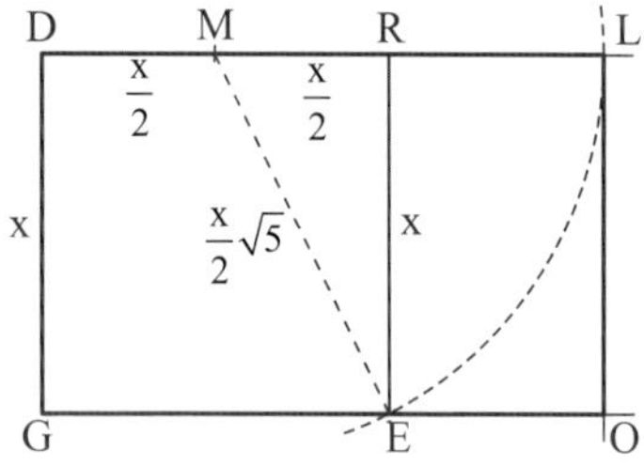


Abb. 199

**Definition 1:** Goldenes Rechteck, goldenes Dreieck

Ein Rechteck heißt *goldenes Rechteck*, wenn seine Seitenlängen zueinander im Verhältnis $\Phi$ stehen.

Ein gleichschenkliges Dreieck heißt *goldenes Dreieck*, wenn Basis und Schenkel zueinander im Verhältnis $\Phi$ stehen.

$\Phi$ ist eine irrationale Zahl. Sie alle wissen, dass sich $\sqrt{5}$ nicht als Bruch darstellen lässt, folglich kann auch $\Phi$ keine rationale Zahl sein. Diese Erkenntnis hatten die alten Griechen jedoch noch nicht. So waren die Pythagoreer überzeugt, dass sich die Welt vollständig durch ganze Zahlen beschreiben lässt. Diese Gewissheit widerlegte Hippasos von Metapont[16] ausgerechnet am Pentagramm, dem Symbol der Pythagoreer, indem er nachwies, dass sich das Verhältnis von Seite und Diagonale eines regelmäßigen Fünfecks nicht durch einen Bruch darstellen lässt, eine Erkenntnis, die er veröffentlichte. Der Legende nach soll Hippasos für diesen Frevel im Meer ertränkt worden sein[17].

Sehen wir uns das regelmäßige Fünfeck und die durch seine Diagonalen gegebenen fünfzackigen Stern näher an (Abbildung 200). Wir entdecken

[15] Beachten Sie wiederum die überaus einprägsame Bezeichnung der Punkte.

[16] Hippasos von Metapont lebte ca. 450 v. Chr. in Griechenland.

[17] Neueren historischen Untersuchungen nach spielten eher politische Querelen eine entscheidende Rolle, nicht die Existenz irrationaler Zahlen.

zunächst eine Fülle von zueinander kongruenten, gleichschenkligen Dreiecken. Kongruent zueinander sind:

$\triangle ABD$, $\triangle BCE$, $\triangle CDA$, $\triangle DEB$, $\triangle EAC$,

aber auch $\triangle ABC$, $\triangle BCD$, $\triangle CDE$, $\triangle DEA$, $\triangle EAB$,

sowie $\triangle HBC$, $\triangle ICD$, $\triangle JDE$, $\triangle FEA$, $\triangle GAB$

und $\triangle HGA$, $\triangle IHB$, $\triangle JIC$, $\triangle FJD$, $\triangle GFE$.

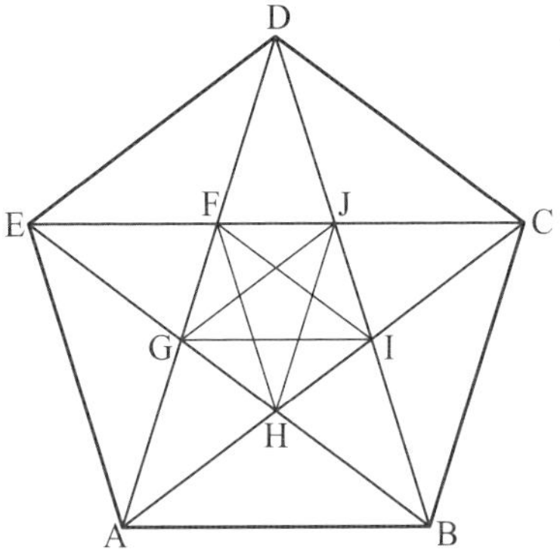


Abb. 200

Noch spannender ist aber die Ähnlichkeit der auftretenden Dreieckstypen. Zur Erinnerung: Zwei Dreiecke sind zueinander ähnlich, wenn sie in ihren Winkelmaßen übereinstimmen. Untersuchen wir also die Winkelmaße in der Figur aus Abbildung 201. Wir listen die Maße lediglich mit kurzer Begründung auf.

- $w(\sphericalangle CMD) = 72°$ (ein Fünftel von $360°$)
- $w(\sphericalangle DCM) = w(\sphericalangle MDC) = (180° - 72°):2 = 54°$ ($\triangle CDM$ gleichschenklig)
- $w(\sphericalangle EDC) = 2 \cdot 54° = 108°$
- $w(\sphericalangle CED) = w(\sphericalangle DCE) = (180° - 108°):2 = 36°$ ($\triangle ECD$ gleichschenklig)
- $w(\sphericalangle EDF) = w(\sphericalangle JDC) = 36°$ ($\triangle EFD$ und $\triangle JCD$ gleichschenklig)
- $w(\sphericalangle ADB) = 108° - 2 \cdot 36° = 36°$
- $w(\sphericalangle DBA) = w(\sphericalangle BAD) = (180° - 36°):2 = 72°$
- $w(\sphericalangle GBA) = 180° - 2 \cdot 72° = 36°$
- $w(\sphericalangle HAG) = 36°$
- $w(\sphericalangle GHA) = w(\sphericalangle AGH) = 72°$
- ...

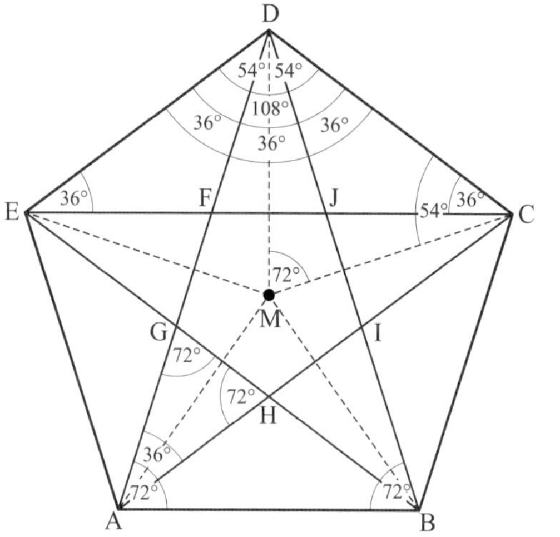


Abb. 201

Wegen derselben Winkelmaße (72°, 72°, 36°) sind die spitzwinkligen Dreiecke $\triangle ABD$, $\triangle AGB$ und $\triangle HGA$ zueinander ähnlich. Also gilt:

$$\frac{l(\overline{AB})}{l(\overline{AD})} = \frac{l(\overline{AG})}{l(\overline{GB})} = \frac{l(\overline{GH})}{l(\overline{HA})}$$

Damit teilt G die Strecke $\overline{AD}$ im goldenen Schnitt, H teilt $\overline{GB}$ golden.

Die Ähnlichkeit gilt auch für den anderen Typ auftretender Dreiecke, den stumpfwinkligen mit den Basiswinkeln von 36° und dem dritten Winkel von 108°. Ähnlich sind also $\triangle ECD$, $\triangle EFD$, $\triangle IJF$ usw. Auch hier teilen entsprechende Punkte Strecken im goldenen Schnitt, z. B. teilen E oder auch J die Strecke $\overline{EC}$ in diesem Verhältnis. Goldener Schnitt, wohin man blickt!

**Satz 21:** Die Basiswinkel eines spitzen goldenen Dreiecks betragen 72°, die eines stumpfen goldenen Dreiecks betragen 36°. Umgekehrt ist jedes gleichschenklige Dreieck mit diesen Winkelmaßen ein goldenes Dreieck.

Da wir gesehen haben, dass beim regulären Fünfeck Fünfecksseite und Diagonale zueinander im Verhältnis des goldenen Schnitts stehen, können wir das reguläre Fünfeck mit Zirkel und Lineal konstruieren. Wir führen die

Konstruktion für eine gegebene Seitenlänge x des Fünfecks. Zur Übung sollten Sie die Konstruktion zu einer gegebenen Diagonalenlänge durchführen.

Konstruktion:

1. Zeichne $\overline{AB}$ mit $l(\overline{AB}) = x$.
2. Konstruiere Mittelpunkt M von $\overline{AB}$.
3. Errichte Lot l zu $\overline{AB}$ in B.
4. $k_1(B, r_1 = x) \cap l = \{H_1\}$
5. $k_2(M, r_2 = l(\overline{MH_1})) \cap g_{AB} = \{H_2\}$ ($\overline{AH_2}$ ist die goldene Verlängerung von $\overline{AB}$.)
6. $k_3(A, r_3 = l(\overline{AH_2}))$
7. $k_4(B, r_4 = x)$
8. $k_3 \cap k_4 = \{C\}$
9. $k_5(C, r_5 = x)$[18]
10. $k_3 \cap k_5 = \{D\}$
11. $k_6(D, r_6 = x)$
12. $k_7(A, r_7 = x)$
13. $k_6 \cap k_7 = \{E\}$
14. B mit C, C mit D, D mit E und E mit A verbinden.

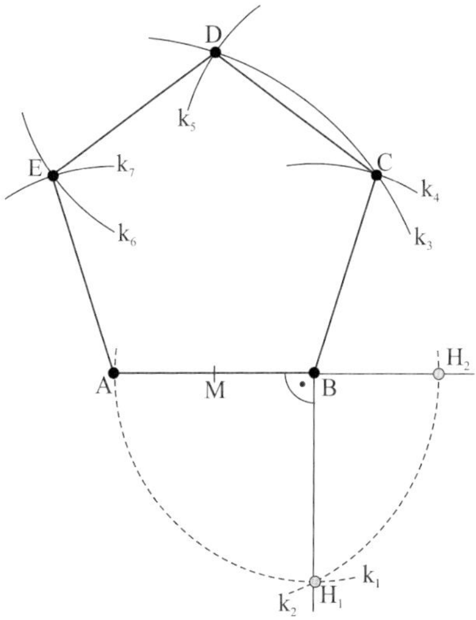


Außer der Konstruktion des regelmäßigen Fünfecks gelingt uns nun auch zum Beispiel die Konstruktion des regelmäßigen Zehnecks. Weiter sind alle in Abbildung 201 auftretenden Winkel mit den euklidischen Werkzeugen konstruierbar, damit auch ihre Hälften, Viertel usw.

[18] Hier sind Variationen möglich. Statt des Kreises um C mit dem Radius x würde auch ein Kreis um B mit Radius $l(\overline{AH_2})$ zur Ecke D führen.

Übung:

1) Konstruieren Sie ein reguläres Fünfeck, dessen Diagonalen die Länge 9 cm haben.

2) Konstruieren Sie ein reguläres Zehneck mit Seitenlänge 5 cm.

3) Vergrößern Sie ein Quadrat mit der Seitenlänge x = 6 cm zu einem goldenen Rechteck mit den Seitenlängen x und a (Konstruktionsbeschreibung). Beweisen Sie, dass das „angebaute" Rechteck ebenfalls ein goldenes Rechteck ist.

4) Die Westseite des Parthenon-Tempels (Akropolis) passt recht gut in ein goldenes Rechteck. Der Tempel ist 23,5 m breit. Wie hoch muss der Giebel (im Bild rekonstruiert) gewesen sein? Es sieht so aus, als habe die gepunktete waagerechte Linie von der Rechtecksseite und der gestrichelten waagerechten Linie denselben Abstand. Ist das bloß eine Täuschung?

# 7 Darstellende Geometrie

## 7.1 Einstiegsproblem

Mit dem Kantenmodell eines Quaders und unterschiedlichen Lichtquellen kann man Schattenbilder des Quaders erzeugen und auf Papier festhalten. Auf diese Weise erhält man ebene Darstellungen eines dreidimensionalen Objektes. Dabei fällt auf, dass das immer gleiche Kantenmodell ganz verschiedene Schattenbilder ergibt. Der Schatten ist zum einen davon abhängig, in welcher Lage wir das Kantenmodell halten und in welchem Abstand zur Wand es sich befindet. Zum anderen hängt das Schattenbild davon ab, welche Art von Lichtquelle den Schatten erzeugt. Die parallelen Lichtstrahlen des PKW-Abblendlichts erzeugen einen Schatten wie in Abbildung 203. Auch direkt einfallendes Sonnenlicht erzeugt einen derartigen Schatten. Zwar ist unsere Sonne ein „Punkt"strahler, aber durch ihre enorme Entfernung erreichen uns auf der Erde praktisch nur noch parallele Lichtstrahlen.

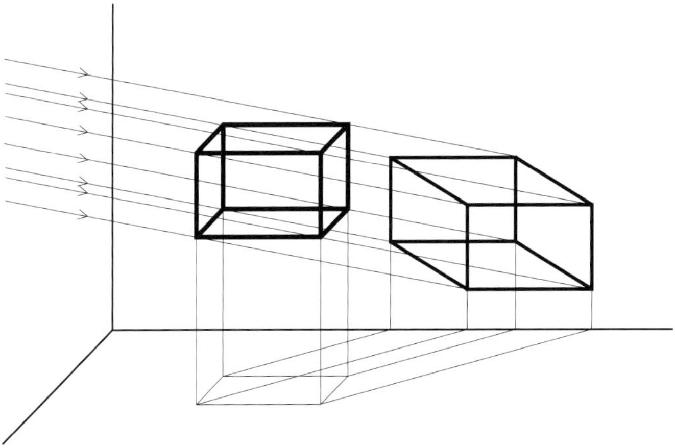

Abb. 203 (in Anlehnung an DIFF 1978, HE 4, S. 63)

Einen ganz anderen Schatten erhält man, wenn das Kantenmodell des Quaders von einer punktförmigen Lichtquelle beschienen wird (Abbildung 204). Wir vergleichen die Schattenbilder miteinander. Beim Versuch mit parallelen Lichtstrahlen sind alle am Quader parallel verlaufenden Kanten auch im Schattenbild parallel. Beim Versuch mit der punktförmigen Lichtquelle trifft dies nicht mehr für alle Quaderkanten zu, die in Wirklichkeit parallel sind. So verlaufen die nach hinten wegstrebenden Kanten im Schattenbild nicht mehr parallel. Verlängert man diese Kanten, so stellt man fest, dass sie sich in einem Punkt schneiden. Die übrigen Quaderkanten wurden allerdings auf parallele Kanten abgebildet.

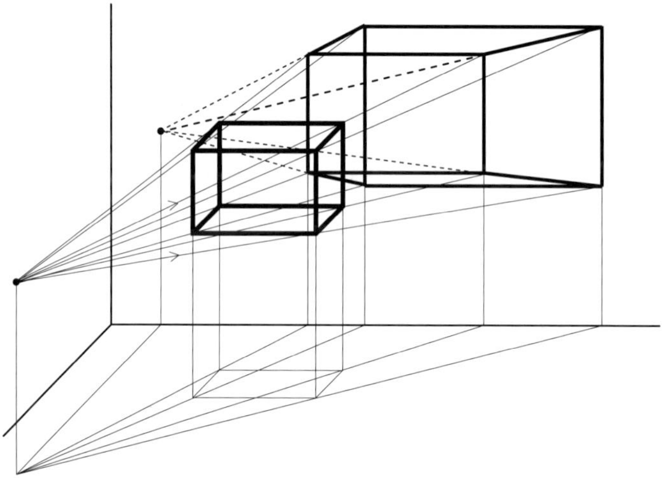

Abb. 204 (in Anlehnung an DIFF 1978, HE 4, S. 48)

Dreht man das Kantenmodell so, dass seine Vorderseite nicht mehr parallel zu der Wand liegt, auf der wir seinen Schatten untersuchen, dann verlieren weitere Kanten im Bild ihre Parallelität. Hält man das Kantenmodell so, dass keine Kante mehr senkrecht oder parallel zu der Wand verläuft, auf der wir das Schattenbild betrachten, so gibt es im Bild keinerlei Parallelität mehr.

Eine Abbildung eines Objektes in eine Ebene nennt man *Projektion*. Eine Projektion, die dem Schattenbild bei parallel einfallendem Licht entspricht, heißt *Parallelprojektion*. Eine Abbildung, bei der die Projektionsstrahlen aus einem Punkt kommen, wird als *Zentralprojektion* bezeichnet. Abbildungen, die durch Zentralprojektion entstehen, nennt man *Perspektive*. Perspektive Bilder erscheinen uns besonders anschaulich, weil auch unser Auge solche Bilder auf der Netzhaut produziert. Auch Fotografien sind perspektive Bilder (s. Abbildungen 205 und 206). Perspektive Bilder tragen auch dem Umstand Rechnung, dass uns Gegenstände umso kleiner erscheinen, je weiter sie von uns entfernt sind. Die hinten liegende Quaderkante erscheint unserem Auge z.B. kürzer als die vorne, obwohl sie in Wirklichkeit natürlich gleich lang sind. Denken Sie z.B. an Bahngleise, die sich in der Ferne zu treffen scheinen (Abbildung 205).

Abb. 205

Abb. 206

Die Anschaulichkeit perspektiver Bilder bringt aber auch Nachteile mit sich. Zum einen ist es eine recht anspruchsvolle Aufgabe, solche Bilder zu zeichnen. Zum anderen kann man einem perspektiven Bild nur schwer Längen- oder Winkelmaße entnehmen. Beides ist bei der Parallelprojektion schon leichter. Denken Sie aber auch an Architekten oder Werkzeugmacher. Die brauchen Abbildungen, aus denen jederzeit die Abmessungen des Originals leicht zu ermitteln sind. Ein Architekt bedient sich dabei Grundrisszeichnungen und Seitenansichten eines Hauses mit Angabe eines möglichst einfachen Maßstabs. Grundriss und Seitenansichten entstehen durch eine spezielle Parallelprojektion. Dabei verlaufen die Projektionsstrahlen senkrecht zur Bildebene (s. Abbildung 207). Man spricht hier von einer *orthogonalen Parallelprojektion.*

Bei dieser Projektion entstehen auf drei Bildebenen jeweils Ansichten des Objektes, bei denen alle zur Bildebene parallelen Strecken und Winkel in ihrer wahren Größe abgebildet werden. Der Nachteil dabei ist, dass man aus verschiedenen Ansichten, die alle für sich wenig anschaulich sind, sich im Kopf ein Gesamtbild des Objektes zusammensetzen muss.

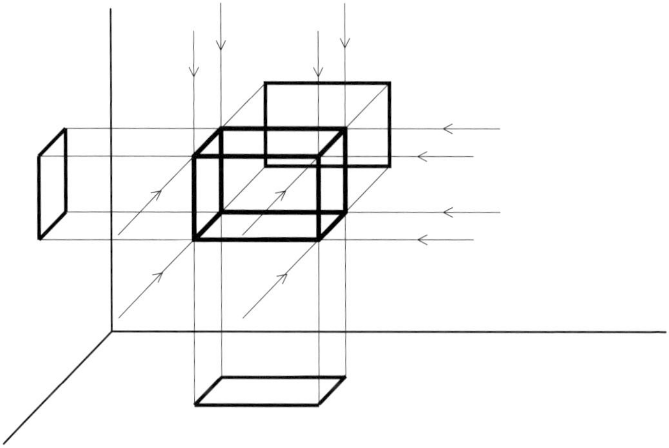

Abb. 207

In diesem Kapitel sollen Sie lernen, ebene Abbilder räumlicher Objekte nach verschiedenen Verfahren herzustellen. Durch das eigenständige Herstellen solcher Bilder werden Sie auch besser in der Lage sein, vorgegebene Darstellungen wie technische Zeichnungen, Karten oder Baupläne zu interpretieren. Damit einher geht eine Schulung des räumlichen Vorstellungsvermögens. Zudem müssen Sie als Lehrerin oder Lehrer jederzeit in der Lage sein, eine Skizze eines geometrischen Körpers an die Tafel zu bringen oder eine saubere Zeichnung für ein Arbeitsblatt zu produzieren. Die hierbei für Sie sicherlich wichtigste Darstellungsart ist die des *Schrägbildes* (Abbildung 203), mit der wir beginnen werden. In vielen Bereichen des Alltags sind Bilder, die durch die orthogonale Parallelprojektion entstehen, von großer Bedeutung (Abbildung 207). Diese sogenannte *Dreitafelprojektion* wird in Kapitel 7.3 behandelt. Zum Schluss gehen wir auf perspektive Bilder ein. Dabei sollen Sie auch den Zusammenhang zwischen den Darstellungsarten kennen lernen, also wie man z.B. aus einem Grundriss und einer Seitenansicht eines Objektes sein Schrägbild erzeugen kann.

Übung: 1) Vollziehen Sie das Experiment mit dem Kantenmodell des Quaders und unterschiedlichen Lichtquellen und Lagen mit anderen Körpern nach. Kantenmodelle können Sie leicht aus Knete und Schaschlikspießen herstellen.

2) Experimentieren Sie in dieser Weise auch mit einer kreisförmigen Pappscheibe. Welche Schatten können Sie erzeugen?

3) Unten sehen Sie drei Ansichten eines Körpers. Versuchen Sie sich vorzustellen, wie der Körper aussieht. Zeichnen Sie ein möglichst anschauliches Bild dieses Körpers.

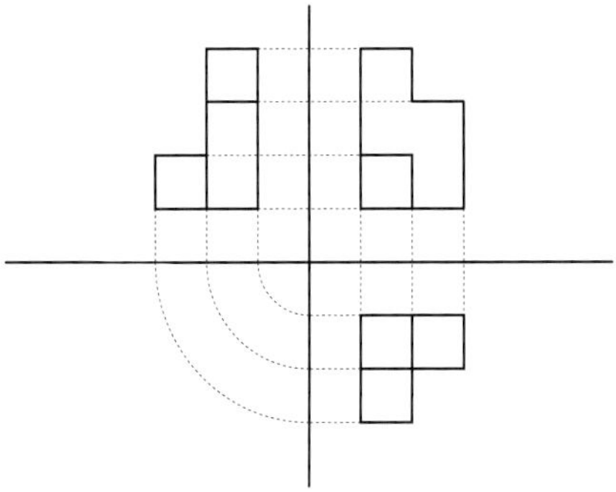

## 7.2 Axonometrie

Die *Axonometrie* ist eine *schräge Parallelprojektion*, d.h. die Projektionsstrahlen treffen nicht orthogonal, sondern schräg auf die Bildebene *B* auf. Die Schnittpunkte der Projektionsstrahlen durch P und Q erzeugen in der Bildebene die Bildpunkte P' und Q'.

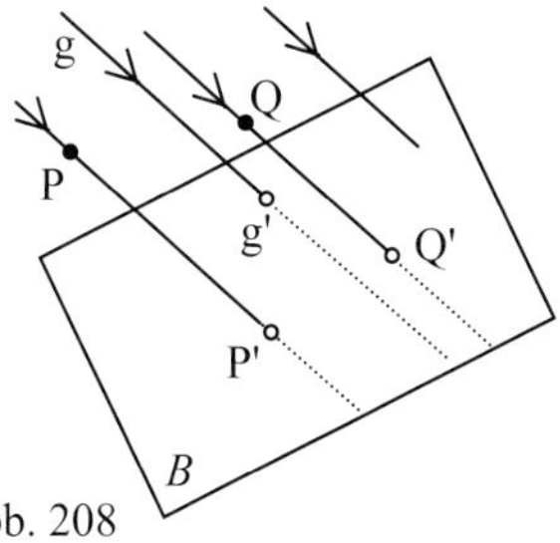

Abb. 208

Die wichtigsten Eigenschaften der Axonometrie sind:

- Geraden, die nicht parallel zur Projektionsrichtung verlaufen, werden auf Geraden abgebildet (*Geradentreue*), Parallelen zur Projektionsrichtung auf Punkte.

- Parallele Geraden werden auf parallele Geraden abgebildet (*Parallelentreue*), sofern sie nicht parallel zur Projektionsrichtung sind.
- Die Axonometrie ist *längenverhältnistreu*, insbesondere bleibt ein Mittelpunkt im Original auch Mittelpunkt im Bild.
- Jede Figur, die in einer zur Bildebene parallelen Ebene liegt, wird auf eine *kongruente* Figur abgebildet.

Zwei Sonderfälle der schrägen Parallelprojektion sind in der Darstellenden Geometrie von besonderer Bedeutung. Es handelt sich um die *Kavalierprojektion* und die *Militärprojektion*, die man oft (fälschlicherweise, da es sich nicht um perspektive Bilder handelt) als Kavalier- bzw. Militär- oder Vogelperspektive bezeichnet. Bei der Erstgenannten stellt man sich die Bildebene vertikal vor (wie die Zimmerwand in Abbildung 203), bei der Zweitgenannten projizieren wir auf eine horizontale Bildebene (Fußboden). Bei der Axonometrie wird zusammen mit dem Objekt meist ein räumliches Koordinatensystem („Koordinatendreibein", s. Abbildung 209) auf die Bildebene projiziert. Bei der Kavalierprojektion wird dabei also die yz-Ebene (Abbildung 210), bei der Militärprojektion die xy-Ebene (Abbildung 211) parallel zur Bildebene gelegt.

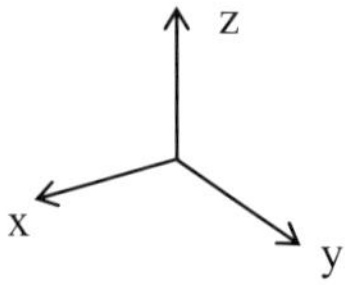


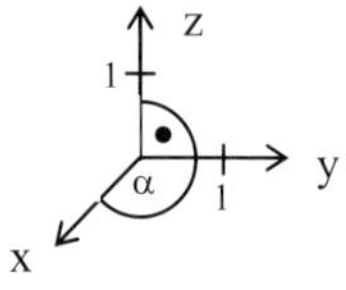


Kavalierprojektion

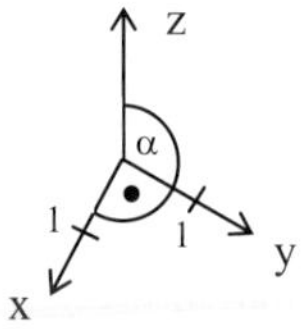


Militärprojektion

Abb. 209 Abb. 210 Abb. 211

Somit werden also einmal eine Seitenansicht des Objektes und einmal der Grundriss in wahrer Größe abgebildet. Die Maßstäbe auf und der Winkel zwischen der y- und der z-Achse (Kavalierprojektion) bzw. der x- und der y-Achse (Militärprojektion) liegen also fest (1:1, 90°). Das Maß des anderen Winkels $\alpha$ ist frei wählbar, ebenso der Maßstab auf der dritten Achse. Man wird allerdings nach Winkelmaßen für $\alpha$ und einem Verkürzungsfaktor $q$ für die dritte Seite suchen, die ein besonders anschauliches Bild liefern und die zeichentechnisch einfach zu handhaben sind. Sie sollten an dieser Stelle unbedingt mit verschiedenen Maßen für $\alpha$ und $q$ experimentieren.

Bei der Kavalierprojektion eignen sich als Winkelmaß w(α) besonders gut 135° und 45° (die Diagonalen bei kariertem Papier), die Parallelen zur x-Achse verkürzt man am besten mit einem Faktor von $q = 1:2$ oder $q = 1:\sqrt{2}$ (1 cm ≙ 1 Kästchendiagonale bei kariertem Papier). Für das abzubildende Objekt wählen wir eine besonders einfache Lage (Kanten parallel zu den Achsen). Wir betrachten einige Darstellungen eines Würfels:

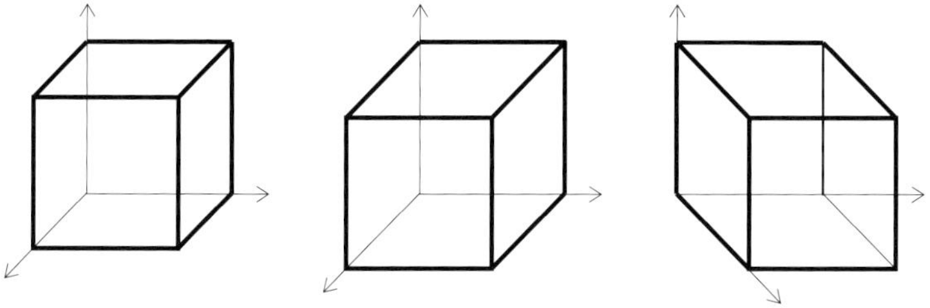

$w(\alpha) = 135°, q = \frac{1}{2}$ $w(\alpha) = 135°, q = \frac{1}{\sqrt{2}}$ $w(\alpha) = 45°, q = \frac{1}{\sqrt{2}}$

Abb. 212

Alle drei Würfeldarstellungen wirken recht anschaulich. In Abbildung 212 wurden die bei einem Massivkörper sichtbaren Kanten stärker ausgezeichnet als die nicht sichtbaren Kanten. Dabei gehen wir davon aus, dass wir in das Koordinatendreibein hineinsehen wie in eine Zimmerecke. Wir können uns jedoch auch vorstellen, dass alle Achsen von uns wegstreben. Wir sehen den Würfel dann von unten. Durch Betonung der dann sichtbaren Kanten kann dieser Eindruck verstärkt werden (Abbildung 213).

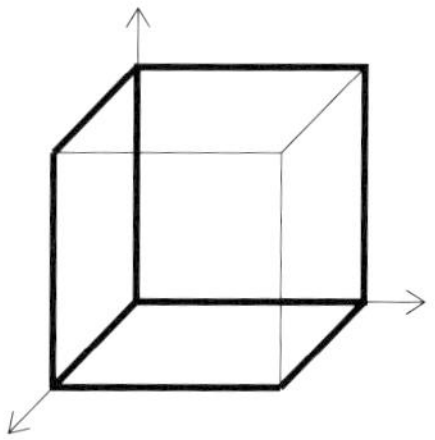

Abb. 213

Bei der Militärprojektion ist das Winkelmaß w(α) = 135° nicht besonders geeignet. In Abbildung 214 erkennt man, dass die vorne und die hinten liegende Würfelkante im Bild auf einer Linie liegen, was zu ungewünschten Überschneidungen führen kann. Besser wählt man ein Winkelmaß von 120° oder 60°. Die Maße auf der z-Achse werden oft ebenfalls in wahrer Größe gezeichnet oder im Maßstab 1:2 oder 2:3 verkürzt dargestellt.

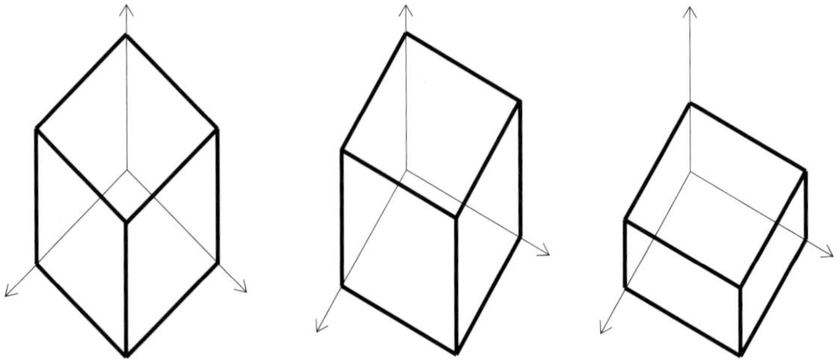

$w(\alpha) = 135°, q = 1$ $w(\alpha) = 120°, q = 1$ $w(\alpha) = 120°, q = \frac{1}{2}$

Abb. 214

Wir wollen nun ein Satteldachhaus in Kavalier- und in Militärprojektion zeichnen. Das Haus soll 6 Einheiten lang und 4 Einheiten breit sein. Das Erdgeschoss ist 2 Einheiten hoch, das Dach 3 Einheiten. Wir platzieren es so im Koordinatendreibein, dass eine Ecke im Ursprung liegt und drei Kanten auf den Achsen liegen. Die längere Hausseite soll auf der x-Achse liegen. Für die Kavalierprojektion legen wir $w(\alpha) = 135°$ und $q = 0{,}5$ fest, für die Militärprojektion wählen wir $w(\alpha) = 120°$ und $q = 1$ (Abbildung 215). Um die Unterschiede deutlich zu machen, zeichnen wir entsprechende Bilder nebeneinander.

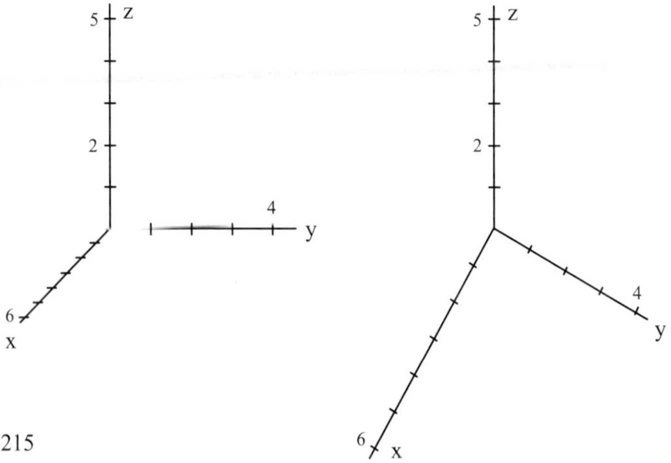


Abb. 215

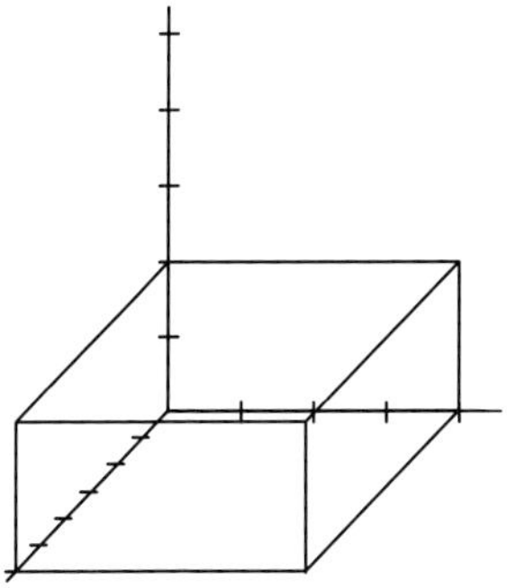

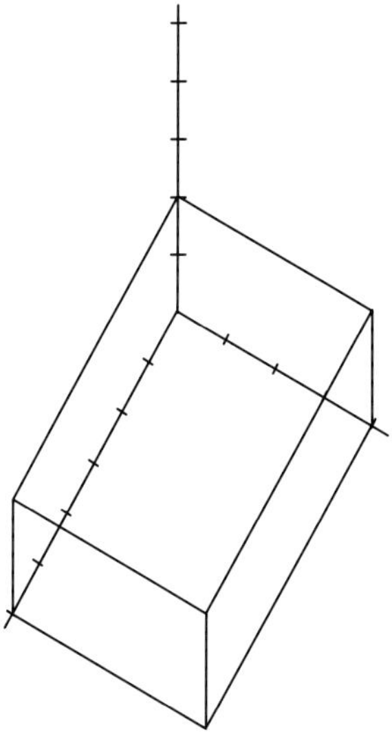

Abb. 216

Zunächst zeichnen wir das Erdgeschoss nach der Regel, dass Parallelen am Objekt auch im Bild parallel verlaufen (Abbildung 216).

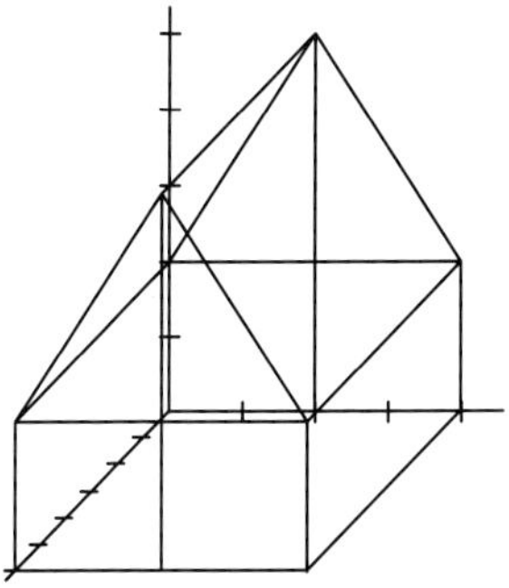

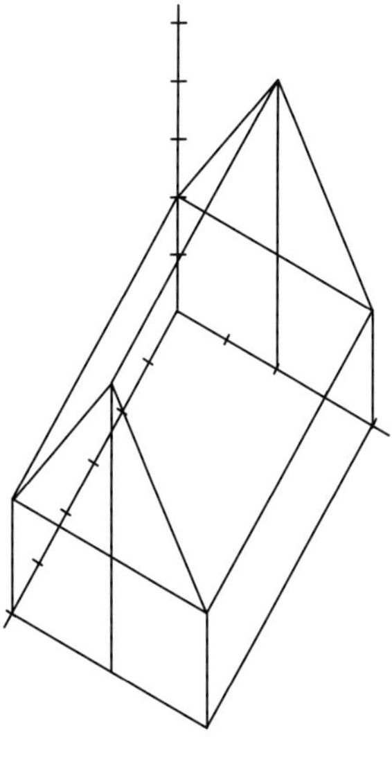

Abb. 217

Wir setzen das Dach auf, indem wir auf den Mittelpunkten der Giebelseiten die Höhe parallel zur z-Achse in wahrer Größe abtragen und die entsprechenden Punkte miteinander verbinden (Abbildung 217).

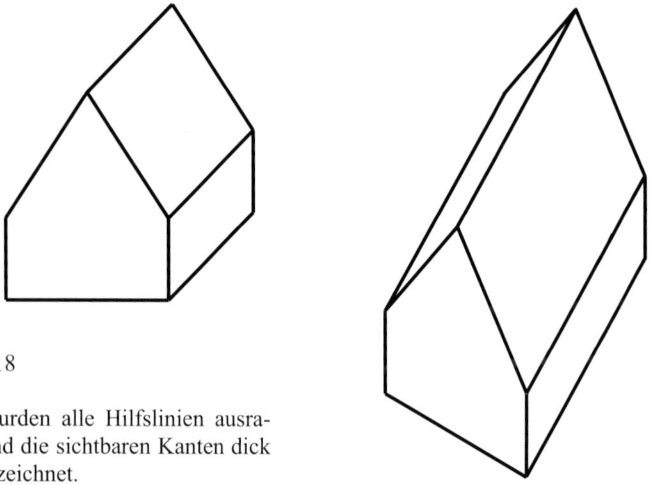

Abb. 218

Hier wurden alle Hilfslinien ausradiert und die sichtbaren Kanten dick nachgezeichnet.

Quader, aus Würfeln zusammengesetzte Körper, einfache Häuser, allgemein Körper, bei denen überwiegend rechte Winkel auftreten, lassen sich in der beschriebenen Weise recht leicht darstellen. Wie erhält man aber das axonometrische Bild eines Körpers, der keine rechten Winkel aufweist oder krummlinig berandete Flächen besitzt? Wir wollen dies am Beispiel des Tetraeders und des Zylinders untersuchen.

Wir platzieren das Tetraeder, welches die Kantenlänge 4 Einheiten haben soll, so in unser Koordinatendreibein, dass eine Kante auf der y-Achse liegt und eine Ecke im Ursprung. Die Seitenflächen sind gleichseitige Dreiecke. Eines haben wir in der yz-Ebene in wahrer Größe abgebildet (Abbildung 219). Die Höhe in diesem Dreieck, die im rechten Winkel zur Grundseite steht, wird parallel zur x-Achse und auf die Hälfte verkürzt abgebildet. Die wahre Höhe entnehmen wir der Zeichnung oder wir berechnen sie mit dem Satz des Pythagoras.

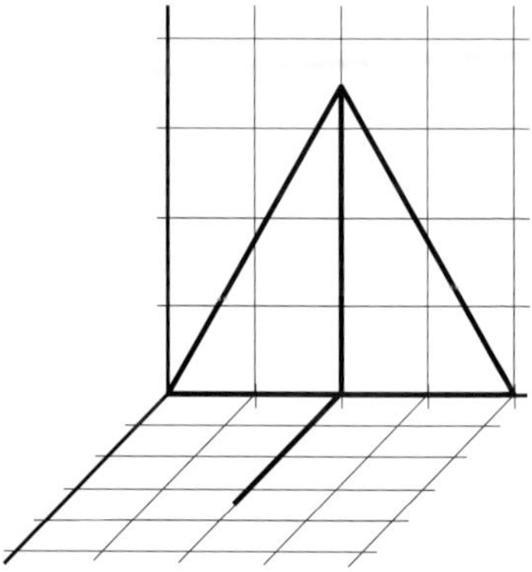

Abb. 219

Die Tetraederhöhe steht senkrecht auf der Grundfläche, sie wird also in wahrer Größe parallel zur z-Achse abgebildet. Ihr Fußpunkt ist der Schwerpunkt des Grundflächendreiecks, den wir als Schnittpunkt zweier Seitenhalbierender konstruieren können (Abbildung 220). Bedenken Sie, dass bei der Axonometrie Längenverhältnisse erhalten bleiben. Die Höhe eines Tetraeders mit der Kantenlänge a haben Sie früher schon berechnet (Übung (4), Kapitel 6.4). Sie beträgt $H = \sqrt{\frac{2}{3}}\,a$, also in unserem Fall gilt $H \approx 3{,}3$ Einheiten.

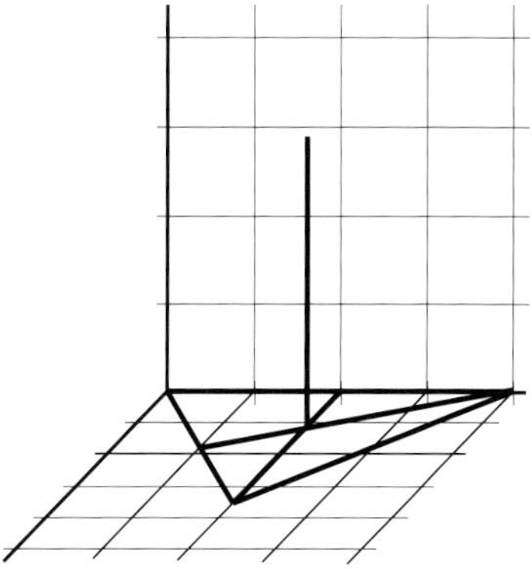

Abb. 220

Durch die Höhe haben wir die vierte Tetraederecke gefunden. Wir vervollständigen die Zeichnung, entfernen Hilfslinien und zeichnen die sichtbaren Kanten dick nach. Die nicht sichtbare Tetraederkante sollte man der besseren Anschaulichkeit wegen dünn oder gestrichelt mitzeichnen (Abbildung 221).

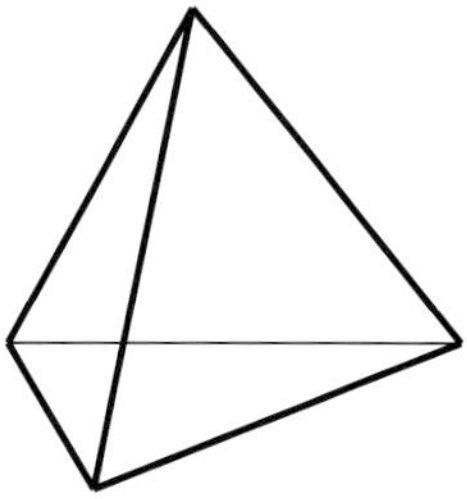

Abb. 221

Zum Schluss betrachten wir die axonometrische Darstellung eines Zylinders. Ein stehender Zylinder ist in der Militärprojektion einfach zu zeichnen, da seine kreisförmige Grundfläche in der xy-Ebene ebenfalls als Kreis dargestellt wird (Abbildung 222). Ebenso unproblematisch ist das Zeichnen eines liegenden Zylinders, dessen Achse parallel zur x-Achse verläuft, in der Kavalierprojektion (Abbildung 223).

Schwieriger ist die Darstellung eines stehenden Zylinders in der Kavalierprojektion. Die kreisförmige Grundfläche erscheint in der xy-Ebene verzerrt und in Richtung der x-Achse verkürzt (Abbildung 224). Die Grundfläche hat die Gestalt einer Ellipse. Wie aber konstruieren wir diese Ellipse?

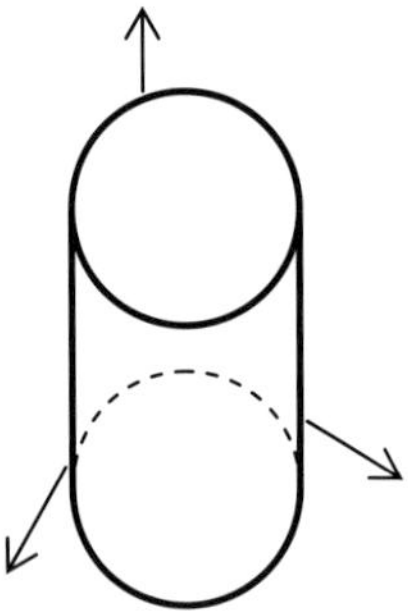

Abb. 222

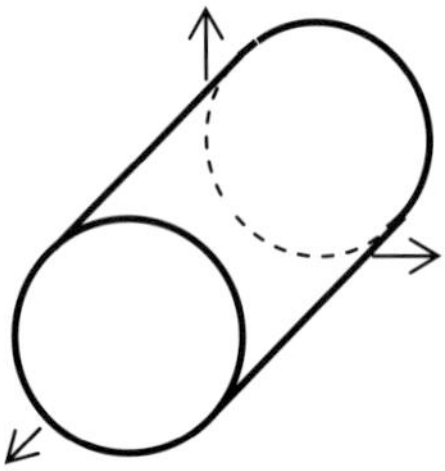

Abb. 223

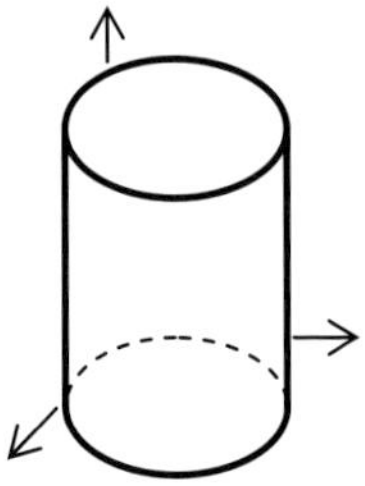

Abb. 224

Wie beim Tetraeder zeichnen wir den Kreis in wahrer Größe in der yz-Ebene. Der Durchmesser soll 4 Einheiten betragen. Um den Kreis zeichnen wir ein achsenparalleles Quadrat, dessen Seiten Tangenten an den Kreis sind. Das Bild dieses Quadrates in der xy-Ebene zeichnen wir nach den bekannten Regeln. Die Seitenmittelpunkte des so entstandenen Parallelogramms sind vier Punkte der Ellipse (Abbildung 225).

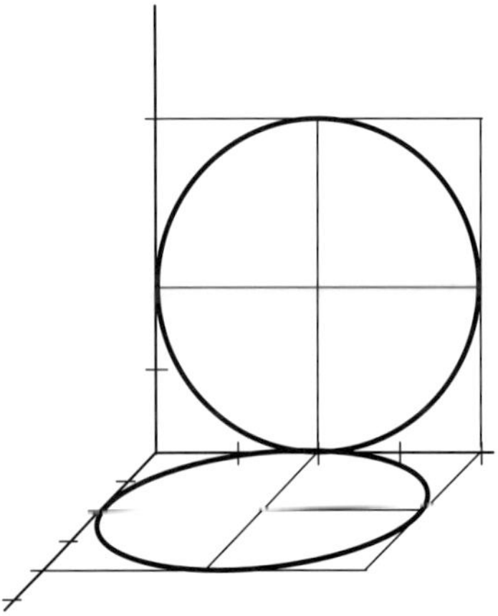

Abb. 225

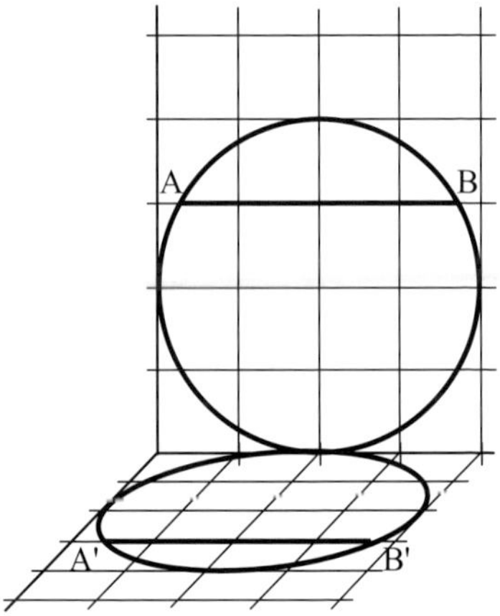


Abb. 226

Wem diese vier Punkte zum Zeichnen der Ellipse noch zu wenig sind, der kann sich weitere Punkte konstruieren, indem er achsenparallele Sehnen des Kreises wie $\overline{AB}$ in Abbildung 226 in die xy-Ebene projiziert. Die Länge von

$\overline{A'B'}$ ist ebenso groß wie die von $\overline{AB}$, $\overline{A'B'}$ ist ebenfalls parallel zur y-Achse, ihr Abstand von der y-Achse ist auf die Hälfte gekürzt. Allgemein hilft das Projizieren eines Quadratrasters in die xy-Ebene wie in Abbildung 226 bei der Darstellung krummlinig berandeter oder unregelmäßiger Figuren. Hat man die Grundfläche des Zylinders konstruiert, so werden zwei Tangenten an die Ellipse gezeichnet, die die Mantelfläche darstellen (parallel zur z-Achse, in wahrer Größe), und anschließend die ellipsenförmige Deckfläche eingezeichnet. Ihre Punkte erhält man am einfachsten, indem man von einigen Punkten der Grundfläche die Zylinderhöhe senkrecht nach oben abmisst.

Übung:

1) Zeichnen Sie in Kavalierprojektion das Bild eines Zylinders, dessen Grundfläche in der xy-Ebene liegt. Der Radius der Grundfläche sei 3 cm, die Höhe betrage 5 cm.

2) Zeichnen Sie das Würfelgebäude aus Übung (3), Kapitel 7.1, axonometrisch. Der höchste Würfelturm soll im Ursprung stehen. Zeichnen Sie nur die sichtbaren Kanten. Die „Klebekanten", d.h. solche, wo zwei Würfelflächen in einer Ebene aneinandergrenzen, sollen nicht eingezeichnet werden.

   a) Kavalierprojektion, $w(\alpha) = 135°$, $q = 0,5$

   b) Militärprojektion, $w(\alpha) = 120°$, $q = 1$

3) Zeichnen Sie dasselbe Würfelgebäude in anderen Lagen.

4) Rechts sehen Sie den Bauplan eines komplexeren Würfelgebäudes. Die Kantenlänge jedes Würfels betrage 2 cm. Zeichnen Sie nur die sichtbaren Kanten.

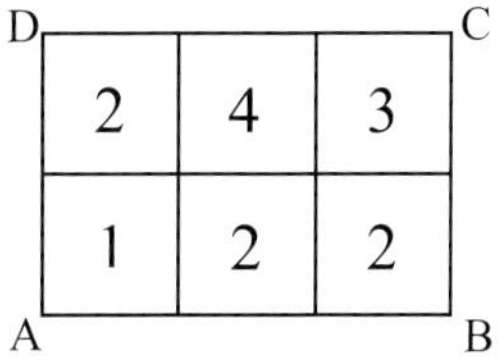


   a) Kavalierprojektion, $w(\alpha) = 135°$, $q = 0,5$. Die Gebäudeecke C soll im Ursprung liegen, D auf der x-Achse.

   b) Militärprojektion, $w(\alpha) = 120°$, $q = 1$. Die Gebäudeecke D soll im Ursprung liegen, A auf der x-Achse.

## 7.3 Dreitafelprojektion

Blättern Sie zurück zur Abbildung 207. Dort wurde unser Kantenmodell eines Quaders durch eine spezielle Parallelprojektion auf den Fußboden (xy-Ebene) und zwei Wände (yz-Ebene und xz-Ebene) abgebildet. Dabei verliefen die Projektionsstrahlen jeweils senkrecht zu den drei Bildebenen. Stellen Sie sich nun vor, Sie schneiden diese Abbildung entlang der x-Achse ein und klappen die xy-Ebene und die xz-Ebene so, dass sie in derselben Ebene liegen wie die yz-Ebene[1]. Sie erhalten dann eine Abbildung wie die folgende:

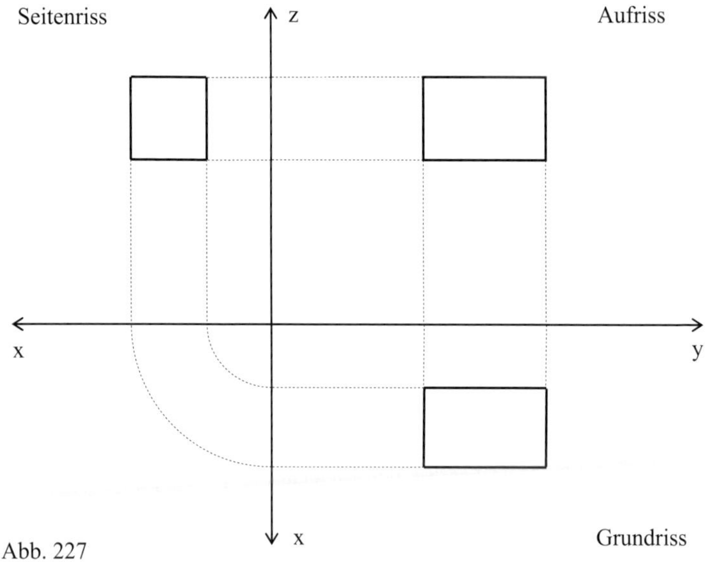


Abb. 227

Eine solche Darstellung nennt man *Dreitafelbild.* Das Bild in der xy-Ebene wird als *Grundriss* bezeichnet, das in der yz-Ebene bezeichnet man als *Aufriss* und das in der xz-Ebene als *Seitenriss*.

[1] Am besten bauen Sie aus einem zweimal entlang der Mittellinien gefaltetem und einmal entlang einer dieser Linien bis zur Mitte eingeschnittenem Quadrat eine Raumecke nach. Stellen Sie einen Gegenstand hinein, zeichnen Sie die drei Ansichten, schneiden Sie die Raumecke entlang der x-Achse ein und legen Sie sie flach auf den Tisch.

In Abbildung 227 haben wir den Quader in einer speziellen Lage abgebildet. Seine Kanten verliefen parallel zu den Achsen. Für viele Zwecke ist die Wahl einer solchen Lage auch zweckmäßig. Wir wollen aber auch untersuchen, wie sich die Ansichten verändern, wenn wir den Quader anders platzieren.

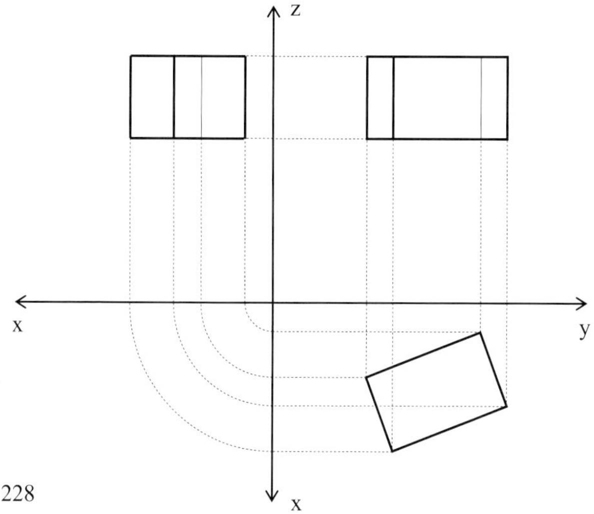


Abb. 228

In Abbildung 228 wurde der Quader ein Stück gedreht, so dass wir nicht mehr nur auf eine Fläche blicken, sondern auf eine Kante und zwei Seitenflächen. Die bei einem Massivquader nicht sichtbare Kante wurde dünn gezeichnet.

Auch von unserem Tetraeder wollen wir ein Dreitafelbild anfertigen. Anders als beim Quader oben, der ja über der xy-Ebene schwebt, wollen wir das Tetraeder auf die Grundrissebene stellen. Wie in den Abbildungen 219 bis 221 legen wir eine Ecke in den Ursprung und eine Kante auf die y-Achse. Im Grundriss sehen wir die Standfläche in wahrer Größe, die Spitze liegt auf dem Schwerpunkt dieses Dreiecks (Abbildung 229). Durch die gestrichelten Ordnungslinien erhalten wir sofort die Ecken der Grundseite im Aufriss und im Seitenriss sowie die Stelle, über der die Spitze liegt. Jetzt fehlt uns nur noch die Höhe des Tetraeders. Wir könnten sie rechnerisch bestimmen, aber wir wählen ein zeichnerisch-konstruktives Verfahren.

Wir wissen, dass die Spitze S des Tetraeders, der Höhenfußpunkt H des Tetraeders und die Ecke A ein rechtwinkliges Dreieck bilden, dessen Hypotenuse eine Tetraederkante ist und dessen eine Kathete gleich $\overline{HA}$ ist. Dieses Dreieck klappen wir um in die Grundrissebene (zur besseren Vorstellung dient das Schrägbild in Abbildung 230). An der im Grundriss in wahrer Größe gegebenen Strecke $\overline{HA}$ können wir aus der Kenntnis des rechten Winkels bei H und der Kantenlänge a des Tetraeders das Dreieck ASS' konstruieren. Die Länge von $\overline{SS'}$ ist die Tetraederhöhe in wahrer Größe. Wir entnehmen das Maß der Zeichnung und vervollständigen den Aufriss und den Seitenriss.

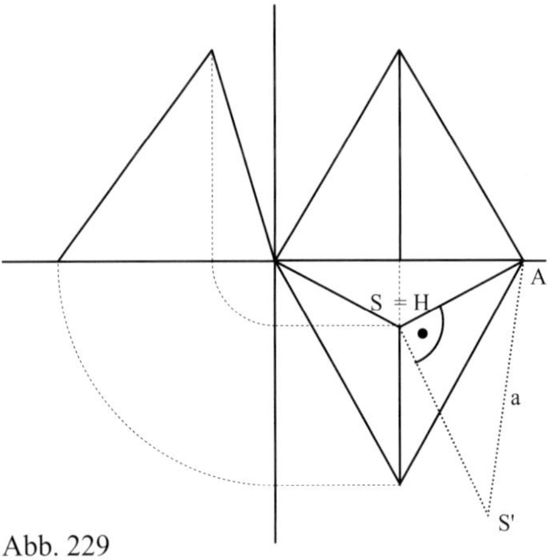


Abb. 229

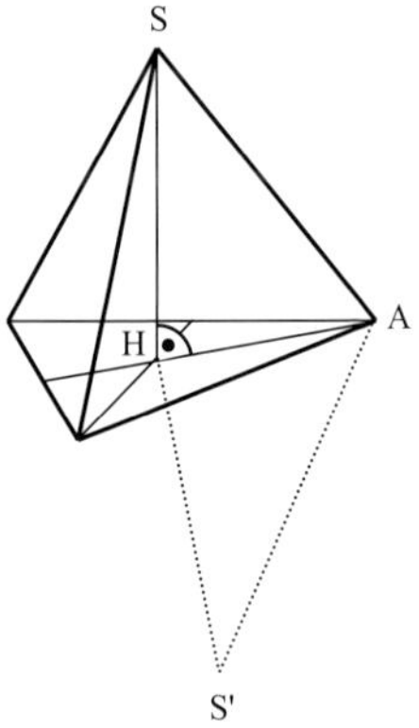


Abb. 230

Dieses Umklappen von Teilfiguren in die Grundrissebene, der man dann Maße entnehmen kann, ist ein vielseitig einsetzbares Verfahren. Wir demonstrieren es an einem weiteren Beispiel. Zu zeichnen ist das Dreitafelbild einer Pyramide mit quadratischer Grundfläche, deren Seitenflächen gleichseitige Dreiecke sind.

Wenn wir auf eine Seitenfläche der Pyramide blicken, dann sehen wir die Kanten nicht in wahrer Größe, da sie schräg im Raum stehen. Ihre Länge im Aufriss ist so groß wie die Höhe eines der gleichseitigen Dreiecke. Diese ermitteln wir durch Umklappen eines Dreiecks in die Grundrissebene. Die dick gezeichneten Linien in Abbildung 231 sind gleich lang.

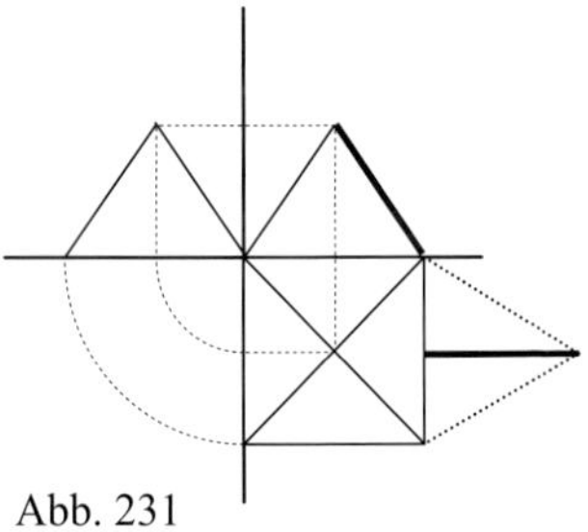

Abb. 231

Zum Schluss dieses Abschnitts soll der Zusammenhang zwischen Dreitafelbild und Schrägbild hergestellt werden. Aus Kenntnis des Grundrisses und einer Seitenansicht eines Objektes sowie der Projektionsrichtung lässt sich das Schrägbild dieses Objektes konstruieren. Wir nehmen uns dazu unseren Quader in der Lage wie in Abbildung 228. Aus Grundriss und Seitenriss und den darin angegebenen Projektionsstrahlen konstruieren wir in der Aufrissebene sein Schrägbild (Abbildung 232).

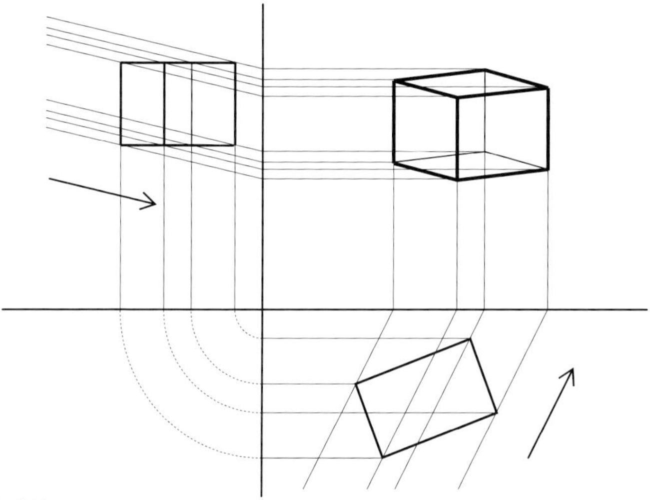

Abb. 232

Übung: Zeichnen Sie Aufriss und Seitenriss eines Oktaeders (Kantenlänge 4 cm) zu dem vorgegebenen Grundriss. Bei (a) liegt die untere Spitze in der xy-Ebene, bei (b) die Grundfläche.

a)

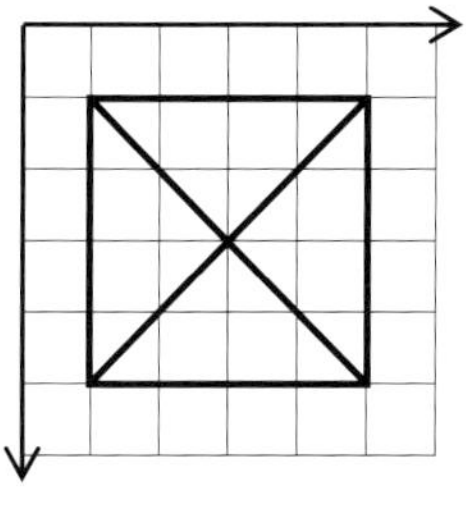

b)

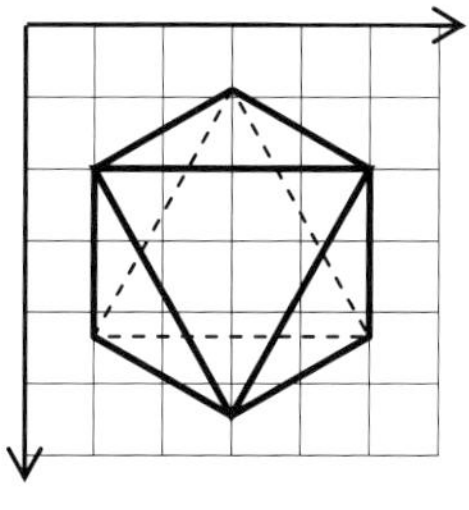

## 7.4 Zentralprojektion

Aus Abbildung 204, bei der das Kantenmodell des Quaders durch eine punktförmige Lichtquelle angestrahlt wurde, haben wir das Schattenbild herausgelöst (Abbildung 228).

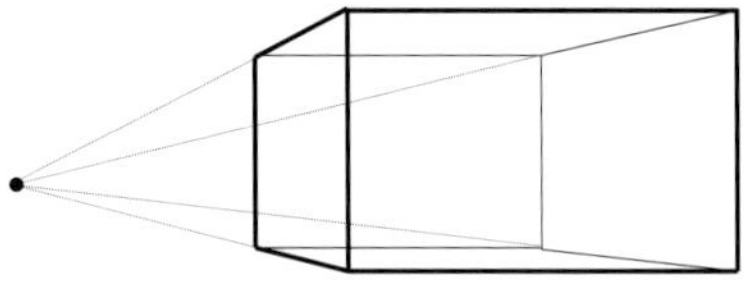

Abb. 233

Wir analysieren diese Abbildung. Das Kantenmodell wurde so gehalten, dass Grund- und Deckfläche parallel zum Fußboden verliefen, also senkrecht zur Projektionsfläche, und seine Vorder- und Rückseite parallel zur Projektionsfläche lagen. Diese Vorder- und Rückseite erscheinen im Bild als Rechtecke, die Kanten verlaufen senkrecht bzw. parallel zur Standebene. Damit haben wir die ersten Eigenschaften der Zentralprojektion entdeckt:

- Parallelen zur Bildebene werden auf Parallelen abgebildet.
- Senkrechte zur Standebene werden auf Senkrechte abgebildet.

Die vier vom Betrachter nach hinten wegstrebenden Quaderkanten, die in Wirklichkeit parallel zueinander sind, werden dagegen nicht auf Parallelen abgebildet. Verlängern wir diese Kanten im Bild, so stellen wir fest, dass sie sich in einem Punkt schneiden. Wir halten als dritte Eigenschaft fest:

- Die Bilder von Parallelen, die nicht zur Bildebene parallel sind, schneiden sich in einem Punkt, dem sog. *Fluchtpunkt*.

Weitere Parallelen, die wir noch untersuchen könnten, enthält unser Kantenmodell nicht. Wir wissen aber, dass entsprechende Diagonalen der Grund- und Deckfläche eines Quaders zueinander parallel verlaufen. In Abbildung 199 sind zwei davon eingezeichnet und verlängert worden.

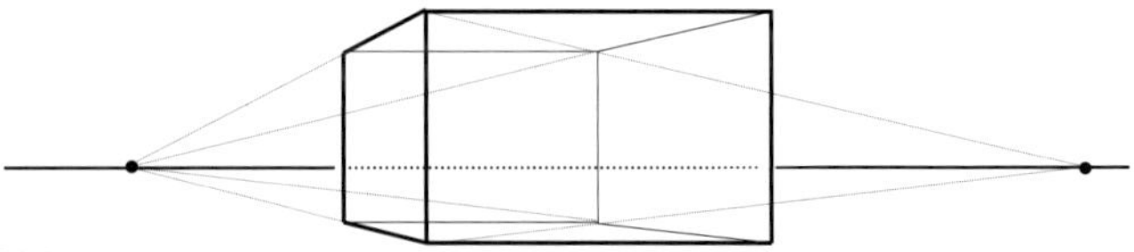

Abb. 234

Auch die Bilder dieser im Original zueinander parallelen Geraden schneiden sich in einem weiteren Fixpunkt. Wir zeichnen die Gerade durch die beiden Fluchtpunkte. Sie verläuft parallel zu den vier Quaderkanten, die parallel zur Standebene und zur Bildebene verlaufen. Diese Gerade nennt man *Horizont*. Sie ist die Begrenzungslinie der unendlichen Standebene, so wie ein Betrachter sie sehen würde, die Linie, wo in einem unendlichen Raum Fußboden und Decke zusammenstoßen, wo sich Himmel und Erde treffen[2].

Diejenigen Parallelenscharen, deren Bilder sich in Fluchtpunkten schneiden, die auf dem Horizont liegen, haben gemeinsam, dass sie parallel zu der Standebene verlaufen (und nicht auch parallel zur Bildebene). Wir betrachten nun Parallelen, die diese Eigenschaften nicht haben, z.B. die Diagonalen der Seitenflächen unseres Quaders. Auch deren Bilder schneiden sich in Fluchtpunkten, die allerdings nicht mehr auf dem Horizont liegen (Abbildung 235).

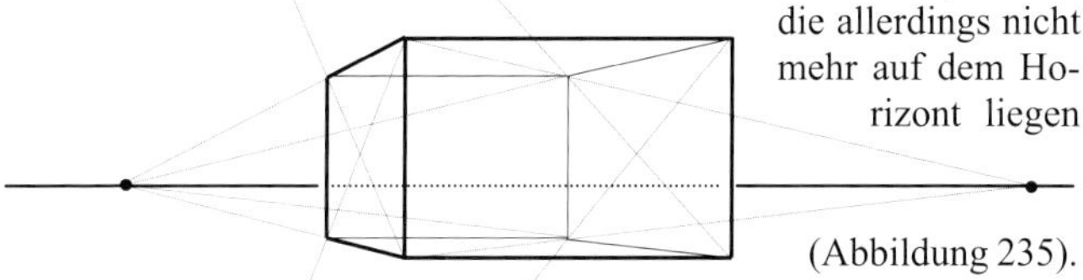

Abb. 235

Wir halten schließlich als letzte Eigenschaft der Zentralprojektion fest:

Die Bilder von Parallelen, die zur Standebene parallel sind, jedoch nicht zur Bildebene, schneiden sich in einem auf dem Horizont liegenden Fluchtpunkt.

Schauen wir in einen Raum, so verlaufen alle Kanten, die sich oberhalb unserer Augenhöhe befinden, abwärts, die Kanten unterhalb unserer Augenhöhe aufwärts. Bei dem perspektiven Bild unseres Quaders verlaufen die beiden oberen Kanten, die von uns

[2] Auch wenn wir auf der Erde nicht auf einer Ebene, sondern auf einer „Kugel"oberfläche leben und der Horizont, so wie wir ihn z.B. bei einem Blick über das Meer sehen, keine Gerade sondern gekrümmt ist, hilft Ihnen diese Vorstellung vielleicht doch, diesen Sachverhalt zu verstehen.

wegstreben, ebenfalls abwärts, die beiden unteren aufwärts. Wir sehen den Quader also nicht von oben oder von unten, wir sehen gewissermaßen in ihn hinein. Unser Auge befindet sich in Höhe des Horizontes.

Wir haben in Kapitel 7.3 gesehen, wie man aus dem Grund- und dem Seitenriss eines Körpers bei Kenntnis der Projektionsrichtung das Schrägbild des Körpers konstruiert. Jetzt soll analog aus Grund- und Seitenriss und der Kenntnis des Projektionszentrums das zentralperspektive Bild des Körpers konstruiert werden. Wir gehen von den gleichen Ausgangsbedingungen wie in Abbildung 232 aus. Statt der Projektionsrichtung ist jetzt ein Projektionszentrum gegeben (Abbildung 236). Es ist so gewählt, dass wir von dem Quader jeweils eine Kante und zwei Seitenflächen sehen und sich unsere Augenhöhe etwas unterhalb der Mitte des Quaders befindet.

Durch das Zentrum projizieren wir in beiden Rissen die Ecken des Quaders auf die Achsen. Von dort geht es dann senkrecht zu den Achsen weiter. Dort wo sich entsprechende Ortslinien schneiden, finden wir die zentralprojektiven Bilder der Quaderecken, die wir passend miteinander verbinden. Für diese Art der Konstruktion benötigen wir keine Fluchtpunkte. Verlängert man nach Fertigstellung des Quaderbildes die in Fluchtpunkten zusammenlaufenden Kanten, so stößt man auf zwei Fluchtpunkte auf dem Horizont durch das Projektionszentrum im Seitenriss. Fällt man von diesen Fluchtpunkten das Lot auf die y-Achse und verbindet die Lotfußpunkte mit dem Projektionszentrum im Grundriss, so stellt man fest, dass diese Strecken parallel zu den Quaderkanten im Grundriss verlaufen und, da der Quadergrundriss ein Rechteck ist, im rechten Winkel zueinander stehen.

Wir hätten unsere Konstruktion des perspektiven Bildes unseres Quaders also auch folgendermaßen durchführen können: Durch das Zentrum im Grundriss zeichnen wir die Parallelen zu den Quaderkanten. An ihren Schnittpunkten mit der y-Achse errichten wir die Senkrechten, die den Horizont (Parallele zur y-Achse durch das Projektionszentrum im Seitenriss) in den beiden Fluchtpunkten schneiden. Wie oben ermitteln wir durch Projektion in Grund- und Seitenriss das Bild der uns zugewandten Quaderkante, deren Endpunkte wir mit den Fluchtpunkten verbinden. Dann projizieren wir noch die linke und die rechte untere Ecke des Quaders im Grundriss auf die y-Achse. Errichten wir dort die Senkrechten, so schneiden diese die Verbindungslinien mit den Fluchtpunkten in zwei weiteren Quaderecken. Durch diese beiden Punkte, die Kante und die Fluchtpunkte, ergeben sich alle anderen Quaderkanten zwangsläufig. Sie sollten dies unbedingt selbst zeichnerisch nachvollziehen.

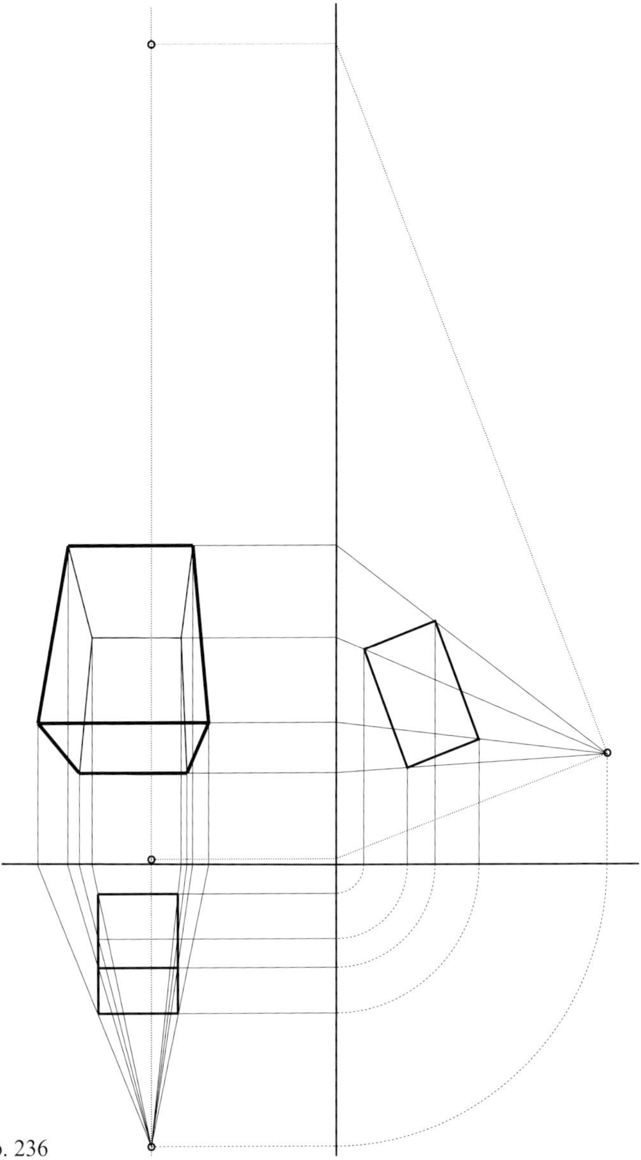

Abb. 236

Zum Schluss dieses Kapitels wollen wir uns noch anschauen, wie man perspektive Bilder als „Faustskizze“ anfertigt. Es handelt sich nicht um eine genaue Konstruktion, da wir manche Maße nach Augenmaß schätzen werden. Trotzdem soll die Zeichnung nicht „willkürlicher“ sein als nötig. Als darzustellendes Objekt wählen wir das uns bekannte Würfelgebäude, dessen Schrägbild und Bauplan Sie in Abbildung 237 sehen.

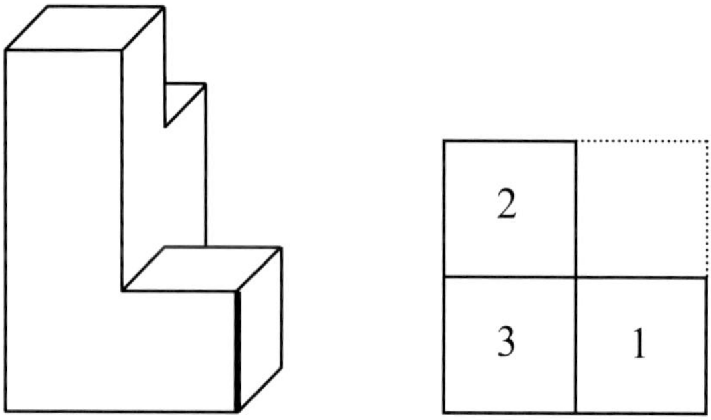


Abb. 237

Als erstes zeichnen wir den Horizont und legen auf diesem zwei Fluchtpunkte fest. Dann bestimmen wir, von welcher Seite wir das Gebäude zeichnen wollen. Die in Abbildung 237 fett gezeichnete Linie soll uns zugewandt sein. Wir stellen uns vor, dass die Bildebene durch diese Kante verläuft, wir zeichnen sie also in wahrer Größe (2 cm) senkrecht zum Horizont (Abbildung 238). So weit, wie wir sie unter dem Horizont platziert haben, bedeutet es, dass sich unsere Augen auf Höhe des dritten Würfels im Dreierwürfelturm befinden.

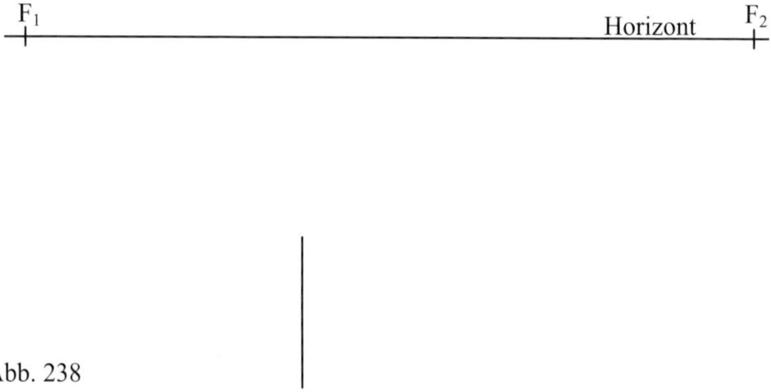


Abb. 238

Wir wissen, dass die unteren Gebäudekanten in die Fluchtpunkte laufen. Sie erscheinen uns verkürzt. Bei einer Faustskizze legen wir das Maß für die beiden unteren Kanten des Einerwürfels vorne nach Augenmaß fest. In diesen geschätzten Punkten zeichnen wir die Senkrechten zum Horizont bis zu den Fluchtgeraden durch die obere Ecke der Würfelkante (Abbildung 239). Es ergeben sich zwei Würfelecken, die wir mit den entsprechenden Fluchtpunkten verbinden.

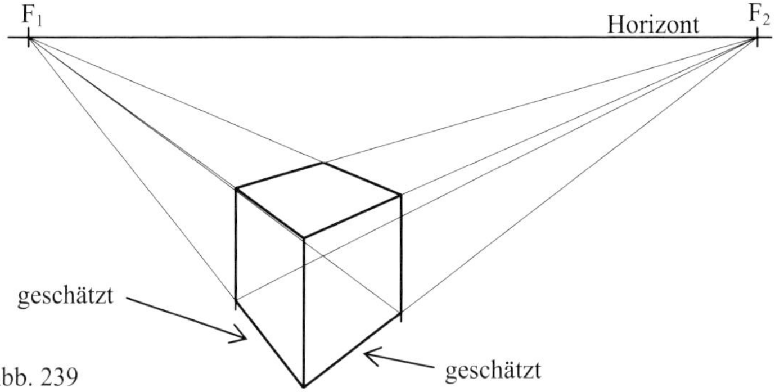


Abb. 239

Die untere Kante des Dreierwürfels brauchen wir nicht zu schätzen. Wir stellen uns vor, auf dem Einerwürfel stünde noch ein Würfel. Dessen vordere Kante würde in wahrer Größe abgebildet. Die Seitendiagonale dieses oberen Würfels und die des unteren Würfels aus dem Dreierturm bilden eine Linie.

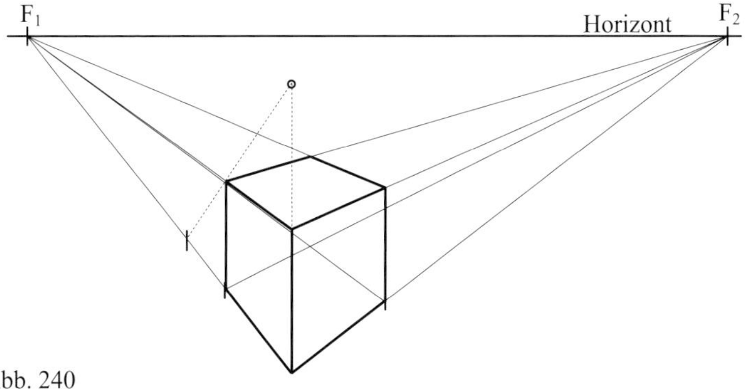


Abb. 240

In Abbildung 240 wurde auf diese Weise die hintere untere Ecke des Dreierwürfels konstruiert. Uns fehlt noch seine Höhe, die ja auch verkürzt erscheint. Wenn der Dreierwürfel vorne stünde, würde seine Höhe in wahrer Größe abgebildet. Wir konstruieren uns dort einen Hilfspunkt, den wir mit $F_1$ verbinden. Senkrechte zum Horizont bis zu dieser Hilfslinie liefern uns zwei Kanten des Dreierwürfels (Abbildung 241), deren Endpunkte wir oben noch verbinden.

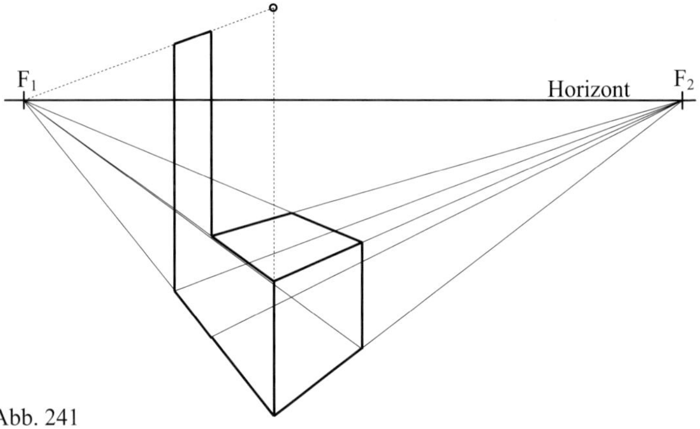


Abb. 241

Die Standfläche des Zweierwürfels ergibt sich ebenfalls zwangsläufig, z.B. als Verlängerung der Diagonale der Einerwürfelstandfläche (Abbildung 242).

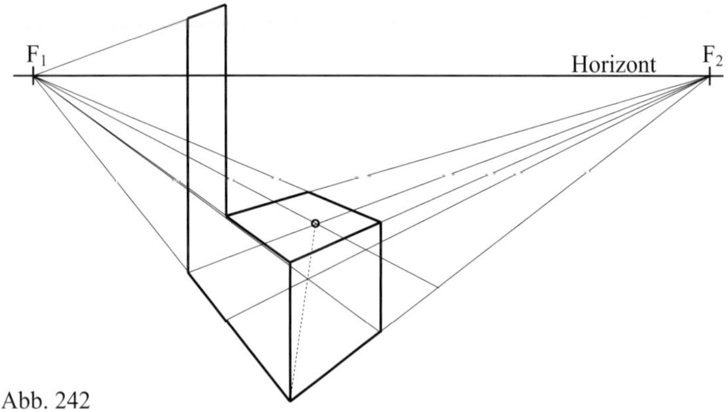


Abb. 242

Die Höhe des Zweierwürfels ermitteln wir über eine Hilfslinie durch den Mittelpunkt, der den Einerwürfel überragenden Kante des Dreierwürfels (Abbildung 243). Nun können wir unsere Zeichnung vervollständigen.

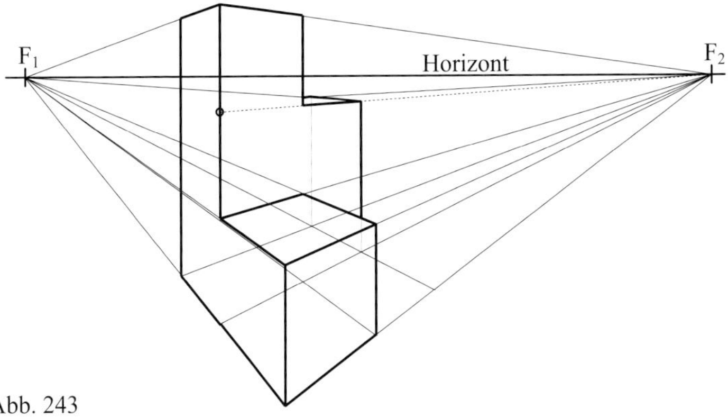


Abb. 243

Übung:

1) Zeichnen Sie Grund- und Seitenriss unseres Hauses und konstruieren Sie wie in Abbildung 236 das zentralperspektive Bild des Hauses. Legen Sie das Projektionszentrum selbst fest. Experimentieren Sie mit verschiedenen Hauslagen und Projektionszentren.

2) Durch die folgende Skizze sind Vorgaben zu perspektiven Faustskizzen möglich:

X: die dem Betrachter zugewandte Gebäudeecke

h: Abstand der Gebäudeecke X vom Horizont

d: Abstand der Gebäudekante durch X von $F_2$

Zeichnen Sie das Würfelgebäude (Kantenlänge 3 cm) nach folgenden Vorgaben:

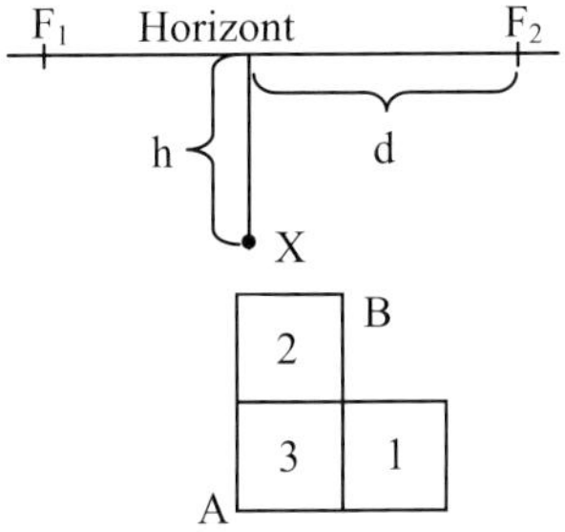


a) $l(\overline{F_1F_2}) = 15$ cm, $h = 4{,}5$ cm, $d = 5$ cm, $X = A$

b) $l(\overline{F_1F_2}) = 15$ cm, $h = 0$ cm, $d = 9$ cm, $X = B$

# Benutzte Zeichen und Abkürzungen

| | |
|---|---|
| $a \wedge b$ | logisches „und"; es gilt a und gleichzeitig b |
| $a \vee b$ | logisches „oder"; es gilt a oder b |
| $a \veebar b$ | logisches „entweder oder"; es gilt entweder a oder b |
| $\neg a$ | logisches „nicht"; Verneinung der Aussage a |
| $A \cap B$ | Schnittmenge (der Mengen A und B) |
| $A \cup B$ | Vereinigungsmenge (der Mengen A und B) |
| $\mathbb{K}$ | Menge der Kongruenzabbildungen |
| $\mathbb{N}, \mathbb{Z}, \mathbb{Q}, \mathbb{R}$ | Menge der natürlichen, der ganzen, der rationalen bzw. der reellen Zahlen |
| $\varnothing$ | leere Menge |
| $\in$ | ... ist Element von ... |
| $\notin$ | ... ist nicht Element von ... |
| $A \subseteq B$ | A ist Teilmenge von B |
| $A \subset B$ | A ist echte Teilmenge von B |
| | |
| $\overset{!}{\exists}$ | Quantor: es gibt genau ein |
| $\exists$ | Quantor: es gibt ein |
| $\forall$ | Quantor: für alle |
| | |
| $a \Rightarrow b$ | Implikation; wenn a, dann b |
| $a \Leftrightarrow b$ | Äquivalenz (der Aussagen a und b); $a \Rightarrow b \wedge b \Rightarrow a$ |
| | |
| „$\Rightarrow$" | Wir meinen die Richtung $a \Rightarrow b$ einer Äquivalenz $a \Leftrightarrow b$. |
| „$\Leftarrow$" | Wir meinen die Richtung $b \Rightarrow a$ einer Äquivalenz $a \Leftrightarrow b$. |
| z.z.: | Abk. für „zu zeigen ist" |
| o.B.d.A. | Abk. für „ohne Beschränkung der Allgemeinheit" |
| | |
| $AB$ | Gerade durch die Punkte A und B |
| $\overline{AB}$ | Strecke mit den Endpunkten A und B |
| $\overrightarrow{AB}$ | Halbgerade mit dem Anfangspunkt A |
| a | Strecke, Gerade oder Halbgerade, wenn dies aus dem Kontext klar ersichtlich ist |
| $l(\overline{AB})$, $l(a)$ | Länge der Strecke $\overline{AB}$ bzw. der Strecke a |
| $\alpha, \beta, \gamma, \delta$ | Namen für Winkel |

| | |
|---|---|
| $\sphericalangle(\overrightarrow{AB}, \overrightarrow{AC})$ | Winkel mit Scheitel A und den Schenkeln $\overrightarrow{AB}$ und $\overrightarrow{AC}$, dabei wird der Erstschenkel immer zuerst genannt |
| $\sphericalangle BAC$ | dto. |
| $w(\alpha)$ | Winkelmaß des Winkels $\alpha$ |
| $w(\overrightarrow{AB}, \overrightarrow{AC})$ | Winkelmaß des Winkels mit Scheitel A und den Schenkeln $\overrightarrow{AB}$ und $\overrightarrow{AC}$ bzw. Winkelmaß des Winkels $\sphericalangle BAC$; auf die konsequentere Notation $w(\sphericalangle(\overrightarrow{AB}, \overrightarrow{AC}))$ verzichten wir damit |
| $\Delta ABC$ | Dreieck mit den Eckpunkten A, B, C |
| $\varphi$ | Variable für eine Abbildung |
| id | identische Abbildung |
| $S_g$ | Geradenspiegelung an der Geraden g |
| $V_{\overrightarrow{ST}, l(\overline{ST})}$ | Verschiebung in Richtung $\overrightarrow{ST}$ um $l(\overline{ST})$ |
| $V_{\overrightarrow{ST}}$ | dto. |
| $D_{M,w(\alpha)}$ | Drehung um Punkt M um $w(\alpha)$ |
| $S_Z$ | Punktspiegelung an Punkt Z |
| $G_{g,\overrightarrow{ST}}$ | Gleitspiegelung als Nacheinanderausführung der Geradenspiegelung $S_g$ und der Verschiebung $V_{\overrightarrow{ST}}$ |
| P*, P' | Bilder des Urbildpunktes P bei einer Abbildung |
| $\prec$ | ... liegt vor ... |
| $\parallel$ | ... ist parallel zu ... |
| $\perp$ | ... ist senkrecht zu ... |
| $\equiv$ | ... ist kongruent zu ... |
| $\sim$ | ... ist ähnlich zu ... |
| AG+ in $\mathbb{Z}$ | Assoziativgesetz der Addition in $\mathbb{Z}$ |
| KG+ in $\mathbb{Z}$ | Kommutativgesetz der Addition in $\mathbb{Z}$ |
| DG·,+ in $\mathbb{Z}$ | Distributivgesetz der Multiplikation bzgl. der Addition in $\mathbb{Z}$ |

# Literatur

Adam, P., Wyss, A.: Platonische und Archimedische Körper, ihre Sternformen und polaren Gebilde. Verlag Freies Geistesleben, Stuttgart 1984

Barth, F., Krumbacher, G., Matschiner, E., Ossiander, K.: Anschauliche Geometrie, Band 4. Ehrenwirth, München 1989

Bender, P., Schreiber, A.: Operative Genese der Geometrie. Teubner, Stuttgart 1985

Coxeter, H. S. M.: Unvergängliche Geometrie. Birkhäuser, Basel 1963

DIFF (Deutsches Institut für Fernstudien) an der Universität Tübingen: Mathematik. Kurs für Lehrer Sekundarstufe I / Hauptschule.

| | |
|---|---|
| HE 3 Geometrie, Teil 1: | Ebene Figuren und ihre Darstellung. 1978 |
| HE 4 Geometrie, Teil 2: | Räumliche Figuren und ihre Darstellung. 1978 |
| HE 5 Geometrie, Teil 3: | Kongruenz und Ähnlichkeit. 1981 |
| HE 6 Geometrie, Teil 4: | Berechnungen an ebenen und räumlichen Figuren. 1979 |

Ernst, B.: Der Zauberspiegel des M. C. Escher. Aus: Unmögliche Welten. Taschen, Köln 1994

Friedenthal, R.: Leonardo – Eine Bibliographie. Kindler Verlag, München 1959

Gardner, M.: Mathematische Rätsel und Probleme. Vieweg, Braunschweig 1968

Hofstadter, D. R.: Gödel, Escher, Bach – ein Endloses Geflochtenes Band. Deutscher Taschenbuch Verlag, München 2003

Gorski, H.-J. / Müller-Philipp: Leitfaden Arithmetik. Vieweg+Teubner, Wiesbaden, 2009[5]

Hilbert, D., Cohn-Vossen, S.: Anschauliche Geometrie. Wissenschaftliche Buchgesellschaft, Darmstadt 1973

Hildebrandt, S., Tromba, A.: Kugel, Kreis und Seifenblasen. Birkhäuser, Basel, Boston, Berlin 1996

Hogben, L.: Die Welt der Mathematik, Belser Verlag, Stuttgart 1970

Holland, G.: Geometrie für Lehrer und Studenten. Band 1,2, Schroedel, Hannover, Dortmund, Darmstadt, Berlin 1974

Holland, G.: Geometrie in der Sekundarstufe. Spektrum, Hildesheim 2007

Kempinsky, H.: Lebensvolle Raumlehre. Verlag der Dürrschen Buchhandlung Bonn und Brannenburg/Obb. 1952

Kirsche, P.: Einführung in die Abbildungsgeometrie. Teubner, Stuttgart, Leipzig 1998

Krauter, S.: Erlebnis Elementargeometrie. Elsevier, München 2005

Lorenz, J. H.: Parkettierungen. Von Quadraten zu Escher. in: Geometrie in der Grundschule Heft 2/1991

Mathematik lehren, Heft 79, Schülerbeilage „Mathe-Welt", Erhard Friedrich Verlag, Velber 1996

Müller-Fonfara, R.: Mathematik verständlich. Bassermann, München 2005

Meißner, H.: Einführung in die Geometrie K 2. Skript zur Vorlesung SS 1998

Meschkowski, H.: Mathematiker-Lexikon. Bibliographisches Institut, Mannheim, Wien, Zürich 1980[3]

Mitchell, D.: Mathematical Origami. Tarquin Publications, Norfolk 1997

Mitschka, A., Strehl, R., Hollmann, E.: Einführung in die Geometrie. Franzbecker, Hildesheim 1998

Müller, K. P., Wölpert, H.: Anschauliche Topologie. Teubner, Stuttgart 1976

Neubrand, M.: Das Haus der Vierecke – Aspekte beim Finden mathematischer Begriffe. In: Journal für Mathematikdidaktik, 8, 2, 1981, S. 37 – 50

Palzkill, L., Schwirtz, W.: Die Raumlehrestunde. Henn, Wuppertal 1971

Pickert, G.: Ebene Inzidenzgeometrie. Diesterweg, Frankfurt a.M. 1971[3]

Polya, G.: Mathematik und plausibles Schließen, Basel 1962

Roman, T.: Reguläre und halbreguläre Polyeder. VEB Deutscher Verlag der Wissenschaften, Berlin 1968

Scheid, H.: Elemente der Geometrie. Spektrum, Heidelberg, Berlin, Oxford 1996[2]

Schlagbauer, A., Lemke, G., Müller-Philipp, S.: Mathematik, Schülerband 9, Ausgabe N. Auer, Donauwörth 1994

Schuster, M. und Beisl, H.: Kunst-Psychologie: Wodurch Kunstwerke wirken. DuMont Buchverlag, Köln 1978

Stein, M.: Einführung in die Mathematik II - Geometrie. Spektrum, Heidelberg, Berlin 1997

Stein, M.: Geometrie. Spektrum, Heidelberg, Berlin 1999

Thompson, D.: On Growth and Form. Cambridge University Press, Cambridge 1961

Winter, H.: Was soll Geometrie in der Grundschule? In: Zentralblatt für Didaktik der Mathematik, Heft 1, 1976, S. 14 – 18

Winzen, W.: Anschauliche Topologie. Diesterweg-Salle, Frankfurt a. M. 1975

Wittmann, E. Ch.: Elementargeometrie und Wirklichkeit. Vieweg, Braunschweig 1987

Wittmann, E. Ch.: Vom Tangram zum Satz des Pythagoras. In: Mathematik lehren, 83, 1997, S. 18 – 20

Wittmann, E. Ch. u.a.: Das Zahlenbuch, Schülerband 4. Klett, Stuttgart 1997

Zeitler, H.: Axiomatische Geometrie. Bayerischer Schulbuch-Verlag, München 1972

Zeitler, H.: Inzidenzgeometrie. Bayerischer Schulbuch-Verlag, München 1973

## Stichwortverzeichnis